矩阵理论及其应用

Matrix Theory and Its Applications

李路　王国强　吴中成　冯月华　周雷 ◎ 主编

清華大学出版社
北　京

内 容 简 介

本书介绍矩阵理论及其应用. 全书共 11 章, 包括: 矩阵理论基础, 矩阵的标准形, 线性空间, 内积与范数, 线性变换, 矩阵分解, 矩阵分析, 矩阵的广义逆, 矩阵的 Kronecker 积与 Hadamard 积, 特殊矩阵, 张量分析. 各章均配有习题, 书末有习题答案或提示. 与传统的矩阵理论教材相比, 本书更强调矩阵理论的应用, 增加了案例分析和 Python 相关的命令与函数介绍, 使读者能在较短时间内掌握矩阵理论基本知识及其应用.

本书可作为理工农医类硕士研究生和工程硕士研究生的教材, 也可供理工农医类高年级本科生、工程技术及研究人员参考使用.

图书在版编目（CIP）数据

矩阵理论及其应用 / 李路等主编. -- 北京 : 清华大学出版社, 2025. 8.

ISBN 978-7-302-70028-9

Ⅰ. O151.21

中国国家版本馆 CIP 数据核字第 2025YS3899 号

责任编辑：冯 昕 赵从棉

封面设计：何凤霞

责任校对：王淑云

责任印制：刘海龙

出版发行：清华大学出版社

网　　址：https://www.tup.com.cn, https://www.wqxuetang.com

地　　址：北京清华大学学研大厦 A 座　　**邮　　编**：100084

社 总 机：010-83470000　　**邮　　购**：010-62786544

投稿与读者服务：010-62776969, c-service@tup.tsinghua.edu.cn

质量反馈：010-62772015, zhiliang@tup.tsinghua.edu.cn

印 装 者：大厂回族自治县彩虹印刷有限公司

经　　销：全国新华书店

开　　本：185mm×260mm　　**印　　张**：16.5　　**字　　数**：352 千字

版　　次：2025 年 9 月第 1 版　　**印　　次**：2025 年 9 月第 1 次印刷

定　　价：55.00 元

产品编号：108741-01

前言

矩阵理论是理工农医类硕士研究生和工程硕士研究生重要的学位课程，通过学习本课程可较系统地掌握矩阵理论课程的基本概念和基本理论知识，并具备一定的抽象概括能力、逻辑推理能力和数学应用能力，为专业课程学习奠定扎实的数学基础.

矩阵理论的概念比较抽象，在学习过程中往往感到概念多、算法多，难以将理论知识应用于工程实践. 为了使研究生更好地掌握该课程的基本理论和应用，编者根据多年从事矩阵理论课程教学工作的经验，通过有代表性的应用案例，揭示矩阵理论的思想和方法. 本书的案例针对性强，能够充分展示矩阵理论的实际应用. 部分案例选自研究生数学建模的大赛真题，不仅能强化研究生对矩阵理论课程体系的掌握，也能培养他们的创新能力.

全书共 11 章，包括：矩阵理论基础，矩阵的标准形，线性空间，内积与范数，线性变换，矩阵分解，矩阵分析，矩阵的广义逆，矩阵的 Kronecker 积与 Hadamard 积，特殊矩阵，张量分析. 各章均配有习题，书末有习题答案或提示. 与传统的矩阵理论教材相比，本书增加了案例分析以及 Python 相关的命令与函数介绍，更加强调应用，使读者能在较短时间内掌握矩阵理论知识及其相关的应用. 全书教学约需 48 学时，32 学时的可选学 1~8 章.

本书第 2，3，5，7 章由李路编写，第 4，8 章由王国强编写，第 9，10 章由吴中成编写，第 6，11 章由冯月华编写，第 1 章由周雷编写. 全书由李路统稿，周雷编排.

本书的出版得到了上海工程技术大学数理与统计学院和研究生院的大力支持. 在编写过程中，参考了同行的工作，他们的工作为本书提供了丰富的素材和借鉴. 研究生王莉慧、刘晓东、陶雨泽、袁靓、房昊东、李想等同学参与了书稿的校对工作，在此向他们表示衷心的感谢.

编　者

2025 年 1 月

符号说明

a	标量 a（用小写字母表示）
a^*	标量 a 的共轭
$\boldsymbol{a}$	向量 $\boldsymbol{a}$（用粗体小写字母表示）
$\boldsymbol{A}$	矩阵 $\boldsymbol{A}$（用粗体大写字母表示）
a_i	向量 $\boldsymbol{a}$ 的第 i 个元素
a_{ij}	矩阵 $\boldsymbol{A}$ 的第 (i,j) 个元素
$a_{i:}$	矩阵 $\boldsymbol{A}$ 的第 i 行
$a_{:j}$	矩阵 $\boldsymbol{A}$ 的第 j 列
$\boldsymbol{A}^{\mathrm{T}}$	矩阵 $\boldsymbol{A}$ 的转置
$\boldsymbol{A}^{\mathrm{H}}$	矩阵 $\boldsymbol{A}$ 的共轭转置
$\boldsymbol{A}^*$	矩阵 $\boldsymbol{A}$ 的共轭
$\mathrm{diag}(\lambda_1, \lambda_2, \cdots, \lambda_n)$	n 阶对角矩阵
$\det(\boldsymbol{A})$	矩阵 $\boldsymbol{A}$ 的行列式
$\dim V$	线性空间 V 的维数
$\mathrm{cond}(\boldsymbol{A})$	矩阵 $\boldsymbol{A}$ 的条件数
$\mathrm{rank}(\boldsymbol{A})$	矩阵 $\boldsymbol{A}$ 的秩
$\mathrm{tr}(\boldsymbol{A})$	矩阵 $\boldsymbol{A}$ 的迹
$P[t]$	t 的一元多项式集合
$P_n[t]$	不超过 n 次的 t 的一元多项式集合
$C[a,b]$	区间 $[a,b]$ 上的连续函数集合
$\rho(\boldsymbol{A})$	矩阵 $\boldsymbol{A}$ 的谱半径
$\\|\boldsymbol{A}\\|$	矩阵 $\boldsymbol{A}$ 的范数
$\boldsymbol{I}$	单位矩阵
$\mathbf{R}$	实数域
$\mathbf{C}$	复数域
$\mathbf{R}^n$	n 维实数域
$\mathbf{C}^n$	n 维复数域
$\mathbf{R}^{m\times n}$	实 $m\times n$ 矩阵集合
$\mathbf{C}^{m\times n}$	复 $m\times n$ 矩阵集合
$\mathbf{R}_r^{m\times n}$	秩为 r 的实 $m\times n$ 矩阵集合
$\mathbf{C}_r^{m\times n}$	秩为 r 的复 $m\times n$ 矩阵集合

$\boldsymbol{A}^{+}$	矩阵 $\boldsymbol{A}$ 的 Moore-Penrose 逆（加号逆）
$\boldsymbol{A}^{-}$	矩阵 $\boldsymbol{A}$ 的减号逆
$\boldsymbol{A}^{i,j,\cdots,l}$	矩阵 $\boldsymbol{A}$ 的 $\{i,j,\cdots,l\}$ 逆
$\boldsymbol{J}$	矩阵的若尔当 (Jordan) 标准形
$m_{\boldsymbol{A}}(\lambda)$	方阵 $\boldsymbol{A}$ 的最小多项式
$\deg(f(\lambda))$	多项式 $f(\lambda)$ 的次数
$\boldsymbol{A}\otimes\boldsymbol{B}$	矩阵 $\boldsymbol{A}$ 与 $\boldsymbol{B}$ 的 Kronecker 积
$\boldsymbol{A}\circ\boldsymbol{B}$	矩阵 $\boldsymbol{A}$ 与 $\boldsymbol{B}$ 的 Hadamard 积
$\mathrm{vec}(\boldsymbol{A})$	矩阵 $\boldsymbol{A}$ 的列拉直
$\boldsymbol{\mathcal{A}}$	张量 $\boldsymbol{\mathcal{A}}$
a_{ijk}	三阶张量 $\boldsymbol{\mathcal{A}}$ 的第 (i,j,k) 个元素
$\boldsymbol{A}^{(n)}$	序列中的第 n 个矩阵
$\boldsymbol{\mathcal{A}}\circ\boldsymbol{\mathcal{B}}$	张量 $\boldsymbol{\mathcal{A}}$ 和张量 $\boldsymbol{\mathcal{B}}$ 的外积
$\boldsymbol{\mathcal{A}}\times_n\boldsymbol{U}$	张量 $\boldsymbol{\mathcal{A}}$ 与矩阵 $\boldsymbol{U}$ 的 n-模式（矩阵）积
$\mathrm{rank}_n(\boldsymbol{\mathcal{A}})$	张量 $\boldsymbol{\mathcal{A}}$ 的模式-n 秩
$\boldsymbol{A}\odot\boldsymbol{B}$	矩阵 $\boldsymbol{A}$ 和 $\boldsymbol{B}$ 的 Khatri-Rao 积
$:=$	定义等于

目 录

第 1 章　矩阵理论基础

本章主要介绍矩阵理论的基本概念、基本运算，为理解这一数学工具打下坚实的基础. 通过本章的学习，读者将掌握矩阵的基本构造，了解它们如何通过简单的规则进行变换，以及这些变换如何影响我们对世界的理解和解释.

1.1　向量与矩阵

1.1.1　基本概念

1. 引入

在研究科学和工程问题时，其中的很多问题都可以通过数学建模转化成一个线性方程组

$$\begin{cases} a_{11}x_1 + a_{12}x_2 + \cdots + a_{1n}x_n = b_1, \\ a_{21}x_1 + a_{22}x_2 + \cdots + a_{2n}x_n = b_2, \\ \qquad\qquad \vdots \\ a_{m1}x_1 + a_{m2}x_2 + \cdots + a_{mn}x_n = b_m. \end{cases} \tag{1-1}$$

在线性方程组 (1-1) 中，使用 m 个方程描述 n 个未知量之间的线性关系. 这种表示方式在研究问题时不够简练，为了简化问题，可以采用向量和矩阵. 下面介绍向量与矩阵的概念.

2. 向量与矩阵的概念

线性方程组(1-1)中所有变量的系数可按照相对位置排成 m 行 n 列的数集，按照如下格式写成：

$$\boldsymbol{A} = \begin{bmatrix} a_{11} & a_{12} & \cdots & a_{1n} \\ a_{21} & a_{22} & \cdots & a_{2n} \\ \vdots & \vdots & & \vdots \\ a_{m1} & a_{m2} & \cdots & a_{mn} \end{bmatrix}.$$

称 $\boldsymbol{A}$ 为 $m \times n$ 矩阵，简记为 $\boldsymbol{A} = (a_{ij})_{m\times n}$，其中 a_{ij} 表示矩阵 $\boldsymbol{A}$ 的第 i 行、第 j 列元素，简称第 (i,j) 个元素. 当 a_{ij} 取实数时，称 $\boldsymbol{A}$ 为**实矩阵**；当 a_{ij} 取复数时，称 $\boldsymbol{A}$ 为**复矩阵**.

当 $m=n$ 时，矩阵 $\boldsymbol{A}$ 称为 $\boldsymbol{n}$ **阶正方矩阵**，简称 $\boldsymbol{n}$ **阶方阵**；若 $m<n$，则称矩阵 $\boldsymbol{A}$ 为**宽矩阵**；而当 $m>n$ 时，便称矩阵 $\boldsymbol{A}$ 为**高矩阵**.

特别地，当 $n=1$ 时，$\boldsymbol{A}$ 退化为如下形式：

$$\begin{bmatrix} a_1 \\ a_2 \\ \vdots \\ a_m \end{bmatrix}. \tag{1-2}$$

称式(1-2) 的形式为 $\boldsymbol{m}$ **维列向量**，简称 $\boldsymbol{m}$ **维向量**，一般用小写字母表示，如 $\boldsymbol{a}$，$\boldsymbol{b}$，$\boldsymbol{x}$，$\boldsymbol{y}$，$\cdots$. 若其元素 a_i 取实数，即 $a_i\in\mathbf{R}$，则称其为 $\boldsymbol{m}$ **维实（数）向量**，并记作 $\boldsymbol{a}\in\mathbf{R}^{m\times 1}$，或者简记为 $\boldsymbol{a}\in\mathbf{R}^m$. 类似地，若 $a_i\in\mathbf{C}$，则称其为 $\boldsymbol{m}$ **维复向量**，并记作 $\boldsymbol{a}\in\mathbf{C}^{m\times 1}$.

类似地，称 $[a_1,a_2,\cdots,a_n]$ 为一个 $\boldsymbol{n}$ **维行向量**，一般记作 $\boldsymbol{a}^{\mathrm{T}}\in\mathbf{R}^{1\times n}$ 或 $\boldsymbol{a}^{\mathrm{T}}\in\mathbf{C}^{1\times n}$.

有了以上概念，方程组(1-1)可以方便地记为矩阵形式：

$$\boldsymbol{A}\boldsymbol{x}=\boldsymbol{b}.$$

一个 n 阶方阵 $\boldsymbol{A}$ 的**主对角线**是指从左上角到右下角沿 $i=j$，$j=1,2,\cdots,n$ 连接的线段. 位于主对角线上的元素称为 $\boldsymbol{A}$ 的对角元素，它们是 $a_{11},a_{22},\cdots,a_{nn}$.

主对角线以外元素全部为零的 n 阶方阵称为**对角矩阵**，记作

$$\boldsymbol{D}=\mathrm{diag}(d_{11},d_{22},\cdots,d_{nn}).$$

若 n 阶对角矩阵主对角线元素全部等于 1，则称为**单位矩阵**，用符号 $\boldsymbol{I}_n$ 表示. 所有元素为零的 $m\times n$ 矩阵称为**零矩阵**，记为 $\boldsymbol{O}_{m\times n}$. 一个全部元素为零的向量称为**零向量**，记为 $\mathbf{0}$.

为了书写简洁，单位矩阵、零矩阵分别记为 $\boldsymbol{I},\boldsymbol{O}$.

1.1.2 矩阵的基本运算

矩阵的基本运算包括矩阵的转置、共轭、共轭转置和求逆等.

1. 矩阵的转置

若 $\boldsymbol{A}=(a_{ij})_{m\times n}$，称矩阵

$$\begin{bmatrix} a_{11} & a_{21} & \cdots & a_{m1} \\ a_{12} & a_{22} & \cdots & a_{m2} \\ \vdots & \vdots & & \vdots \\ a_{1n} & a_{2n} & \cdots & a_{mn} \end{bmatrix}$$

为矩阵 $\boldsymbol{A}$ 的**转置矩阵**，记为 $\boldsymbol{A}^{\mathrm{T}}$. 若 $\boldsymbol{A}$ 是一个复矩阵，对其每个元素 $a_{ij}(i=1,2,\cdots,m;j=1,2,\cdots,n)$ 取共轭后得到的矩阵称为 $\boldsymbol{A}$ 的**共轭矩阵**，记为 $\boldsymbol{A}^*$. 易见，$\boldsymbol{A}^*$ 仍然是一个 $m\times n$ 矩阵，即

$$\boldsymbol{A}^*=\begin{bmatrix} a_{11}^* & a_{12}^* & \cdots & a_{1n}^* \\ a_{21}^* & a_{22}^* & \cdots & a_{2n}^* \\ \vdots & \vdots & & \vdots \\ a_{m1}^* & a_{m2}^* & \cdots & a_{mn}^* \end{bmatrix}.$$

矩阵 $\boldsymbol{A}$ 求转置矩阵后再求共轭矩阵所得到的矩阵称为 $\boldsymbol{A}$ 的**共轭转置矩阵**，记为 $\boldsymbol{A}^{\mathrm{H}}$，易见，$\boldsymbol{A}^{\mathrm{H}}$ 是一个 $n\times m$ 矩阵，且

$$\boldsymbol{A}^{\mathrm{H}}=\begin{bmatrix} a_{11}^* & a_{21}^* & \cdots & a_{m1}^* \\ a_{12}^* & a_{22}^* & \cdots & a_{m2}^* \\ \vdots & \vdots & & \vdots \\ a_{1n}^* & a_{2n}^* & \cdots & a_{mn}^* \end{bmatrix}.$$

若 $\boldsymbol{A}$ 为实方阵，且满足 $\boldsymbol{A}^{\mathrm{T}}=\boldsymbol{A}$，则称 $\boldsymbol{A}$ 为**对称矩阵**；若 $\boldsymbol{A}$ 为复方阵，且满足 $\boldsymbol{A}^{\mathrm{H}}=\boldsymbol{A}$，则称 $\boldsymbol{A}$ 为 **Hermite 矩阵**（或**复共轭对称矩阵**）. 下面是矩阵的共轭、转置、共轭转置的性质，感兴趣的读者可以自己证明.

（1）矩阵的共轭、转置和共轭转置满足分配律：

$$(\boldsymbol{A}+\boldsymbol{B})^*=\boldsymbol{A}^*+\boldsymbol{B}^*,\quad (\boldsymbol{A}+\boldsymbol{B})^{\mathrm{T}}=\boldsymbol{A}^{\mathrm{T}}+\boldsymbol{B}^{\mathrm{T}},\quad (\boldsymbol{A}+\boldsymbol{B})^{\mathrm{H}}=\boldsymbol{A}^{\mathrm{H}}+\boldsymbol{B}^{\mathrm{H}}.$$

（2）矩阵乘积的转置、共轭转置满足关系式

$$(\boldsymbol{AB})^{\mathrm{T}}=\boldsymbol{B}^{\mathrm{T}}\boldsymbol{A}^{\mathrm{T}},\quad (\boldsymbol{AB})^{\mathrm{H}}=\boldsymbol{B}^{\mathrm{H}}\boldsymbol{A}^{\mathrm{H}}.$$

2. 矩阵的求逆

在很多工程问题中，需要将一个向量 $\boldsymbol{x}$ 进行变换，如用一个矩阵 $\boldsymbol{A}$ 乘以向量 $\boldsymbol{x}$，记

$$\boldsymbol{y}=\boldsymbol{Ax}. \tag{1-3}$$

该类问题往往涉及从向量 $\boldsymbol{y}$ 到向量 $\boldsymbol{x}$ 的逆变换，这会用到下面的计算.

设 $\boldsymbol{A}$ 为方阵，若存在方阵 $\boldsymbol{B}$，使得

$$\boldsymbol{BA}=\boldsymbol{I},$$

此时，式(1-3) 等号两边同时左乘 $\boldsymbol{B}$，得到

$$\boldsymbol{By}=\boldsymbol{BAx}=\boldsymbol{Ix}=\boldsymbol{x}.$$

一般地，若 $\boldsymbol{A}$ 为 n 阶方阵，存在矩阵 $\boldsymbol{B}$，使得

$$\boldsymbol{AB}=\boldsymbol{I}\quad(\text{或}\boldsymbol{BA}=\boldsymbol{I})$$

成立，则称 $\boldsymbol{B}$ 是 $\boldsymbol{A}$ 的**逆矩阵**（或 $\boldsymbol{A}$ 也是 $\boldsymbol{B}$ 的逆矩阵），记为

$$\boldsymbol{B}=\boldsymbol{A}^{-1}\quad(\text{或}\boldsymbol{A}=\boldsymbol{B}^{-1}).$$

若 $\boldsymbol{A}$ 存在逆矩阵，则 $\boldsymbol{A}$ 为可逆矩阵（或非奇异矩阵）.

逆矩阵在数学和工程问题中有广泛的应用，对于理解和解决许多实际问题至关重要. 本章最后一节将会给出利用 Python 求解逆矩阵的方法.

3. 正交矩阵与酉矩阵

正交矩阵在数学、工程、计算机图形学和物理学等领域有着广泛应用，其独特的性质使其在简化运算、保持几何特性、实现变换等方面发挥重要作用，是众多领域不可或缺的数学工具. 下面给出正交矩阵的定义.

定义 1.1.1 若 $\boldsymbol{A}$ 为 n 阶实方阵，且满足 $\boldsymbol{A}^{\mathrm{T}}\boldsymbol{A}=\boldsymbol{I}$（或 $\boldsymbol{A}\boldsymbol{A}^{\mathrm{T}}=\boldsymbol{I}$），则称 $\boldsymbol{A}$ 为**正交矩阵**.

由正交矩阵的定义不难看出，若 $\boldsymbol{A}$ 为 n 阶实方阵，以下五个命题等价：

（1）$\boldsymbol{A}$ 为正交矩阵；

（2）$\boldsymbol{A}^{\mathrm{T}}=\boldsymbol{A}^{-1}$；

（3）$\boldsymbol{A}^{\mathrm{T}}$ 为正交矩阵；

（4）$\boldsymbol{A}^{-1}$ 为正交矩阵；

（5）$\boldsymbol{A}^{\mathrm{T}}\boldsymbol{A}=\boldsymbol{I}$.

将正交矩阵的定义推广到复数域，可以得到如下酉矩阵的定义.

定义 1.1.2 若 $\boldsymbol{A}$ 为 n 阶复方阵，且满足 $\boldsymbol{A}^{\mathrm{H}}\boldsymbol{A}=\boldsymbol{I}$(或 $\boldsymbol{A}\boldsymbol{A}^{\mathrm{H}}=\boldsymbol{I}$)，则称复方阵 $\boldsymbol{A}$ 为**酉矩阵**.

类似地，若 $\boldsymbol{A}$ 为 n 阶复方阵，则以下五个命题等价：

（1）$\boldsymbol{A}$ 为酉矩阵；

（2）$\boldsymbol{A}^{\mathrm{H}}=\boldsymbol{A}^{-1}$；

（3）$\boldsymbol{A}^{\mathrm{H}}$ 为酉矩阵；

（4）$\boldsymbol{A}^{-1}$ 为酉矩阵；

（5）$\boldsymbol{A}^{\mathrm{H}}\boldsymbol{A}=\boldsymbol{I}$.

正交矩阵和酉矩阵都是具有特殊性质的方阵，它们在数学和应用领域中都扮演着重要角色. 正交矩阵的元素是实数，具有保持向量的长度和夹角不变等性质，在几何变换、信号处理和控制系统等领域应用广泛. 酉矩阵则是正交矩阵在复数域的推广，同样可以保持向量的长度和夹角，在量子力学、复信号处理和复系统分析中具有重要应用.

1.2 矩阵的初等变换与初等矩阵

1.2.1 矩阵的初等变换

矩阵的初等变换是线性代数中的基本概念，它们是对矩阵行或列操作的集合，用于简化矩阵形式，从而降低所解决问题的复杂度. 这些变换包括行（列）交换、数乘行（列）以及行（列）加法等.

下面给出矩阵的初等行变换的几种具体形式.

（1）行交换

行交换是将矩阵的两行位置相互交换. 矩阵的第 i 行 r_i 和第 j 行 r_j 交换可以表示为

$$r_i \leftrightarrow r_j.$$

（2）数乘行

数乘行是将矩阵的某一行乘以一个非零常数. 矩阵的第 k 行 r_k 乘以常数 α 可以表示为

$$\alpha r_k.$$

（3）行加法

行加法是将矩阵的某一行乘以一个常数后加到另一行上. 矩阵的第 j 行乘以常数 α 然后加到第 i 行上可以表示为

$$r_i + \alpha r_j.$$

以上三种对矩阵行的变换称为矩阵的**初等行变换**，是研究线性方程组理论及求解优化问题的重要工具. 对矩阵的列进行类似于上面的三种操作，称为矩阵的初等列变换. 常用 $c_i \leftrightarrow c_j$ 表示矩阵的第 i 列和第 j 列互换，用 αc_k 表示矩阵的第 k 列乘以常数 α，用 $c_i + \alpha c_j$ 表示将矩阵的第 j 列乘以常数 α 后加到第 i 列上.

若矩阵 $\boldsymbol{A}$ 经过有限次初等变换变成 $\boldsymbol{B}$，则称矩阵 $\boldsymbol{A}$ 与 $\boldsymbol{B}$ 等价，记为 $\boldsymbol{A} \sim \boldsymbol{B}$.

1.2.2 初等矩阵

初等变换虽然很直观，但是由于形式的限制不便于深入研究，因此有必要将变换过程描述为更数学化的形式.

对单位矩阵进行一次初等行变换所得到的矩阵称为**初等矩阵**，三种初等行变换对应于三种初等矩阵.

（1）$r_i \leftrightarrow r_j$ 对应的初等矩阵记为 $\boldsymbol{E}(i,j)$，其中

$$
\boldsymbol{E}(i,j)=\begin{bmatrix}
1 & & & & & & & & & \\
& \ddots & & & & & & & & \\
& & 1 & & & & & & & \\
& & & 0 & & & & 1 & & \\
& & & & 1 & & & & & \\
& & & & & \ddots & & & & \\
& & & & & & 1 & & & \\
& & & 1 & & & & 0 & & \\
& & & & & & & & 1 & \\
& & & & & & & & & \ddots \\
& & & & & & & & & & 1
\end{bmatrix}
\begin{matrix} \\ \\ \\ \longleftarrow \text{ 第}i\text{行} \\ \\ \\ \\ \longleftarrow \text{ 第}j\text{行} \\ \\ \\ \\ \end{matrix}.
$$

$\boldsymbol{E}(i,j)$ 是单位矩阵 $\boldsymbol{I}$ 第 i 行与第 j 行互换得到的. 容易验证，矩阵 $\boldsymbol{A}$ 的第 i 行与第 j 行互换的结果等于 $\boldsymbol{E}(i,j)$ 左乘 $\boldsymbol{A}$，矩阵 $\boldsymbol{A}$ 的第 i 列与第 j 列互换的结果等于 $\boldsymbol{E}(i,j)$ 右乘 $\boldsymbol{A}$.

（2）αr_k 对应的初等矩阵记为 $\boldsymbol{E}(k,\alpha)$，其中

$$
\boldsymbol{E}(k,\alpha)=\begin{bmatrix}
1 & & & & \\
& \ddots & & & \\
& & \alpha & & \\
& & & \ddots & \\
& & & & 1
\end{bmatrix}
\begin{matrix} \\ \\ \longleftarrow \text{ 第}k\text{行}. \\ \\ \\ \end{matrix}
$$

$\boldsymbol{E}(k,\alpha)$ 是单位矩阵 $\boldsymbol{I}$ 第 k 行乘以常数 α 得到的. 容易验证，矩阵 $\boldsymbol{A}$ 第 k 行乘以常数 α 的结果等于 $\boldsymbol{E}(k,\alpha)$ 左乘 $\boldsymbol{A}$，$\boldsymbol{A}$ 第 k 列乘以常数 α 的结果等于 $\boldsymbol{E}(k,\alpha)$ 右乘 $\boldsymbol{A}$.

（3）$r_i+\alpha r_j$ 对应的初等矩阵记为 $\boldsymbol{E}(i,j,\alpha)$，其中

$$
\boldsymbol{E}(i,j,\alpha)=\begin{bmatrix}
1 & & & & & \\
& \ddots & & & & \\
& & 1 & & \alpha & \\
& & & \ddots & & \\
& & & & 1 & \\
& & & & & \ddots \\
& & & & & & 1
\end{bmatrix}
\begin{matrix} \\ \\ \longleftarrow \text{ 第}i\text{行} \\ \\ \longleftarrow \text{ 第}j\text{行} \\ \\ \\ \end{matrix}.
$$

$\boldsymbol{E}(i,j,\alpha)$ 是单位矩阵 $\boldsymbol{I}$ 第 j 行乘以常数 α 后加到第 i 行或者第 i 列乘以常数 α 后加到第 j 列得到的. 容易验证，矩阵 $\boldsymbol{A}$ 第 j 行乘以常数 α 后加到第 i 行的结果等

于 $\boldsymbol{E}(i,j,\alpha)$ 左乘 $\boldsymbol{A}$，$\boldsymbol{A}$ 第 i 列乘以常数 α 后加到第 j 列的结果等于 $\boldsymbol{E}(i,j,\alpha)$ 右乘 $\boldsymbol{A}$.

因此，初等矩阵是执行矩阵初等变换的矩阵. 通过这种形式上的变化，使得研究矩阵理论问题变得更加方便.

初等变换和初等矩阵是矩阵理论中的基础工具，它们在求解线性方程组、矩阵分解和矩阵求逆等操作中扮演着关键角色. 通过这些变换，可以在将矩阵保持某些重要特征的情况下，简化所研究问题的求解过程.

1.3 行阶梯形矩阵、行最简形矩阵

1.3.1 行阶梯形矩阵

设方程组

$$\begin{cases} x_1-2x_2+x_3=-2 \\ x_1+x_2-x_3=1 \\ 3x_1-5x_2+x_3=-13 \end{cases},$$

则该方程组的求解过程可以用其增广矩阵 $\boldsymbol{B}$ 的初等行变换来描述：

$$\boldsymbol{B}=\begin{bmatrix} 1 & -2 & 1 & -2 \\ 1 & 1 & -1 & 1 \\ 3 & -5 & 1 & -13 \end{bmatrix} \xrightarrow[r_3-3r_1]{r_2-r_1} \begin{bmatrix} 1 & -2 & 1 & -2 \\ 0 & 3 & -2 & 3 \\ 0 & 1 & -2 & -7 \end{bmatrix} \xrightarrow{r_2\leftrightarrow r_3} \begin{bmatrix} 1 & -2 & 1 & -2 \\ 0 & 1 & -2 & -7 \\ 0 & 3 & -2 & 3 \end{bmatrix}$$

$$\xrightarrow{r_3-3\times r_2} \begin{bmatrix} \underline{1} & -2 & 1 & -2 \\ 0 & \underline{1} & -2 & -7 \\ 0 & 0 & \underline{4} & \underline{24} \end{bmatrix} \xrightarrow{r_3\times\frac{1}{4}} \begin{bmatrix} 1 & -2 & 1 & -2 \\ 0 & 1 & -2 & -7 \\ 0 & 0 & 1 & 6 \end{bmatrix} \tag{1-4}$$

$$\xrightarrow{r_2+2\times r_3} \begin{bmatrix} 1 & -2 & 1 & -2 \\ 0 & 1 & 0 & 5 \\ 0 & 0 & 1 & 6 \end{bmatrix} \xrightarrow[r_1-r_3]{r_1+2\times r_2} \begin{bmatrix} 1 & 0 & 0 & 2 \\ 0 & 1 & 0 & 5 \\ 0 & 0 & 1 & 6 \end{bmatrix}. \tag{1-5}$$

式(1-4)及式 (1-5)中的矩阵具有如下特点：可画出一条阶梯线，线的下方元素全是 0；每个台阶只有一行，台阶数即是非零行的行数，阶梯线的竖线（每段竖线的长度为一行）后面的第一个元素为非零元，也就是非零行的第一个非零元素，这种矩阵称为**行阶梯形矩阵.**

1.3.2 行最简形矩阵

式(1-5)右侧的行阶梯形矩阵还具有如下特点：非零行的第一个非零元为 1，且其所在列的其余元素都是 0，称为**行最简形矩阵**.

将线性方程组的增广矩阵化为行最简形矩阵后，直接就能看出该方程组的解. 在解决一些优化问题时，也经常将矩阵变换为行最简形矩阵来简化计算.

可以证明：任何矩阵 $\boldsymbol{A}_{m\times n}$ 总可经有限次初等行变换化为行阶梯形矩阵和行最简形矩阵. 在通过将矩阵化成行最简形解线性方程组的讨论中，我们发现，方程组的增广矩阵经过初等行变换后，尽管形式上发生了很大的改变，但是却保留了关于方程组的解的一些本质的特性.

对行最简形矩阵再进行初等列变换，可变成形式更简单的矩阵，例如

$$\begin{bmatrix}1&0&0&2\\0&1&0&5\\0&0&1&6\end{bmatrix}\xrightarrow{c_4-2\times c_1-5\times c_2-6\times c_3}\begin{bmatrix}1&0&0&0\\0&1&0&0\\0&0&1&0\end{bmatrix}. \tag{1-6}$$

称式(1-6)中右侧的矩阵为**矩阵 $\boldsymbol{B}$ 的标准形**. 矩阵的标准形具有如下特点：左上角是一个单位矩阵，其余元素全为零.

任意矩阵 $\boldsymbol{A}$ 总可经有限次初等行变换和初等列变换化为标准形，标准形常简单地记为如下形式：

$$\begin{bmatrix}\boldsymbol{I}_r&\boldsymbol{0}\\\boldsymbol{0}&\boldsymbol{0}\end{bmatrix}_{m\times n}.$$

标准形由 m，n，r 三个数完全确定，r 是行阶梯形矩阵中非零行的行数. 显然，在一个矩阵的所有等价矩阵中，标准形是形式最简单的.

1.4 矩阵的行列式、特征值、迹和秩

在矩阵的工程应用中，经常希望能够使用一个数或者一个标量来反映一个矩阵的性能. 下面介绍评价矩阵性质的几个重要标量指标：矩阵的行列式、特征值、迹和秩.

1.4.1 矩阵的行列式

一个 n 阶方阵 $\boldsymbol{A}$ 的全部元素 (各元素位置保持不变) 所对应的行列式称为矩阵 $\boldsymbol{A}$ 的**行列式**，记作 $\det(\boldsymbol{A})$ 或 $|\boldsymbol{A}|$.

定义 1.4.1 行列式不等于零的矩阵称为**非奇异矩阵**.

下面不加证明地给出矩阵行列式的一些性质：

（1）单位矩阵的行列式等于 1，即 $\det(\boldsymbol{I})=1$.

（2）任何一个方阵 $\boldsymbol{A}$ 和它的转置矩阵 $\boldsymbol{A}^{\mathrm{T}}$ 具有相同的行列式，即 $\det(\boldsymbol{A})=\det(\boldsymbol{A}^{\mathrm{T}})$，但 $\det(\boldsymbol{A}^{\mathrm{H}})=[\det(\boldsymbol{A}^{\mathrm{T}})]^*$.

（3）两个方阵乘积的行列式等于它们的行列式的乘积，即 $\det(\boldsymbol{AB})=\det(\boldsymbol{A})\det(\boldsymbol{B})$，$\boldsymbol{A},\boldsymbol{B}\in\mathbf{C}^{n\times n}$.

（4）给定一个任意的常数 α，则 $\det(\alpha\boldsymbol{A})=\alpha^n\det(\boldsymbol{A})$，其中 $\boldsymbol{A}$ 为 n 阶方阵.

（5）若 $\boldsymbol{A}$ 是非奇异矩阵，则 $\det(\boldsymbol{A}^{-1})=\dfrac{1}{\det(\boldsymbol{A})}$.

方阵的行列式是方阵的一个基础指标，可以用于判断矩阵是否非奇异，主要刻画矩阵的奇异性.

1.4.2 矩阵的特征值与特征向量

在研究物理学、控制论及解析几何等很多问题时，经常会遇到这样一个问题：对于方阵 $\boldsymbol{A}$，能否找到数 λ 和向量 $\boldsymbol{x}$，使得 $\boldsymbol{Ax}=\lambda\boldsymbol{x}$，即向量 $\boldsymbol{Ax}$ 与 $\boldsymbol{x}$ “平行”? 其对应的数学问题即为以下求方阵的特征值与特征向量的问题.

定义 1.4.2 设 $\boldsymbol{A}$ 为 n 阶方阵，$\boldsymbol{x}$ 为非零列向量，若存在数 λ，使

$$\boldsymbol{Ax}=\lambda\boldsymbol{x}, \tag{1-7}$$

则称 λ 为矩阵 $\boldsymbol{A}$ 的**特征值**，称 $\boldsymbol{x}$ 为 $\boldsymbol{A}$ 的属于特征值 λ 的**特征向量** (也称 $\boldsymbol{x}$ 为对应于特征值 λ 的特征向量).

矩阵 $\boldsymbol{A}$ 的特征值常用符号 $\mathrm{eig}(\boldsymbol{A})$ 表示. 下面给出特征值的一些基本性质:

（1）矩阵乘积的特征值：$\mathrm{eig}(\boldsymbol{AB})=\mathrm{eig}(\boldsymbol{BA})$.

（2）逆矩阵的特征值：$\mathrm{eig}(\boldsymbol{A}^{-1})=\dfrac{1}{\mathrm{eig}(\boldsymbol{A})}$.

（3）令 $\boldsymbol{I}$ 为单位矩阵，α 为标量，则

$$\mathrm{eig}(\boldsymbol{I}+\alpha\boldsymbol{A})=1+\alpha\ \mathrm{eig}(\boldsymbol{A}),$$

$$\mathrm{eig}(\boldsymbol{A}-\alpha\boldsymbol{I})=\mathrm{eig}(\boldsymbol{A})-\alpha.$$

除了以上基本性质，特征值与特征向量还具有如下性质:

（4）若 $\lambda_1,\lambda_2,\cdots,\lambda_n$ 是 n 阶方阵 $\boldsymbol{A}=(a_{ij})_{n\times n}$ 的 n 个特征值，则 $\det(\boldsymbol{A})=\lambda_1\lambda_2\cdots\lambda_n$.

（5）设 $\boldsymbol{x}$ 为 $\boldsymbol{A}$ 的属于特征值 λ 的特征向量，由于 $\boldsymbol{A}(k\boldsymbol{x})=k(\boldsymbol{Ax})=k(\lambda\boldsymbol{x})=\lambda(k\boldsymbol{x})$，故 $k\boldsymbol{x}$ $(k\neq 0)$ 也为 $\boldsymbol{A}$ 的属于特征值 λ 的特征向量.

（6）设 $\lambda_1,\lambda_2,\cdots,\lambda_m$ 是方阵 $\boldsymbol{A}$ 的 m 个特征值，$\boldsymbol{p}_1,\boldsymbol{p}_2,\cdots,\boldsymbol{p}_m$ 依次是与之对应的特征向量. 若 $\lambda_1,\lambda_2,\cdots,\lambda_m$ 互不相等，则 $\boldsymbol{p}_1,\boldsymbol{p}_2,\cdots,\boldsymbol{p}_m$ 线性无关 (定义参考文献 [3]).

（7）设 $\lambda_1,\lambda_2,\cdots,\lambda_m$ 是 n 阶方阵 $\boldsymbol{A}$ 的互不相同的特征值，且 $\boldsymbol{p}_{i1},\boldsymbol{p}_{i2},\cdots,\boldsymbol{p}_{ir_i}$ 是 $\boldsymbol{A}$ 的属于特征值 $\lambda_i(i=1,2,\cdots,m)$ 的线性无关的特征向量，则向量组

$$\boldsymbol{p}_{11},\boldsymbol{p}_{12},\cdots,\boldsymbol{p}_{1r_1},\boldsymbol{p}_{21},\boldsymbol{p}_{22},\cdots,\boldsymbol{p}_{2r_2},\cdots,\boldsymbol{p}_{m1},\boldsymbol{p}_{m2},\cdots,\boldsymbol{p}_{mr_m}$$

也线性无关.

根据性质（4）容易得出结论：若矩阵 $\boldsymbol{A}$ 是非奇异矩阵，则其所有特征值都不等于 0.

特征值刻画了矩阵在特定方向上的“拉伸”或“压缩”程度，在用主成分分析进行数据降维中扮演着关键的角色.

1.4.3 矩阵的迹

定义 1.4.3 n 阶方阵 $\boldsymbol{A}$ 的对角元素之和称为 $\boldsymbol{A}$ 的**迹** (trace)，记作 $\mathrm{tr}(\boldsymbol{A})$，即

$$\mathrm{tr}(\boldsymbol{A}) = a_{11} + a_{22} + \cdots + a_{nn} = \sum_{i=1}^{n} a_{ii}. \tag{1-8}$$

在通信工程中，一个具有 n 个信号分量的信号向量 $\boldsymbol{s}(t) = [s_1(t), s_2(t), \cdots, s_n(t)]^{\mathrm{T}}$ 的自相关矩阵 $\boldsymbol{R} = E[\boldsymbol{s}(t)\boldsymbol{s}^{\mathrm{H}}(t)]$ 的迹 $\mathrm{tr}(\boldsymbol{R}) = \mathrm{tr}(E[\boldsymbol{s}(t)\boldsymbol{s}^{\mathrm{H}}(t)]) = E[|s_1(t)|^2] + E[|s_2(t)|^2] + \cdots + E[|s_n(t)|^2]$，表示 n 个信号分量的能量之和，这里的 E 指的是数学期望.

下面介绍矩阵的迹具有的一些基本性质[3].

（1）线性性质：$\mathrm{tr}(\boldsymbol{A} \pm \boldsymbol{B}) = \mathrm{tr}(\boldsymbol{A}) \pm \mathrm{tr}(\boldsymbol{B})$，$\mathrm{tr}(\alpha\boldsymbol{A}) = \alpha\mathrm{tr}(\boldsymbol{A})$，$\alpha$ 为任意常数.

（2）矩阵 $\boldsymbol{A}$ 的转置、复数共轭和复共轭转置的迹分别为 $\mathrm{tr}(\boldsymbol{A}^{\mathrm{T}}) = \mathrm{tr}(\boldsymbol{A})$，$\mathrm{tr}(\boldsymbol{A}^*) = [\mathrm{tr}(\boldsymbol{A})]^*$ 和 $\mathrm{tr}(\boldsymbol{A}^{\mathrm{H}}) = [\mathrm{tr}(\boldsymbol{A})]^*$.

（3）若 $\boldsymbol{A} \in \mathbf{C}^{m\times n}$，$\boldsymbol{B} \in \mathbf{C}^{n\times m}$，则 $\mathrm{tr}(\boldsymbol{AB}) = \mathrm{tr}(\boldsymbol{BA})$.

（4）若 $\boldsymbol{A}$ 是一个 $m \times n$ 矩阵，则 $\mathrm{tr}(\boldsymbol{A}^{\mathrm{H}}\boldsymbol{A}) = 0 \Longleftrightarrow \boldsymbol{A} = \boldsymbol{O}_{m\times n}$.

（5）矩阵 $\boldsymbol{A}$ 的迹等于该矩阵所有特征值之和，即 $\mathrm{tr}(\boldsymbol{A}) = \lambda_1 + \lambda_2 + \cdots + \lambda_n$.

（6）分块矩阵（定义参考文献 [3]）的迹满足

$$\mathrm{tr}\begin{bmatrix} \boldsymbol{A} & \boldsymbol{B} \\ \boldsymbol{C} & \boldsymbol{D} \end{bmatrix} = \mathrm{tr}(\boldsymbol{A}) + \mathrm{tr}(\boldsymbol{D}).$$

式中，$\boldsymbol{A} \in \mathbf{C}^{m\times m}$，$\boldsymbol{B} \in \mathbf{C}^{m\times n}$，$\boldsymbol{C} \in \mathbf{C}^{n\times m}$，$\boldsymbol{D} \in \mathbf{C}^{n\times n}$.

由性质（3）可以得出，矩阵 $\mathrm{tr}(\boldsymbol{A}^{\mathrm{H}}\boldsymbol{A}) = \mathrm{tr}(\boldsymbol{A}\boldsymbol{A}^{\mathrm{H}})$，且容易计算得

$$\mathrm{tr}(\boldsymbol{A}^{\mathrm{H}}\boldsymbol{A}) = \sum_{i=1}^{n}\sum_{j=1}^{n} |a_{ij}|^2. \tag{1-9}$$

对于同阶方阵 $\boldsymbol{A}$，$\boldsymbol{B}$，$\boldsymbol{C}$，由性质（3）及矩阵乘法的结合律容易得出：

$$\mathrm{tr}(\boldsymbol{ABC}) = \mathrm{tr}(\boldsymbol{BCA}) = \mathrm{tr}(\boldsymbol{CAB}). \tag{1-10}$$

根据式(1-10)还易知，若矩阵 $\boldsymbol{A}$ 与 $\boldsymbol{B}$ 为同阶方阵，且 $\boldsymbol{B}$ 非奇异，则

$$\mathrm{tr}(\boldsymbol{BAB}^{-1}) = \mathrm{tr}(\boldsymbol{B}^{-1}\boldsymbol{AB}) = \mathrm{tr}(\boldsymbol{ABB}^{-1}) = \mathrm{tr}(\boldsymbol{A}).$$

通过性质（5）可知，矩阵的迹所反映的矩阵的性能指标是所有特征值之和.

1.4.4 矩阵的秩

一组 m 维向量 $\boldsymbol{x}_i \in \mathbf{C}^m (i = 1, 2, \cdots, n)$ 称为**线性无关**，若关于 $k_1, k_2, \cdots, k_n$ 的方程 $k_1\boldsymbol{x}_1 + k_2\boldsymbol{x}_2 + \cdots + k_n\boldsymbol{x}_n = \mathbf{0}$ 只有零解，即只有当 $k_1 = k_2 = \cdots = k_n = 0$ 时方程成立. 若存在一组不全部为零的系数 $k_1, k_2, \cdots, k_n$ 满足上述方程，则称向量 $\boldsymbol{x}_1, \boldsymbol{x}_2, \cdots, \boldsymbol{x}_n$ **线性相关**.

定义 1.4.4 矩阵 $\boldsymbol{A}_{m\times n}$ 的**秩**定义为该矩阵中线性无关的行或列的数目，记为 $\mathrm{rank}(\boldsymbol{A})$.

实际上，一个矩阵的秩等于其行最简形矩阵的非零行数，也等于其标准形的非零行 (列) 数. 而非奇异矩阵的标准形是其同阶的单位矩阵，所以，一个非奇异矩阵的秩就等于该矩阵的行 (列) 数.

对于形如式(1-1)的方程组，根据系数矩阵 $\boldsymbol{A}$ 和增广矩阵 $\boldsymbol{B}$ 的秩的大小，线性方程组可以分为以下 3 种类型：

（1）**适定方程**：若 $m=n$，并且 $\mathrm{rank}(\boldsymbol{A})=n$，即矩阵 $\boldsymbol{A}$ 非奇异，则称线性方程组 $\boldsymbol{Ax}=\boldsymbol{b}$ 为适定方程.

（2）**欠定方程**：若 $\mathrm{rank}(\boldsymbol{A})=\mathrm{rank}(\boldsymbol{B})<n$，即独立的方程个数 m 小于未知数的个数 n，则称线性方程组 $\boldsymbol{Ax}=\boldsymbol{b}$ 为欠定方程.

（3）**超定方程**：若独立的方程个数 m 大于未知数的个数 n，则称线性方程组 $\boldsymbol{Ax}=\boldsymbol{b}$ 为超定方程.

若线性方程组 $\boldsymbol{A}_{m\times n}\boldsymbol{x}=\boldsymbol{b}$ 至少有一个（精确）解，称该线性方程组为**一致方程**；不存在任何精确解的线性方程组称为**非一致方程**.

由以上定义可以看出，适定方程中方程的个数 m 与独立未知参数的个数 n 相同，恰好可以唯一地确定该方程组的解. 此时，适定方程 $\boldsymbol{Ax}=\boldsymbol{b}$ 的唯一解由 $\boldsymbol{x}=\boldsymbol{A}^{-1}\boldsymbol{b}$ 给出，故适定方程是一致方程. 而欠定方程中方程的个数 m 比独立的未知参数的个数 n 少，这时由方程的个数不足以确定方程组的唯一解，这样的方程组存在无穷多组解，故欠定方程也是一致方程. 超定方程中独立方程的个数 m 超过独立的未知参数的个数 n，此时，方程组 $\boldsymbol{Ax}=\boldsymbol{b}$ 无精确解，只有近似解，故超定方程为非一致方程.

根据秩的大小，可以将矩阵分为以下 4 类：

（1）**满秩**（full rank）**矩阵**：秩等于 n 的 n 阶方阵. 易见满秩矩阵是非奇异矩阵.

（2）**秩亏缺**（rank deficient）**矩阵**：$\mathrm{rank}(\boldsymbol{A}_{m\times n})<\min(m,n)$ 的矩阵.

（3）**行满秩**（full row rank）**矩阵**：$\mathrm{rank}(\boldsymbol{A}_{m\times n})=m(<n)$ 的矩阵.

（4）**列满秩**（full column rank）**矩阵**：$\mathrm{rank}(\boldsymbol{A}_{m\times n})=n(<m)$ 的矩阵.

矩阵的秩具有以下基本性质：

（1）秩是一个非负整数.

（2）秩等于或小于矩阵的行数和列数中的最小值.

（3）若 $\boldsymbol{A}\in\mathbf{C}^{m\times n}$，则 $\mathrm{rank}(\boldsymbol{A})=\mathrm{rank}(\boldsymbol{A}^{\mathrm{T}})=\mathrm{rank}(\boldsymbol{A}^{*})=\mathrm{rank}(\boldsymbol{A}^{\mathrm{H}})$.

（4）若 $\boldsymbol{A}\in\mathbf{C}^{m\times n}$ 且 $\alpha\neq 0$，则 $\mathrm{rank}(\alpha\boldsymbol{A})=\mathrm{rank}(\boldsymbol{A})$.

（5）矩阵左乘 (或右乘) 一个非奇异矩阵后，其秩保持不变.

（6）$\mathrm{rank}(\boldsymbol{AA}^{\mathrm{T}})=\mathrm{rank}(\boldsymbol{A}^{\mathrm{T}}\boldsymbol{A})=\mathrm{rank}(\boldsymbol{A})$.

（7）$\mathrm{rank}(\boldsymbol{AA}^{\mathrm{H}})=\mathrm{rank}(\boldsymbol{A}^{\mathrm{H}}\boldsymbol{A})=\mathrm{rank}(\boldsymbol{A})$.

总的来说，矩阵的秩所刻画的是矩阵行与行之间或者列与列之间的线性无关性，即矩阵中的行或列有无冗余信息，也就是矩阵的满秩性和秩亏缺性. 这也是在后面章节中介绍的矩阵分解中的重要指标.

1.5 矩阵的二次型

1.5.1 二次型的定义

在许多问题中，经常需要将二次齐次多项式转化成只含有平方项的形式，将这一类问题进行一般化，讨论含 n 个变量的二次齐次多项式的化简问题.

定义 1.5.1 设 $\boldsymbol{A}$ 是一个实对称矩阵或复共轭对称（即 Hermite）矩阵，称

$$\boldsymbol{x}^{\mathrm{T}}\boldsymbol{A}\boldsymbol{x} \quad 或 \quad \boldsymbol{x}^{\mathrm{H}}\boldsymbol{A}\boldsymbol{x}$$

为矩阵 $\boldsymbol{A}$ 的**实二次型**或**复二次型**，其中 $\boldsymbol{x}$ 可以是任意的非零实向量或复向量.

矩阵的二次型取实数, 这样做的最基本优点是可以同零比较大小，这在应用中会更加方便. 后面讨论的内容均采用复二次型的形式，实二次型有类似的定义.

1.5.2 二次型的正定性

通常，将大于零的二次型 $\boldsymbol{x}^{\mathrm{H}}\boldsymbol{A}\boldsymbol{x}(\forall \boldsymbol{x} \neq \boldsymbol{0})$ 称为正定的二次型，与之对应的 Hermite 矩阵则称为正定矩阵. 类似地，可以定义 Hermite 矩阵的半正定性、负定性和半负定性等.

定义 1.5.2 一个复共轭对称矩阵 $\boldsymbol{A}$ 称为

（1）**正定矩阵**，若 $\forall \boldsymbol{x} \neq \boldsymbol{0}$，二次型 $\boldsymbol{x}^{\mathrm{H}}\boldsymbol{A}\boldsymbol{x} > 0$，记作 $\boldsymbol{A} \succ \boldsymbol{0}$;

（2）**半正定矩阵**，若 $\forall \boldsymbol{x} \neq \boldsymbol{0}$，二次型 $\boldsymbol{x}^{\mathrm{H}}\boldsymbol{A}\boldsymbol{x} \geqslant 0$（也称非负定的), 记作 $\boldsymbol{A} \succeq \boldsymbol{0}$;

（3）**负定矩阵**，若 $\forall \boldsymbol{x} \neq \boldsymbol{0}$，二次型 $\boldsymbol{x}^{\mathrm{H}}\boldsymbol{A}\boldsymbol{x} < 0$，记作 $\boldsymbol{A} \prec \boldsymbol{0}$;

（4）**半负定矩阵**，若 $\forall \boldsymbol{x} \neq \boldsymbol{0}$，二次型 $\boldsymbol{x}^{\mathrm{H}}\boldsymbol{A}\boldsymbol{x} \leqslant 0$（也称非正定的)，记作 $\boldsymbol{A} \preceq \boldsymbol{0}$;

（5）**不定矩阵**，若二次型 $\boldsymbol{x}^{\mathrm{H}}\boldsymbol{A}\boldsymbol{x}$ 既可能取正值，也可能取负值.

矩阵的二次型刻画了矩阵的正定性. 矩阵的正定性和半正定性等都可以用特征值描述:

(1) 正定矩阵是所有特征值取正实数的矩阵.

(2) 半正定矩阵是全部特征值取非负实数的矩阵.

(3) 负定矩阵是全部特征值为负实数的矩阵.

(4) 半负定矩阵是全部特征值取非正实数的矩阵.

(5) 不定矩阵是特征值有些取正实数，另一些取负实数的矩阵.

通过以上描述可以看出，矩阵的特征值既刻画原矩阵的奇异性，也刻画矩阵的正定性. 之所以称为矩阵的特征值，正是因为它反映了矩阵的奇异性和正定性等重要特征.

1.6 相似对角化

定义 1.6.1 设矩阵 $\boldsymbol{A}, \boldsymbol{B} \in \mathbf{C}^{n\times n}$，若存在 $\boldsymbol{P} \in \mathbf{C}^{n\times n}$ 使得

$$\boldsymbol{P}^{-1}\boldsymbol{A}\boldsymbol{P} = \boldsymbol{B}, \tag{1-11}$$

则称 $\boldsymbol{A}$ 与 $\boldsymbol{B}$ **相似**，称 $\boldsymbol{P}$ 为**相似变换矩阵**.

定义 1.6.2 若矩阵 $\boldsymbol{A}$ 与一个对角矩阵相似，则称 $\boldsymbol{A}$ **可对角化**.

定理 1.6.1 矩阵 $\boldsymbol{A} \in \mathbf{C}^{n\times n}$ 的每个特征值的代数重数（方程根的重数）等于几何重数（线性无关的特征向量个数），则 $\boldsymbol{A}$ 可对角化.

设 $\boldsymbol{A}$ 的特征值分别为 $\lambda_1, \lambda_2, \cdots, \lambda_n$,对应的线性无关的特征向量为 $\boldsymbol{p}_1, \boldsymbol{p}_2, \cdots, \boldsymbol{p}_n$，令 $\boldsymbol{P} = [\boldsymbol{p}_1, \boldsymbol{p}_2, \cdots, \boldsymbol{p}_n]$，则

$$\boldsymbol{P}^{-1}\boldsymbol{A}\boldsymbol{P} = \boldsymbol{\Lambda} = \mathrm{diag}(\lambda_1, \lambda_2, \cdots, \lambda_n).$$

1.7 Python 实现

例 1.7.1 设矩阵 $\boldsymbol{A} = \begin{bmatrix} 2 & 1 & -1 & 3 \\ -1 & 3 & 0 & 6 \\ 5 & 3 & -3 & 7 \\ 3 & -3 & -7 & 2 \end{bmatrix}$, $\boldsymbol{B} = \begin{bmatrix} 3 & 2 & 1 \\ 2 & -3 & 4 \\ 2 & 6 & 2 \\ 5 & 0 & 1 \end{bmatrix}$, 求 $\boldsymbol{AB}$.

Python 程序如下：

```
#导入numpy库
import numpy as np
# 定义矩阵A和B
A = np.array([
    [2, 1, -1, 3],
    [-1, 3, 0, 6],
    [5, 3, -3, 7],
    [3, -3, -7, 2]])
B = np.array([
    [3, 2, 1],
    [2, -3, 4],
    [2, 6, 2],
    [5, 0, 1]])
# 计算矩阵A和B的乘积
C = np.dot(A, B)
# 打印结果
print("矩阵A和B的乘积为：\n")
print(C)
```

运行结果如下：

```
矩阵A和B的乘积为：
[[ 21  -2  20]
 [ 35   6  31]
 [ 40  -6  40]
 [ -4  -6 -10]]
```

例 1.7.2 求矩阵 $\boldsymbol{A}=\begin{bmatrix}2&1&-1&3\\-1&3&0&6\\5&3&-3&7\\3&-3&-7&2\end{bmatrix}$ 的逆矩阵.

Python 程序如下:

```
import numpy as np
# 定义矩阵A
A = np.array([
    [2, 1, -1, 3],
    [-1, 3, 0, 6],
    [5, 3, -3, 7],
    [3, -3, -7, 2]])
# 计算矩阵A的逆矩阵
A_inv = np.linalg.inv(A)
# 打印结果
print("矩阵A的逆矩阵为: ")
print(A_inv)
```

运行结果为:

```
矩阵A的逆矩阵为:
[[ 0.57303371 -0.2247191  -0.03370787 -0.06741573]
 [-2.23595506  0.03370787  0.95505618 -0.08988764]
 [ 1.5505618  -0.07865169 -0.56179775 -0.12359551]
 [ 1.21348315  0.11235955 -0.48314607  0.03370787]]
```

若结果用分数表示, 程序如下:

```
from sympy import Matrix
# 定义矩阵A
A = Matrix([
    [2, 1, -1, 3],
    [-1, 3, 0, 6],
    [5, 3, -3, 7],
    [3, -3, -7, 2]])
# 计算矩阵A的逆矩阵
A_inv = A.inv()
# 打印结果
print("矩阵A的逆矩阵为: ")
print(A_inv)
```

运行结果为:

```
矩阵A的逆矩阵为:
Matrix([[51/89, -20/89, -3/89, -6/89],
[-199/89, 3/89, 85/89, -8/89],
```

```
[138/89, -7/89, -50/89, -11/89],
[108/89, 10/89, -43/89, 3/89]])
```

例 1.7.3 求矩阵 $\boldsymbol{A}=\begin{bmatrix}2 & 1 & -1 & 3\\-1 & 3 & 0 & 6\\5 & 3 & -3 & 7\\3 & -3 & -7 & 2\end{bmatrix}$ 的特征值与特征向量.

Python 程序如下:

```
import numpy as np
# 定义矩阵A
A = np.array([
    [2, 1, -1, 3],
    [-1, 3, 0, 6],
    [5, 3, -3, 7],
    [3, -3, -7, 2]])
# 计算矩阵A的特征值和特征向量
eigenvalues, eigenvectors = np.linalg.eig(A)
# 打印结果
print("矩阵A的特征值为: ")
print(eigenvalues)
print("矩阵A的特征向量为: ")
print(eigenvectors)
```

运行结果如下:

```
矩阵A的特征向量为:
[[ 0.07946743+0.j          0.44939983+0.j          0.00961775-0.24128714j
   0.00961775+0.24128714j]
 [ 0.71316313+0.j         -0.67605033+0.j         -0.03253452-0.49027837j
  -0.03253452+0.49027837j]
 [-0.49641192+0.j          0.51389321+0.j          0.01726396-0.56039708j
   0.01726396+0.56039708j]
 [-0.48852685+0.j          0.27732564+0.j          0.62121954+0.j
   0.62121954-0.j        ]]
```

求矩阵的特征值和特征向量也可以用 sympy 库中的类 Matrix 来实现, 程序如下:

```
from sympy import Matrix
# 定义矩阵A
A = Matrix([
    [2, 1, -1, 3],
    [-1, 3, 0, 6],
    [5, 3, -3, 7],
    [3, -3, -7, 2]])
# 计算矩阵A的特征值和特征向量
```

```
eigenvalues = A.eigenvals()
eigenvectors = A.eigenvects()
# 打印结果
print("矩阵A的特征值为：")
print(eigenvalues)
print("矩阵A的特征向量为：")
print(eigenvectors)
```

例 1.7.4 求矩阵 $\boldsymbol{B}=\begin{bmatrix}3 & 2 & 1\\ 2 & -3 & 4\\ 2 & 6 & 2\\ 5 & 0 & 1\end{bmatrix}$ 的秩.

Python 程序如下：

```
from sympy import Matrix
# 定义矩阵B
B = Matrix([
    [3, 2, 1],
    [2, -3, 4],
    [2, 6, 2],
    [5, 0, 1]])
# 计算矩阵B的秩
rank_B = B.rank()
# 打印结果
print("矩阵B的秩为：", rank_B)
```

运行结果为：

```
矩阵B的秩为： 3
```

习　题　1

1.1　设 n 阶方阵 $\boldsymbol{A}$，$\boldsymbol{B}$ 都是正交矩阵，证明 $\boldsymbol{AB}$ 也是正交矩阵.

1.2　设 $\boldsymbol{A}=\begin{bmatrix}1 & 2 & 3\\ 4 & 5 & 6\\ 7 & 8 & 9\end{bmatrix}$，求矩阵 $\boldsymbol{A}$ 的秩.

1.3　设矩阵 $\boldsymbol{A}=\begin{bmatrix}2 & -1\\ -1 & 2\end{bmatrix}$，求 $\boldsymbol{A}$ 的特征值和特征向量.

1.4　计算矩阵 $\boldsymbol{A}=\begin{bmatrix}1 & 0 & 2\\ 0 & 3 & 0\\ 2 & 0 & 1\end{bmatrix}$ 的行列式.

1.5　设 $\boldsymbol{A}=\begin{bmatrix}1 & 2\\ 3 & 4\end{bmatrix}$，求 $\boldsymbol{A}$ 的逆矩阵.

1.6 设矩阵 $\boldsymbol{A}=\begin{bmatrix}1 & 2 & 3\\ 4 & 5 & 6\\ 7 & 8 & 9\end{bmatrix}$，将其化为行阶梯形矩阵和行最简形矩阵.

1.7 设 $\boldsymbol{A}=\begin{bmatrix}1 & 2\\ 3 & 4\end{bmatrix}$ 和 $\boldsymbol{B}=\begin{bmatrix}2 & 1\\ 0 & 3\end{bmatrix}$，求 $\boldsymbol{A}$ 和 $\boldsymbol{B}$ 的迹，并证明 $\operatorname{tr}(\boldsymbol{A}+\boldsymbol{B})=\operatorname{tr}(\boldsymbol{A})+\operatorname{tr}(\boldsymbol{B})$.

1.8 设矩阵 $\boldsymbol{A}=\begin{bmatrix}2 & 1\\ 1 & 2\end{bmatrix}$，求 $\boldsymbol{A}$ 的二次型 $Q(\boldsymbol{x})=\boldsymbol{x}^{\mathrm{T}}\boldsymbol{A}\boldsymbol{x}$.

1.9 设 $\boldsymbol{A}=\begin{bmatrix}1 & 2 & 3\\ 4 & 5 & 6\\ 7 & 8 & 9\end{bmatrix}$，编程求解 $\boldsymbol{A}$ 的特征值和特征向量.

1.10 设矩阵 $\boldsymbol{A}=\begin{bmatrix}1 & 2\\ 3 & 4\end{bmatrix}$，$\boldsymbol{B}=\begin{bmatrix}0 & 1\\ 1 & 0\end{bmatrix}$，验证 $(\boldsymbol{A}\boldsymbol{B})^{\mathrm{T}}=\boldsymbol{B}^{\mathrm{T}}\boldsymbol{A}^{\mathrm{T}}$.

第 2 章　矩阵的标准形

标准形的理论源自矩阵的相似性，因为相似矩阵有许多相似不变量，例如：相似矩阵有相同的特征多项式、特征值、行列式、迹及秩等，且相似矩阵具有传递性，于是，可以把众多相似矩阵归为一类. 这自然使人们想到在一类相似矩阵的集合中寻找最简单的“代表矩阵”，这个最简单的代表矩阵就是这一类矩阵的标准形. 对于可对角化矩阵，其标准形就是由特征值组成的对角矩阵. 本章讨论不可对角化矩阵的标准形.

2.1　Jordan 标准形的定义

由定理 1.6.1 可知，不是任何一个矩阵都与对角矩阵相似. 当矩阵不能对角化时，需要寻找“几乎对角的”相似矩阵. 由此引出矩阵在相似下的各种标准形问题，其中若尔当（Jordan）标准形最接近对角矩阵.

定义 2.1.1　形如

$$\boldsymbol{J}_i=\begin{bmatrix}\lambda_i & 1 & 0 & \cdots & 0\\ 0 & \lambda_i & 1 & \cdots & 0\\ \vdots & \vdots & \vdots & & \vdots\\ 0 & 0 & 0 & \cdots & 1\\ 0 & 0 & 0 & \cdots & \lambda_i\end{bmatrix}_{r_i\times r_i}$$

的方阵称为 $\boldsymbol{r_i}$ **阶 Jordan 块**.

定义 2.1.2　由若干个 Jordan 块 $\boldsymbol{J}_1,\boldsymbol{J}_2,\cdots,\boldsymbol{J}_s$ 组成的分块对角矩阵

$$\boldsymbol{J}=\begin{bmatrix}\boldsymbol{J}_1 & \boldsymbol{O} & \cdots & \boldsymbol{O}\\ \boldsymbol{O} & \boldsymbol{J}_2 & \cdots & \boldsymbol{O}\\ \vdots & \vdots & & \vdots\\ \boldsymbol{O} & \boldsymbol{O} & \cdots & \boldsymbol{J}_s\end{bmatrix}$$

称为 **Jordan 标准形**.

定理 2.1.1　每个 n 阶复矩阵 $\boldsymbol{A}$ 都与一个 Jordan 标准形 $\boldsymbol{J}$ 相似. 若不计 Jordan 块的排列次序，则该 Jordan 标准形完全由 $\boldsymbol{A}$ 唯一确定，即每个矩阵都有唯一的 Jordan 标准形.

注: 定理的证明详见文献 [4]，下面主要讨论 Jordan 标准形的求解问题.

2.2 Jordan 标准形的计算

2.2.1 Jordan 标准形的特征向量法

Jordan 标准形可根据矩阵的特征值和特征向量求解. 单重特征值对应一阶 Jordan 块，r 重特征值有几个线性无关的特征向量，就有相同数量的 Jordan 块，这些 Jordan 块的阶数的和等于 r.

例 2.2.1 求矩阵 $\boldsymbol{A}=\begin{bmatrix}3 & 1 & -1\\ -2 & 0 & 2\\ -1 & -1 & 3\end{bmatrix}$ 的 Jordan 标准形.

解 可求得 $|\lambda\boldsymbol{I}-\boldsymbol{A}|=(\lambda-2)^3$, 即矩阵 $\boldsymbol{A}$ 有三重特征值 $\lambda=2$, 而 $\operatorname{rank}(2\boldsymbol{I}-\boldsymbol{A})=1$，对应的线性无关的特征向量有两个，故矩阵 $\boldsymbol{A}$ 的 Jordan 标准形有两个 Jordan 块，分别为一阶和二阶，即

$$\boldsymbol{J}=\begin{bmatrix}2 & & \\ & 2 & 1\\ & & 2\end{bmatrix}.$$

上述方法称为**特征向量法**，适合较为简单的矩阵. 特征向量法的缺点是当某个特征值的重数较高时，对应的 Jordan 块无法确定.

2.2.2 λ 矩阵及其 Smith 标准形

由于 Jordan 标准形的计算需要特征值、特征向量的信息，因此与特征多项式关系密切. 从函数的角度看，特征多项式实际上是特殊的函数矩阵 (元素是函数的矩阵)，于是引出对 λ 矩阵的研究，并希望能简化 Jordan 标准形的繁杂计算.

定义 2.2.1 称矩阵

$$\boldsymbol{A}(\lambda)=\begin{bmatrix}a_{11}(\lambda) & a_{12}(\lambda) & \cdots & a_{1n}(\lambda)\\ a_{21}(\lambda) & a_{22}(\lambda) & \cdots & a_{2n}(\lambda)\\ \vdots & \vdots & & \vdots\\ a_{n1}(\lambda) & a_{n2}(\lambda) & \cdots & a_{nn}(\lambda)\end{bmatrix} \tag{2-1}$$

为 **λ 矩阵**，其中元素 $a_{ij}(\lambda)$ 是数域 P 上关于 λ 的多项式.

$a_{ij}(\lambda)$ 的最高次数称为 $\boldsymbol{A}(\lambda)$ 的次数. 当 $\lambda=0$ 时，λ 矩阵即为数字矩阵，而数字矩阵 $\boldsymbol{A}$ 的特征矩阵 $\lambda\boldsymbol{I}-\boldsymbol{A}$ 是一次 λ 矩阵. $\boldsymbol{A}(\lambda)$ 的不恒等于零的子式的最高阶数称为 $\boldsymbol{A}(\lambda)$ 的**秩**，记为 $\operatorname{rank}(\boldsymbol{A}(\lambda))$.

定义 2.2.2 以下三种变换称为 λ 矩阵的初等变换：

（1）任意两行 (列) 互换；

（2）用非零的数乘以某行 (列)；

（3）用 λ 的多项式 $\varphi(\lambda)$ 乘以某行 (列)，并将结果加到另一行 (列) 上去.

定义 2.2.3 如果矩阵 $\boldsymbol{A}(\lambda)$ 经过有限次的初等变换化成矩阵 $\boldsymbol{B}(\lambda)$，则称矩阵 $\boldsymbol{A}(\lambda)$ 与 $\boldsymbol{B}(\lambda)$ **等价**，记为 $\boldsymbol{A}(\lambda) \sim \boldsymbol{B}(\lambda)$.

矩阵等价的性质如下：

（1）等价具有反身性、对称性、传递性；

（2）初等变换不改变 λ 矩阵的秩；

（3）两个 λ 矩阵等价，它们的秩相等，反之不成立.

定理 2.2.1 秩为 r 的 λ 矩阵 $\boldsymbol{A}(\lambda)$ 可通过初等变换化为如下形式：

$$\boldsymbol{S}(\lambda)=\begin{bmatrix} d_1(\lambda) & 0 & \cdots & 0 & \cdots & 0 \\ 0 & d_2(\lambda) & \cdots & 0 & \cdots & 0 \\ \vdots & \vdots & & \vdots & & \vdots \\ 0 & 0 & \cdots & d_r(\lambda) & \cdots & 0 \\ \vdots & \vdots & & \vdots & & \vdots \\ 0 & 0 & \cdots & 0 & \cdots & 0 \end{bmatrix}. \tag{2-2}$$

其中 $d_i(\lambda)$ 为首一多项式 (首项系数为 1)，且 $d_i(\lambda) \mid d_{i+1}(\lambda)$，矩阵 $\boldsymbol{S}(\lambda)$ 称为 $\boldsymbol{A}(\lambda)$ 的**史密斯（Smith）标准形**.

定义 2.2.4 矩阵 $\boldsymbol{A}(\lambda)$ 的 Smith 标准形 (2-2) 中的非零对角元 $d_1(\lambda), d_2(\lambda), \cdots, d_r(\lambda)$ 称为 $\boldsymbol{A}(\lambda)$ 的**不变因子**.

定义 2.2.5 将 λ 矩阵 $\boldsymbol{A}(\lambda)$ 的不变因子分解成各因式的乘积形式，即

$$\begin{aligned} d_1(\lambda) &= (\lambda-\lambda_1)^{k_{11}}(\lambda-\lambda_2)^{k_{12}}\cdots(\lambda-\lambda_s)^{k_{1s}}, \\ d_2(\lambda) &= (\lambda-\lambda_1)^{k_{21}}(\lambda-\lambda_2)^{k_{22}}\cdots(\lambda-\lambda_s)^{k_{2s}}, \\ &\vdots \\ d_r(\lambda) &= (\lambda-\lambda_1)^{k_{r1}}(\lambda-\lambda_2)^{k_{r2}}\cdots(\lambda-\lambda_s)^{k_{rs}}, \end{aligned}$$

其中 $\lambda_1, \lambda_2, \cdots, \lambda_s$ 互异，且由不变因子的整除性，有

$$k_{1i} \leqslant k_{2i} \leqslant \cdots \leqslant k_{ri}, \quad 1 \leqslant i \leqslant s.$$

所有指数大于零的因子 $(\lambda-\lambda_j)^{k_{ij}}$ 称为 $\boldsymbol{A}(\lambda)$ 的**初等因子** (相同的按出现的次数计算).

2.2.3 Jordan 标准形的初等变换法

对于矩阵 $\boldsymbol{A} \in \mathbf{C}^{m\times n}$，用初等变换法求 Jordan 标准形的步骤如下：

（1）用初等变换把特征矩阵 $\lambda\boldsymbol{I}-\boldsymbol{A}$ 化为 Smith 标准形.

（2）求出 $\lambda\boldsymbol{I}-\boldsymbol{A}$ 的不变因子.

（3）求特征矩阵的初等因子组，设为

$$(\lambda-\lambda_1)^{r_1}, (\lambda-\lambda_2)^{r_2}, \cdots, (\lambda-\lambda_s)^{r_s},$$

其中 $r_1+r_2+\cdots+r_s=n$.

（4）写出每个初等因子 $(\lambda-\lambda_i)^{r_i}$ 对应的 Jordan 块：

$$\boldsymbol{J}_i=\begin{bmatrix}\lambda_i & 1 & 0 & \cdots & 0\\ 0 & \lambda_i & 1 & \cdots & 0\\ 0 & 0 & \lambda_i & \cdots & 0\\ \vdots & \vdots & \vdots & & \vdots\\ 0 & 0 & 0 & \cdots & \lambda_i\end{bmatrix}_{r_i\times r_i}.$$

（5）写出这些 Jordan 块构成的 Jordan 标准形：

$$\boldsymbol{J}=\begin{bmatrix}\boldsymbol{J}_1 & \boldsymbol{O} & \cdots & \boldsymbol{O}\\ \boldsymbol{O} & \boldsymbol{J}_2 & \cdots & \boldsymbol{O}\\ \vdots & \vdots & & \vdots\\ \boldsymbol{O} & \boldsymbol{O} & \cdots & \boldsymbol{J}_s\end{bmatrix}.$$

例 2.2.2 用初等变换法求矩阵 $\boldsymbol{A}=\begin{bmatrix}-1 & 0 & 1\\ 1 & 2 & 0\\ -4 & 0 & 3\end{bmatrix}$ 的 Jordan 标准形.

解

$$\lambda\boldsymbol{I}-\boldsymbol{A}=\begin{bmatrix}\lambda+1 & 0 & -1\\ -1 & \lambda-2 & 0\\ 4 & 0 & \lambda-3\end{bmatrix}\sim\begin{bmatrix}0 & 0 & -1\\ -1 & \lambda-2 & 0\\ (\lambda-1)^2 & 0 & 0\end{bmatrix}$$

$$\sim\begin{bmatrix}1 & 0 & 0\\ 0 & \lambda-2 & -1\\ 0 & 0 & (\lambda-1)^2\end{bmatrix}\sim\begin{bmatrix}1 & 0 & 0\\ 0 & 0 & -1\\ 0 & (\lambda-1)^2(\lambda-2) & 0\end{bmatrix}$$

$$\sim\begin{bmatrix}1 & 0 & 0\\ 0 & 1 & 0\\ 0 & 0 & (\lambda-1)^2(\lambda-2)\end{bmatrix},$$

$\boldsymbol{A}$ 的不变因子为

$$d_1(\lambda)=1,\quad d_2(\lambda)=1,\quad d_3(\lambda)=(\lambda-1)^2(\lambda-2),$$

$\boldsymbol{A}$ 的初等因子为

$$(\lambda-1)^2,(\lambda-2).$$

$\boldsymbol{A}$ 的 Jordan 标准形为

$$\boldsymbol{J}=\begin{bmatrix} 2 & & \\ & 1 & 1 \\ & & 1 \end{bmatrix}.$$

例 2.2.3 若已知 5 阶方阵 $\boldsymbol{A}(\lambda)$ 的秩为 4，其初等因子为

$$\lambda, \lambda^2, \lambda^2, \lambda-1, \lambda-1, \lambda+1, (\lambda+1)^2,$$

求 $\boldsymbol{A}(\lambda)$ 的不变因子和 Smith 标准形.

解 $\boldsymbol{A}(\lambda)$ 的秩为 4，由不变因子与初等因子的关系，有

$$d_4(\lambda)=\lambda^2(\lambda-1)(\lambda+1)^2,\ d_3(\lambda)=\lambda^2(\lambda-1)(\lambda+1),\ d_2(\lambda)=\lambda,\ d_1(\lambda)=1.$$

所以，$\boldsymbol{A}(\lambda)$ 的 Smith 标准形为

$$\begin{bmatrix} 1 & 0 & 0 & 0 & 0 \\ 0 & \lambda & 0 & 0 & 0 \\ 0 & 0 & \lambda^2(\lambda-1)(\lambda+1) & 0 & 0 \\ 0 & 0 & 0 & \lambda^2(\lambda-1)(\lambda+1)^2 & 0 \\ 0 & 0 & 0 & 0 & 0 \end{bmatrix}.$$

2.2.4 Jordan 标准形的行列式因子法

定义 2.2.6 矩阵 $\boldsymbol{A}(\lambda)$ 的所有非零 k 阶子式的首一 (最高次项系数为 1) 最大公因式 $D_k(\lambda)$ 称为 $\boldsymbol{A}(\lambda)$ 的 **$\boldsymbol{k}$ 阶行列式因子**.

定理 2.2.2 矩阵 $\boldsymbol{A}(\lambda)$ 与 $\boldsymbol{B}(\lambda)$ 等价，则它们有相同的秩和相同的行列式因子.

$\boldsymbol{A}(\lambda)$ 与其标准形 $\boldsymbol{J}(\lambda)$ 有相同的行列式因子，因 $d_i(\lambda)\mid d_{i+1}(\lambda)$，故

$$D_k(\lambda)=d_1(\lambda)d_2(\lambda)\cdots d_k(\lambda),$$

因此

$$d_k(\lambda)=\frac{D_k(\lambda)}{D_{k-1}(\lambda)}.$$

这说明，$d_k(\lambda)$ 由 $\boldsymbol{A}(\lambda)$ 的行列式因子唯一确定，故 Smith 标准形唯一.

例 2.2.4 用行列式因子法求矩阵 $\boldsymbol{A}=\begin{bmatrix} 1 & 2 & 0 \\ 0 & 2 & 0 \\ -2 & -2 & 1 \end{bmatrix}$ 的 Jordan 标准形.

解

$$\lambda\boldsymbol{I}-\boldsymbol{A}=\begin{bmatrix} \lambda-1 & -2 & 0 \\ 0 & \lambda-2 & 0 \\ 2 & 2 & \lambda-1 \end{bmatrix}.$$

所以行列式因子为

$$D_1(\lambda) = D_2(\lambda) = 1, \quad D_3(\lambda) = (\lambda-1)^2(\lambda-2).$$

不变因子为

$$d_1(\lambda) = d_2(\lambda) = 1, \quad d_3(\lambda) = (\lambda-1)^2(\lambda-2).$$

初等因子为

$$(\lambda-1)^2, \lambda-2.$$

Jordan 标准形为

$$\boldsymbol{J} = \begin{bmatrix} 1 & 1 & \\ & 1 & \\ & & 2 \end{bmatrix}.$$

求出 Jordan 标准形后，相应的相似变换矩阵也可以求得，举例如下：

例 2.2.5 已知矩阵 $\boldsymbol{A} = \begin{bmatrix} 3 & 1 & -1 \\ -2 & 0 & 2 \\ -1 & -1 & 3 \end{bmatrix}$，求可逆矩阵 $\boldsymbol{P}$，使 $\boldsymbol{P}^{-1}\boldsymbol{AP} = \boldsymbol{J}$，其中 $\boldsymbol{J}$ 为 $\boldsymbol{A}$ 的 Jordan 标准形.

解 由例 2.2.1 得 $\boldsymbol{A}$ 的 Jordan 标准形为

$$\boldsymbol{J} = \begin{bmatrix} 2 & 0 & 0 \\ 0 & 2 & 1 \\ 0 & 0 & 2 \end{bmatrix}.$$

矩阵 $\boldsymbol{A}$ 有两个线性无关的特征向量 $\boldsymbol{\xi}_1 = (1, -1, 0)^{\mathrm{T}}, \boldsymbol{\xi}_2 = (1, 0, 1)^{\mathrm{T}}$. 设可逆矩阵 $\boldsymbol{P} = (\boldsymbol{p}_1, \boldsymbol{p}_2, \boldsymbol{p}_3)$，使 $\boldsymbol{P}^{-1}\boldsymbol{AP} = \boldsymbol{J}$，则有

$$\boldsymbol{Ap}_1 = 2\boldsymbol{p}_1,\ \boldsymbol{Ap}_2 = 2\boldsymbol{p}_2,\ \boldsymbol{Ap}_3 = \boldsymbol{p}_2 + 2\boldsymbol{p}_3. \tag{2-3}$$

如果取 $\boldsymbol{p}_1 = \boldsymbol{\xi}_1 = (1, -1, 0)^{\mathrm{T}}, \boldsymbol{p}_2 = \boldsymbol{\xi}_2 = (1, 0, 1)^{\mathrm{T}}$，则满足式 (2-3) 的 $\boldsymbol{p}_3$ 无解. 所以取 $\boldsymbol{p}_1 = \boldsymbol{\xi}_1, \boldsymbol{p}_2 = k_1\boldsymbol{\xi}_1 + k_2\boldsymbol{\xi}_2$，代入方程

$$\boldsymbol{Ap}_3 = \boldsymbol{p}_2 + 2\boldsymbol{p}_3,$$

方程 $[\boldsymbol{A} - 2\boldsymbol{I}]\boldsymbol{p}_3 = \boldsymbol{p}_2$ 有解的条件为

$$\mathrm{rank}[\boldsymbol{A} - 2\boldsymbol{I}] = \mathrm{rank}[\ \boldsymbol{A} - 2\boldsymbol{I},\quad \boldsymbol{p}_2],$$

化简得 $k_1 = -2k_2$. 故取 $\boldsymbol{p}_2 = -2\boldsymbol{\xi}_1 + \boldsymbol{\xi}_2 = (-1, 2, 1)^{\mathrm{T}}$，解得 $\boldsymbol{p}_3 = (0, 0, 1)^{\mathrm{T}}$. 所以

$$\boldsymbol{P}=\begin{bmatrix}1 & -1 & 0\\ -1 & 2 & 0\\ 0 & 1 & 1\end{bmatrix}.$$

注：这里 $\boldsymbol{P}$ 不唯一.

2.3 Jordan 块的幂运算

关于 Jordan 块的幂运算有如下定理.

定理 2.3.1 对 r 阶的 Jordan 块

$$\boldsymbol{J}=\begin{bmatrix}\lambda & 1 & 0 & \cdots & 0\\ 0 & \lambda & 1 & \cdots & 0\\ 0 & 0 & \lambda & \cdots & 0\\ \vdots & \vdots & \vdots & & \vdots\\ 0 & 0 & 0 & \cdots & \lambda\end{bmatrix}_{r\times r},$$

有

$$\boldsymbol{J}^k=\begin{bmatrix}\lambda^k & \frac{1}{1!}(\lambda^k)' & \frac{1}{2!}(\lambda^k)'' & \cdots & \frac{1}{(r-1)!}(\lambda^k)^{(r-1)}\\ & \lambda^k & \frac{1}{1!}(\lambda^k)' & \cdots & \frac{1}{(r-2)!}(\lambda^k)^{(r-2)}\\ & & \ddots & & \vdots\\ & & & \ddots & \frac{1}{1!}(\lambda^k)'\\ & & & & \lambda^k\end{bmatrix}_{r\times r}. \tag{2-4}$$

其中 $(\lambda^k)^{(r-1)}$ 表示 λ^k 对 λ 的 $r-1$ 阶导数.

特别地，有

$$\begin{bmatrix}\lambda & 1\\ & \lambda\end{bmatrix}^k=\begin{bmatrix}\lambda^k & k\lambda^{k-1}\\ & \lambda^k\end{bmatrix}, \tag{2-5}$$

和

$$\begin{bmatrix}\lambda & 1 & 0\\ & \lambda & 1\\ & & \lambda\end{bmatrix}^k=\begin{bmatrix}\lambda^k & k\lambda^{k-1} & \frac{k(k-1)}{2}\lambda^{k-2}\\ & \lambda^k & k\lambda^{k-1}\\ & & \lambda^k\end{bmatrix}. \tag{2-6}$$

例 2.3.1 已知矩阵 $\boldsymbol{A}=\begin{bmatrix}3 & 1 & -1\\ -2 & 0 & 2\\ -1 & -1 & 3\end{bmatrix}$，求 $\boldsymbol{A}^k$.

解 由例 2.2.5，有

$$\boldsymbol{P}=\begin{bmatrix}1 & -1 & 1\\ -1 & 2 & -2\\ 0 & 1 & 0\end{bmatrix},\ \boldsymbol{J}=\begin{bmatrix}2 & 0 & 0\\ 0 & 2 & 1\\ 0 & 0 & 2\end{bmatrix},$$

使得 $\boldsymbol{P}^{-1}\boldsymbol{A}\boldsymbol{P}=\boldsymbol{J}$，所以

$$\begin{aligned}\boldsymbol{A}^k=\boldsymbol{P}\boldsymbol{J}^k\boldsymbol{P}^{-1}&=\begin{bmatrix}1 & -1 & 1\\ -1 & 2 & -2\\ 0 & 1 & 0\end{bmatrix}\begin{bmatrix}2^k & 0 & 0\\ 0 & 2^k & k2^{k-1}\\ 0 & 0 & 2^k\end{bmatrix}\begin{bmatrix}2 & 1 & 0\\ 0 & 0 & 1\\ -1 & -1 & 1\end{bmatrix}\\ &=\begin{bmatrix}2^k+2^{(k-1)}k & 2^{(k-1)}k & -2^{(k-1)}k\\ -2^k k & 2^k-2^k k & 2^k k\\ -2^{(k-1)}k & -2^{(k-1)}k & 2^k+2^{(k-1)}k\end{bmatrix}.\end{aligned}$$

2.4 最小多项式

Jordan 标准形的计算复杂，而特征多项式与之关系密切. 由于**凯莱（Cayley）和哈密顿（Hamilton）**发现矩阵的特征多项式是矩阵的零化多项式，故类比多项式的带余除法理论，以适当的零化多项式为商，将矩阵多项式转化为相应的余式，从而降低多项式的次数.

设 $\boldsymbol{A}\in\mathbf{C}^{n\times n}$，形如

$$\phi(\boldsymbol{A})=a_m\boldsymbol{A}^m+a_{m-1}\boldsymbol{A}^{m-1}+\cdots+a_1\boldsymbol{A}+a_0\boldsymbol{I},\quad a_m\neq 0 \tag{2-7}$$

的式子称为矩阵 $\boldsymbol{A}$ 的 **$\boldsymbol{m}$ 次多项式**，$\phi(\boldsymbol{A})$ 也是一个矩阵.

定理 2.4.1 (Cayley-Hamilton 定理) n 阶方阵 $\boldsymbol{A}$ 是其特征多项式 $f(\lambda)=|\lambda\boldsymbol{I}-\boldsymbol{A}|$ 的“根”，即

$$f(\boldsymbol{A})=\boldsymbol{O}.$$

利用 Cayley-Hamilton 定理可以简化矩阵计算.

例 2.4.1 已知矩阵

$$\boldsymbol{A}=\begin{bmatrix}-1 & 1 & 0\\ -4 & 3 & 0\\ 1 & 0 & 2\end{bmatrix},$$

求矩阵多项式 $g(\boldsymbol{A})=\boldsymbol{A}^5-4\boldsymbol{A}^4+6\boldsymbol{A}^3-6\boldsymbol{A}^2+6\boldsymbol{A}-3\boldsymbol{I}$.

解 $\boldsymbol{A}$ 的特征多项式为

$$f(\lambda)=|\lambda\boldsymbol{I}-\boldsymbol{A}|=\lambda^3-4\lambda^2+5\lambda-2.$$

令

$$g(\lambda)=\lambda^5-4\lambda^4+6\lambda^3-6\lambda^2+6\lambda-3,$$

利用多项式带余除法，化简得

$$g(\lambda)=(\lambda^2+1)f(\lambda)+\lambda-1,$$

则

$$g(\boldsymbol{A})=(\boldsymbol{A}^2+\boldsymbol{I})f(\boldsymbol{A})+\boldsymbol{A}-\boldsymbol{I},$$

所以

$$g(\boldsymbol{A})=\boldsymbol{A}-\boldsymbol{I}=\begin{bmatrix}-2&1&0\\-4&2&0\\1&0&1\end{bmatrix}.$$

由 Cayley-Hamilton 定理可知，对任意的矩阵 $\boldsymbol{A}$，一定存在多项式 $\phi(\lambda)$，使得 $\phi(\boldsymbol{A})=\boldsymbol{O}$.

定义 2.4.1 满足 $\phi(\boldsymbol{A})=\boldsymbol{O}$ 的多项式 $\phi(\lambda)$ 称为矩阵 $\boldsymbol{A}$ 的**零化多项式**.

显然矩阵 $\boldsymbol{A}$ 的特征多项式 $f(\lambda)=|\lambda\boldsymbol{I}-\boldsymbol{A}|$ 是矩阵 $\boldsymbol{A}$ 的一个零化多项式.

定义 2.4.2 在矩阵 $\boldsymbol{A}$ 的所有零化多项式中，次数最低的，且最高次项系数为 1 的多项式（首一多项式）称为 $\boldsymbol{A}$ 的**最小多项式**，记为 $m_{\boldsymbol{A}}(\lambda)$.

定理 2.4.2 矩阵 $\boldsymbol{A}$ 的最小多项式 $m_{\boldsymbol{A}}(\lambda)$ 整除 $\boldsymbol{A}$ 的任一零化多项式，且矩阵 $\boldsymbol{A}$ 的最小多项式 $m_{\boldsymbol{A}}(\lambda)$ 是唯一的.

证 采用反证法.

设 $g(\lambda)$ 是 $\boldsymbol{A}$ 的任一零化多项式，假设 $m_{\boldsymbol{A}}(\lambda)$ 不能整除 $g(\boldsymbol{A})$，则根据多项式的带余除法，有

$$g(\lambda)=q(\lambda)m_{\boldsymbol{A}}(\lambda)+r(\lambda),\quad \deg r(\lambda)<\deg m_{\boldsymbol{A}}(\lambda),$$

$\deg(\cdot)$ 表示次数. 而

$$g(\boldsymbol{A})=q(\boldsymbol{A})m_{\boldsymbol{A}}(\boldsymbol{A})+r(\boldsymbol{A})=\boldsymbol{O}\Rightarrow r(\boldsymbol{A})=\boldsymbol{O},$$

这与假设 $m_{\boldsymbol{A}}(\lambda)$ 是最小多项式矛盾.

再证唯一性.

假设 $m_{\boldsymbol{A}}(\lambda),\widetilde{m}_{\boldsymbol{A}}(\lambda)$ 都是 $\boldsymbol{A}$ 的最小多项式，则

$$\deg m_{\boldsymbol{A}}(\lambda)=\deg \widetilde{m}_{\boldsymbol{A}}(\lambda),$$

且都是首项系数为 1，满足

$$m_{\boldsymbol{A}}(\lambda) \mid \widetilde{m}_{\boldsymbol{A}}(\lambda), \quad \widetilde{m}_{\boldsymbol{A}}(\lambda) \mid m_{\boldsymbol{A}}(\lambda),$$

故

$$m_{\boldsymbol{A}}(\lambda) = \widetilde{m}_{\boldsymbol{A}}(\lambda).$$

证毕

注：特别地，$m_{\boldsymbol{A}}(\lambda)$ 整除 $\boldsymbol{A}$ 的特征多项式 $f(\lambda)$.

矩阵 $\boldsymbol{A}$ 的最小多项式与特征多项式之间的关系满足如下定理.

定理 2.4.3 矩阵 $\boldsymbol{A}$ 的最小多项式 $m_{\boldsymbol{A}}(\lambda)$ 的根必定是 $\boldsymbol{A}$ 的特征值；反之，$\boldsymbol{A}$ 的特征值也必定是 $\boldsymbol{A}$ 的最小多项式 $m_{\boldsymbol{A}}(\lambda)$ 的根.

证 由定理 2.4.2 知，矩阵 $\boldsymbol{A}$ 的最小多项式 $m_{\boldsymbol{A}}(\lambda)$ 是 $\boldsymbol{A}$ 的特征多项式 $f(\lambda)$ 的因式，所以最小多项式 $m_{\boldsymbol{A}}(\lambda)$ 的根必定是 $\boldsymbol{A}$ 的特征值.

反之，设 λ 是 $\boldsymbol{A}$ 的一个特征值，且有

$$\boldsymbol{A}\boldsymbol{x} = \lambda\boldsymbol{x}, \quad \boldsymbol{x} \neq \boldsymbol{0}.$$

设 $\boldsymbol{A}$ 的最小多项式 $m_{\boldsymbol{A}}(\lambda)$ 为

$$m_{\boldsymbol{A}}(\lambda) = \lambda^k + b_{k-1}\lambda^{k-1} + \cdots + b_1\lambda + b_0.$$

则

$$\begin{aligned} m_{\boldsymbol{A}}(\boldsymbol{A})\boldsymbol{x} &= \boldsymbol{A}^k\boldsymbol{x} + b_{k-1}\boldsymbol{A}^{k-1}\boldsymbol{x} + \cdots + b_1\boldsymbol{A}\boldsymbol{x} + b_0\boldsymbol{x} \\ &= \lambda^k\boldsymbol{x} + b_{k-1}\lambda^{k-1}\boldsymbol{x} + \cdots + b_1\lambda\boldsymbol{x} + b_0\boldsymbol{x} \\ &= m_{\boldsymbol{A}}(\lambda)\boldsymbol{x}. \end{aligned}$$

由于 $m_{\boldsymbol{A}}(\boldsymbol{A}) = \boldsymbol{O}, \boldsymbol{x} \neq \boldsymbol{0}$ ，所以 $m_{\boldsymbol{A}}(\lambda) = 0$.

证毕

定理 2.4.4 矩阵 $\boldsymbol{A}$ 的特征多项式

$$f(\lambda) = (\lambda - \lambda_1)^{m_1}(\lambda - \lambda_2)^{m_2}\cdots(\lambda - \lambda_s)^{m_s},$$

那么 $\boldsymbol{A}$ 的最小多项式必具有如下形式：

$$m_{\boldsymbol{A}}(\lambda) = (\lambda - \lambda_1)^{l_1}(\lambda - \lambda_2)^{l_2}\cdots(\lambda - \lambda_s)^{l_s},$$

满足 $1 \leqslant l_i \leqslant m_i (i = 1, 2, \cdots, s)$.

根据定理 2.4.4 得到求最小多项式的一种方法，即可以从矩阵的特征多项式中寻找矩阵的最小多项式.

例 2.4.2 求矩阵 $\boldsymbol{A}=\begin{bmatrix}2&1&0\\0&2&0\\0&0&2\end{bmatrix}$ 的最小多项式.

解 $f(\lambda)=(\lambda-2)^3$，而

$$\boldsymbol{A}-2\boldsymbol{I}\neq\boldsymbol{O},\quad(\boldsymbol{A}-2\boldsymbol{I})^2=\boldsymbol{O},$$

所以最小多项式为 $m_{\boldsymbol{A}}(\lambda)=(\lambda-2)^2$.

例 2.4.3 求三阶 Jordan 块矩阵 $\boldsymbol{A}=\begin{bmatrix}\lambda_0&1&0\\0&\lambda_0&1\\0&0&\lambda_0\end{bmatrix}$ 的最小多项式.

解 $f(\lambda)=(\lambda-\lambda_0)^3$，而

$$\boldsymbol{A}-\lambda_0\boldsymbol{I}\neq\boldsymbol{O},\quad(\boldsymbol{A}-\lambda_0\boldsymbol{I})^2\neq\boldsymbol{O},\quad(\boldsymbol{A}-\lambda_0\boldsymbol{I})^3=\boldsymbol{O},$$

所以最小多项式为 $m_{\boldsymbol{A}}(\lambda)=(\lambda-\lambda_0)^3$.

例 2.4.4 求 Jordan 标准形矩阵 $\boldsymbol{A}=\begin{bmatrix}2&1&&&&&&\\&2&&&&&&\\&&2&1&&&&\\&&&2&1&&&\\&&&&2&&&\\&&&&&3&&\\&&&&&&3&1\\&&&&&&&3\end{bmatrix}$ 的最小多项式.

解 特征多项式为 $f(\lambda)=(\lambda-2)^5(\lambda-3)^3$，直接计算得最小多项式为

$$m_{\boldsymbol{A}}(\lambda)=(\lambda-2)^3(\lambda-3)^2.$$

事实上，矩阵 $\boldsymbol{A}$ 的初等因子为

$$(\lambda-2)^2,(\lambda-2)^3,\lambda-3,(\lambda-3)^2.$$

不变因子为

$$1,1,1,1,1,1,(\lambda-2)^2(\lambda-3),(\lambda-2)^3(\lambda-3)^2.$$

根据例 2.4.4，可以得到如下定理.

定理 2.4.5 矩阵 $\boldsymbol{A}$ 的最小多项式是 Jordan 块中的不同特征值的最高阶数，即矩阵 $\boldsymbol{A}$ 的最小多项式为 $\boldsymbol{A}$ 的最后一个不变因子.

定理 2.4.6 相似矩阵有相同的最小多项式.

证 设 $\boldsymbol{B}=\boldsymbol{P}^{-1}\boldsymbol{A}\boldsymbol{P}$，对任意多项式 $g(\lambda)$，有

$$g(\boldsymbol{A})=\boldsymbol{O}\Leftrightarrow g(\boldsymbol{B})=\boldsymbol{O}.$$

设 $m_{\boldsymbol{A}}(\lambda)$ 和 $m_{\boldsymbol{B}}(\lambda)$ 分别是 $\boldsymbol{A}$ 和 $\boldsymbol{B}$ 的最小多项式，那么

$$m_{\boldsymbol{A}}(\boldsymbol{A})=m_{\boldsymbol{A}}(\boldsymbol{B})=m_{\boldsymbol{B}}(\boldsymbol{A})=m_{\boldsymbol{B}}(\boldsymbol{B})=\boldsymbol{O}.$$

由辗转相除法知，它们的最大公因子 $d(\lambda)=(m_{\boldsymbol{A}}(\lambda),m_{\boldsymbol{B}}(\lambda))$，也满足 $d(\boldsymbol{A})=d(\boldsymbol{B})=\boldsymbol{O}$.

若 $m_{\boldsymbol{A}}(\lambda)=m_{\boldsymbol{B}}(\lambda)$ 不成立，那么

$$\deg\{d(x)\}<\max\{\deg\{m_{\boldsymbol{A}}(\lambda)\},\deg\{m_{\boldsymbol{B}}(\lambda)\}\},$$

这与 $m_{\boldsymbol{A}}(\lambda)$ 和 $m_{\boldsymbol{B}}(\lambda)$ 是最小多项式矛盾.

证毕

注：最小多项式相同的矩阵不一定是相似的. 例如 $\boldsymbol{A}=\mathrm{diag}(1,1,2),\boldsymbol{B}=\mathrm{diag}(1,2,2)$，那么 $\boldsymbol{A},\boldsymbol{B}$ 的最小多项式均为 $m(\lambda)=(\lambda-1)(\lambda-2)$，但显然 $\boldsymbol{A},\boldsymbol{B}$ 不相似.

2.5 Python 实现

Sympy 是 Python 的一个符号数学库，为用户提供了一系列用于符号计算和代数操作的工具. 它被广泛应用于科学计算、数学研究、教学和工程等领域. Sympy 的功能丰富多样，包括求导、积分、简化表达式、解代数方程、矩阵运算、生成数学表达式的 LaTeX 形式，等等.

一般来说，安装 Python 时 Sympy 会被自动安装. 如果没有安装 Sympy 库，可以在编辑器控制台输入以下命令进行安装：

pip install sympy

例 2.5.1 利用 Python 求解例 2.2.5 .

代码如下：

```
import numpy as np
from sympy import Matrix
import sympy
import pprint
A = np.array([[3,1,-1],[-2,0,2],[-1,-1,3]])
a = Matrix(A)
P, Ja = a.jordan_form()
print('J = ')
pprint.pprint(Ja)
print('P = ')
pprint.pprint(P)
```

输出结果为

```
J =
Matrix([
[2, 1, 0],
[0, 2, 0],
[0, 0, 2]])
P =
Matrix([
[ 1, 1, -1],
[-2, 0, 1],
[-1, 0, 0]])
```

2.6 应用案例：人口迁移

迁移矩阵人口统计学模型是指描述从一些出发地到一些目的地的人口总迁移流的矩阵形式的模型[5].

1. 模型建立

假设某大城市的总人口是固定的，人口的分布则因居民在市区和郊区之间的迁徙而变化. 近年来，由于城镇化等原因，每年有 8% 的郊区居民搬到市区去住，有 3% 的市区居民搬到郊区去住. 已知该城市当前有 60% 的居民居住在市区，40% 的居民居住在郊区，问 10 年后市区和郊区的居民人口比例是多少？30 年、80 年后又如何？

不妨设第 n 年市区和郊区人口所占比例分别为 x_n 和 y_n，则第 $n+1$ 年所占比例分别为

$$x_{n+1} = 0.97x_n + 0.08y_n,$$
$$y_{n+1} = 0.03x_n + 0.92y_n.$$

即

$$\boldsymbol{X}_{n+1} = \boldsymbol{A}\boldsymbol{X}_n, \quad n = 0, 1, 2, \cdots,$$

其中

$$\boldsymbol{A} = \begin{bmatrix} 0.97 & 0.08 \\ 0.03 & 0.92 \end{bmatrix}, \quad \boldsymbol{X}_n = \begin{bmatrix} x_n \\ y_n \end{bmatrix}, \quad \boldsymbol{X}_0 = \begin{bmatrix} 0.6 \\ 0.4 \end{bmatrix}.$$

2. 模型求解

当且仅当方阵 $\boldsymbol{A}$ 的特征值 $|\lambda_i| \leqslant 1, i = 1, 2, \cdots, n$ 时, 差分方程组

$$\boldsymbol{X}_k = \boldsymbol{A}\boldsymbol{X}_{k-1} = \boldsymbol{A}^2\boldsymbol{X}_{k-2} = \cdots = \boldsymbol{A}^k\boldsymbol{X}_0 = \boldsymbol{P}\boldsymbol{J}^k\boldsymbol{P}^{-1}\boldsymbol{X}_0$$

收敛，即

$$\lim_{k\to+\infty} \boldsymbol{X}_k = \boldsymbol{C}.$$

否则

$$\lim_{k\to+\infty} \boldsymbol{X}_k\text{不收敛}.$$

于是，有

$$\boldsymbol{X}_{n+1} = \boldsymbol{A}\boldsymbol{X}_n = \boldsymbol{A}^2\boldsymbol{X}_{n-1} = \cdots = \boldsymbol{A}^{n+1}\boldsymbol{X}_0, \quad n = 0, 1, 2, \cdots . \tag{2-8}$$

结果为

$$\boldsymbol{X}_n = \begin{bmatrix} 8/11 - (7 \times (89/100)^n)/55 \\ 3/11 - (7 \times (89/100)^n)/55 \end{bmatrix}.$$

3. Python 程序实现

代码如下：

```
import numpy as np
import matplotlib.pyplot as plt
A = np.array([[0.97,0.08],[0.03,0.92]])
X0=[0.6, 0.4]
m=80
X = np.zeros((2,m))
y = np.zeros(m)
X[:,0] = np.dot(A,X0)
for i in range(m-1):
    X[:,i+1] = np.dot(A,X[:,i])
    y[i] = X[0,i]/X[1,i]

fig, ax = plt.subplots()
plt.plot(X[0,:], '*r--', X[1,:], '^b-')
plt.rcParams['font.sans-serif'] = ['SimHei']
plt.rcParams['axes.unicode_minus'] = False
ax.set_xlabel('年份')
ax.set_ylabel('人口比例')
plt.legend(['城市人口占比', '农村人口占比'], loc='upper right')
plt.xlim(0, 80)
plt.ylim(0, 1)
plt.show()
```

表 2.1 给出了计算结果，可以看出：随着 n 的值越来越大，$\boldsymbol{X}_n$ 趋近于

$$\begin{bmatrix} 8/11 \\ 3/11 \end{bmatrix}.$$

即市区和郊区的居民人口之比为

$$\frac{8/11}{3/11} \approx 2.666\ 7.$$

表 2.1　未来 80 年市区和郊区的居民人口所占比例

年	0	1	2	3	4	5	···
市区	0.6	0.614	0.626 46	0.637 549	0.647 419	0.656 203	···
郊区	0.4	0.386	0.373 54	0.362 451	0.352 581	0.343 797	···
年	75	76	77	78	79	80	
市区	0.727 252	0. 727 255	0. 727 257	0. 727 258	0. 727 260	0. 727 261	
郊区	0.272 748	0. 272 745	0. 272 743	0. 272 742	0. 272 740	0. 272 739	

通过图 2-1 可以进一步观察市区和郊区的居民人口所占比例的变化规律.

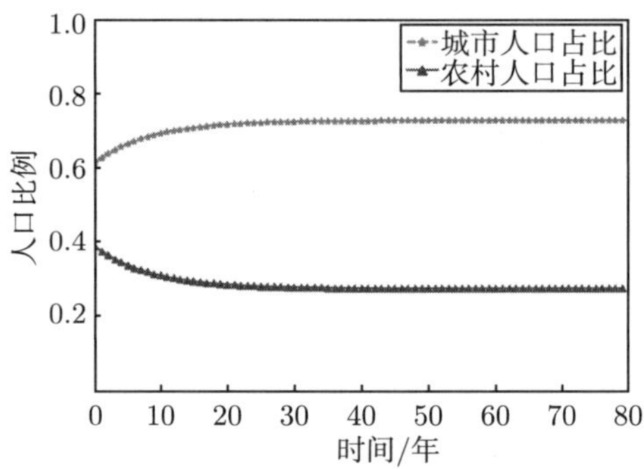

图 2-1　居民人口所占比例的变化趋势

习　题　2

2.1　设三阶矩阵 $\boldsymbol{A}$ 的特征值为 -1，1，2，$\boldsymbol{B}=\boldsymbol{A}^2+\boldsymbol{A}+2\boldsymbol{I}$，求 $|\boldsymbol{B}|$.

2.2　求下列矩阵的 Jordan 标准形：

（1）$\boldsymbol{A}=\begin{bmatrix} 0 & 1 & 0 \\ -4 & 4 & 0 \\ -2 & 1 & 2 \end{bmatrix}$；　　（2）$\boldsymbol{A}=\begin{bmatrix} -1 & 0 & 1 \\ 3 & 1 & -1 \\ -1 & 0 & 1 \end{bmatrix}$.

2.3　求下列矩阵的最小多项式：

（1）$\boldsymbol{A}=\begin{bmatrix} 1 & 0 & 0 & 0 \\ 0 & -1 & 0 & 0 \\ 0 & 0 & 1 & 0 \\ 0 & 0 & 1 & 1 \end{bmatrix}$；　　（2）$\boldsymbol{A}=\begin{bmatrix} 2 & 0 & 0 \\ 1 & 1 & 1 \\ 1 & -1 & 3 \end{bmatrix}$.

2.4　已知满秩 4 阶方阵 $\boldsymbol{A}(\lambda)$，其初等因子为

$$\lambda, \lambda^2, \lambda-1, \lambda-1, \lambda+1, (\lambda+1)^2,$$

求 $\boldsymbol{A}(\lambda)$ 的不变因子和 Smith 标准形.

2.5 已知矩阵 $\boldsymbol{A}=\begin{bmatrix}-1 & 0 & 1\\ 1 & 2 & 0\\ -4 & 0 & 3\end{bmatrix}$，(1) 求其不变因子，行列式因子，初等因子，最小多项式；(2) 求可逆矩阵 $\boldsymbol{P}$，使 $\boldsymbol{P}^{-1}\boldsymbol{AP}=\boldsymbol{J}$，其中 $\boldsymbol{J}$ 为 $\boldsymbol{A}$ 的 Jordan 标准形.

2.6 已知 $\boldsymbol{A}=\begin{bmatrix}1 & 0 & 2\\ 0 & -1 & 1\\ 0 & 1 & 0\end{bmatrix}$，计算矩阵多项式 $f(\boldsymbol{A})=\boldsymbol{A}^5-\boldsymbol{A}^3+\boldsymbol{A}^2-\boldsymbol{A}-\boldsymbol{I}$.

2.7 设 $\boldsymbol{A}=\begin{bmatrix}1 & -1\\ 2 & 5\end{bmatrix}$，$f(\boldsymbol{A})=2\boldsymbol{A}^4-12\boldsymbol{A}^3+19\boldsymbol{A}^2-29\boldsymbol{A}+37\boldsymbol{I}$，试求 $[f(\boldsymbol{A})]^{-1}$.

2.8 某地区甲、乙两公司经营同一业务. 经验表明，甲公司的客户每年有 1/3 继续留作甲的客户，而 2/3 转作乙的客户；乙的客户有 3/5 转作甲的客户，而 2/5 继续留作乙的客户. 假定客户的总量不变.

(1) 假定起始年甲、乙两公司拥有的客户份额分别为 2/3 和 1/3，求一年后客户份额分配情况；

(2) 试确定起始年客户份额，使甲、乙两公司在一年后的客户份额不变.

第 3 章　线性空间

线性空间是矩阵理论最基本的概念之一，是对各种具体线性系统的一种统一的抽象，也是几何空间与 n 维向量空间的推广.

几何方法与代数方法的融合是数学自身的需要和数学统一性的体现，也是处理工程问题的有力手段. 学习本章时一定要注意思想的来源，并联系所讨论的问题在平面和空间直角坐标系中的原型，将抽象的代数概念几何直观化.

3.1　数域与映射

3.1.1　数域

设给定 n 个集合 $A_1, A_2, \cdots, A_n$, 由 $A_1, A_2, \cdots, A_n$ 的所有元素组成的集合称为这些集合的**并集**，记为 $A_1 \cup A_2 \cup \cdots \cup A_n$. 由 $A_1, A_2, \cdots, A_n$ 的公共元素组成的集合称为这些集合的**交集**，记为 $A_1 \cap A_2 \cap \cdots \cap A_n$.

设 A, B 是两个集合，由所有属于 A 但不属于 B 的元素组成的集合称为集合 A 与 B 的**差**，记作 $A - B$.

设 A, B 是两个集合，集合 $A \times B = \{(a, b) | a \in A, b \in B\}$ 称为 A 与 B 的**积**.

定义 3.1.1　设 P 是至少包含一个非零数的数集，如果 P 中任意两个数的和、差、积、商 (分母不为零) 仍属于 P，则称数集 P 为一个**数域**.

如果数集 P 中任意两个数作某一运算的结果都仍在 P 中，就称数集 P 对这个运算是**封闭**的.

数域的定义也可以说成：如果一个包含 0，1 在内的数集 P 对于加法、减法、乘法与除法 (除数不为 0) 是封闭的，那么 P 就称为一个数域.

显然，全体整数集 $\mathbf{Z}$ 不构成数域，因为 $\mathbf{Z}$ 不满足对除法运算的封闭性. 全体虚数集也不构成数域.

全体有理数集 $\mathbf{Q}$、全体实数集 $\mathbf{R}$、全体复数集 $\mathbf{C}$ 都构成数域，其中实数域 $\mathbf{R}$ 和复数域 $\mathbf{C}$ 是工程上较常用的两个数域. 下面再看一个数域的例子.

例 3.1.1　设 $P = \{a + b\sqrt{2}, a, b \in \mathbf{Q}\}$，则 P 构成一个数域. 通常用 $Q(\sqrt{2})$ 表示这个数域.

数域的性质:

性质 1：任意数域 P 都包括有理数域 $\mathbf{Q}$，即有理数域 $\mathbf{Q}$ 为最小数域.

证　设 P 为任意一个数域，由定义可知，$0, 1 \in P$，于是对任意的 $m \in \mathbf{Z}^+, m =$

$1+1+\cdots+1 \in P$，进而有 $m,n \in \mathbf{Z}^+, \pm\dfrac{m}{n} \in P$，而任意一个有理数可表示成两个整数的商，所以 $Q \in P$.

性质 2：设 P_1 及 P_2 是两个数域，则 $P_1 \cap P_2$ 也构成一个数域.

证 假设有两个数域 P_1 和 P_2，对任意的 $x,y \in P_1 \cap P_2, y \neq 0$，那么由于 $x,y \in P_1$，因此 $x+y, x-y, xy, \dfrac{x}{y} \in P_1$. 同理，$x+y, x-y, xy, \dfrac{x}{y} \in P_2$. 这意味着 $x+y, x-y, xy, \dfrac{x}{y} \in P_1 \cap P_2$. 根据数域的定义，$P_1 \cap P_2$ 构成一个数域.

3.1.2 映射

定义 3.1.2 设 A, B 是两个非空集合，A 到 B 的一个**映射** T 是指一个对应法则，通过该法则，对于集合 A 中的任一元素 x，都有集合 B 中唯一确定的元素 y 与之对应，记作 $T: x \mapsto y$ 或者 $T(x) = y$. x 称为 y 在映射 T 下的**原像**，y 称为 x 在映射 T 下的**像**，集合 A 的所有元素的像的集合记作 $T(A) = \{T(x) | x \in A\}$.

函数是一种特殊的映射，是数集到数集的映射. 多项式函数集合上的求导运算是一种映射，是函数集合到函数集合的映射.

定义 3.1.3 设 T 是集合 A 到 B 的一个映射，如果对任意的 $x_1, x_2 \in A$，当 $x_1 \neq x_2$ 时，有 $T(x_1) \neq T(x_2)$，则称 T 是**单射**. 如果对任意的 $y \in B$，有 $x \in A$，使得 $T(x) = y$，则称 T 是**满射**. 如果 T 既是单射又是满射，则称为**一一对应**，又称为**双射**.

例 3.1.2 对实数域 $\mathbf{R}$ 上的 $n \times n$ 矩阵的全体 $\mathbf{R}^{n\times n}$，定义映射 T_1, T_2, T_3 分别为

$$T_1(\boldsymbol{A}) = \det(\boldsymbol{A}), \quad T_2(a) = a\boldsymbol{I}_n, \quad T_3(\boldsymbol{A}) = \boldsymbol{A} + \boldsymbol{I}_n,$$

其中 $\boldsymbol{A} \in \mathbf{R}^{n\times n}$，$\det(\boldsymbol{A})$ 表示矩阵 $\boldsymbol{A}$ 的行列式，$\boldsymbol{I}_n$ 是 n 阶单位矩阵，则 T_1 是 $\mathbf{R}^{n\times n}$ 到 $\mathbf{R}$ 的满射，但不是单射；T_2 是 $\mathbf{R}$ 到 $\mathbf{R}^{n\times n}$ 的单射，但不是满射；T_3 是 $\mathbf{R}^{n\times n}$ 到 $\mathbf{R}^{n\times n}$ 的一一对应.

例 3.1.3 设矩阵 $\boldsymbol{A}_{m\times n}$，定义映射 $T: T(\boldsymbol{x}) = \boldsymbol{A}\boldsymbol{x}$，可视为 $\mathbf{R}^n$ 到 $\mathbf{R}^m$ 的映射.

定义 3.1.4 T 是集合 A 到集合 B 的一个**映射**，对任意的 $\boldsymbol{x} \in A, \boldsymbol{y} \in B, c \in \mathbf{R}$，如果满足

$$T(\boldsymbol{x}+\boldsymbol{y}) = T(\boldsymbol{x}) + T(\boldsymbol{y}), \quad T(c\boldsymbol{x}) = cT(\boldsymbol{x}),$$

则称 T 为**线性映射**. 可验证例 3.1.3 中的映射是一个线性映射，而映射 $T(\boldsymbol{x}) = \boldsymbol{A}\boldsymbol{x} + \boldsymbol{b}$ 不是线性映射.

3.2 线性空间的定义

定义 3.2.1 设 P 是一个数域，V 是一个非空集合，定义集合 $V \times V$ 到 V 上的加法“+”及集合 $P \times V$ 到 V 上的数乘“·”两种映射，且这两种映射是封闭的，即运算后的结果仍在 V 中. 如果这两种运算对任意的 $\boldsymbol{\alpha}, \boldsymbol{\beta}, \boldsymbol{\gamma} \in V$ 和 $k, l \in P$，满足下面 8 条运算律，那么称集合 V 为数域 P 上的**线性空间**：

（1）加法交换律：$\boldsymbol{\alpha}+\boldsymbol{\beta}=\boldsymbol{\beta}+\boldsymbol{\alpha}$；

（2）加法结合律：$(\boldsymbol{\alpha}+\boldsymbol{\beta})+\boldsymbol{\gamma}=\boldsymbol{\alpha}+(\boldsymbol{\beta}+\boldsymbol{\gamma})$；

（3）零元素存在，即存在元素 $\mathbf{0}$，使得 $\mathbf{0}+\boldsymbol{\alpha}=\boldsymbol{\alpha}$；

（4）负元素存在，即对任意元素 $\boldsymbol{\alpha}$，存在 $-\boldsymbol{\alpha}$，使得 $\boldsymbol{\alpha}+(-\boldsymbol{\alpha})=\mathbf{0}$；

（5）数乘分配律：$k\cdot(\boldsymbol{\alpha}+\boldsymbol{\beta})=k\cdot\boldsymbol{\alpha}+k\cdot\boldsymbol{\beta}$；

（6）分配律：$(k+l)\cdot\boldsymbol{\alpha}=k\cdot\boldsymbol{\alpha}+l\cdot\boldsymbol{\alpha}$；

（7）数乘结合律：$(kl)\cdot\boldsymbol{\alpha}=k\cdot(l\cdot\boldsymbol{\alpha})$；

（8）单位元存在：存在元素 1，使得 $1\cdot\boldsymbol{\alpha}=\boldsymbol{\alpha}$.

如果 V 是 P 上的线性空间，称 V 中的元素为向量，P 中的元素为纯量. 当 P 为实数域 $\mathbf{R}$（复数域 $\mathbf{C}$）时，称 V 为**实 (复) 线性空间**.

注：数乘符号“·”通常省略不写.

例 3.2.1 数域 P 上的全体 n 维向量构成的集合 P^n 按通常的加法与数乘构成线性空间 P^n，也称为向量空间. 特别地，实数域 $\mathbf{R}$ 上的 n 维向量全体按向量加法与向量的数乘运算构成线性空间 $\mathbf{R}^n$，复数域 $\mathbf{C}$ 上的 n 维向量全体按向量加法与向量的数乘运算构成线性空间 $\mathbf{C}^n$.

例 3.2.2 实数域 $\mathbf{R}$ 上的 $m\times n$ 矩阵的全体按矩阵的加法和数乘构成实数域 $\mathbf{R}$ 上的线性空间 $\mathbf{R}^{m\times n}$.

例 3.2.3 设 $\mathbf{R}^+$ 表示全体正实数集合，对任意的 $x,y\in\mathbf{R}^+,k\in\mathbf{R}$，定义加法 $\oplus$ 与数乘 $\circ$ 分别为

$$x\oplus y=xy,\quad k\circ x=x^k,$$

可验证 $\mathbf{R}^+$ 对加法 $\oplus$ 和数乘 $\circ$ 构成实数域上的线性空间.

证 对任意的 $x,y\in\mathbf{R}^+$，有 $x\oplus y=xy\in\mathbf{R}^+$，又对任意的 $x\in\mathbf{R}^+,k\in\mathbf{R}$，有 $k\circ x=x^k\in\mathbf{R}^+$，即 $\mathbf{R}^+$ 对定义的加法 $\oplus$ 与数乘 $\circ$ 运算封闭. 对任意的 $x,y,z\in\mathbf{R}^+,k,l\in\mathbf{R}$，有：

（1）$x\oplus y=xy=yx=y\oplus x$；

（2）$(x\oplus y)\oplus z=(xy)\oplus z=xyz=x(yz)=x(y\oplus z)=x\oplus(y\oplus z)$；

（3）$x\oplus 1=x\cdot 1=x$，所以 1 是零元；

（4）$x\oplus x^{-1}=x\cdot x^{-1}=1$，所以 x^{-1} 是 x 的负元；

（5）$1\circ x=x^1=x$；

（6）$k\circ(l\circ x)=k\circ x^l=(x^l)^k=x^{kl}=(kl)\circ x$；

（7）$(k+l)\circ x=x^{k+l}=x^k\cdot x^l=x^k\oplus x^l=(k\circ x)\oplus(l\circ x)$；

（8）$k\circ(x\oplus y)=k\circ(xy)=(xy)^k=x^ky^k=(k\circ x)\oplus(k\circ y)$.

故 $\mathbf{R}^+$ 对加法 $\oplus$ 和数乘 $\circ$ 构成实数域上的线性空间.

证毕

例 3.2.4 数域 P 上多项式全体按照多项式的加法，以及数与多项式的乘法构成 P 上的线性空间，记作 $P[x]$.

例 3.2.5 数域 P 上次数小于等于 n 的一元多项式再加上零多项式按照多项式的加法，以及数与多项式的乘法构成 P 上的线性空间，记作 $P_n[x]$.

例 3.2.6 区间 $[a,b]$ 上全体连续实值函数按通常函数的加法和数与函数的乘法构成线性空间，记作 $C[a,b]$.

例 3.2.7 齐次线性方程组 $\boldsymbol{Ax}=\boldsymbol{0}$ 的所有解的集合构成实数域 $\mathbf{R}$ 上的线性空间，称为矩阵 $\boldsymbol{A}$ 的**零空间** (或**核空间**)，记作 $\mathrm{Ker}(\boldsymbol{A})$. 即

$$\mathrm{Ker}(\boldsymbol{A})=\{\boldsymbol{x}\in\mathbf{R}^n|\boldsymbol{Ax}=\boldsymbol{0},\boldsymbol{A}\in\mathbf{R}^{m\times n}\}. \tag{3-1}$$

非齐次线性方程组 $\boldsymbol{Ax}=\boldsymbol{b}$ 的所有解的集合一般不构成实数域 $\mathbf{R}$ 上的线性空间，因为该集合对加法运算不封闭.

例 3.2.8 给定矩阵 $\boldsymbol{A}\in\mathbf{R}^{m\times n}$，集合 $\{\boldsymbol{y}|\boldsymbol{y}=\boldsymbol{Ax},\boldsymbol{x}\in\mathbf{R}^n\}$ 构成实数域 $\mathbf{R}$ 上的线性空间，称为矩阵 $\boldsymbol{A}$ 的**值域**，也称为 $\boldsymbol{A}$ 的**像** (空间)，记作 $\mathbf{R}(\boldsymbol{A})$.

例 3.2.9 集合 $V_1=\{\boldsymbol{x}|\boldsymbol{x}=(x_1,x_2,0)^{\mathrm{T}},x_1\in\mathbf{R},x_2\in\mathbf{R}\}$ 是一个线性空间. 但集合 $V_2=\{\boldsymbol{x}|\boldsymbol{x}=(x_1,x_2,1)^{\mathrm{T}},x_1\in\mathbf{R},x_2\in\mathbf{R}\}$ 不是一个线性空间，因为 V_2 对加法运算不封闭.

注:

(1) 线性空间不能离开某一数域来定义. 实际上，对于不同数域，同一个集合构成的线性空间不同，甚至一种能成为线性空间而另一种不能成为线性空间. 如 $\mathbf{C}$ 作为 $\mathbf{C}$ 上的线性空间与 $\mathbf{C}$ 作为 $\mathbf{R}$ 上的线性空间是不同的，$\mathbf{R}^n$ 在复数域 $\mathbf{C}$ 上不构成线性空间.

(2) 数域 P 中的运算是具体的四则运算，而 V 中所定义的加法运算和数乘运算可以是我们熟悉的一般运算，也可以是各种特殊的运算，如例 3.2.3.

(3) 唯一性一般较显然，封闭性通常需要证明.

(4) 线性空间中的元素可以是向量、矩阵、多项式、函数等.

3.3 基、维数与坐标

定义 3.3.1 设 V 是数域 P 上的线性空间. $\boldsymbol{\alpha}_1,\boldsymbol{\alpha}_2,\cdots,\boldsymbol{\alpha}_n\in V$，$\lambda_1,\lambda_2,\cdots,\lambda_n\in P$，则称

$$\lambda_1\boldsymbol{\alpha}_1+\lambda_2\boldsymbol{\alpha}_2+\cdots+\lambda_n\boldsymbol{\alpha}_n$$

为向量组 $\boldsymbol{\alpha}_1,\boldsymbol{\alpha}_2,\cdots,\boldsymbol{\alpha}_n$ 的一个**线性组合**. 如果存在一组不全为零的常数 $\lambda_1,\lambda_2,\cdots,\lambda_n\in P$，使得

$$\lambda_1\boldsymbol{\alpha}_1+\lambda_2\boldsymbol{\alpha}_2+\cdots+\lambda_n\boldsymbol{\alpha}_n=\boldsymbol{0},$$

则称向量组 $\boldsymbol{\alpha}_1,\boldsymbol{\alpha}_2,\cdots,\boldsymbol{\alpha}_n$ **线性相关**，否则称向量组 $\boldsymbol{\alpha}_1,\boldsymbol{\alpha}_2,\cdots,\boldsymbol{\alpha}_n$ **线性无关**.

例 3.3.1 讨论 $\mathbf{R}^{2\times 2}$ 中，向量组

$$\boldsymbol{\alpha}_1=\begin{bmatrix}-1 & 5\\ 1 & 12\end{bmatrix},\boldsymbol{\alpha}_2=\begin{bmatrix}5 & 5\\ -2 & 4\end{bmatrix},\boldsymbol{\alpha}_3=\begin{bmatrix}4 & -2\\ 5 & -12\end{bmatrix},\boldsymbol{\alpha}_4=\begin{bmatrix}5 & -3\\ 2 & -8\end{bmatrix}$$

的线性相关性.

解 设 $\lambda_1,\lambda_2,\lambda_3,\lambda_4\in\mathbf{R}$，使得

$$\lambda_1\boldsymbol{\alpha}_1+\lambda_2\boldsymbol{\alpha}_2+\lambda_3\boldsymbol{\alpha}_3+\lambda_4\boldsymbol{\alpha}_4=\mathbf{0},$$

即

$$\lambda_1\begin{bmatrix}-1&5\\1&12\end{bmatrix}+\lambda_2\begin{bmatrix}5&5\\-2&4\end{bmatrix}+\lambda_3\begin{bmatrix}4&-2\\5&-12\end{bmatrix}+\lambda_4\begin{bmatrix}5&-3\\2&-8\end{bmatrix}=\begin{bmatrix}0&0\\0&0\end{bmatrix},$$

由矩阵相等的定义，可得如下线性方程组：

$$\begin{cases}-\lambda_1+5\lambda_2+4\lambda_3+5\lambda_4=0,\\5\lambda_1+5\lambda_2-2\lambda_3-3\lambda_4=0,\\\lambda_1-2\lambda_2+5\lambda_3+2\lambda_4=0,\\12\lambda_1+4\lambda_2-12\lambda_3-8\lambda_4=0.\end{cases}\tag{3-2}$$

由于方程组 (3-2) 的系数行列式不为零，所以没有非零解，故向量组 $\boldsymbol{\alpha}_1,\boldsymbol{\alpha}_2,\boldsymbol{\alpha}_3,\boldsymbol{\alpha}_4$ 线性无关.

定义 3.3.2 设线性空间 V 是数域 P 上的线性空间，V 中满足以下条件的向量组 $\boldsymbol{\alpha}_1,\boldsymbol{\alpha}_2,\cdots,\boldsymbol{\alpha}_n$ 称为线性空间 V 的一组**基**：

（1）$\boldsymbol{\alpha}_1,\boldsymbol{\alpha}_2,\cdots,\boldsymbol{\alpha}_n$ 线性无关；

（2）线性空间 V 中任意向量都能由 $\boldsymbol{\alpha}_1,\boldsymbol{\alpha}_2,\cdots,\boldsymbol{\alpha}_n$ 线性表示.

基中的向量个数 n 称为线性空间 V 的**维数**，记为 $\dim V=n$.

注：

（1）基是线性空间 V 的最大线性无关组，V 的维数是基中所含元素的个数.

（2）基不是唯一的，但不同的基所含元素个数相等.

（3）线性空间不一定是有限维的，如 $P[x],C[a,b]$ 是无限维的，这时基中的元素也是无限的. 例如：$P[x]$ 的一组基为

$$1,x,x^2,\cdots,x^n,\cdots.$$

$C[a,b]$ 的一组基为

$$1,\sin x,\cos x,\sin 2x,\cos 2x,\cdots,\sin nx,\cos nx,\cdots.$$

例 3.3.2 对线性空间 P^n，令 $\boldsymbol{e}_i$ 为第 i 个分量为 1、其他分量为零的向量，则 $\boldsymbol{e}_1,\boldsymbol{e}_2,\cdots,\boldsymbol{e}_n$ 是线性空间 P^n 的一组基 (自然基).

例 3.3.3 对线性空间 $\mathbf{R}^{m\times n}$，令 $\boldsymbol{E}_{i,j}$ 为这样的一个 $m\times n$ 矩阵，其 (i,j) 元素为 1，其余元素为零. 显然，这样的矩阵共有 mn 个，构成了线性空间 $\mathbf{R}^{m\times n}$ 的一组基 (自然基).

例 3.3.4 数域 P 上次数小于等于 n 的一元多项式线性空间

$$P_n[x]=\{p(x)\mid p(x)=a_0+a_1x+a_2x^2+\cdots+a_nx^n|a_i\in P\},$$

则 $1,x,\cdots,x^n$ 是一组基 (自然基)，$P_n[x]$ 是 $n+1$ 维的.

例 3.3.5 对齐次线性方程组 $\boldsymbol{A}_{m\times n}\boldsymbol{x}=\mathbf{0}$ 的零空间 $\mathrm{Ker}(\boldsymbol{A})$，任意一组基础解系即为一组基.

定理 3.3.1 设向量组 $\boldsymbol{\alpha}_1,\boldsymbol{\alpha}_2,\cdots,\boldsymbol{\alpha}_n$ 是线性空间 V^n 的一组基，则 V^n 的任意向量 $\boldsymbol{\alpha}$ 可以唯一表示成向量组 $\boldsymbol{\alpha}_1,\boldsymbol{\alpha}_2,\cdots,\boldsymbol{\alpha}_n$ 的线性组合，即 V^n 可以表示为

$$V^n=\{\boldsymbol{\alpha}|\boldsymbol{\alpha}=x_1\boldsymbol{\alpha}_1+x_2\boldsymbol{\alpha}_2+\cdots+x_n\boldsymbol{\alpha}_n,x_1,x_2,\cdots,x_n\in P\}.$$

证 由基的定义可知，V^n 的任意向量 $\boldsymbol{\alpha}$ 可以表示成向量组 $\boldsymbol{\alpha}_1,\boldsymbol{\alpha}_2,\cdots,\boldsymbol{\alpha}_n$ 的线性组合. 现证唯一性，假设有 $\boldsymbol{\alpha}=y_1\boldsymbol{\alpha}_1+y_2\boldsymbol{\alpha}_2+\cdots+y_n\boldsymbol{\alpha}_n,y_1,y_2,\cdots,y_n\in P$, 且 $x_1-y_1,x_2-y_2,\cdots,x_n-y_n$ 不全为零，则有

$$(x_1-y_1)\boldsymbol{\alpha}_1+(x_2-y_2)\boldsymbol{\alpha}_2+\cdots+(x_n-y_n)\boldsymbol{\alpha}_n=\mathbf{0},$$

这与 $\boldsymbol{\alpha}_1,\boldsymbol{\alpha}_2,\cdots,\boldsymbol{\alpha}_n$ 是一组基矛盾.

故 $\boldsymbol{\alpha}$ 可以唯一表示成向量组 $\boldsymbol{\alpha}_1,\boldsymbol{\alpha}_2,\cdots,\boldsymbol{\alpha}_n$ 的线性组合.

定义 3.3.3 设 $\boldsymbol{\alpha}_1,\boldsymbol{\alpha}_2,\cdots,\boldsymbol{\alpha}_n$ 是线性空间 V^n 的一组基，对 V^n 的任意向量 $\boldsymbol{\alpha}$，有

$$\boldsymbol{\alpha}=x_1\boldsymbol{\alpha}_1+x_2\boldsymbol{\alpha}_2+\cdots+x_n\boldsymbol{\alpha}_n,$$

则称 $(x_1,x_2,\cdots,x_n)^{\mathrm{T}}$ 为向量 $\boldsymbol{\alpha}$ 在基 $\boldsymbol{\alpha}_1,\boldsymbol{\alpha}_2,\cdots,\boldsymbol{\alpha}_n$ 下的**坐标**.

建立坐标后，线性空间 V^n 中的向量 $\boldsymbol{\alpha}$ 与向量 $(x_1,x_2,\cdots,x_n)^{\mathrm{T}}$ 建立了一一对应的关系. 设 $\boldsymbol{\alpha}_1,\boldsymbol{\alpha}_2,\cdots,\boldsymbol{\alpha}_n$ 是线性空间 V^n 的一组基, 对任意的 $\boldsymbol{\alpha},\boldsymbol{\beta}\in V^n$, 有

$$\boldsymbol{\alpha}=x_1\boldsymbol{\alpha}_1+x_2\boldsymbol{\alpha}_2+\cdots+x_n\boldsymbol{\alpha}_n,\qquad \boldsymbol{\beta}=y_1\boldsymbol{\alpha}_1+y_2\boldsymbol{\alpha}_2+\cdots+y_n\boldsymbol{\alpha}_n.$$

即 $\boldsymbol{\alpha},\boldsymbol{\beta}\in V^n$ 在基 $\boldsymbol{\alpha}_1,\boldsymbol{\alpha}_2,\cdots,\boldsymbol{\alpha}_n$ 下的坐标分别为 $(x_1,x_2,\cdots,x_n)^{\mathrm{T}}$ 和 $(y_1,y_2,\cdots,y_n)^{\mathrm{T}}$，则有

$$\begin{cases}\boldsymbol{\alpha}+\boldsymbol{\beta}=(x_1+y_1)\boldsymbol{\alpha}_1+(x_2+y_2)\boldsymbol{\alpha}_2+\cdots+(x_n+y_n)\boldsymbol{\alpha}_n,\\ k\boldsymbol{\alpha}=kx_1\boldsymbol{\alpha}_1+kx_2\boldsymbol{\alpha}_2+\cdots+kx_n\boldsymbol{\alpha}_n.\end{cases}\tag{3-3}$$

即 $\boldsymbol{\alpha}+\boldsymbol{\beta}$ 在基 $\boldsymbol{\alpha}_1,\boldsymbol{\alpha}_2,\cdots,\boldsymbol{\alpha}_n$ 下的坐标为 $(x_1+y_1,x_2+y_2,\cdots,x_n+y_n)^{\mathrm{T}}$, $k\boldsymbol{\alpha}$ 在基 $\boldsymbol{\alpha}_1,\boldsymbol{\alpha}_2,\cdots,\boldsymbol{\alpha}_n$ 下的坐标为 $(kx_1,kx_2,\cdots,kx_n)^{\mathrm{T}}$.

这种一一对应保持了线性运算的对应关系，可以说线性空间 V^n 与向量空间 P^n 具有相同的结构，称为**同构**. 因为这种同构关系，研究线性空间时，只需要主要研究元素为向量的向量空间 P^n.

坐标和选择的基密切相关，基不同，坐标也不相同. 下面研究基改变时坐标变化的规律.

设 $\boldsymbol{\alpha}_1,\boldsymbol{\alpha}_2,\cdots,\boldsymbol{\alpha}_n$ 和 $\boldsymbol{\beta}_1,\boldsymbol{\beta}_2,\cdots,\boldsymbol{\beta}_n$ 是线性空间 V^n 的两组基. 由于两者都是基，所以可以相互线性表示，即

$$\begin{cases} \boldsymbol{\beta}_1 = a_{11}\boldsymbol{\alpha}_1 + a_{21}\boldsymbol{\alpha}_2 + \cdots + a_{n1}\boldsymbol{\alpha}_n, \\ \boldsymbol{\beta}_2 = a_{12}\boldsymbol{\alpha}_1 + a_{22}\boldsymbol{\alpha}_2 + \cdots + a_{n2}\boldsymbol{\alpha}_n, \\ \qquad\qquad \vdots \\ \boldsymbol{\beta}_n = a_{1n}\boldsymbol{\alpha}_1 + a_{2n}\boldsymbol{\alpha}_2 + \cdots + a_{nn}\boldsymbol{\alpha}_n. \end{cases} \tag{3-4}$$

设矩阵

$$\boldsymbol{A} = \begin{bmatrix} a_{11} & a_{12} & \cdots & a_{1n} \\ a_{21} & a_{22} & \cdots & a_{2n} \\ \vdots & \vdots & & \vdots \\ a_{n1} & a_{n2} & \cdots & a_{nn} \end{bmatrix}, \tag{3-5}$$

则式 (3-4) 可以简记为

$$(\boldsymbol{\beta}_1,\boldsymbol{\beta}_2,\cdots,\boldsymbol{\beta}_n) = (\boldsymbol{\alpha}_1,\boldsymbol{\alpha}_2,\cdots,\boldsymbol{\alpha}_n)\boldsymbol{A}, \tag{3-6}$$

称 $\boldsymbol{A}$ 为由基 $\boldsymbol{\alpha}_1,\boldsymbol{\alpha}_2,\cdots,\boldsymbol{\alpha}_n$ 到基 $\boldsymbol{\beta}_1,\boldsymbol{\beta}_2,\cdots,\boldsymbol{\beta}_n$ 的**过渡矩阵**. 式 (3-6) 给出了基变换关系.

定理 3.3.2 设 $\boldsymbol{A}$ 是线性空间 V^n 由基 $\boldsymbol{\alpha}_1,\boldsymbol{\alpha}_2,\cdots,\boldsymbol{\alpha}_n$ 到基 $\boldsymbol{\beta}_1,\boldsymbol{\beta}_2,\cdots,\boldsymbol{\beta}_n$ 的过渡矩阵，则 $\boldsymbol{A}$ 是可逆的，且由基 $\boldsymbol{\beta}_1,\boldsymbol{\beta}_2,\cdots,\boldsymbol{\beta}_n$ 到基 $\boldsymbol{\alpha}_1,\boldsymbol{\alpha}_2,\cdots,\boldsymbol{\alpha}_n$ 的过渡矩阵为 $\boldsymbol{A}^{-1}$.

证 由已知条件，有

$$(\boldsymbol{\beta}_1,\boldsymbol{\beta}_2,\cdots,\boldsymbol{\beta}_n) = (\boldsymbol{\alpha}_1,\boldsymbol{\alpha}_2,\cdots,\boldsymbol{\alpha}_n)\boldsymbol{A},$$

于是

$$|(\boldsymbol{\beta}_1,\boldsymbol{\beta}_2,\cdots,\boldsymbol{\beta}_n)| = |(\boldsymbol{\alpha}_1,\boldsymbol{\alpha}_2,\cdots,\boldsymbol{\alpha}_n)|\cdot|\boldsymbol{A}|,$$

因为向量组 $\boldsymbol{\alpha}_1,\boldsymbol{\alpha}_2,\cdots,\boldsymbol{\alpha}_n$ 与 $\boldsymbol{\beta}_1,\boldsymbol{\beta}_2,\cdots,\boldsymbol{\beta}_n$ 均为基, 故有

$$|(\boldsymbol{\beta}_1,\boldsymbol{\beta}_2,\cdots,\boldsymbol{\beta}_n)| \neq 0, \quad |(\boldsymbol{\alpha}_1,\boldsymbol{\alpha}_2,\cdots,\boldsymbol{\alpha}_n)| \neq 0,$$

所以 $|\boldsymbol{A}| \neq 0$, 即矩阵 $\boldsymbol{A}$ 可逆.

式 (3-6) 两边右乘 $\boldsymbol{A}^{-1}$，得

$$(\boldsymbol{\beta}_1,\boldsymbol{\beta}_2,\cdots,\boldsymbol{\beta}_n)\boldsymbol{A}^{-1} = (\boldsymbol{\alpha}_1,\boldsymbol{\alpha}_2,\cdots,\boldsymbol{\alpha}_n),$$

即基 $\boldsymbol{\beta}_1,\boldsymbol{\beta}_2,\cdots,\boldsymbol{\beta}_n$ 到基 $\boldsymbol{\alpha}_1,\boldsymbol{\alpha}_2,\cdots,\boldsymbol{\alpha}_n$ 的过渡矩阵为 $\boldsymbol{A}^{-1}$.

证毕

定理 3.3.3 设 V^n 是数域 P 上的一个线性空间，$\boldsymbol{A}$ 是由基 $\boldsymbol{\alpha}_1,\boldsymbol{\alpha}_2,\cdots,\boldsymbol{\alpha}_n$ 到基 $\boldsymbol{\beta}_1,\boldsymbol{\beta}_2,\cdots,\boldsymbol{\beta}_n$ 的过渡矩阵,向量 $\boldsymbol{\alpha}$ 关于基 $\boldsymbol{\alpha}_1,\boldsymbol{\alpha}_2,\cdots,\boldsymbol{\alpha}_n$ 的坐标为 $\boldsymbol{x}=(x_1,x_2,\cdots,x_n)^{\mathrm{T}}$，关于基 $\boldsymbol{\beta}_1,\boldsymbol{\beta}_2,\cdots,\boldsymbol{\beta}_n$ 的坐标为 $\boldsymbol{y}=(y_1,y_2,\cdots,y_n)^{\mathrm{T}}$, 则 $\boldsymbol{x}=\boldsymbol{A}\boldsymbol{y}$，或 $\boldsymbol{y}=\boldsymbol{A}^{-1}\boldsymbol{x}$.

证 因为

$$\begin{aligned}\boldsymbol{\alpha}&=y_1\boldsymbol{\beta}_1+y_2\boldsymbol{\beta}_2+\cdots+y_n\boldsymbol{\beta}_n\\&=(\boldsymbol{\beta}_1,\boldsymbol{\beta}_2,\cdots,\boldsymbol{\beta}_n)\boldsymbol{y}\\&=(\boldsymbol{\alpha}_1,\boldsymbol{\alpha}_2,\cdots,\boldsymbol{\alpha}_n)\boldsymbol{A}\boldsymbol{y},\end{aligned}$$

又因为

$$\boldsymbol{\alpha}=(\boldsymbol{\alpha}_1,\boldsymbol{\alpha}_2,\cdots,\boldsymbol{\alpha}_n)\boldsymbol{x},$$

由 $\boldsymbol{\alpha}_1,\boldsymbol{\alpha}_2,\cdots,\boldsymbol{\alpha}_n$ 是一组基，得

$$\boldsymbol{x}=\boldsymbol{A}\boldsymbol{y}.$$

证毕

例 3.3.6 已知 $\boldsymbol{\alpha}_1,\boldsymbol{\alpha}_2,\boldsymbol{\alpha}_3$ 是线性空间 V^3 的一组基，向量组 $\boldsymbol{\beta}_1,\boldsymbol{\beta}_2,\boldsymbol{\beta}_3$ 满足

$$\boldsymbol{\beta}_1+\boldsymbol{\beta}_3=\boldsymbol{\alpha}_1+\boldsymbol{\alpha}_2+\boldsymbol{\alpha}_3,\quad \boldsymbol{\beta}_1+\boldsymbol{\beta}_2=\boldsymbol{\alpha}_2+\boldsymbol{\alpha}_3,\quad \boldsymbol{\beta}_2+\boldsymbol{\beta}_3=\boldsymbol{\alpha}_1+\boldsymbol{\alpha}_3.$$

（1）证明向量组 $\boldsymbol{\beta}_1,\boldsymbol{\beta}_2,\boldsymbol{\beta}_3$ 也是一组基；

（2）求由基 $\boldsymbol{\beta}_1,\boldsymbol{\beta}_2,\boldsymbol{\beta}_3$ 到基 $\boldsymbol{\alpha}_1,\boldsymbol{\alpha}_2,\boldsymbol{\alpha}_3$ 的过渡矩阵；

（3）求向量 $\boldsymbol{\alpha}=\boldsymbol{\alpha}_1+2\boldsymbol{\alpha}_2-\boldsymbol{\alpha}_3$ 在基 $\boldsymbol{\beta}_1,\boldsymbol{\beta}_2,\boldsymbol{\beta}_3$ 下的坐标.

解 （1）由已知条件得

$$(\boldsymbol{\beta}_1,\boldsymbol{\beta}_2,\boldsymbol{\beta}_3)\begin{bmatrix}1&1&0\\0&1&1\\1&0&1\end{bmatrix}=(\boldsymbol{\alpha}_1,\boldsymbol{\alpha}_2,\boldsymbol{\alpha}_3)\begin{bmatrix}1&0&1\\1&1&0\\1&1&1\end{bmatrix},\tag{3-7}$$

由于上式两边矩阵均可逆，所以 $\boldsymbol{\beta}_1,\boldsymbol{\beta}_2,\boldsymbol{\beta}_3$ 线性无关，即 $\boldsymbol{\beta}_1,\boldsymbol{\beta}_2,\boldsymbol{\beta}_3$ 也是一组基.

（2）由式 (3-7) 得

$$\begin{aligned}(\boldsymbol{\alpha}_1,\boldsymbol{\alpha}_2,\boldsymbol{\alpha}_3)&=(\boldsymbol{\beta}_1,\boldsymbol{\beta}_2,\boldsymbol{\beta}_3)\begin{bmatrix}1&1&0\\0&1&1\\1&0&1\end{bmatrix}\begin{bmatrix}1&0&1\\1&1&0\\1&1&1\end{bmatrix}^{-1}\\&=(\boldsymbol{\beta}_1,\boldsymbol{\beta}_2,\boldsymbol{\beta}_3)\begin{bmatrix}0&1&0\\-1&-1&2\\1&0&0\end{bmatrix}.\end{aligned}$$

所以，由基 $\boldsymbol{\beta}_1,\boldsymbol{\beta}_2,\boldsymbol{\beta}_3$ 到基 $\boldsymbol{\alpha}_1,\boldsymbol{\alpha}_2,\boldsymbol{\alpha}_3$ 的过渡矩阵为 $\begin{bmatrix}0&1&0\\-1&-1&2\\1&0&0\end{bmatrix}$.

（3）由题意知

$$\boldsymbol{\alpha}=\boldsymbol{\alpha}_1+2\boldsymbol{\alpha}_2-\boldsymbol{\alpha}_3=(\boldsymbol{\alpha}_1,\boldsymbol{\alpha}_2,\boldsymbol{\alpha}_3)\begin{bmatrix}1\\2\\-1\end{bmatrix}$$

$$=(\boldsymbol{\beta}_1,\boldsymbol{\beta}_2,\boldsymbol{\beta}_3)\begin{bmatrix}0&1&0\\-1&-1&2\\1&0&0\end{bmatrix}\begin{bmatrix}1\\2\\-1\end{bmatrix}=(\boldsymbol{\beta}_1,\boldsymbol{\beta}_2,\boldsymbol{\beta}_3)\begin{bmatrix}2\\-5\\1\end{bmatrix}.$$

所以，向量 $\boldsymbol{\alpha}=\boldsymbol{\alpha}_1+2\boldsymbol{\alpha}_2-\boldsymbol{\alpha}_3$ 在基 $\boldsymbol{\beta}_1,\boldsymbol{\beta}_2,\boldsymbol{\beta}_3$ 下的坐标为 $(2,-5,1)$.

3.4 线性子空间

当整体太庞大时，往往通过“部分来获知整体”. 对线性空间的研究亦是如此，通过对线性空间的局部进行深入的研究，可以更加深刻地揭示整个线性空间的结构.

3.4.1 子空间的定义

定义 3.4.1 设 V 是数域 P 上的线性空间，S 为 V 的一个非空子集，若 S 对 V 已有的加法“+”和数乘“·”运算也构成数域 P 上的线性空间，则称 S 为 V 的**线性子空间**，简称**子空间**. 仅由 V 的零元构成的集合 $\mathbf{0}$ 和 V 本身也是 V 的子空间，称为 V 的**平凡子空间**. V 的其他子空间称为**非平凡子空间**.

定理 3.4.1 线性空间 V 的一个非空子集 S 构成子空间的充要条件为 S 对 V 已有的加法“+”和数乘“·”两种线性运算封闭.

证 必要性显然成立. 下面证明充分性.

已知 S 对加法和数乘运算封闭，则线性空间定义的运算律（1)，（2)，（5）～（8）均成立. 又 $\mathbf{0}\in S,-\boldsymbol{\alpha}\in S$，故运算律（3)，（4）也成立，即 S 构成线性空间.

证毕

定理 3.4.2 设 V 是数域 P 上的线性空间，$\boldsymbol{\alpha}_1,\boldsymbol{\alpha}_2,\cdots,\boldsymbol{\alpha}_n\in V$，由 $\boldsymbol{\alpha}_1,\boldsymbol{\alpha}_2,\cdots,\boldsymbol{\alpha}_n$ 的所有线性组合构成的子集为

$$V_1=\{\boldsymbol{\alpha}|\boldsymbol{\alpha}=k_1\boldsymbol{\alpha}_1+k_2\boldsymbol{\alpha}_2+\cdots+k_n\boldsymbol{\alpha}_n,k_1,k_2,\cdots,k_n\in P\}. \tag{3-8}$$

则 V_1 为 V 的一个线性子空间，称为 $\boldsymbol{\alpha}_1,\boldsymbol{\alpha}_2,\cdots,\boldsymbol{\alpha}_n$ 的**生成子空间**，记作 $\mathrm{span}\{\boldsymbol{\alpha}_1,\boldsymbol{\alpha}_2,\cdots,\boldsymbol{\alpha}_n\}$.

证 由于 $\boldsymbol{\alpha}_1,\boldsymbol{\alpha}_2,\cdots,\boldsymbol{\alpha}_n\in V_1$，所以 V_1 非空. 对任意的 $\boldsymbol{\alpha},\boldsymbol{\beta}\in V_1,k_i,l_i\in P,i=1,2,\cdots,n$，有

$$\boldsymbol{\alpha}=k_1\boldsymbol{\alpha}_1+k_2\boldsymbol{\alpha}_2+\cdots+k_n\boldsymbol{\alpha}_n,\quad \boldsymbol{\beta}=l_1\boldsymbol{\alpha}_1+l_2\boldsymbol{\alpha}_2+\cdots+l_n\boldsymbol{\alpha}_n.$$

因为

$$\boldsymbol{\alpha}+\boldsymbol{\beta}=(k_1+l_1)\boldsymbol{\alpha}_1+(k_2+l_2)\boldsymbol{\alpha}_2+\cdots+(k_n+l_n)\boldsymbol{\alpha}_n,$$

$$k\boldsymbol{\alpha}=(kk_1)\boldsymbol{\alpha}_1+(kk_2)\boldsymbol{\alpha}_2+\cdots+(kk_n)\boldsymbol{\alpha}_n,$$

故 V_1 为 V 的一个线性子空间.

证毕

推论 3.4.1 线性空间 $\mathrm{span}\{\boldsymbol{\alpha}_1,\boldsymbol{\alpha}_2,\cdots,\boldsymbol{\alpha}_n\}$ 的维数等于 $\boldsymbol{\alpha}_1,\boldsymbol{\alpha}_2,\cdots,\boldsymbol{\alpha}_n$ 的秩，且 $\boldsymbol{\alpha}_1,\boldsymbol{\alpha}_2,\cdots,\boldsymbol{\alpha}_n$ 的极大线性无关组是 $\mathrm{span}\{\boldsymbol{\alpha}_1,\boldsymbol{\alpha}_2,\cdots,\boldsymbol{\alpha}_n\}$ 的一组基.

例 3.4.1 $P_n(x)$ 是 $P(x)$ 的线性子空间.

例 3.4.2 设 $V_1=\{(x_1,x_2,x_3)|x_1,x_2\in\mathbf{R},x_3=0\}$，则 V_1 是 $\mathbf{R}^3$ 的线性子空间，其几何意义为 xOy 坐标面.

设 $V_2=\{(x_1,x_2,x_3)|x_1,x_2\in\mathbf{R},x_3=1\}$，则 V_2 不是 $\mathbf{R}^3$ 的线性子空间.

例 3.4.3 线性空间 $\mathbf{R}^{2\times 2}$ 的下列子集是否构成线性子空间? 如果是，请列举其一组基，并说明其维数.

（1）$V_1=\left\{\begin{bmatrix} a_{11} & a_{12}\\ a_{21} & a_{22}\end{bmatrix}\middle|\ a_{11}+a_{12}+a_{21}+a_{22}=0\right\}$;

（2）$V_2=\{\boldsymbol{A}|\det(\boldsymbol{A})=0\}$.

解 （1）V_1 对加法和数乘运算封闭，从而 V_1 是 $\mathbf{R}^{2\times 2}$ 的子空间. V_1 的一组基为

$$\boldsymbol{E}_1=\begin{bmatrix}1 & 0\\ 0 & -1\end{bmatrix},\quad \boldsymbol{E}_2=\begin{bmatrix}0 & 1\\ 0 & -1\end{bmatrix},\quad \boldsymbol{E}_3=\begin{bmatrix}0 & 0\\ 1 & -1\end{bmatrix}.$$

V_1 的维数为 3. 对任意的 $\boldsymbol{A}=\begin{bmatrix}x_1 & x_2\\ x_3 & -x_1-x_2-x_3\end{bmatrix}\in V_1$，有 $\boldsymbol{A}=x_1\boldsymbol{E}_1+x_2\boldsymbol{E}_2+x_3\boldsymbol{E}_3$.

（2）V_2 对加法运算不封闭，从而 V_2 不是 $\mathbf{R}^{2\times 2}$ 的子空间.

3.4.2 子空间的交与和

定理 3.4.3 设 V_1 和 V_2 是线性空间 V 的两个子空间，则两个子空间的交 $V_1\cap V_2$ 也是 V 的子空间.

证 因为 $\mathbf{0}\in V_1,\mathbf{0}\in V_2$，所以 $\mathbf{0}\in V_1\cap V_2$.

又对任意的 $\boldsymbol{\alpha},\boldsymbol{\beta}\in V_1\cap V_2$，有

$$\boldsymbol{\alpha}+\boldsymbol{\beta}\in V_1,\quad \boldsymbol{\alpha}+\boldsymbol{\beta}\in V_2,$$

即 $\boldsymbol{\alpha}+\boldsymbol{\beta}\in V_1\cap V_2$，两个子空间的交对加法运算封闭.

同理，两个子空间的交对数乘运算封闭，故 $V_1\cap V_2$ 是 V 的子空间.

证毕

注：两个子空间的并 $V_1 \cup V_2$ 一般不是子空间. 例如 $V_1 = \{(x_1, x_2, x_3)|x_1, x_2 \in \mathbf{R}, x_3 = 0\}$，$V_2 = \{(x_1, x_2, x_3)|x_1 = x_2 = 0, x_3 \in \mathbf{R}\}$，则 V_1, V_2 都是 $\mathbf{R}^3$ 的子空间，但 $V_1 \cup V_2$ 不构成 $\mathbf{R}^3$ 的子空间，因为 $V_1 \cup V_2$ 对加法运算不封闭.

定义 3.4.2 设 V_1 和 V_2 是线性空间 V 的两个子空间，称集合

$$V_1 + V_2 = \{\boldsymbol{\alpha}_1 + \boldsymbol{\alpha}_2 | \boldsymbol{\alpha}_1 \in V_1, \boldsymbol{\alpha}_2 \in V_2\}$$

为 V_1 与 V_2 的和，记作 $V_1 + V_2$.

定理 3.4.4 设 V 是数域 P 上的线性空间，V_1 和 V_2 是 V 的两个子空间，则 $V_1 + V_2$ 也是 V 的子空间.

证 因为 $\mathbf{0} = \mathbf{0} + \mathbf{0}$，所以 $\mathbf{0} \in V_1 + V_2$.

又对任意的 $\boldsymbol{\alpha}, \boldsymbol{\beta} \in V_1 + V_2, k \in P$，有

$$\boldsymbol{\alpha} = \boldsymbol{\alpha}_1 + \boldsymbol{\alpha}_2,\quad \boldsymbol{\beta} = \boldsymbol{\beta}_1 + \boldsymbol{\beta}_2,\quad \boldsymbol{\alpha}_1,\ \boldsymbol{\beta}_1 \in V_1, \boldsymbol{\alpha}_2,\ \boldsymbol{\beta}_2 \in V_2,$$

于是

$$\begin{aligned}\boldsymbol{\alpha} + \boldsymbol{\beta} &= (\boldsymbol{\alpha}_1 + \boldsymbol{\beta}_1) + (\boldsymbol{\alpha}_2 + \boldsymbol{\beta}_2) \in V_1 + V_2,\\ k\boldsymbol{\alpha} &= k\boldsymbol{\alpha}_1 + k\boldsymbol{\alpha}_2 \in V_1 + V_2.\end{aligned}$$

故 $V_1 + V_2$ 是 V 的子空间.

证毕

定理 3.4.5 (维数定理) 设 V_1 和 V_2 是线性空间 V 的两个子空间，则

$$\dim(V_1 + V_2) = \dim(V_1) + \dim(V_2) - \dim(V_1 \cap V_2). \tag{3-9}$$

证 设 $\dim V_1 = s, \dim V_2 = t, \dim(V_1 \cap V_2) = r$.

任取 $V_1 \cap V_2$ 的一组基 $\boldsymbol{\alpha}_1$，$\boldsymbol{\alpha}_2$，$\cdots, \boldsymbol{\alpha}_r$，将其分别扩充为 V_1 与 V_2 的一组基如下：

$$\begin{aligned}&\boldsymbol{\alpha}_1,\ \boldsymbol{\alpha}_2,\ \cdots, \boldsymbol{\alpha}_r,\ \boldsymbol{\beta}_{r+1},\ \boldsymbol{\beta}_{r+2}, \cdots, \boldsymbol{\beta}_s;\\ &\boldsymbol{\alpha}_1,\ \boldsymbol{\alpha}_2,\ \cdots, \boldsymbol{\alpha}_r,\ \boldsymbol{\gamma}_{r+1},\ \boldsymbol{\gamma}_{r+2}, \cdots, \boldsymbol{\gamma}_t.\end{aligned}$$

下面证明 $\boldsymbol{\alpha}_1, \boldsymbol{\alpha}_2, \cdots, \boldsymbol{\alpha}_r, \boldsymbol{\beta}_{r+1}, \boldsymbol{\beta}_{r+2}, \cdots, \boldsymbol{\beta}_s, \boldsymbol{\gamma}_{r+1}, \boldsymbol{\gamma}_{r+2}, \cdots, \boldsymbol{\gamma}_t$ 是 $V_1 + V_2$ 的一组基.

设有一组数 a_1，a_2，$\cdots, a_r$，b_{r+1}，b_{r+2}，$\cdots, b_s$，c_{r+1}，c_{r+2}，$\cdots, c_t$，使

$$a_1\boldsymbol{\alpha}_1 + \cdots + a_r\boldsymbol{\alpha}_r + b_{r+1}\boldsymbol{\beta}_{r+1} + \cdots + b_s\boldsymbol{\beta}_s + c_{r+1}\boldsymbol{\gamma}_{r+1} + \cdots + c_t\boldsymbol{\gamma}_t = \mathbf{0}.$$

记

$$\boldsymbol{\alpha} = a_1\boldsymbol{\alpha}_1 + a_2\boldsymbol{\alpha}_2 + \cdots + a_r\boldsymbol{\alpha}_r,$$

$$\boldsymbol{\beta} = b_{r+1}\boldsymbol{\beta}_{r+1} + b_{r+2}\boldsymbol{\beta}_{r+2} + \cdots + b_s\boldsymbol{\beta}_s,$$

$$\boldsymbol{\gamma}=c_{r+1}\boldsymbol{\gamma}_{r+1}+c_{r+2}\,\boldsymbol{\gamma}_{r+2}+\cdots+c_t\boldsymbol{\gamma}_t,$$

则 $\boldsymbol{\alpha}\in V_1\cap V_2$，$\boldsymbol{\beta}\in V_1$，$\boldsymbol{\gamma}\in V_2$，，且满足 $\boldsymbol{\alpha}+\boldsymbol{\beta}+\boldsymbol{\gamma}=\mathbf{0}$，故 $\boldsymbol{\gamma}=-\boldsymbol{\alpha}-\boldsymbol{\beta}\in V_1$，从而 $\boldsymbol{\gamma}\in V_1\cap V_2$，所以存在一组数 d_1，d_2，$\cdots,d_r$，使得 $\boldsymbol{\gamma}=d_1\boldsymbol{\alpha}_1+d_2\boldsymbol{\alpha}_2+\cdots+d_r\boldsymbol{\alpha}_r$，即

$$d_1\boldsymbol{\alpha}_1+d_2\boldsymbol{\alpha}_2+\cdots+d_r\boldsymbol{\alpha}_r-\ c_{r+1}\boldsymbol{\gamma}_{r+1}-c_{r+2}\,\boldsymbol{\gamma}_{r+2}-\cdots-c_t\boldsymbol{\gamma}_t=\mathbf{0}.$$

所以

$$d_1=d_2=\cdots=d_r=c_{r+1}=c_{r+2}\ =\cdots=c_t=0.$$

同理，有

$$a_1=a_2=\cdots=a_r=b_{r+1}=b_{r+2}\ =\cdots=b_s=0.$$

所以 $\boldsymbol{\alpha}_1$，$\boldsymbol{\alpha}_2$，$\cdots,\boldsymbol{\alpha}_r$，$\boldsymbol{\beta}_{r+1}$，$\boldsymbol{\beta}_{r+2}$，$\cdots,\boldsymbol{\beta}_s$，$\boldsymbol{\gamma}_{r+1}$，$\boldsymbol{\gamma}_{r+2}$，$\cdots,\boldsymbol{\gamma}_t$ 线性无关.

对 $\forall\boldsymbol{\alpha}\in V_1+V_2$，存在 $\boldsymbol{\beta}\in V_1$，$\boldsymbol{\gamma}\in V_2$，使得 $\boldsymbol{\alpha}=\boldsymbol{\beta}+\boldsymbol{\gamma}$，故存在两组数

$$a_1,a_2,\cdots,a_r,b_{r+1},b_{r+2}\,,\cdots,b_s$$

及

$$d_1,d_2,\cdots,d_r,c_{r+1},c_{r+2}\,,\cdots,c_t,$$

使得

$$\boldsymbol{\beta}=a_1\boldsymbol{\alpha}_1+a_2\boldsymbol{\alpha}_2+\cdots+a_r\boldsymbol{\alpha}_r+\ b_{r+1}\boldsymbol{\beta}_{r+1}+b_{r+2}\,\boldsymbol{\beta}_{r+2}+\cdots+b_s\boldsymbol{\beta}_s$$

及

$$\boldsymbol{\gamma}=d_1\boldsymbol{\alpha}_1+d_2\boldsymbol{\alpha}_2+\cdots+d_r\boldsymbol{\alpha}_r+\ c_{r+1}\boldsymbol{\gamma}_{r+1}+c_{r+2}\,\boldsymbol{\gamma}_{r+2}+\cdots+c_t\boldsymbol{\gamma}_t,$$

因此

$$\begin{aligned}\boldsymbol{\alpha}=&(a_1+d_1)\boldsymbol{\alpha}_1+(a_2+d_2)\boldsymbol{\alpha}_2+\cdots+(a_r+d_r)\boldsymbol{\alpha}_r+b_{r+1}\boldsymbol{\beta}_{r+1}+\\&b_{r+2}\,\boldsymbol{\beta}_{r+2}+\cdots+b_s\boldsymbol{\beta}_s+\ c_{r+1}\boldsymbol{\gamma}_{r+1}+c_{r+2}\,\boldsymbol{\gamma}_{r+2}+\cdots+c_t\boldsymbol{\gamma}_t,\end{aligned}$$

故 $\boldsymbol{\alpha}_1$，$\boldsymbol{\alpha}_2$，$\cdots,\boldsymbol{\alpha}_r$，$\boldsymbol{\beta}_{r+1}$，$\boldsymbol{\beta}_{r+2}$，$\cdots,\boldsymbol{\beta}_s$，$\boldsymbol{\gamma}_{r+1}$，$\boldsymbol{\gamma}_{r+2}$，$\cdots,\boldsymbol{\gamma}_t$ 是 V_1+V_2 的一组基，由此得

$$\dim(V_1+V_2)=\dim V_1+\dim V_2-\dim(V_1\cap V_2).$$

证毕

例 3.4.4 $V_1=\{(x_1,x_2,x_3)|x_1,x_2\in\mathbf{R},x_3=0\}$，$V_2=\{(x_1,x_2,x_3)|x_1=x_2=0,x_3\in\mathbf{R}\}$，求它们的交与和，并验证维数定理 3.4.5.

解 由已知条件得

$$V_1+V_2=\mathbf{R}^3,\quad V_1\cap V_2=\{0\},$$

所以

$$\dim(V_1+V_2)=3,\qquad \dim(V_1\cap V_2)=0,$$

而

$$\dim V_1=2,\qquad \dim V_2=1,$$

故满足维数定理 3.4.5.

3.4.3 子空间的直和

定义 3.4.3 设 V_1 和 V_2 是线性空间 V 的两个子空间，如果 V_1+V_2 中的每个向量 $\boldsymbol{\alpha}$ 的分解式

$$\boldsymbol{\alpha}=\boldsymbol{\alpha}_1+\boldsymbol{\alpha}_2,\quad \boldsymbol{\alpha}_1\in V_1,\boldsymbol{\alpha}_2\in V_2$$

是唯一的，则称上述分解式为线性空间的**直和分解**，称 V_1+V_2 为**直和**，记作 $V_1\oplus V_2$. 此时，也称 V_1 与 V_2 互为**补空间**.

例 3.4.5 设

$$V_1=\{(x_1,x_2,x_3)|x_3=0,x_1,x_2\in\mathbf{R}\},$$
$$V_2=\{(x_1,x_2,x_3)|x_1=0,x_2=0,x_3\in\mathbf{R}\},$$
$$V_3=\{(x_1,x_2,x_3)|x_1=0,x_2,x_3\in\mathbf{R}\},$$

则 $\mathbf{R}^3=V_1+V_2$ 是直和分解，$\mathbf{R}^3=V_1+V_3$ 不是直和分解.

定理 3.4.6 设 V_1 和 V_2 是线性空间 V 的两个子空间，则以下条件等价：

（1）V_1+V_2 为直和；

（2）零向量分解唯一；

（3）$V_1\cap V_2=\{\mathbf{0}\}$；

（4）$\dim(V_1+V_2)=\dim V_1+\dim V_2$；

（5）V_1+V_2 的基由 V_1 和 V_2 的基合并而成.

证 （1）⇒（2） 显然成立.

（2）⇒（1） 任取 $\boldsymbol{\alpha}\in V_1+V_2$，假设分解不唯一，即

$$\boldsymbol{\alpha}=\boldsymbol{\alpha}_1+\boldsymbol{\alpha}_2,\ \boldsymbol{\alpha}=\boldsymbol{\beta}_1+\boldsymbol{\beta}_2,\ \boldsymbol{\alpha}_1,\boldsymbol{\beta}_1\in V_1,\boldsymbol{\alpha}_2,\boldsymbol{\beta}_2\in V_2,$$

有

$$(\boldsymbol{\alpha}_1+\boldsymbol{\alpha}_2)-(\boldsymbol{\beta}_1+\boldsymbol{\beta}_2)=(\boldsymbol{\alpha}_1-\boldsymbol{\beta}_1)+(\boldsymbol{\alpha}_2-\boldsymbol{\beta}_2)=\mathbf{0},$$

由零向量分解唯一，得

$$\boldsymbol{\alpha}_1-\boldsymbol{\beta}_1=\mathbf{0},\ \boldsymbol{\alpha}_2-\boldsymbol{\beta}_2=\mathbf{0},$$

即 $\boldsymbol{\alpha}$ 的分解式唯一，故 V_1+V_2 为直和.

（2）⇒（3） 任取 $\boldsymbol{\alpha}\in V_1\cap V_2$，则

$$\boldsymbol{\alpha}+(-\boldsymbol{\alpha})=\mathbf{0},\ \boldsymbol{\alpha}\in V_1,-\boldsymbol{\alpha}\in V_2,$$

可推出 $\boldsymbol{\alpha}=\mathbf{0}$, 即 $V_1\cap V_2=\{\mathbf{0}\}$.

（3）⇒（2） 若 $\boldsymbol{\alpha}_1+\boldsymbol{\alpha}_2=\mathbf{0},\boldsymbol{\alpha}_1\in V_1,\boldsymbol{\alpha}_2\in V_2$，则 $\boldsymbol{\alpha}_2=-\boldsymbol{\alpha}_1\in V_1$，于是 $\boldsymbol{\alpha}_2\in V_1\cap V_2$，从而 $\boldsymbol{\alpha}_2=\mathbf{0}$. 同理，$\boldsymbol{\alpha}_1=\mathbf{0}$，故零向量分解唯一.

（3）⇔（4） 由维数定理即得.

（4）⇔（5） 显然成立.

证毕

定理 3.4.7 设 V_1 是线性空间 V 的一个子空间，则必存在 V 的子空间 V_2，使 $V = V_1 \oplus V_2$.

证 如果 $V_1 = V$，取 $V_2 = \{\mathbf{0}\}$，则 $V = V_1 \oplus V_2$. 如果 $V_1 = \{\mathbf{0}\}$，取 $V_2 = V$，也有 $V = V_1 \oplus V_2$.

如果 $V_1 \neq \{\mathbf{0}\}$ 且 $V_1 \neq V$，取 V_1 的一组基 $\boldsymbol{\alpha}_1$，$\boldsymbol{\alpha}_2$，$\cdots, \boldsymbol{\alpha}_r$，并将其扩充成 V 的一组基 $\boldsymbol{\alpha}_1$，$\boldsymbol{\alpha}_2$，$\cdots, \boldsymbol{\alpha}_r$，$\boldsymbol{\alpha}_{r+1}$，$\boldsymbol{\alpha}_{r+2}$，$\cdots, \boldsymbol{\alpha}_n$, 取

$$V_2 = \mathrm{span}\{\boldsymbol{\alpha}_{r+1}, \boldsymbol{\alpha}_{r+2}, \cdots, \boldsymbol{\alpha}_n\},$$

则有 $V_1 \cap V_2 = \{\mathbf{0}\}$，所以 $V = V_1 \oplus V_2$.

证毕

例 3.4.6 设 $\boldsymbol{\alpha}_1 = (1, 2, 1, 0)^{\mathrm{T}}$，$\boldsymbol{\alpha}_2 = (-1, 1, 1, 1)^{\mathrm{T}}$，$\boldsymbol{\beta}_1 = (2, -1, 0, 1)^{\mathrm{T}}$，$\boldsymbol{\beta}_2 = (1, -1, 3, 7)^{\mathrm{T}}$，求 $V_1 = \mathrm{span}\{\boldsymbol{\alpha}_1, \boldsymbol{\alpha}_2\}$ 和 $V_2 = \mathrm{span}\{\boldsymbol{\beta}_1, \boldsymbol{\beta}_2\}$ 的和与交的基.

解 $V_1 + V_2 = \mathrm{span}\{\boldsymbol{\alpha}_1, \boldsymbol{\alpha}_2, \boldsymbol{\beta}_1, \boldsymbol{\beta}_2\}$. 向量组 $\boldsymbol{\alpha}_1, \boldsymbol{\alpha}_2, \boldsymbol{\beta}_1, \boldsymbol{\beta}_2$ 的秩为 3，其中一个最大线性无关组为 $\boldsymbol{\alpha}_1, \boldsymbol{\alpha}_2, \boldsymbol{\beta}_1$，即为 $V_1 + V_2$ 的一组基.

由定理 3.4.5，$V_1 \cap V_2$ 的维数为 1. 对任意的 $\boldsymbol{\alpha} \in V_1 \cap V_2$，有 $\boldsymbol{\alpha} = x_1\boldsymbol{\alpha}_1 + x_2\boldsymbol{\alpha}_2 = x_3\boldsymbol{\beta}_1 + x_4\boldsymbol{\beta}_2$，展开可得一个齐次线性方程组，其基础解系为 $(1, -4, 3, -1)^{\mathrm{T}}$. 因此，

$$V_1 \cap V_2 = \{k(\boldsymbol{\alpha}_1 - 4\boldsymbol{\alpha}_2), k \in \mathbf{R}\} = \mathrm{span}\{(5, -2, -3, -4)^{\mathrm{T}}\}.$$

3.5 Python 实现

例 3.5.1 已知矩阵 $\boldsymbol{A} = \begin{bmatrix} 1 & 1 & 2 \\ 0 & 0 & 1 \\ 1 & 1 & 4 \end{bmatrix}$，求它的秩.

代码如下：

```
import numpy as np
matrix = np.array([[1, 1, 2],
              [0, 0, 1],
              [1, 1, 4]])
rank = np.linalg.matrix_rank(matrix)
print(rank)
```

例 3.5.2 已知矩阵 $\boldsymbol{A} = \begin{bmatrix} 1 & 1 & 2 \\ 0 & 1 & 1 \\ 1 & 3 & 4 \end{bmatrix}$，求其零空间 $N(\boldsymbol{A})$.

代码如下：

```
import numpy as np
from scipy.linalg import null_space
#定义矩阵 A
```

```
A = np.array([[1, 1, 2], [0, 1, 1], [1, 3, 4]])
# 计算 A 的零空间
null_space_A = null_space(A)
print("矩阵 A 的零空间为:")
print(null_space_A)
```

习　题　3

3.1　下列集合对所给运算不构成实数域上线性空间的是 (　　).

A. n 维实向量的全体，对于 n 维向量的加法和 n 维向量的数乘运算

B. $m\times n$ 实矩阵的全体，对于矩阵的加法和数与矩阵的乘法

C. 次数小于 n 的实系数多项式 (包含零多项式) 的全体，对于多项式的加法和数与多项式的乘法

D. 非齐次线性方程组所有的解向量的全体，对于向量的加法和向量的数乘运算

3.2　线性空间 $V=\{\boldsymbol{A}|\in\mathbf{R}^{n\times n},\boldsymbol{A}^{\mathrm{T}}=-\boldsymbol{A}\}$ $(n\geqslant 2)$ 的维数 $\dim V=($　　$)$.

A. $n(n+1)$　　　　B. $\dfrac{n(n+1)}{2}$

C. $n(n-1)$　　　　D. $\dfrac{n(n-1)}{2}$

3.3　设 V_1, V_2 是数域 P 上线性空间 V 的子空间，则下列说法错误的是 (　　).

A. V_1+V_2 仍是 V 的子空间

B. $V_1\cap V_2$ 仍是 V 的子空间

C. $V_1\cup V_2$ 仍是 V 的子空间

D. $V_1\oplus V_2$ 仍是 V 的子空间

3.4　设 V_1,V_2 是 V 的两个线性子空间，则与命题 " V_1+V_2 的任意元素的分解式唯一" 不等价的命题是 (　　).

A. $V_1\cap V_2=\{0\}$　　　　B. $\dim(V_1+V_2)=\dim V_1+\dim V_2$

C. $V_1\cup V_2=V$　　　　D. V_1+V_2 的零元素的分解式唯一

3.5　设 $\boldsymbol{W}\subset\mathbf{R}^n$, $\boldsymbol{W}=\{(x_1,x_2,\cdots,x_n)^{\mathrm{T}}|x_1+x_2+\cdots+x_n=0\}$，则 $\dim\boldsymbol{W}=($　　$)$.

A. n　　　　B. $n+1$

C. $n-1$　　　　D. 不确定

3.6　设 $\boldsymbol{P}=\begin{bmatrix}1&1&1\\1&2&4\\1&k&k^2\end{bmatrix}$ 是线性空间 V^3 中某两个基之间的过渡矩阵，则常数 k 应满足的条件是 (　　).

A. $k\neq 1$　　　　B. $k\neq 2$

C. $k\neq 1$ 且 $k\neq 2$　　　　D. k 为任意实数

3.7　判别下列集合是否构成相应数域上的线性空间，为什么?

(1) 实数域 $\mathbf{R}$ 上的 3×3 矩阵全体，按矩阵的加法和数乘.

（2）数域 P 上小于等于 3 次的多项式全体，按照多项式的加法以及数与多项式的乘法.

（3）非齐次线性方程组 $\boldsymbol{Ax}=\boldsymbol{b}$ 的解的集合，按照向量加法以及数与向量的乘法.

3.8　验证 $\mathbf{R}^{2\times 2}$ 中

$$\boldsymbol{\alpha}_1=\begin{bmatrix}1 & 0\\ 2 & 1\end{bmatrix},\boldsymbol{\alpha}_2=\begin{bmatrix}1 & 1\\ -2 & 3\end{bmatrix},\boldsymbol{\alpha}_3=\begin{bmatrix}2 & 1\\ 1 & 1\end{bmatrix},\boldsymbol{\alpha}_4=\begin{bmatrix}1 & 0\\ 2 & 4\end{bmatrix}$$

是一组基，并求 $\boldsymbol{\beta}=\begin{bmatrix}5 & -1\\ 3 & 2\end{bmatrix}$ 在该组基下的坐标.

3.9　已知矩阵 $\boldsymbol{A}=\begin{bmatrix}1 & 1 & 2\\ 0 & 1 & 1\\ 1 & 3 & 4\end{bmatrix}$，求其零空间 $N(\boldsymbol{A})$ 和值域 $R(\boldsymbol{A})$，并指出其维数.

3.10　已知 $\boldsymbol{\alpha}_1=(1,2,1,0)^{\mathrm{T}}$，$\boldsymbol{\alpha}_2=(-1,1,1,1)^{\mathrm{T}}$，$\boldsymbol{\beta}_1=(2,-1,0,1)^{\mathrm{T}}$，$\boldsymbol{\beta}_2=(1,-1,3,7)^{\mathrm{T}}$，求 $\mathrm{span}\{\boldsymbol{\alpha}_1,\boldsymbol{\alpha}_2\}$ 与 $\mathrm{span}\{\boldsymbol{\beta}_1,\boldsymbol{\beta}_2\}$ 的和与交的基和维数.

3.11　设有 $\mathbf{R}^3$ 的两个子空间

$$V_1=\{(x_1,x_2,x_3)|2x_1+x_2-x_3=0\},\quad V_2=\{(x_1,x_2,x_3)|x_1+x_2=0,\ 3x_1+2x_2-x_3=0\},$$

分别求子空间 $V_1+V_2, V_1\cap V_2$ 的基和维数.

第 4 章　内积与范数

内积和范数是定义在线性空间上的两个重要概念，它们提供了量化向量之间关系和向量自身特性的方法. 内积提供了一种衡量向量间关系的手段，而范数则允许量化向量的“大小”. 这两个工具不仅在理论上具有重要意义，在实际应用中也极为关键.

4.1　内积

线性空间中向量的运算仅是线性运算，对于 n 维线性空间，一旦引入内积的概念，向量就获得了丰富的几何属性. 不仅可以测量向量的长度，还可以探究两个向量之间的夹角. 更进一步，内积的引入使得正交性的概念得以明确，从而衍生出标准正交基、勾股定理以及正交投影等许多精妙的几何和代数结构.

当我们将向量的元素从实数域扩展到复数域时，原本的欧氏空间就扩展成为酉空间. 这种扩展保留了欧氏空间的许多关键特性，使得许多定义和性质能够平滑地迁移到复数域上. 无论是实数还是复数域上的线性空间，只要它们定义了内积，就统称为内积空间. 这些空间在数学分析、量子力学、信号处理等诸多领域都有着广泛的应用.

4.1.1　内积与欧氏空间

定义 4.1.1　设 V 是实数域 $\mathbf{R}$ 上的线性空间，$\boldsymbol{\alpha},\boldsymbol{\beta},\boldsymbol{\gamma}\in V, k\in\mathbf{R}$. 在 $V\times V$ 上定义的函数 $(\boldsymbol{\alpha},\boldsymbol{\beta})$ 满足

（1）对称性：$(\boldsymbol{\alpha},\boldsymbol{\beta})=(\boldsymbol{\beta},\boldsymbol{\alpha})$;

（2）线性性：$(\boldsymbol{\alpha}+\boldsymbol{\beta},\boldsymbol{\gamma})=(\boldsymbol{\alpha},\boldsymbol{\gamma})+(\boldsymbol{\beta},\boldsymbol{\gamma}), (k\boldsymbol{\alpha},\boldsymbol{\beta})=k(\boldsymbol{\alpha},\boldsymbol{\beta})$;

（3）正定性：$(\boldsymbol{\alpha},\boldsymbol{\alpha})\geqslant 0$，当且仅当 $\boldsymbol{\alpha}=\mathbf{0}$ 时，$(\boldsymbol{\alpha},\boldsymbol{\alpha})=0$，

则称 $(\boldsymbol{\alpha},\boldsymbol{\beta})$ 为向量 $\boldsymbol{\alpha}$ 与 $\boldsymbol{\beta}$ 的**内积**，称定义了内积的线性空间 V 为**欧几里得**（Euclid）**空间**，简称 **欧氏空间**，又称**实内积空间**.

例 4.1.1　在 $\mathbf{R}^n$ 中，设 $\boldsymbol{\alpha}=(a_1,a_2,\cdots,a_n)^{\mathrm{T}},\boldsymbol{\beta}=(b_1,b_2,\cdots,b_n)^{\mathrm{T}}$，定义

$$(\boldsymbol{\alpha},\boldsymbol{\beta})=a_1b_1+a_2b_2+\cdots+a_nb_n=\boldsymbol{\alpha}^{\mathrm{T}}\boldsymbol{\beta}=\boldsymbol{\beta}^{\mathrm{T}}\boldsymbol{\alpha}, \tag{4-1}$$

则 $(\boldsymbol{\alpha},\boldsymbol{\beta})$ 符合内积的定义，称为 $\mathbf{R}^n$ 的标准内积. 引入上述内积后，$\mathbf{R}^n$ 就是一个欧氏空间.

例 4.1.2　在 $\mathbf{R}^n$ 中，定义

$$(\boldsymbol{\alpha},\boldsymbol{\beta})=a_1b_1+2a_2b_2+\cdots+na_nb_n, \tag{4-2}$$

则 $(\boldsymbol{\alpha},\boldsymbol{\beta})$ 符合内积的定义，$\mathbf{R}^n$ 在该内积定义下也是一个欧氏空间．该欧氏空间与例 4.1.1 的欧氏空间不同．

例 4.1.3 矩阵空间 $\mathbf{R}^{n\times n}$ 中，对任意的 $\boldsymbol{A},\boldsymbol{B}\in\mathbf{R}^{n\times n}$ ，定义

$$(\boldsymbol{A},\boldsymbol{B})=\operatorname{tr}(\boldsymbol{A}^{\mathrm{T}}\boldsymbol{B})=\operatorname{tr}(\boldsymbol{B}^{\mathrm{T}}\boldsymbol{A})=\sum_{i=1}^{n}\sum_{j=1}^{n}a_{ij}b_{ij}, \tag{4-3}$$

则 $(\boldsymbol{A},\boldsymbol{B})$ 符合内积的定义，$\mathbf{R}^{n\times n}$ 按此内积构成欧氏空间．称式 (4-3) 为 $\mathbf{R}^{n\times n}$ 的标准内积．

例 4.1.4 对线性空间 $P_n[x]$ 中的任意元素

$$f(x)=\sum_{k=0}^{n}a_kx^k,\quad g(x)=\sum_{k=0}^{n}b_kx^k,$$

定义

$$(f(x),g(x))=\sum_{k=0}^{n}a_kb_k, \tag{4-4}$$

则 $(f(x),g(x))$ 符合内积的定义，$P_n[x]$ 按此内积构成欧氏空间．

例 4.1.5 对实线性空间 $C[a,b]$ 中的函数 $f(t),g(t)$，定义

$$(f(t),g(t))=\int_a^b f(t)g(t)\mathrm{d}t, \tag{4-5}$$

则 $(f(t),g(t))$ 符合内积的定义，$C[a,b]$ 按此内积构成欧氏空间．

例 4.1.6 设 $\boldsymbol{\alpha}_1,\boldsymbol{\alpha}_2,\cdots,\boldsymbol{\alpha}_n$ 为 n 维欧氏空间 V 的一组基，$\boldsymbol{\alpha},\boldsymbol{\beta}\in V$，且

$$\boldsymbol{\alpha}=x_1\boldsymbol{\alpha}_1+x_2\boldsymbol{\alpha}_2+\cdots+x_n\boldsymbol{\alpha}_n,\quad \boldsymbol{\beta}=y_1\boldsymbol{\alpha}_1+y_2\boldsymbol{\alpha}_2+\cdots+y_n\boldsymbol{\alpha}_n,$$

则 $\boldsymbol{\alpha}$ 与 $\boldsymbol{\beta}$ 的内积可用坐标表示为如下形式：

$$(\boldsymbol{\alpha},\boldsymbol{\beta})=\left(\sum_{i=1}^{n}x_i\boldsymbol{\alpha}_i,\sum_{j=1}^{n}y_j\boldsymbol{\alpha}_j\right)=\sum_{i=1}^{n}\sum_{j=1}^{n}x_iy_j(\boldsymbol{\alpha}_i,\boldsymbol{\alpha}_j)=\boldsymbol{y}^{\mathrm{T}}\boldsymbol{G}\boldsymbol{x}, \tag{4-6}$$

其中，$\boldsymbol{x}=(x_1,x_2,\cdots,x_n)^{\mathrm{T}},\boldsymbol{y}=(y_1,y_2,\cdots,y_n)^{\mathrm{T}}$,

$$\boldsymbol{G}=\begin{bmatrix}(\boldsymbol{\alpha}_1,\boldsymbol{\alpha}_1)&(\boldsymbol{\alpha}_1,\boldsymbol{\alpha}_2)&\cdots&(\boldsymbol{\alpha}_1,\boldsymbol{\alpha}_n)\\(\boldsymbol{\alpha}_2,\boldsymbol{\alpha}_1)&(\boldsymbol{\alpha}_2,\boldsymbol{\alpha}_2)&\cdots&(\boldsymbol{\alpha}_2,\boldsymbol{\alpha}_n)\\\vdots&\vdots&&\vdots\\(\boldsymbol{\alpha}_n,\boldsymbol{\alpha}_1)&(\boldsymbol{\alpha}_n,\boldsymbol{\alpha}_2)&\cdots&(\boldsymbol{\alpha}_n,\boldsymbol{\alpha}_n)\end{bmatrix}. \tag{4-7}$$

$\boldsymbol{G}$ 称为 $\boldsymbol{\alpha}_1,\boldsymbol{\alpha}_2,\cdots,\boldsymbol{\alpha}_n$ 的**格拉姆（Gram）矩阵**，亦称**度量矩阵**．易证实数域上的度量矩阵为对称正定阵，且不同基下的度量矩阵是合同的，n 维欧氏空间的内积与 n 阶对称正定阵一一对应．

设 V 为欧氏空间，$\boldsymbol{\alpha},\boldsymbol{\beta},\boldsymbol{\gamma},\boldsymbol{\alpha}_i,\boldsymbol{\beta}_j\in V$，$k,a_i,b_j\in\mathbf{R}$，内积具有如下性质：

（1）$(\boldsymbol{\alpha},\mathbf{0})=(\mathbf{0},\boldsymbol{\alpha})=0$；

（2）$(\boldsymbol{\alpha},k\boldsymbol{\beta})=k(\boldsymbol{\alpha},\boldsymbol{\beta}),(\boldsymbol{\alpha},\boldsymbol{\beta}+\boldsymbol{\gamma})=(\boldsymbol{\alpha},\boldsymbol{\beta})+(\boldsymbol{\alpha},\boldsymbol{\gamma})$,
一般地，

$$\left(\sum_{i=1}^{n}a_i\boldsymbol{\alpha}_i,\sum_{j=1}^{n}b_j\boldsymbol{\beta}_j\right)=\sum_{i,j=1}^{n}a_ib_j(\boldsymbol{\alpha}_i,\boldsymbol{\beta}_j);$$

（3）$(\boldsymbol{\alpha},\boldsymbol{\beta})^2\leqslant(\boldsymbol{\alpha},\boldsymbol{\alpha})\ (\boldsymbol{\beta},\boldsymbol{\beta})$，等号成立 $\Leftrightarrow\boldsymbol{\alpha}$ 与 $\boldsymbol{\beta}$ 线性相关，称为**柯西-施瓦茨**（Cauchy-Schwarz）**不等式**.

性质（1),（2）由内积定义可直接推得. 关于 Cauchy-Schwarz 不等式，事实上，若 $\boldsymbol{\alpha},\boldsymbol{\beta}$ 中有一个为零向量，结论显然成立. 若 $\boldsymbol{\alpha}\ \boldsymbol{\beta}$ 均为非零向量，对任意 $t\in\mathbf{R}$，令 $\boldsymbol{\mu}=\boldsymbol{\alpha}+t\boldsymbol{\beta}$，则 $\boldsymbol{\mu}\in V$，

$$(\boldsymbol{\mu},\boldsymbol{\mu})=(\boldsymbol{\alpha}+t\boldsymbol{\beta},\boldsymbol{\alpha}+t\boldsymbol{\beta})=t^2(\boldsymbol{\beta},\boldsymbol{\beta})+2(\boldsymbol{\alpha},\boldsymbol{\beta})t+(\boldsymbol{\alpha},\boldsymbol{\alpha})\geqslant 0.$$

由于 $\boldsymbol{\beta}\neq\mathbf{0}$，因此 $(\boldsymbol{\beta},\boldsymbol{\beta})>0$，于是对于任意的 t，上式成立时必有判别式 $\varDelta\leqslant 0$，即

$$(\boldsymbol{\alpha},\boldsymbol{\beta})^2\leqslant(\boldsymbol{\alpha},\boldsymbol{\alpha})\ (\boldsymbol{\beta},\boldsymbol{\beta}),$$

等号成立时 $\Leftrightarrow\boldsymbol{\mu}=\mathbf{0}$，即 $\boldsymbol{\alpha}$ 与 $\boldsymbol{\beta}$ 线性相关.

Cauchy-Schwarz 不等式有十分重要的应用. 如它在欧氏空间 $\mathbf{R}^n$ 与 $C[a,b]$ 中的形式都是著名的不等式，分别为

$$\left|\sum_{i=1}^{n}a_ib_i\right|\leqslant\left(\sum_{i=1}^{n}a_i^2\right)^{1/2}\left(\sum_{i=1}^{n}b_i^2\right)^{1/2},$$

$$\left|\int_a^b f(t)g(t)\mathrm{d}t\right|\leqslant\left(\int_a^b f^2(t)\mathrm{d}t\right)^{1/2}\left(\int_a^b g^2(t)\mathrm{d}t\right)^{1/2}.$$

定义 4.1.2 在欧氏空间 V 中，非负实数 $\sqrt{(\boldsymbol{\alpha},\boldsymbol{\alpha})}$ 称为向量 $\boldsymbol{\alpha}$ 的**模** (或**长度**)，记作

$$||\boldsymbol{\alpha}||=\sqrt{(\boldsymbol{\alpha},\boldsymbol{\alpha})}. \tag{4-8}$$

模为 1 的向量称为**单位向量**. 非零向量 $\dfrac{\boldsymbol{\alpha}}{||\boldsymbol{\alpha}||}$ 是一个与 $\boldsymbol{\alpha}$ 同方向的单位向量，此运算称为向量 $\boldsymbol{\alpha}$ 的**单位化**.

由模的定义，可将 Cauchy-Schwarz 不等式写为 $|(\boldsymbol{\alpha},\boldsymbol{\beta})|\leqslant||\boldsymbol{\alpha}||\ ||\boldsymbol{\beta}||$. 若 $\boldsymbol{\alpha},\boldsymbol{\beta}$ 非零，则

$$\frac{|(\boldsymbol{\alpha},\boldsymbol{\beta})|}{||\boldsymbol{\alpha}||\ ||\boldsymbol{\beta}||}\leqslant 1.$$

定义 4.1.3 内积空间中，两个非零向量 $\boldsymbol{\alpha},\boldsymbol{\beta}$ 的**夹角**定义为

$$\theta=\arccos\frac{(\boldsymbol{\alpha},\boldsymbol{\beta})}{||\boldsymbol{\alpha}||\,||\boldsymbol{\beta}||},\quad 0\leqslant\theta\leqslant\pi. \tag{4-9}$$

例 4.1.7 求向量 $\boldsymbol{\alpha}=(1,2,2,3)^{\mathrm{T}},\boldsymbol{\beta}=(3,1,5,1)^{\mathrm{T}}$ 的夹角.

解 直接计算可得

$$\cos\theta=\frac{(\boldsymbol{\alpha},\boldsymbol{\beta})}{||\boldsymbol{\alpha}||\,||\boldsymbol{\beta}||}=\frac{18}{3\sqrt{2}\times 6}=\frac{\sqrt{2}}{2}.$$

故 $\boldsymbol{\alpha}$ 与 $\boldsymbol{\beta}$ 的夹角 $\theta=\dfrac{\pi}{4}$.

特别地，若式 (4-9) 中 $(\boldsymbol{\alpha},\boldsymbol{\beta})=0$，则 $\boldsymbol{\alpha}$ 与 $\boldsymbol{\beta}$ 的夹角 $\theta=\dfrac{\pi}{2}$.

定义 4.1.4 设 V^n 为 n 维实内积空间，对任意的向量 $\boldsymbol{\alpha},\boldsymbol{\beta}\in V^n$，如果 $(\boldsymbol{\alpha},\boldsymbol{\beta})=0$，则称 $\boldsymbol{\alpha}$ 与 $\boldsymbol{\beta}$ **正交**，记作 $\boldsymbol{\alpha}\perp\boldsymbol{\beta}$.

例 4.1.8 在实多项式空间 $P_n[t]$ 中定义二元实函数

$$(f(t),g(t))=\sum_{i=0}^{n}f(t_i)g(t_i),\quad \forall f(t),g(t)\in P_n[t],$$

其中 $t_0,t_1,\cdots,t_n$ 两两互异.

（1）证明 $(f(t),g(t))$ 是 $P_n[t]$ 的内积.

（2）当 $n=1$ 时，取 $f(t)=t,\ \ g(t)=t+a$. 问当 a 取何值时，$f(t),g(t)$ 正交?

证 （1）对称性. 易证

$$(f(t),g(t))=(g(t),f(t)).$$

线性性. 易证

$$\begin{aligned}(f(t)+g(t),h(t))&=(f(t),h(t))+(g(t),h(t)),\\(\lambda f(t),g(t))&=\lambda(f(t),g(t)).\end{aligned}$$

正定性. 易证

$$\begin{aligned}(f(t),f(t))&=\sum_{i=0}^{n}f(t_i)^2\geqslant 0,\\(f(t),f(t))&=\sum_{i=0}^{n}f(t_i)^2=0\Leftrightarrow f(t_i)=0.\end{aligned}$$

所以，$(f(t),g(t))$ 是 $P_n[t]$ 的内积.

（2）当 $n=1$ 时，取 $f(t)=t,g(t)=t+a$，有

$$(f(t),g(t))=f(t_0)g(t_0)+f(t_1)g(t_1)$$

$$=t_0(t_0+a)+t_1(t_1+a)=t_0^2+t_1^2+(t_0+t_1)a.$$

如果 $t_0+t_1=0$，则 $f(t),g(t)$ 不正交；如果 $t_0+t_1\neq 0$，则当 $a=-\dfrac{t_0^2+t_1^2}{t_0+t_1}$ 时，$f(t),g(t)$ 正交.

设 V 为欧氏空间，$\boldsymbol{\alpha},\boldsymbol{\beta}\in V$, $k\in\mathbf{R}$，易证模具有如下性质：

（1）$||\boldsymbol{\alpha}||\geqslant 0$，且 $||\boldsymbol{\alpha}||=0\Leftrightarrow\boldsymbol{\alpha}=\mathbf{0}$；

（2）$||k\boldsymbol{\alpha}||=|k|\ ||\boldsymbol{\alpha}||$；

（3）$||\boldsymbol{\alpha}+\boldsymbol{\beta}||\leqslant||\boldsymbol{\alpha}||+||\boldsymbol{\beta}||$；

（4）$||\boldsymbol{\alpha}+\boldsymbol{\beta}||^2+||\boldsymbol{\alpha}-\boldsymbol{\beta}||^2=2(||\boldsymbol{\alpha}||^2+||\boldsymbol{\beta}||^2)$；

（5）若 $\boldsymbol{\alpha}\perp\boldsymbol{\beta}$，则 $||\boldsymbol{\alpha}+\boldsymbol{\beta}||^2=||\boldsymbol{\alpha}||^2+||\boldsymbol{\beta}||^2$.

4.1.2 标准正交基与 Schmidt 正交化方法

定义 4.1.5 设 $\boldsymbol{\alpha}_1,\boldsymbol{\alpha}_2,\cdots,\boldsymbol{\alpha}_n$ 为欧氏空间 V^n 的一组基，若满足 $\boldsymbol{\alpha}_1,\boldsymbol{\alpha}_2,\cdots,\boldsymbol{\alpha}_n$ 两两正交，则称之为**正交基**. 若正交基中的每个向量均为单位向量，则称之为**标准正交基**.

例 4.1.9 欧氏空间 $\mathbf{R}^n$ 中，$\boldsymbol{e}_1,\boldsymbol{e}_2,\cdots,\boldsymbol{e}_n$ 是一组标准正交基.

例 4.1.10 欧氏空间 $\mathbf{R}^{m\times n}$ 中，$\boldsymbol{E}_{ij}(i=1,2,\cdots,m;j=1,2,\cdots,n)$ 是一组标准正交基.

显然，$\boldsymbol{\alpha}_1,\boldsymbol{\alpha}_2,\cdots,\boldsymbol{\alpha}_n$ 为欧氏空间 V^n 的标准正交基当且仅当

$$(\boldsymbol{\alpha}_i,\boldsymbol{\alpha}_j)=\begin{cases}1, & i=j,\\ 0, & i\neq j.\end{cases}$$

由式 (4-7) 知，若 $\boldsymbol{\alpha}_1,\boldsymbol{\alpha}_2,\cdots,\boldsymbol{\alpha}_n$ 为欧氏空间 V^n 的一组标准正交基，则度量矩阵 $\boldsymbol{G}=\boldsymbol{I}_n$，此时，$\boldsymbol{\alpha}$ 与 $\boldsymbol{\beta}$ 的内积 (4-6) 有如下简洁形式：

$$(\boldsymbol{\alpha},\boldsymbol{\beta})=x_1y_1+x_2y_2+\cdots+x_ny_n.$$

且

$$\boldsymbol{\alpha}=x_1\boldsymbol{\alpha}_1+x_2\boldsymbol{\alpha}_2+\cdots+x_n\boldsymbol{\alpha}_n$$

时，上述等式两端分别与 $\boldsymbol{\alpha}_i$ $(i=1,2,\cdots,n)$ 作内积，可得坐标

$$x_i=(\boldsymbol{\alpha},\boldsymbol{\alpha}_i),\quad i=1,2,\cdots,n.$$

即向量的坐标分量是该向量与相应基向量的内积.

可见，标准正交基下向量内积的计算变得非常简单，使得许多线性代数和相关领域的计算变得更加直接和高效. 下述定理表明，有限维欧氏空间必有正交基和标准正交基，并给出构造方法.

定理 4.1.1 n 维欧氏空间 V^n 中必存在标准正交基.

证 设 $\boldsymbol{\alpha}_1,\boldsymbol{\alpha}_2,\cdots,\boldsymbol{\alpha}_n$ 是欧氏空间 V^n 的一组基，令

$$\begin{cases} \boldsymbol{\beta}_1=\boldsymbol{\alpha}_1, \\ \boldsymbol{\beta}_2=\boldsymbol{\alpha}_2-\dfrac{(\boldsymbol{\alpha}_2,\boldsymbol{\beta}_1)}{(\boldsymbol{\beta}_1,\boldsymbol{\beta}_1)}\boldsymbol{\beta}_1, \\ \qquad\vdots \\ \boldsymbol{\beta}_k=\boldsymbol{\alpha}_k-\displaystyle\sum_{i=1}^{k-1}\dfrac{(\boldsymbol{\alpha}_k,\boldsymbol{\beta}_i)}{(\boldsymbol{\beta}_i,\boldsymbol{\beta}_i)}\boldsymbol{\beta}_i. \end{cases} \tag{4-10}$$

则 $\boldsymbol{\beta}_1,\boldsymbol{\beta}_2,\cdots,\boldsymbol{\beta}_n$ 两两正交. 再令 $\boldsymbol{\gamma}_i=\boldsymbol{\beta}_i/\|\boldsymbol{\beta}_i\|$，则 $\boldsymbol{\gamma}_1,\boldsymbol{\gamma}_2,\cdots,\boldsymbol{\gamma}_n$ 是 n 维欧氏空间 V^n 的一组标准正交基.

证毕

上述方法称为**施密特**（Schmidt）**正交化方法**，其几何意义如图 4-1 所示.

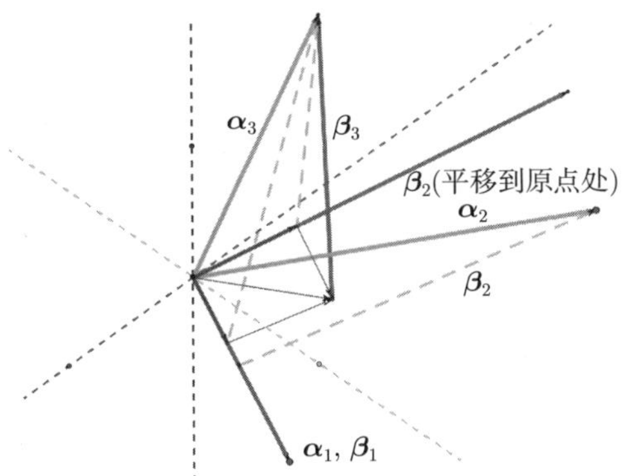

图 4-1 Schmidt 正交化方法的几何意义

例 4.1.11 已知向量组 $\boldsymbol{\alpha}_1=(1,\ 2,\ -1)^{\mathrm{T}},\boldsymbol{\alpha}_2=(-1,\ 3,\ 1)^{\mathrm{T}},\boldsymbol{\alpha}_3=(4,\ -1,\ 0)^{\mathrm{T}}$，线性空间 $V=\operatorname{span}\{\boldsymbol{\alpha}_1,\boldsymbol{\alpha}_2,\boldsymbol{\alpha}_3\}$，求线性空间 V 的一组标准正交基.

解 易知 $\boldsymbol{\alpha}_1,\boldsymbol{\alpha}_2,\boldsymbol{\alpha}_3$ 线性无关，应用 Schmidt 正交化方法，得

$$\begin{aligned} &\boldsymbol{\beta}_1=\boldsymbol{\alpha}_1=(1,\ 2,\ -1)^{\mathrm{T}}, \\ &\boldsymbol{\beta}_2=\boldsymbol{\alpha}_2-\frac{(\boldsymbol{\alpha}_2,\boldsymbol{\beta}_1)}{(\boldsymbol{\beta}_1,\boldsymbol{\beta}_1)}\boldsymbol{\beta}_1=\frac{5}{3}(-1,1,1)^{\mathrm{T}}, \\ &\boldsymbol{\beta}_3=\boldsymbol{\alpha}_3-\frac{(\boldsymbol{\alpha}_3,\boldsymbol{\beta}_1)}{(\boldsymbol{\beta}_1,\boldsymbol{\beta}_1)}\boldsymbol{\beta}_1-\frac{(\boldsymbol{\alpha}_3,\boldsymbol{\beta}_2)}{(\boldsymbol{\beta}_2,\boldsymbol{\beta}_2)}\boldsymbol{\beta}_2=(2,0,2)^{\mathrm{T}}. \end{aligned}$$

将 $\boldsymbol{\beta}_1,\boldsymbol{\beta}_2,\boldsymbol{\beta}_3$ 单位化，得

$$\boldsymbol{\gamma}_1=\frac{1}{\sqrt{6}}(1,2,-1)^{\mathrm{T}},\quad \boldsymbol{\gamma}_2=\frac{1}{\sqrt{3}}(-1,1,1)^{\mathrm{T}},\quad \boldsymbol{\gamma}_3=\frac{1}{\sqrt{2}}(1,0,1)^{\mathrm{T}}.$$

则 $\boldsymbol{\gamma}_1,\boldsymbol{\gamma}_2,\boldsymbol{\gamma}_3$ 为 V 的一组标准正交基.

例 4.1.12 在 $P_2[t]$ 中定义内积

$$(f(t),g(t))=\int_0^1 f(t)g(t)\mathrm{d}t,\quad f(t),g(t)\in P_2[t],$$

求其一组标准正交基.

解 取 $P_2[t]$ 的一组基 $1,t,t^2$，将其正交化得

$$\begin{aligned}
g_0(t)&=1,\quad g_1(t)=t-\frac{(t,g_0(t))}{(g_0(t),g_0(t))}g_0(t)=t-\frac{1}{2},\\
g_2(t)&=t^2-\frac{(t^2,g_0(t))}{(g_0(t),g_0(t))}g_0(t)-\frac{(t^2,g_1(t))}{(g_1(t),g_1(t))}g_1(t)=t^2-t+\frac{1}{6}.
\end{aligned}$$

单位化，得 $P_2[t]$ 的一组标准正交基为

$$\varphi_0(t)=1,\ \ \varphi_1(t)=2\sqrt{3}\left(t-\frac{1}{2}\right),\ \ \varphi_2(t)=6\sqrt{5}\left(t^2-t+\frac{1}{6}\right).$$

定理 4.1.2 对线性空间 $P_n[t]$，Schmidt 正交化方法式 (4-10) 等价于三项递推公式[1]：

$$\begin{cases}\varphi_0(t)=1,\quad \varphi_1(t)=t-a_0,\\ \varphi_{k+1}(t)=(t-a_k)\varphi_k(t)-b_k\varphi_{k-1}(t),\quad k=1,2,\cdots,n-1,\end{cases}\tag{4-11}$$

其中，

$$\begin{cases}a_k=\dfrac{(t\varphi_k,\varphi_k)}{(\varphi_k,\varphi_k)},\quad k=0,1,2,\cdots,n-1,\\ b_k=\dfrac{(\varphi_k,\varphi_k)}{(\varphi_{k-1},\varphi_{k-1})},\quad k=1,2,\cdots,n-1.\end{cases}\tag{4-12}$$

由定理 4.1.2 可以得到常见的几类正交多项式.

例 4.1.13 在 $P_n[t]$ 中定义内积

$$(f(t),g(t))=\int_{-1}^1 f(t)g(t)\frac{1}{\sqrt{1-t^2}}\mathrm{d}t.$$

利用三项递推公式 (4-11) 和式 (4-12)，可得到如下的**切比雪夫** (Chebyshev) **多项式**：

$$T_k(t)=\cos(k\arccos t).$$

并有三项递推公式

$$\begin{cases}T_0(t)=1,\quad T_1(t)=t,\\ T_{k+1}(t)=2tT_k(t)-T_{k-1}(t),\quad k=1,2,\cdots,n-1.\end{cases}\tag{4-13}$$

例 4.1.14 在 $P_n[t]$ 中定义内积

$$(f(t),g(t))=\int_{-1}^{1}f(t)g(t)\mathrm{d}t.$$

利用三项递推公式 (4-11) 和式 (4-12)，可得**勒让德** (Legendre) **多项式**

$$L_0=1,\quad L_k(t)=\frac{1}{2^k k!}\frac{\mathrm{d}^k}{\mathrm{d}t^k}(t^2-1)^n,\quad k=1,2,\cdots,n.$$

并有三项递推公式

$$\begin{cases} L_0(t)=1, \quad L_1(t)=t, \\ (k+1)L_{k+1}(t)=(2k+1)tL_k(t)-kL_{k-1}(t),\quad k=2,3,\cdots,n-1. \end{cases} \tag{4-14}$$

4.2 酉空间简介

欧氏空间是实数域上的线性空间，而酉空间则将数域扩展到复数域上.

定义 4.2.1 设 V 是复数域 $\mathbf{C}$ 上的线性空间，如果对于 V 中任意两个元素 $\boldsymbol{\alpha},\boldsymbol{\beta}$ 都有唯一复数与之对应，记作 $(\boldsymbol{\alpha},\boldsymbol{\beta})$. 对于 $\boldsymbol{\alpha},\boldsymbol{\beta},\boldsymbol{\gamma}\in V,k\in\mathbf{C}$. 在 $V\times V$ 上定义的函数 $(\boldsymbol{\alpha},\boldsymbol{\beta})$ 满足

（1）对称性：$(\boldsymbol{\alpha},\boldsymbol{\beta})=(\boldsymbol{\beta},\boldsymbol{\alpha})^*$ (a^* 表示 a 的共轭复数)；

（2）线性性：$(\boldsymbol{\alpha}+\boldsymbol{\beta},\boldsymbol{\gamma})=(\boldsymbol{\alpha},\boldsymbol{\gamma})+(\boldsymbol{\beta},\boldsymbol{\gamma}),(k\boldsymbol{\alpha},\boldsymbol{\beta})=k(\boldsymbol{\alpha},\boldsymbol{\beta})$；

（3）正定性：$(\boldsymbol{\alpha},\boldsymbol{\alpha})\geqslant 0$，当且仅当 $\boldsymbol{\alpha}=\mathbf{0}$ 时，$(\boldsymbol{\alpha},\boldsymbol{\alpha})=0$，

则称复数 $(\boldsymbol{\alpha},\boldsymbol{\beta})$ 为向量 $\boldsymbol{\alpha}$ 与 $\boldsymbol{\beta}$ 的内积，称定义了内积的复线性空间 V 为**酉空间**，又称**复内积空间**.

例 4.2.1 酉空间 $\mathbf{C}^n$ 中，设 $\boldsymbol{\alpha}=(a_1,a_2,\cdots,a_n)^{\mathrm{T}},\boldsymbol{\beta}=(b_1,b_2,\cdots,b_n)^{\mathrm{T}}$，内积定义为

$$(\boldsymbol{\alpha},\boldsymbol{\beta})=a_1b_1^*+a_2b_2^*+\cdots+a_nb_n^*=\boldsymbol{\alpha}^{\mathrm{T}}\boldsymbol{\beta}^*=\boldsymbol{\beta}^{\mathrm{H}}\boldsymbol{\alpha}.$$

例 4.2.2 酉空间 $\mathbf{C}^{n\times n}$ 中，对任意的 $\boldsymbol{A},\boldsymbol{B}\in\mathbf{C}^{n\times n}$，内积定义为

$$(\boldsymbol{A},\boldsymbol{B})=\mathrm{tr}(\boldsymbol{A}\boldsymbol{B}^{\mathrm{H}})=\sum_{i=1}^{n}\sum_{j=1}^{n}a_{ij}b_{ij}^*.$$

可见，酉空间是欧氏空间在数域与内积上的推广，因此很多在欧氏空间成立的结果可以平滑地推广到酉空间上. 下面列举酉空间的主要概念与性质.

设 V 为酉空间，$\boldsymbol{\alpha},\boldsymbol{\beta},\boldsymbol{\gamma},\boldsymbol{\alpha}_i,\boldsymbol{\beta}_j\in V,\ k,a_i,b_j\in\mathbf{C}$.

(1) $(\boldsymbol{\alpha},\mathbf{0})=(\mathbf{0},\boldsymbol{\alpha})=0$.

(2) $(\boldsymbol{\alpha},k\boldsymbol{\beta})=k^*(\boldsymbol{\alpha},\boldsymbol{\beta}),(\boldsymbol{\alpha},\boldsymbol{\beta}+\boldsymbol{\gamma})=(\boldsymbol{\alpha},\boldsymbol{\beta})+(\boldsymbol{\alpha},\boldsymbol{\gamma})$.

一般地，

$$\left(\sum_{i=1}^{n} a_i\boldsymbol{\alpha}_i, \sum_{j=1}^{n} b_j\boldsymbol{\beta}_j\right) = \sum_{i,j=1}^{n} a_i b_j^*(\boldsymbol{\alpha}_i, \boldsymbol{\beta}_j).$$

（3）$\sqrt{(\boldsymbol{\alpha},\boldsymbol{\alpha})}$ 称为 $\boldsymbol{\alpha}$ 的模，记为 $||\boldsymbol{\alpha}||$.

（4）Cauchy-Schwarz 不等式成立，即

$$(\boldsymbol{\alpha},\boldsymbol{\beta})(\boldsymbol{\beta},\boldsymbol{\alpha}) \leqslant (\boldsymbol{\alpha},\boldsymbol{\alpha})\ (\boldsymbol{\beta},\boldsymbol{\beta}) \quad \text{或} \quad |(\boldsymbol{\alpha},\boldsymbol{\beta})| \leqslant ||\boldsymbol{\alpha}||\ ||\boldsymbol{\beta}||.$$

等号成立 $\Leftrightarrow \boldsymbol{\alpha}$ 与 $\boldsymbol{\beta}$ 线性相关.

（5）当 $(\boldsymbol{\alpha},\boldsymbol{\beta})=0$ 时，称 $\boldsymbol{\alpha}$ 与 $\boldsymbol{\beta}$ 正交.

（6）任一组线性无关的向量可用 Schmidt 正交化方法正交化, 并扩充为一组标准正交基.

4.3 向量范数

对于实数和复数，由于定义了它们的绝对值（模），可以用其表示它们的大小（几何上就是长度），进而可以考察两个实数或复数的距离.

线性代数中，对于 $\mathbf{R}^n$ 中的向量，通常使用内积定义长度. 在更广泛的数学和应用领域中，范数是一种衡量向量大小的方法，它可以推广到不同的空间和不同的度量标准. 本节进一步把向量长度的概念推广到范数.

4.3.1 向量范数的定义

定义 4.3.1 设 V 是复数域 $\mathbf{C}$ 上的线性空间，对任意向量 $\boldsymbol{x} \in V$，都有一个非负实数 $\|\boldsymbol{x}\|$ 与之对应，并且具有下列三个条件：

(1) 正定性：$\|\boldsymbol{x}\| \geqslant 0$，$\|\boldsymbol{x}\|=0$ 的充要条件为 $\boldsymbol{x}=\mathbf{0}$;

(2) 非负齐次性：$\|k\boldsymbol{x}\|=|k|\,\|\boldsymbol{x}\|$;

(3) 三角不等式：对 $\forall \boldsymbol{x},\boldsymbol{y} \in V$，有 $\|\boldsymbol{x}+\boldsymbol{y}\| \leqslant \|\boldsymbol{x}\|+\|\boldsymbol{y}\|$,

则称 $\|\boldsymbol{x}\|$ 为向量 $\boldsymbol{x}$ 的**范数**，称定义了范数的线性空间 V 为**赋范线性空间**.

例 4.3.1 设 $\boldsymbol{x}=(x_1,x_2,\cdots,x_n)^{\mathrm{T}} \in \mathbf{C}^n$，常用的范数如下：

(1) 向量 $\boldsymbol{x}$ 的 **1 范数 (Manhattan 范数)** 定义为

$$\|\boldsymbol{x}\|_1 = |x_1|+|x_2|+\cdots+|x_n| = \sum_{i=1}^{n}|x_i|.$$

(2) 向量 $\boldsymbol{x}$ 的 **2 范数 (Euclid 范数)** 定义为

$$\|\boldsymbol{x}\|_2 = \sqrt{|x_1|^2+|x_2|^2+\cdots+|x_n|^2} = \left(\sum_{i=1}^{n}|x_i|^2\right)^{1/2}.$$

（3）向量 $\boldsymbol{x}$ 的 $\boldsymbol{p}$ **范数 (Holder 范数)** 定义为

$$\| \boldsymbol{x} \|_p = (|x_1|^p + |x_2|^p + \cdots + |x_n|^p)^{\frac{1}{p}} = \left(\sum_{i=1}^{n} |x_i|^p \right)^{1/p}, \quad p \geqslant 1.$$

显然，1 范数和 2 范数是 p 范数的特殊情形.

（4）向量 $\boldsymbol{x}$ 的 ∞ **范数 (最大模范数)** 定义为

$$\| \boldsymbol{x} \|_\infty = \max_i |x_i|.$$

∞ 范数为 $p \to \infty$ 的极限情形.

（5）向量 $\boldsymbol{x}$ 的 **0 范数**定义为向量中非零分量的数量，即

$$\| \boldsymbol{x} \|_0 = x_1^0 + x_2^0 + \cdots + x_n^0.$$

若 $x_i \neq 0 (i = 1, 2, \cdots, n)$，则 $x_i^0 = 1$，规定 $0^0 = 0$.

注：0 范数不满足范数定义中的齐次性，它只是一种虚拟的范数，其在稀疏向量与稀疏表示中起着关键作用.

事实上，易知 $\| \boldsymbol{x} \|_p$ 满足正定性、非负齐次性. 利用**闵可夫斯基**（Minkowski）**不等式**[16] 得

$$\begin{aligned} \| \boldsymbol{x} + \boldsymbol{y} \|_p &= \left(\sum_{i=1}^{n} |x_i + y_i|^p \right)^{\frac{1}{p}} \leqslant \left(\sum_{i=1}^{n} |x_i|^p \right)^{\frac{1}{p}} + \left(\sum_{i=1}^{n} |y_i|^p \right)^{\frac{1}{p}} \\ &= \| \boldsymbol{x} \|_p + \| \boldsymbol{y} \|_p . \end{aligned}$$

即知 $\| \boldsymbol{x} \|_p$ 为向量范数.

令 $|x_k| = \max\limits_{1 \leqslant i \leqslant n} |x_i|$，由

$$|x_k| = (|x_k|^p)^{\frac{1}{p}} \leqslant (|x_1|^p + |x_2|^p + \cdots + |x_n|^p)^{\frac{1}{p}} \leqslant (n|x_k|^p)^{\frac{1}{p}} = n^{\frac{1}{p}} |x_k|,$$

且 $\lim\limits_{p \to \infty} n^{\frac{1}{p}} = 1$, 可得

$$\| \boldsymbol{x} \|_\infty = \lim_{p \to \infty} \| \boldsymbol{x} \|_p = |x_k| = \max_{1 \leqslant i \leqslant n} |x_i|.$$

在二维空间 $\mathbf{R}^2$ 中，对于给定的范数，所有范数为 1 的点的集合形成一个单位圆. 对于 2 范数（Euclid 范数），这个单位圆是我们熟知的半径为 1 的圆. 而对于其他范数，如 1 范数、p 范数或无穷范数，单位圆的形状则会有所不同，如图 4-2 所示.

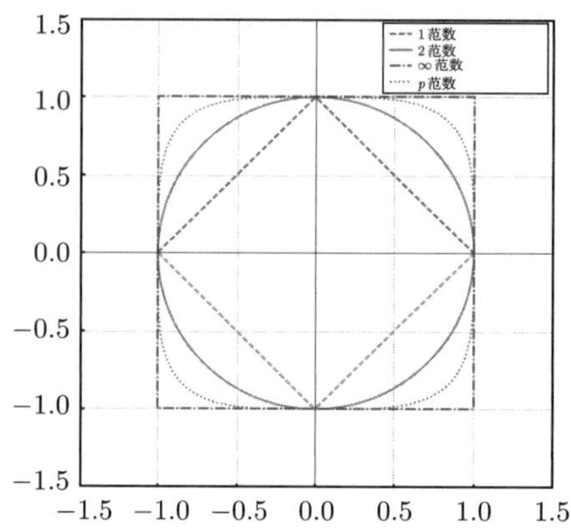

图 4-2　$\mathbf{R}^2$ 中几种范数意义下的单位圆

例 4.3.2　对任意 $f(t) \in C[a,b]$，定义 $f(t)$ 的 $\boldsymbol{p}$ **范数**

$$\| f(t) \|_p = \left(\int_a^b |f(t)|^p \mathrm{d}t \right)^{1/p}, \quad p \geqslant 1.$$

记为 L_p 范数. 特别地,

$$L_1 = \int_a^b |f(t)| \mathrm{d}t, \qquad L_2 = \sqrt{\int_a^b |f(t)|^2 \mathrm{d}t}.$$

例 4.3.3　已知向量 $\boldsymbol{x} = (1+2\mathrm{i}, 3, 3-4\mathrm{i})^{\mathrm{T}}$，求 $\| \boldsymbol{x} \|_1, \| \boldsymbol{x} \|_2, \| \boldsymbol{x} \|_\infty$.

解

$$\begin{aligned} \| \boldsymbol{x} \|_1 &= \sqrt{5} + 3 + 5 = 8 + \sqrt{5}, \\ \| \boldsymbol{x} \|_2 &= \sqrt{5 + 9 + 25} = \sqrt{39}, \\ \| \boldsymbol{x} \|_\infty &= \max\{\sqrt{5}, 3, 5\} = 5. \end{aligned}$$

注：同一线性空间，不同的范数其大小可能不同.

在赋范线性空间 $\mathbf{R}^n$ 中，可以通过范数将两个向量

$$\boldsymbol{x} = (x_1, x_2, \cdots, x_n)^{\mathrm{T}}, \quad \boldsymbol{y} = (y_1, y_2, \cdots, y_n)^{\mathrm{T}} \in \mathbf{R}^n$$

的差进行范数运算导出相应的距离测度，即定义 $d(\boldsymbol{x}, \boldsymbol{y}) = ||\boldsymbol{x} - \boldsymbol{y}||$. 以下为几种常见的距离测度.

（1）**曼哈顿** (Manhantan) **距离** $d(\boldsymbol{x}, \boldsymbol{y}) = ||\boldsymbol{x} - \boldsymbol{y}||_1 = \sum\limits_{i=1}^n |x_i - y_i|$;

（2）**欧氏**（Euclid）**距离** $d(\boldsymbol{x}, \boldsymbol{y}) = ||\boldsymbol{x} - \boldsymbol{y}||_2 = \left(\sum\limits_{i=1}^n |x_i - y_i|^2 \right)^{\frac{1}{2}}$;

（3）**闵可夫斯基**（Minkowski）**距离** $d(\boldsymbol{x},\boldsymbol{y})=||\boldsymbol{x}-\boldsymbol{y}||_p=\left(\sum\limits_{i=1}^{n}|x_i-y_i|^p\right)^{\frac{1}{p}}$；

（4）**切比雪夫**（Chebyshev）**距离** $d(\boldsymbol{x},\boldsymbol{y})=||\boldsymbol{x}-\boldsymbol{y}||_\infty=\max\limits_{i}|x_i-y_i|$；

（5）**马氏**（Mahalanobis）**距离** $d(\boldsymbol{x},\boldsymbol{y})=||\boldsymbol{x}-\boldsymbol{y}||=\sqrt{(\boldsymbol{x}-\boldsymbol{y})^{\mathrm{T}}\boldsymbol{\Sigma}^{-1}(\boldsymbol{x}-\boldsymbol{y})}$，其中，$\boldsymbol{\Sigma}$ 为 $\boldsymbol{x}$ 和 $\boldsymbol{y}$ 的互协方差矩阵.

范数导出的距离测度在机器学习、数据分析、图像处理等领域有广泛的应用. 例如，在聚类及分类分析中，距离测度用于衡量数据点之间的相似性；在回归分析中，它可以用来计算预测值和实际值之间的误差. 通过选择合适的范数和距离测度，可以更好地解决具体的数学和工程问题.

4.3.2 向量范数的等价性

除了上一节介绍的多种形式的范数之外，还可以利用已有的范数构造更多需要的范数形式.

定理 4.3.1 设 $\boldsymbol{A}\in\mathbf{C}_n^{m\times n}$，$\|\cdot\|_a$ 是 $\mathbf{C}^m$ 上的一种向量范数. 对任意的 $\boldsymbol{x}\in\mathbf{C}^n$，规定

$$\|\boldsymbol{x}\|_b=\|\boldsymbol{A}\boldsymbol{x}\|_a,$$

则 $\|\boldsymbol{x}\|_b$ 也是 $\mathbf{C}^n$ 上的向量范数.

由于列满秩矩阵 $\boldsymbol{A}\in\mathbf{C}_n^{m\times n}$ 有无穷多个，所以可构造出无穷多种不同的范数.

例 4.3.4 取 $\boldsymbol{A}=\mathrm{diag}(1,2,\cdots,n)$，对向量 $\boldsymbol{x}=(x_1,x_2,\cdots,x_n)^{\mathrm{T}}$，由向量的 1 范数可得新的范数

$$\|\boldsymbol{x}\|_a=\|\boldsymbol{A}\boldsymbol{x}\|_1=\sum_{k=1}^{n}k|x_k|.$$

由向量的 2 范数可得新的范数

$$\|\boldsymbol{x}\|_b=\|\boldsymbol{A}\boldsymbol{x}\|_2=\sqrt{\sum_{k=1}^{n}k^2|x_k|^2}.$$

例 4.3.5 设矩阵 $\boldsymbol{A}$ 是 n 阶厄米特（Hermite）正定矩阵，对向量 $\boldsymbol{x}=(x_1,x_2,\cdots,x_n)^{\mathrm{T}}$，规定

$$\|\boldsymbol{x}\|_{\boldsymbol{A}}=\sqrt{\boldsymbol{x}^{\mathrm{H}}\boldsymbol{A}\boldsymbol{x}},$$

则 $\|\boldsymbol{x}\|_{\boldsymbol{A}}$ 是一种向量范数，称为**加权范数**或**椭圆范数**.

Hermite 正定矩阵的普遍存在极大地丰富了范数的多样性. 通过选择适当的正定矩阵，椭圆范数可以为各种问题提供定制化的解决方案.

一般地，对于 n 维线性空间 V，借助于基与坐标可将 V 中的范数转化为线性空间 P^n 上的向量范数.

例 4.3.6 设 V 是数域 P 上的 n 维线性空间，$\boldsymbol{\alpha}_1, \boldsymbol{\alpha}_2, \cdots, \boldsymbol{\alpha}_n$ 为 V 的一组基，任意 $\boldsymbol{\alpha} \in V$ 在这组基下的坐标为 $\boldsymbol{x} = (x_1, x_2, \cdots, x_n)^{\mathrm{T}} \in P^n$. 设 $||\cdot||$ 为 p^n 上的向量范数，令

$$||\boldsymbol{\alpha}||_v = ||\boldsymbol{x}||,$$

则 $||\boldsymbol{\alpha}||_v$ 为 V 上的范数.

由上可见，在 $\mathbf{C}^n$ 上可以定义不同的向量范数，且同一向量按不同范数计算的值一般不等. 但这些范数之间存在一定的关系.

定义 4.3.2 设 $\|\cdot\|_a$ 和 $\|\cdot\|_b$ 是线性空间 V 的两个向量范数，如果存在 $m > 0, M > 0$，使得对 $\forall \boldsymbol{\alpha} \in V$，都有 $m \parallel \boldsymbol{\alpha} \parallel_a \leqslant \parallel \boldsymbol{\alpha} \parallel_b \leqslant M \parallel \boldsymbol{\alpha} \parallel_a$，则称范数 $\|\cdot\|_a$ 和 $\|\cdot\|_b$ 等价.

定理 4.3.2 (Minkowski 定理) 有限维线性空间的所有范数都是等价的.

对 $\mathbf{C}^n$ 上向量的 1，2，∞ 范数有以下不等式：

$$\parallel \boldsymbol{x} \parallel_\infty \leqslant \parallel \boldsymbol{x} \parallel_1 \leqslant n \parallel \boldsymbol{x} \parallel_\infty,$$

$$\parallel \boldsymbol{x} \parallel_\infty \leqslant \parallel \boldsymbol{x} \parallel_2 \leqslant \sqrt{n} \parallel \boldsymbol{x} \parallel_\infty,$$

$$\parallel \boldsymbol{x} \parallel_2 \leqslant \parallel \boldsymbol{x} \parallel_1 \leqslant n \parallel \boldsymbol{x} \parallel_2 .$$

注: 这个结论对无限维线性空间不一定成立.

4.3.3 向量序列的收敛性

定义 4.3.3 设 $\{\boldsymbol{\alpha}^{(k)}\}(k = 1, 2, \cdots)$ 是赋范线性空间 V 中的向量序列，如果存在 $\boldsymbol{\alpha} \in V$，使得

$$\lim_{k\to\infty} \parallel \boldsymbol{\alpha}^{(k)} - \boldsymbol{\alpha} \parallel = 0,$$

则称序列 $\{\boldsymbol{\alpha}^{(k)}\}$ **收敛**于 $\boldsymbol{\alpha}$.

定理 4.3.3 （1）在有限维线性空间，如果向量序列 $\{\boldsymbol{\alpha}^{(k)}\}(k = 1, 2, \cdots)$ 按某种范数收敛于 $\boldsymbol{\alpha}$，则 $\{\boldsymbol{\alpha}^{(k)}\}$ 按任何范数都收敛于 $\boldsymbol{\alpha}$.

（2）向量序列 $\{\boldsymbol{\alpha}^{(k)}\}(k = 1, 2, \cdots)$ 在某个基下的坐标为 $\boldsymbol{x}^{(k)}$，$\boldsymbol{\alpha}$ 在同一个基下的坐标为 $\boldsymbol{x}$，则 $\{\boldsymbol{\alpha}^{(k)}\}$ 按范数收敛于 $\boldsymbol{\alpha}$，与 $\boldsymbol{x}^{(k)}$ 按坐标收敛于 $\boldsymbol{x}$ 是等价的.

根据等价性，处理向量问题（例如向量序列的敛散性）时，可以基于一种范数建立理论，而使用另一种范数进行计算.

4.4 矩阵范数

向量可以看作特殊的矩阵，反过来，$n \times n$ 矩阵可以看成一个 n^2 维向量，因此可将向量范数推广到矩阵范数. 矩阵范数在数值计算和矩阵分析中具有重要作用，用于分析算法的稳定性、误差估计、优化问题以及矩阵的条件数等.

4.4.1 方阵的范数

定义矩阵范数，除了要满足向量范数的基本性质外，还需要额外的公理来体现矩阵乘法的特性.

定义 4.4.1 线性空间 $\mathbf{C}^{n\times n}$ 到 $\mathbf{R}$ 的一个映射 $\|\cdot\|$，如果满足下列四个条件：

（1）正定性：$\| \boldsymbol{A} \| \geqslant 0$，$\| \boldsymbol{A} \| = 0$ 的充要条件是 $\boldsymbol{A}=\boldsymbol{O}$；

（2）齐次性：对任意 $k\in\mathbf{C}$，$\| k\boldsymbol{A} \| = |k| \, \| \boldsymbol{A} \|$；

（3）三角不等式：对 $\forall \boldsymbol{A},\boldsymbol{B}\in\mathbf{C}^{n\times n}$，有 $\| \boldsymbol{A}+\boldsymbol{B} \| \leqslant \| \boldsymbol{A} \| + \| \boldsymbol{B} \|$；

（4）相容性：对 $\forall \boldsymbol{A},\boldsymbol{B}\in\mathbf{C}^{n\times n}$，$\| \boldsymbol{AB} \| \leqslant \| \boldsymbol{A} \| \cdot \| \boldsymbol{B} \|$，

则称 $\| \boldsymbol{A} \|$ 是矩阵 $\boldsymbol{A}$ 的**矩阵范数**.

例 4.4.1 常用矩阵范数

（1）对任意的 $\boldsymbol{A}=(a_{ij})\in\mathbf{C}^{n\times n}$，由

$$\| \boldsymbol{A} \|_{m_1} = \sum_{i=1}^{n}\sum_{j=1}^{n}|a_{ij}|$$

定义的 $\|\cdot\|_{m_1}$ 是矩阵范数，称为 m_1 **范数**.

（2）对任意的 $\boldsymbol{A}=(a_{ij})\in\mathbf{C}^{n\times n}$，由

$$\| \boldsymbol{A} \|_F = \sqrt{\sum_{i=1}^{n}\sum_{j=1}^{n}|a_{ij}|^2} = \sqrt{\operatorname{tr}(\boldsymbol{A}^{\mathrm{H}}\boldsymbol{A})}$$

定义的 $\|\cdot\|_F$ 是矩阵范数，称为 **Frobenius 范数**，简称 $\boldsymbol{F}$ **范数**.

（3）对任意的 $\boldsymbol{A}=(a_{ij})\in\mathbf{C}^{n\times n}$，由

$$\| \boldsymbol{A} \|_{m_\infty} = n\max_{i,j}|a_{ij}|$$

定义的 $\|\cdot\|_{m_\infty}$ 是矩阵范数，称为 $\boldsymbol{m_\infty}$ **范数**.

证 易证 $\| \boldsymbol{A} \|_{m_1}, \| \boldsymbol{A} \|_F, \| \boldsymbol{A} \|_{m_\infty}$ 满足正定性、齐次性和三角不等式. 下面证明相容性成立.

$$\begin{aligned}\| \boldsymbol{AB} \|_{m_1} &= \sum_{i=1}^{n}\sum_{j=1}^{n}\left|\sum_{k=1}^{n}a_{ik}b_{kj}\right| \leqslant \sum_{i=1}^{n}\sum_{j=1}^{n}\sum_{k=1}^{n}|a_{ik}|\,|b_{kj}| \\ &\leqslant \left(\sum_{i=1}^{n}\sum_{k=1}^{n}|a_{ik}|\right)\left(\sum_{j=1}^{n}\sum_{k=1}^{n}|b_{kj}|\right) = \| \boldsymbol{A} \|_{m_1} \| \boldsymbol{B} \|_{m_1},\end{aligned}$$

$$\| \boldsymbol{AB} \|_F^2 = \sum_{i=1}^{n}\sum_{j=1}^{n}\left|\sum_{k=1}^{n}a_{ik}b_{kj}\right|^2 \leqslant \sum_{i=1}^{n}\sum_{j=1}^{n}\left(\sum_{k=1}^{n}|a_{ik}|\,|b_{kj}|\right)^2$$

$$\leqslant \sum_{i=1}^{n}\sum_{j=1}^{n}\left(\sum_{k=1}^{n}|a_{ik}|^2\right)\left(\sum_{k=1}^{n}|b_{kj}|^2\right)=\left(\sum_{i=1}^{n}\sum_{k=1}^{n}|a_{ik}|^2\right)\left(\sum_{j=1}^{n}\sum_{k=1}^{n}|b_{kj}|^2\right)$$

$$=\| \boldsymbol{A} \|_F^2 \quad \| \boldsymbol{B} \|_F^2,$$

$$\| \boldsymbol{AB} \|_{m_\infty} = n \max_{i,j}\left|\sum_{k=1}^{n} a_{ik}b_{kj}\right| \leqslant n \max_{i,j}\sum_{k=1}^{n}|a_{ik}|\ |b_{kj}|$$

$$\leqslant n\max_{i,j}(n \max_{k} |a_{ik}|\ |b_{kj}|) \leqslant (n \max_{i,k} |a_{ik}|)(n \max_{j,k}\ |b_{kj}|)$$

$$=\| \boldsymbol{A} \|_{m_\infty} \| \boldsymbol{B} \|_{m_\infty}.$$

证毕

4.4.2 向量范数与矩阵范数的关系

在许多科学和工程领域中，矩阵和向量的相互作用是解决问题的关键，矩阵范数与向量范数会同时出现. 向量范数提供了一种量化单个向量大小的方法，而矩阵范数则衡量了矩阵如何影响向量的尺度，因此需要建立两者之间的关系.

定义 4.4.2 对于 $\mathbf{C}^{n\times n}$ 中的矩阵范数 $\| \boldsymbol{A} \|$ 和 $\mathbf{C}^n$ 中的向量范数 $\| \boldsymbol{x} \|_*$，如果对任意的 $\boldsymbol{A}\in\mathbf{C}^{n\times n}, \boldsymbol{x}\in\mathbf{C}^n$，都有 $\| \boldsymbol{Ax} \|_* \leqslant \| \boldsymbol{A} \| \cdot \| \boldsymbol{x} \|_*$，则称矩阵范数 $\| \boldsymbol{A} \|$ 与向量范数 $\| \boldsymbol{x} \|_*$ **相容**.

读者可自行证明 $\|\boldsymbol{A}\|_{m_1}$ 与 $\|\boldsymbol{x}\|_1$ 相容，$\|\boldsymbol{A}\|_F$ 与 $\|\boldsymbol{x}\|_2$ 相容. 不仅如此，$\|\boldsymbol{A}\|_{m_\infty}$ 与 $\|\boldsymbol{x}\|_1$，$\|\boldsymbol{x}\|_2$，$\|\boldsymbol{x}\|_\infty$ 均是相容的.

定理 4.4.1 设 $\| \boldsymbol{A} \|$ 是 $\mathbf{C}^{n\times n}$ 中的矩阵范数，则在 $\mathbf{R}^n$ 中一定存在与它相容的向量范数.

下面介绍一种从向量范数出发构造与之相容的矩阵范数的方法.

定理 4.4.2 设 $\| \boldsymbol{x} \|_*$ 是 $\mathbf{C}^n$ 中的向量范数，则

$$\| \boldsymbol{A} \| = \max_{\boldsymbol{x}\neq \boldsymbol{0}} \frac{\| \boldsymbol{Ax} \|_*}{\| \boldsymbol{x} \|_*} \tag{4-15}$$

是 $\mathbf{C}^{n\times n}$ 中的矩阵范数，且与向量范数 $\| \boldsymbol{x} \|_*$ 相容，称为向量范数 $\| \boldsymbol{x} \|_*$ 的**诱导范数**（或**算子范数**、**从属范数**）.

证 当 $\boldsymbol{A}=\boldsymbol{O}$ 时，$\|\boldsymbol{A}\|=0$；而当 $\boldsymbol{A}\neq\boldsymbol{O}$ 时，存在 $\boldsymbol{x}^{(0)}\in\mathbf{C}^n$，使 $\boldsymbol{Ax}^{(0)}\neq\boldsymbol{0}$，从而

$$\|\boldsymbol{A}\| \geqslant \frac{\left\|\boldsymbol{Ax}^{(0)}\right\|_*}{\left\|\boldsymbol{x}^{(0)}\right\|_*} > 0.$$

对任意 $\lambda\in\mathbf{C}$，有

$$\|\lambda\boldsymbol{A}\| = \max_{\boldsymbol{x}\neq\boldsymbol{0}}\frac{\|(\lambda\boldsymbol{A})\boldsymbol{x}\|_*}{\|\boldsymbol{x}\|_*} = |\lambda|\max_{\boldsymbol{x}\neq\boldsymbol{0}}\frac{\|\boldsymbol{Ax}\|_*}{\|\boldsymbol{x}\|_*} = |\lambda|\|\boldsymbol{A}\|.$$

又对任意 $\boldsymbol{A},\boldsymbol{B}\in\mathbf{C}^{n\times n}$，有

$$\begin{aligned}\|\boldsymbol{A}+\boldsymbol{B}\| &= \max_{\boldsymbol{x}\neq\boldsymbol{0}}\frac{\|(\boldsymbol{A}+\boldsymbol{B})\boldsymbol{x}\|_*}{\|\boldsymbol{x}\|_*}\leqslant \max_{\boldsymbol{x}\neq\boldsymbol{0}}\frac{\|\boldsymbol{A}\boldsymbol{x}\|_*}{\|\boldsymbol{x}\|_*}+\max_{\boldsymbol{x}\neq\boldsymbol{0}}\frac{\|\boldsymbol{B}\boldsymbol{x}\|_*}{\|\boldsymbol{x}\|_*}\\ &= \|\boldsymbol{A}\|+\|\boldsymbol{B}\|,\end{aligned}$$

$$\|\boldsymbol{A}\boldsymbol{B}\| = \max_{\boldsymbol{x}\neq\boldsymbol{0}}\frac{\|(\boldsymbol{A}\boldsymbol{B})\boldsymbol{x}\|_*}{\|\boldsymbol{x}\|_*}\leqslant \max_{\boldsymbol{x}\neq\boldsymbol{0}}\frac{\|\boldsymbol{A}\|\|\boldsymbol{B}\boldsymbol{x}\|_*}{\|\boldsymbol{x}\|_*}=\|\boldsymbol{A}\|\|\boldsymbol{B}\|.$$

故 $\|\cdot\|$ 是 $\mathbf{C}^{n\times n}$ 上的矩阵范数.

由

$$\|\boldsymbol{A}\| = \max_{\boldsymbol{x}\neq\boldsymbol{0}}\frac{\|\boldsymbol{A}\boldsymbol{x}\|_*}{\|\boldsymbol{x}\|_*}\geqslant\frac{\|\boldsymbol{A}\boldsymbol{x}\|_*}{\|\boldsymbol{x}\|_*}$$

得

$$\|\boldsymbol{A}\boldsymbol{x}\|_*\leqslant\|\boldsymbol{A}\|\|\boldsymbol{x}\|_*.$$

从而 $\|\cdot\|$ 与向量范数 $\|\cdot\|_*$ 相容.

证毕

由定义知，n 阶的单位阵 $\boldsymbol{I}_n$ 的算子范数 $\|\boldsymbol{I}_n\|=1$. 对于 $\boldsymbol{I}_n$ 的非算子范数，由于 $||\boldsymbol{x}||=||\boldsymbol{I}_n\boldsymbol{x}||\leqslant||\boldsymbol{I}_n||\ ||\boldsymbol{x}||$，若取 $||\boldsymbol{x}||\neq 0$，则 $||\boldsymbol{I}_n||\geqslant 1$. 如

$$||\boldsymbol{I}_n||_{m_1}=n,\quad ||\boldsymbol{I}_n||_F=\sqrt{n},\quad ||\boldsymbol{I}_n||_{m_\infty}=n.$$

定理 4.4.2中，当取 $||\boldsymbol{x}||_*$ 为向量的 1 范数、2 范数、∞ 范数时，则可得到相应的诱导范数为

$$\|\ \boldsymbol{A}\ \|_1=\max_{\boldsymbol{x}\neq\boldsymbol{0}}\frac{\|\ \boldsymbol{A}\boldsymbol{x}\ \|_1}{\|\ \boldsymbol{x}\ \|_1}, \tag{4-16}$$

$$\|\ \boldsymbol{A}\ \|_2=\max_{\boldsymbol{x}\neq\boldsymbol{0}}\frac{\|\ \boldsymbol{A}\boldsymbol{x}\ \|_2}{\|\ \boldsymbol{x}\ \|_2}, \tag{4-17}$$

$$\|\ \boldsymbol{A}\ \|_\infty=\max_{\boldsymbol{x}\neq\boldsymbol{0}}\frac{\|\ \boldsymbol{A}\boldsymbol{x}\ \|_\infty}{\|\ \boldsymbol{x}\ \|_\infty}, \tag{4-18}$$

分别称为矩阵的 **1 范数**、**2 范数**、**∞ 范数**.

直接由上述表达式不易计算诱导范数，下面给出相应计算公式.

定理 4.4.3 对矩阵的 1 范数，有

$$\|\ \boldsymbol{A}\ \|_1=\max_j\sum_{i=1}^n|a_{ij}|,$$

也称为矩阵的**列和范数**.

对矩阵的 ∞ 范数，有

$$\| \boldsymbol{A} \|_\infty = \max_i \sum_{j=1}^{n} |a_{ij}|,$$

也称为矩阵的**行和范数**.

对矩阵的 2 范数，有

$$\| \boldsymbol{A} \|_2 = \sqrt{\lambda_{\max}(\boldsymbol{A}^{\mathrm{H}}\boldsymbol{A})},$$

也称为矩阵的**谱范数**.

例 4.4.2 求矩阵 $\boldsymbol{A} = \begin{bmatrix} 1+\mathrm{i} & 2 & 3 \\ -1 & 2-\mathrm{i} & 1 \\ 2 & 3 & 4 \end{bmatrix}$ 的 1 范数、2 范数、∞ 范数、m_1 范数、F 范数和 m_∞ 范数.

解 经计算，得 $\boldsymbol{A}^{\mathrm{H}}\boldsymbol{A}$ 的特征值为 $\{46.0503,\ 4.7245,\ 0.2252\}$，则

$$\begin{aligned}
\| \boldsymbol{A} \|_1 &= \max\{\sqrt{2}+|-1|+2,\ 2+\sqrt{5}+3,\ 3+1+4\} = 8, \\
\| \boldsymbol{A} \|_2 &= \max\{6.7860,\ 2.1736,\ 0.4746\} = 6.7860, \\
\| \boldsymbol{A} \|_\infty &= \max\{\sqrt{2}+2+3,\ |-1|+\sqrt{5}+1,\ 2+3+4\} = 9, \\
\| \boldsymbol{A} \|_{m_1} &= \max\{\sqrt{2}+2+3+|-1|+\sqrt{5}+1+2+3+4\} = 16+\sqrt{2}+\sqrt{5}, \\
\| \boldsymbol{A} \|_F &= \sqrt{(\sqrt{2})^2+2^2+3^2+(-1)^2+(\sqrt{5})^2+1^2+2^2+3^2+4^2} = \sqrt{51}, \\
\| \boldsymbol{A} \|_{m_\infty} &= 3\max\{\sqrt{2},2,3,|-1|,\sqrt{5},1,2,3,4\} = 12.
\end{aligned}$$

例 4.4.3 若矩阵 $\boldsymbol{A},\boldsymbol{U},\boldsymbol{V} \in \mathbf{C}^{n\times n}$，且 $\boldsymbol{U},\boldsymbol{V}$ 为酉矩阵，则

$$||\boldsymbol{UAV}||_2 = ||\boldsymbol{A}||_2,\ ||\boldsymbol{UAV}||_F = ||\boldsymbol{A}||_F.$$

证 由相似矩阵及迹的性质可得

$$||\boldsymbol{UAV}||_2^2 = \lambda_{\max}((\boldsymbol{UAV})^{\mathrm{H}}(\boldsymbol{UAV})) = \lambda_{\max}(\boldsymbol{V}^{\mathrm{H}}\boldsymbol{A}^{\mathrm{H}}\boldsymbol{AV}) = \lambda_{\max}(\boldsymbol{A}^{\mathrm{H}}\boldsymbol{A}) = ||\boldsymbol{A}||_2^2,$$

$$||\boldsymbol{UAV}||_F^2 = \mathrm{tr}((\boldsymbol{UAV})^{\mathrm{H}}(\boldsymbol{UAV})) = \mathrm{tr}(\boldsymbol{V}^{\mathrm{H}}\boldsymbol{A}^{\mathrm{H}}\boldsymbol{AV}) = \mathrm{tr}(\boldsymbol{A}^{\mathrm{H}}\boldsymbol{AVV}^{\mathrm{H}}) = \mathrm{tr}(\boldsymbol{A}^{\mathrm{H}}\boldsymbol{A}) = ||\boldsymbol{A}||_F^2.$$

证毕

4.4.3 长方阵的范数

前面介绍了方阵的范数，对于长方阵也可以有类似的定义. 对于任意 $\boldsymbol{A} \in \mathbf{C}^{m\times n}$，常用的长方阵的各种范数定义如下：

（1）$\boldsymbol{m_1}$ **范数**定义为

$$||\boldsymbol{A}||_{m_1} = \sum_{i=1}^{m}\sum_{j=1}^{n} |a_{ij}|\,.$$

（2）$\boldsymbol{F}$ 范数定义为

$$\|\boldsymbol{A}\|_F=\sqrt{\sum_{i=1}^{m}\sum_{j=1}^{n}|a_{ij}|^2}=\sqrt{\operatorname{tr}\left(\boldsymbol{A}^{\mathrm{H}}\boldsymbol{A}\right)}.$$

（3）**1 范数或列范数**定义为

$$\|\boldsymbol{A}\|_1=\max_{j}\sum_{i=1}^{m}|a_{ij}|.$$

（4）**2 范数或谱范数**定义为

$$\|\boldsymbol{A}\|_2=\sqrt{\boldsymbol{A}^{\mathrm{H}}\boldsymbol{A}\text{ 的最大特征值}}.$$

（5）**∞ 范数或行范数**定义为

$$\|\boldsymbol{A}\|_\infty=\max_{i}\sum_{j=1}^{n}|a_{ij}|.$$

（6）$\boldsymbol{G}$ **范数定义为**

$$\|\boldsymbol{A}\|_G=\sqrt{mn}\max_{i,j}|a_{ij}|.$$

4.5 条件数

定义 4.5.1 矩阵 $\boldsymbol{A}\in\mathbf{C}^{n\times n}$ 的范数与 $\boldsymbol{A}$ 的逆的范数的乘积称为矩阵 $\boldsymbol{A}$ 的**条件数**，记作 $\operatorname{cond}(\boldsymbol{A})$，即

$$\operatorname{cond}(\boldsymbol{A})=\|\boldsymbol{A}\|\cdot\|\boldsymbol{A}^{-1}\|.$$

对应矩阵的三种范数 1 范数、2 范数和 ∞ 范数，相应地可以定义三种条件数 **1 条件数**、**2 条件数**和 **∞ 条件数**，分别如下：

$$\operatorname{cond}_1(\boldsymbol{A})=\|\boldsymbol{A}\|_1\cdot\|\boldsymbol{A}^{-1}\|_1, \tag{4-19}$$

$$\operatorname{cond}_2(\boldsymbol{A})=\|\boldsymbol{A}\|_2\cdot\|\boldsymbol{A}^{-1}\|_2, \tag{4-20}$$

$$\operatorname{cond}_\infty(\boldsymbol{A})=\|\boldsymbol{A}\|_\infty\cdot\|\boldsymbol{A}^{-1}\|_\infty. \tag{4-21}$$

根据定义, 易知矩阵条件数具有如下性质：

（1）矩阵的条件数总是不小于 1；

（2）正交矩阵的条件数等于 1；

（3）$\operatorname{cond}(\boldsymbol{A})=\operatorname{cond}(\boldsymbol{A}^{-1})$；

（4）$\operatorname{cond}(k\boldsymbol{A})=\operatorname{cond}(\boldsymbol{A})$；

（5）奇异矩阵的条件数为无穷大.

例 4.5.1 线性方程组 $\boldsymbol{Ax}=\boldsymbol{b}$ 如下：

$$\begin{bmatrix} 1 & 3 \\ 1 & 3.000\ 01 \end{bmatrix}\begin{bmatrix} x_1 \\ x_2 \end{bmatrix}=\begin{bmatrix} 4 \\ 4.000\ 01 \end{bmatrix} \tag{4-22}$$

该方程组的精确解为 $x_1=1,\ x_2=1$.

如果方程组的系数矩阵 $\boldsymbol{A}$ 以及右端项 $\boldsymbol{b}$ 发生微小的变化，例如

$$\begin{bmatrix} 1 & 3 \\ 1 & 2.999\ 99 \end{bmatrix}\begin{bmatrix} x_1 \\ x_2 \end{bmatrix}=\begin{bmatrix} 4 \\ 4.000\ 02 \end{bmatrix} \tag{4-23}$$

该方程组的精确解为 $x_1=10,\ x_2=-2$. 可以看出，尽管方程组 (4-23) 与方程组 (4-22) 相比系数变化很小，但解的变化非常大.

对矩阵 $\boldsymbol{A}=\begin{bmatrix} 1 & 3 \\ 1 & 3.000\ 01 \end{bmatrix}$，$\mathrm{cond}(\boldsymbol{A})_\infty \approx 2.4\times 10^6$.

条件数是线性方程组 $\boldsymbol{Ax}=\boldsymbol{b}$ 的解对 $\boldsymbol{A},\boldsymbol{b}$ 中的误差或不确定度的敏感性的度量. 对于线性方程组 $\boldsymbol{Ax}=\boldsymbol{b}$，如果 $\boldsymbol{A}$ 的条件数大，$\boldsymbol{A},\boldsymbol{b}$ 的微小改变就能引起解 $\boldsymbol{x}$ 较大的改变，数值稳定性差. 如果 $\boldsymbol{A}$ 的条件数小，$\boldsymbol{A},\boldsymbol{b}$ 有微小的改变，$\boldsymbol{x}$ 的改变也很微小，数值稳定性好.

可见 $\boldsymbol{A},\boldsymbol{b}$ 很小的扰动就引起 $\boldsymbol{x}$ 很大的变化，这就是矩阵 $\boldsymbol{A}$ 条件数大的表现. 一个极端的例子，当 $\boldsymbol{A}$ 奇异时，条件数为无穷，这时即使不改变 $\boldsymbol{b}$，$\boldsymbol{x}$ 也可以改变. 奇异的本质原因在于矩阵有 0 特征值，$\boldsymbol{x}$ 在对应特征向量的方向上运动不改变 $\boldsymbol{Ax}$ 的值. 如果一个特征值比其他特征值在数量级上小很多，$\boldsymbol{x}$ 在对应特征向量方向上有很大的移动才能使 $\boldsymbol{b}$ 产生微小的变化，这就解释了为什么这个矩阵会有大的条件数. 事实上，正规矩阵在 2 范数下的条件数可以表示成最大特征值与最小特征值的商的绝对值，即

$$\mathrm{cond}_2(\boldsymbol{A})=\left|\frac{\lambda_{\max}}{\lambda_{\min}}\right|.$$

若条件数 $\mathrm{cond}(\boldsymbol{A})$ 较小（接近 1），就称 $\boldsymbol{A}$ 关于求逆矩阵或解线性方程组为良态的或好条件的.

若条件数 $\mathrm{cond}(\boldsymbol{A})$ 较大，就称 $\boldsymbol{A}$ 关于求逆矩阵或解线性方程组为病态的或坏条件的.

注：条件数 $\mathrm{cond}(\boldsymbol{A})$ 多大 $\boldsymbol{A}$ 算病态，通常没有具体的定量标准.

4.6 Python 实现

例 4.6.1 计算向量范数（例 4.3.3）.

代码如下：

```
import numpy as np
x = np.array([1+2j, 3, 3-4j])
#计算向量的1范数
norm_l1 = np.linalg.norm(x, 1)
#计算向量的2范数
norm_l2 = np.linalg.norm(x, 2)
#计算向量的无穷范数
norm_inf = np.linalg.norm(x, np.inf)
#输出结果
print(norm_l1)
print(norm_l2)
print(norm_inf)
```

例 4.6.2 计算矩阵范数（例 4.4.2）.

代码如下：

```
import numpy as np
# 定义复数矩阵A
A = np.array([[1+1j, 2, 3],[-1, 2-1j, 1],[2, 3, 4]])
# 计算矩阵A的1范数
norm_1 = np.linalg.norm(A, 1)
# 计算矩阵A的2范数
norm_2 = np.linalg.norm(A, 2)
# 计算矩阵A的无穷范数
norm_inf = np.linalg.norm(A, np.inf)
# 计算矩阵A的m1范数
norm_m_1 = np.sum(np.sum(np.abs(A)))
# 计算矩阵A的Frobenius范数
norm_fro = np.linalg.norm(A, 'fro')
# 计算矩阵A的m无穷范数
norm_m_inf = 3*np.max(np.max(np.abs(A)))
# 输出结果
print(f"1-norm of A: {norm_1}")
print(f"2-norm of A: {norm_2}")
print(f"Infinity norm of A: {norm_inf}")
print(f"m1-norm of A: {norm_m_1}")
print(f"Frobenius norm of A: {norm_fro}")
print(f"m-infinity-norm of A: {norm_m_inf}")
```

例 4.6.3 计算条件数（例 4.5.1）.

代码如下：

```
import numpy as np
# 创建一个矩阵
```

```
A = np.array([[1, 3], [1, 3.00001]])
# 计算矩阵的1-范数条件数
cond_1 = np.linalg.cond(A, p=1)
# 计算矩阵的2-范数条件数
cond_2 = np.linalg.cond(A, p=2)
# 计算矩阵的无穷范数条件数
cond_inf = np.linalg.cond(A, p=np.inf)
# 输出结果
print("1-范数条件数:", cond_1)
print("2-范数条件数:", cond_2)
print("无穷范数条件数:", cond_inf)
```

4.7 应用案例

4.7.1 数据拟合

用二次多项式拟合表 4.1 中的离散数据[1].

表 4.1 拟合数据

i	0	1	2	3	4
x_i	0	0.25	0.5	0.75	1
y_i	0.1	0.35	0.81	1.09	1.96

解 定义内积如下：

$$(f(t), g(t)) = \sum_{i=0}^{4} f(x_i)g(x_i).$$

利用三项递推公式 (4-11) 计算正交多项式得

$$\varphi_0(x) = 1, \qquad a_0 = \frac{(x\varphi_0, \varphi_0)}{(\varphi_0, \varphi_0)} = \frac{\sum\limits_{i=0}^{4} x_i}{\sum\limits_{i=0}^{4} 1^2} = \frac{2.5}{5} = 0.5,$$

于是

$$\varphi_1(x) = x - a_0 = x - 0.5.$$

又

$$a_1 = \frac{(x\varphi_1, \varphi_1)}{(\varphi_1, \varphi_1)} = \frac{\sum\limits_{i=0}^{4} x_i \times [\varphi_1(x_i)]^2}{\sum\limits_{i=0}^{4} [\varphi_1(x_i)]^2} = \frac{0.312\ 5}{0.625} = 0.5, \qquad b_1 = \frac{(\varphi_1, \varphi_1)}{(\varphi_0, \varphi_0)} = 0.125,$$

所以

$$\varphi_2(x) = (x - a_1)\varphi_1(x) - b_1\varphi_0 = (x - 0.5)^2 - 0.125.$$

设拟合函数为 $y = a_0\varphi_0(x) + a_1\varphi_1(x) + a_2\varphi_2(x)$，两边分别与 $\varphi_0(x), \varphi_1(x), \varphi_2(x)$ 进行内积运算，得

$$\begin{aligned}(y, \varphi_0(x)) = a_0(\varphi_0(x), \varphi_0(x)) \Rightarrow a_0 = 0.862,\\(y, \varphi_1(x)) = a_1(\varphi_1(x), \varphi_1(x)) \Rightarrow a_1 = 1.784,\\(y, \varphi_2(x)) = a_2(\varphi_2(x), \varphi_2(x)) \Rightarrow a_2 = 1.211.\end{aligned}$$

所以拟合多项式为

$$y = a_0\varphi_0(x) + a_1\varphi_1(x) + a_2\varphi_2(x) = 0.121\,4 + 0.572\,6x + 1.211\,4x^2.$$

4.7.2 基于监控视频的前景目标提取

视频监控是中国安防产业中最为重要的信息获取手段. 随着“平安城市”建设的顺利开展，各地普遍安装监控摄像头，利用大范围监控视频的信息应对安防等领域存在的问题.

目前，监控视频信息的自动处理与预测在信息科学、计算机视觉、机器学习、模式识别等多个领域受到极大的关注，有效、快速地抽取出监控视频中的前景目标信息，是其中非常重要的工作.

下面简单介绍视频的存储格式与基本操作方法. 一个视频由很多帧图片构成，当逐帧播放这些图片时，类似放电影形成连续动态的视频效果. 从数学表达上来看，存储于计算机中的视频可理解为一个三维数据 $\boldsymbol{X} \in \mathbf{R}^{w\times h\times t}$，其中 w, h 分别代表视频帧的长、宽，t 代表视频帧的帧数. 视频也可等价理解为逐帧图片的集合，即 $X = \{\boldsymbol{X}_1, \boldsymbol{X}_2, \cdots, \boldsymbol{X}_t\}$，其中 $\boldsymbol{X}_i \in \mathbf{R}^{w\times h}(i = 1, 2, \cdots, t)$ 为一幅长宽分别为 w, h 的图片. 三维矩阵的每个元素（代表各帧灰度图上每个像素的明暗程度）为 0 到 255 之间的某一个值. 通常对灰度值预先进行归一化处理（即将矩阵所有元素除以 255），可将其近似认为 [0,1] 区间的某一实数取值，从而方便数据处理. 一幅彩色图片由 R (红)、G (绿)、B (蓝) 三个通道信息构成，每个通道均为同样长宽的一幅灰度图. 由彩色图片构成的视频即为彩色视频. 这里仅考虑黑白图片构成的视频.

监控视频主要由固定位置的监控摄像头拍摄，要解决的问题为提取视频前景目标. 注意此类视频的特点是相对于前景目标，背景结构较稳定，变化幅度较小，可采用逐帧相减，即

$$\boldsymbol{Y}_i = \boldsymbol{X}_{i+1} - \boldsymbol{X}_i,\quad i = 1, 2, \cdots, t-1.$$

求每帧的矩阵范数，得到范数序列

$$\{\| \boldsymbol{Y}_1 \|, \| \boldsymbol{Y}_2 \|, \cdots, \| \boldsymbol{Y}_{t-1} \|\}.$$

该序列的图像如图 4-3 所示.

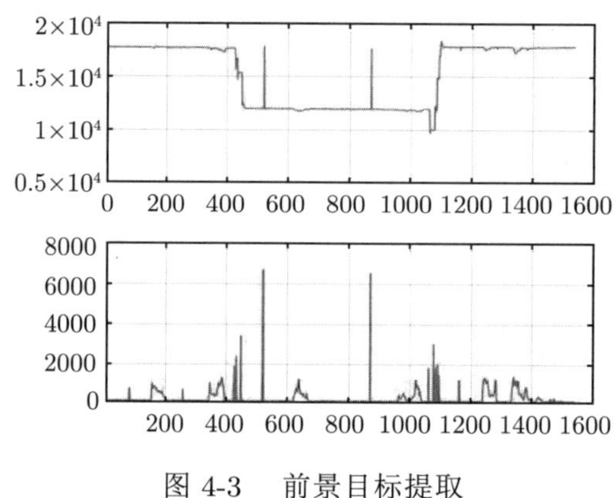

图 4-3　前景目标提取

从图像中可明显看到前景目标发生的位置.

4.7.3 人脸识别的稀疏表示

使用少量基本信号的线性组合表示一目标信号，称为信号的稀疏表示. 稀疏表示属于线性求逆问题，是信号处理、通信和信息论、计算机视觉、机器学习和模式识别等领域近几年的一大研究和应用热点[7].

1. 理论分析

一个含有大多数零元素的向量或者矩阵称为稀疏向量或者稀疏矩阵.信号向量 $\boldsymbol{y} \in \mathbf{R}^m$ 最多可分解为 m 个正交基（向量）$\boldsymbol{g}_k \in \mathbf{R}^m, k=1,2,\cdots,m$ 的线性组合，这些正交基的集合称为完备正交基. 此时，信号分解

$$\boldsymbol{y}=\boldsymbol{H}\boldsymbol{c}=\sum_{i=1}^{m} c_i \boldsymbol{g}_i$$

中的系数向量 $\boldsymbol{c}$ 一定是非稀疏的.

若将信号向量 $\boldsymbol{y} \in \mathbf{R}^m$ 分解为 n 个 m 维向量 $\boldsymbol{a}_i \in \mathbf{R}^m, j=1,2,\cdots,n$ （$n>m$ ）的线性组合

$$\boldsymbol{y}=\boldsymbol{A}\boldsymbol{x}=\sum_{i=1}^{m} x_i \boldsymbol{a}_i, \quad n>m, \tag{4-24}$$

则 n 个向量 $\boldsymbol{a}_i \in \mathbf{R}^m, i=1,2,\cdots,n$ 不可能是正交基的集合. 为了与基区别，这些列向量通常被称为原子或框架.由于原子的个数 n 大于向量空间 $\mathbf{R}^m$ 的维数，所以称这些原子的集合是过完备的. 过完备的原子组成的矩阵 $\boldsymbol{A}=[\boldsymbol{a}_1,\boldsymbol{a}_2,\cdots,\boldsymbol{a}_n] \in \mathbf{R}^{m\times n}(n>m)$ 称为字典或库.

对字典（矩阵）$\boldsymbol{A} \in \mathbf{R}^m$，通常作如下假设:

（1）$\boldsymbol{A}$ 的行数 m 小于列数 n;

（2）$\boldsymbol{A}$ 具有满行秩，即 $\operatorname{rank}(\boldsymbol{A})=m$;

（3）$\boldsymbol{A}$ 的列具有单位欧氏范数 $\|\boldsymbol{a}_j\|_2, j=1,2,\cdots,n$.

信号过完备分解式 (4-24) 为欠定方程，存在无穷多组解向量 $\boldsymbol{x}$. 求解这种欠定方程有两种常用方法.

（1）经典方法（求最小 L_2 范数解）：

$$\min \ \|\boldsymbol{x}\|_2, \qquad \text{s.t.} \ \ \boldsymbol{y}=\boldsymbol{A}\boldsymbol{x}. \tag{4-25}$$

这种方法的优点是：解是唯一的，其物理解释为最小能量解. 然而，由于这种解的每个元素通常取非零值，故不符合许多实际应用的稀疏表示要求.

（2）现代方法（求最小 L_0 范数解）：

$$\min \ \|\boldsymbol{x}\|_0, \qquad \text{s.t.} \ \ \boldsymbol{y}=\boldsymbol{A}\boldsymbol{x}. \tag{4-26}$$

式 (4-26) 中 L_0 范数 $\|\boldsymbol{x}\|_0$ 是向量 $\boldsymbol{x}$ 的非零元素的个数. 这种方法的优点是：针对许多实际应用情况，只选择一个稀疏的解向量，因为稀疏的系数向量 $\boldsymbol{x}$ 是许多应用中令人最感兴趣的解. 这一方法的缺点是计算比较难于处理.

在存在观测数据误差或背景噪声的情况下，最小 L_0 范数解为

$$\min \ \|\boldsymbol{x}\|_0, \qquad \text{s.t.} \ \ \|\boldsymbol{A}\boldsymbol{x}-\boldsymbol{y}\|_2 \leqslant \varepsilon. \tag{4-27}$$

其中，ε 为一个很小的误差或扰动.

直接求解优化问题式 (4-26) 或式 (4-27)，必须筛选出系数向量 $\boldsymbol{x}$ 中所有可能的非零元素. 此方法是不可跟踪的或 NP（non-deterministic polynomial，非确定性多项式（时间））困难的，因为搜索空间过于庞大.

众所周知，L_1 范数是最接近于 L_0 拟范数的凸目标函数. 于是，从优化的角度，称 L_1 范数是 L_0 拟范数的凸松弛. 因此，L_0 拟范数最小化问题便可转变为凸松弛的 L_1 范数最小化问题[12]

$$\min \ \|\boldsymbol{x}\|_1, \qquad \text{s.t.} \ \ \boldsymbol{y}=\boldsymbol{A}\boldsymbol{x}. \tag{4-28}$$

这是一个凸优化问题，因为作为目标函数的 L_1 范数 $\|\boldsymbol{x}\|_1$ 本身是凸函数，而等式约束 $\boldsymbol{y}=\boldsymbol{A}\boldsymbol{x}$ 又是仿射函数. L_1 范数下的最优化问题又称为基追踪，是一个二次约束线性规划问题.

2. 模型建立与求解

下面具体分析人脸识别问题.

假定共有 c 类目标，每一类目标的脸部的每一幅训练图像的矩阵表示结果已经向量化，表示成 $m\times l$ 向量（其中 $m=R_1\times R_2$ 为一幅图像的采样样本数目，例如 $m=512\times512$），并且每一列都归一化为单位欧氏范数. 于是，第 j 类目标的脸部在不同照度下拍摄的 N_i 个训练图像即可表示成 $m\times N_i$ 维数据矩阵 $\boldsymbol{D}_i=[\boldsymbol{d}_{il},\cdots,\boldsymbol{d}_{iN_i}]\in\mathbf{R}^{m\times N_i}$. 给定一足够丰富的训练集 $\boldsymbol{D}_i$，则第 i 个实验对象在另一照度下拍摄的新图像 $\boldsymbol{y}$ 即可

以表示成已知训练图像的一线性组合，$\boldsymbol{y} \approx \boldsymbol{D}_i\boldsymbol{\alpha}_i$，其中 $\boldsymbol{\alpha}_i \in \mathbf{R}^m$ 为系数向量. 问题是，在实际应用中，往往不知道新的实验样本的具体目标属性，而需要进行人脸识别：判断该样本究竟属于哪一个目标类.

如果大致知道或者猜测到新的测试样本是 c 类目标中的某类目标的信号，就可以将这 c 类目标的训练样本构造的字典合写成一个训练数据矩阵

$$\boldsymbol{D} = [\boldsymbol{D}_l, \cdots, \boldsymbol{D}_N, \boldsymbol{D}_c] = [\boldsymbol{d}_{1l}, \cdots, \boldsymbol{d}_{1N_1}, \cdots, \boldsymbol{d}_{cl}, \cdots, \boldsymbol{d}_{cN_c}] \in \mathbf{R}^{m\times N},$$

其中 $N = \sum_{i=1}^{c} N_i$ 表示所有 c 类目标的训练图像的总个数. 于是，待识别的人脸图像 $\boldsymbol{y}$ 可以表示成线性组合：

$$\boldsymbol{y} = \boldsymbol{D}\boldsymbol{\alpha}_0 = [\boldsymbol{d}_{1l}, \cdots, \boldsymbol{d}_{1N_1}, \cdots, \boldsymbol{d}_{cl}, \cdots, \boldsymbol{d}_{cN_c}]\begin{bmatrix} \mathbf{0}_{N_1} \\ \vdots \\ \mathbf{0}_{N_{i-1}} \\ \boldsymbol{\alpha}_i \\ \mathbf{0}_{N_{i+1}} \\ \vdots \\ \mathbf{0}_{N_c} \end{bmatrix},$$

其中，$\mathbf{0}_{N_k}, k = 1, \cdots, i-l, i+l, \cdots, c$ 为 N_k 维零向量.

现在，人脸识别便变成一个矩阵方程的求解问题或者线性求逆问题：已知数据向量 $\boldsymbol{y}$ 和数据矩阵 $\boldsymbol{D}$，求矩阵方程 $\boldsymbol{y} = \boldsymbol{D}\boldsymbol{\alpha}_0$ 的解向量 $\boldsymbol{\alpha}_0$.

需要注意的是：通常 $m < N$，故矩阵方程 $\boldsymbol{y} = \boldsymbol{D}\boldsymbol{\alpha}_0$ 欠定，具有无穷多个解. 其中，最稀疏的解才是我们感兴趣的解.

鉴于解向量必须是稀疏向量，故人脸识别问题可以描述成一个优化问题

$$\min \ \|\boldsymbol{\alpha}_0\|_0, \qquad \text{s.t.} \ \ \boldsymbol{y} = \boldsymbol{D}\boldsymbol{\alpha}_0. \tag{4-29}$$

这是一个典型的 L_0 范数最小化问题.

由于该问题求解困难，通常考虑该问题的凸松弛 L_1 范数问题

$$\min \ \|\boldsymbol{\alpha}_0\|_1, \qquad \text{s.t.} \ \ \boldsymbol{y} = \boldsymbol{D}\boldsymbol{\alpha}_0. \tag{4-30}$$

它是凸优化问题，可以利用 SEDUMI 等凸优化软件快速求解.

关于该模型的求解理论和实现已超出本书的讨论范围，建议读者进一步查阅文献 [3],[12].

习 题 4

4.1　设向量 $\boldsymbol{\alpha} = (x_1, x_2), \boldsymbol{\beta} = (y_1, y_2)$ 是二维实向量空间 $\mathbf{R}^2$ 中任意两个向量，则 $\mathbf{R}^2$ 对下列定义的实函数 $(\boldsymbol{\alpha}, \boldsymbol{\beta})$ 构成欧氏空间的是 (　　).

A. $(\boldsymbol{\alpha},\boldsymbol{\beta})=x_1y_1+x_2y_2+2$　　B. $(\boldsymbol{\alpha},\boldsymbol{\beta})=x_1y_1-x_2y_2+1$

C. $(\boldsymbol{\alpha},\boldsymbol{\beta})=(x_1-y_1)(x_2-y_2)$　　D. $(\boldsymbol{\alpha},\boldsymbol{\beta})=2x_1y_1+3x_2y_2$

4.2 设向量 $\boldsymbol{\alpha}=(x_1,x_2),\boldsymbol{\beta}=(y_1,y_2)$ 是二维实向量空间 $\mathbf{R}^2$ 中任意两个向量，则 $\mathbf{R}^2$ 对下列定义的实函数 $(\boldsymbol{\alpha},\boldsymbol{\beta})$ 不构成欧氏空间的是 (　　).

A. $(\boldsymbol{\alpha},\boldsymbol{\beta})=x_1(y_1-y_2)-x_2(y_1-3y_2)$　B. $(\boldsymbol{\alpha},\boldsymbol{\beta})=|x_1y_1+x_2y_2|$

C. $(\boldsymbol{\alpha},\boldsymbol{\beta})=x_1y_1+3x_2y_2$　　D. $(\boldsymbol{\alpha},\boldsymbol{\beta})=1921x_1y_1+1949x_2y_2$

4.3 设向量 $\boldsymbol{\alpha}=(x_1,x_2,x_3),\boldsymbol{\beta}=(y_1,y_2,y_3)$ 是三维实向量空间 $\mathbf{R}^3$ 中任意两个向量，

$$\boldsymbol{A}=\begin{bmatrix}1 & k & -1\\ k & 4 & 2\\ -1 & 2 & 4\end{bmatrix}$$

为三阶实矩阵，则 k 取下列何值时，实函数 $(\boldsymbol{\alpha},\boldsymbol{\beta})=\boldsymbol{\alpha}\boldsymbol{A}\boldsymbol{\beta}^{\mathrm{T}}$ 构成 $\mathbf{R}^3$ 的内积?(　　)

A. $-2<k<2$　B. $0<k<2$　C. $-2<k<1$　D. $k>2$或$k<-1$

4.4 设 V 为酉空间，$\lambda\in\mathbf{C}$，$\boldsymbol{\alpha}$，$\boldsymbol{\beta}$，$\boldsymbol{\gamma}\in V$ 且 $(\boldsymbol{\alpha},\boldsymbol{\beta})$ 为 $\boldsymbol{\alpha}$ 与 $\boldsymbol{\beta}$ 的内积，则下列说法不正确的是 (　　).

A. $(\lambda\boldsymbol{\alpha},\boldsymbol{\beta})=\lambda(\boldsymbol{\alpha},\boldsymbol{\beta})$　　B. $(\boldsymbol{\alpha},\lambda\boldsymbol{\beta})=\lambda(\boldsymbol{\alpha},\boldsymbol{\beta})$;

C. $(\boldsymbol{\alpha},\boldsymbol{\beta}+\boldsymbol{\gamma})=(\boldsymbol{\alpha},\boldsymbol{\beta})+(\boldsymbol{\alpha},\boldsymbol{\gamma})$　　D. $(\boldsymbol{\beta}+\boldsymbol{\gamma},\boldsymbol{\alpha})=(\boldsymbol{\beta},\boldsymbol{\alpha})+(\boldsymbol{\gamma},\boldsymbol{\alpha})$

4.5 对任意 $\boldsymbol{\alpha}=(x_1,x_2,\cdots,x_n),\boldsymbol{\beta}=(y_1,y_2,\cdots,y_n)\in\mathbf{R}^n$.

(1) 设 $a_i(i=1,2,\cdots,n)$ 为正实数，定义 $(\boldsymbol{\alpha},\boldsymbol{\beta})=\sum\limits_{i=1}^{n}a_ix_iy_i$，证明：$(\boldsymbol{\alpha},\boldsymbol{\beta})$ 为 $\mathbf{R}^n$ 的内积.

(2) 设 $\boldsymbol{A}$ 为 n 阶正定矩阵，定义 $(\boldsymbol{\alpha},\boldsymbol{\beta})=\boldsymbol{\alpha}\boldsymbol{A}\boldsymbol{\beta}^{\mathrm{T}}$，证明：$(\boldsymbol{\alpha},\boldsymbol{\beta})$ 为 $\mathbf{R}^n$ 的内积.

4.6 对任意的 $\boldsymbol{A},\boldsymbol{B}\in\mathbf{R}^{2\times2}$，定义

$$(\boldsymbol{A},\boldsymbol{B})=\mathrm{tr}(\boldsymbol{A}^{\mathrm{T}}\boldsymbol{B})=\mathrm{tr}(\boldsymbol{B}^{\mathrm{T}}\boldsymbol{A})=\sum_{i=1}^{2}\sum_{j=1}^{2}a_{ij}b_{ij}.$$

证明：

(1) 定义的 $(\boldsymbol{A},\boldsymbol{B})$ 为 $\mathbf{R}^{2\times2}$ 的内积;

(2) 按定义的内积，$\boldsymbol{E}_{11},\boldsymbol{E}_{12},\boldsymbol{E}_{21},\boldsymbol{E}_{22}$ 为 $\mathbf{R}^{2\times2}$ 的一组标准正交基.

4.7 在 $P_2[t]$ 中，定义

$$(f(t),g(t))=\int_{-1}^{1}f(t)g(t)\mathrm{d}t,f(t),g(t)\in P_2[t].$$

(1) 证明：$(f(t),g(t))$ 为 $P_2[t]$ 的内积;

(2) 若 $f(t)=1-t,g(t)=1+t$, 计算 $(f(t),g(t))$;

(3) 求 $P_2[t]$ 的一组标准正交基.

4.8 证明：若 $(\boldsymbol{\alpha},\boldsymbol{\beta})_a,(\boldsymbol{\alpha},\boldsymbol{\beta})_b$ 为欧氏空间 V 的两个不同的内积，则 $(\boldsymbol{\alpha},\boldsymbol{\beta})=(\boldsymbol{\alpha},\boldsymbol{\beta})_a+(\boldsymbol{\alpha},\boldsymbol{\beta})_b$ 也为 V 的内积.

4.9 设 $\boldsymbol{x}=(x_1,x_2,\cdots,x_n)\in\mathbf{C}^n$，则下列

$$①|x_1|+|x_2|+\cdots+|x_n|,②\sqrt{|x_1|^2+|x_2|^2+\cdots+|x_n|^2},③\max\{|x_1|,|x_2|,\cdots,|x_n|\}$$

中可以作为 $\mathbf{C}^n$ 上向量范数的有几个?(　　)

A. 3　　B. 2　　C. 1　　D. 0

4.10 设 $\boldsymbol{x}=(x_1,x_2,\cdots,x_n)\in\mathbf{C}^n$，定义

$$||\boldsymbol{x}||_p=\left(\sum_{i=1}^{n}|x_i|^p\right)^{1/p},$$

则 p 满足 (　　) 时，$||\boldsymbol{x}||_p$ 为 $\mathbf{C}^n$ 上的向量范数.

A. $0<p<1$　　B. $p<1$　　C. $p>0$　　D. $p\geqslant 1$

4.11 设 $||\boldsymbol{x}||$ 是 $\mathbf{C}^2$ 上的向量范数，则 $\boldsymbol{A}$ 为 (　　) 时，$||\boldsymbol{A}\boldsymbol{x}||$ 也为 $\mathbf{C}^2$ 上的向量范数.

A. $\begin{bmatrix}1&2\\2&4\end{bmatrix}$　　B. $\begin{bmatrix}1&2\\3&4\end{bmatrix}$　　C. $\begin{bmatrix}1&1\\2&2\end{bmatrix}$　　D. $\begin{bmatrix}1&0\\2&0\end{bmatrix}$

4.12 设 $\boldsymbol{x}\in\mathbf{C}^n$，则以下关于向量范数的说法正确的是 (　　).

A. $||\boldsymbol{x}||_\infty\leqslant||\boldsymbol{x}||_1\leqslant n||\boldsymbol{x}||_\infty$　　B. $||\boldsymbol{x}||_\infty\geqslant||\boldsymbol{x}||_1\geqslant n||\boldsymbol{x}||_\infty$

C. $||\boldsymbol{x}||_\infty\leqslant||\boldsymbol{x}||_1\leqslant||\boldsymbol{x}||_2$　　D. $||\boldsymbol{x}||_\infty\geqslant||\boldsymbol{x}||_1\geqslant||\boldsymbol{x}||_2$

4.13 对于

$$\boldsymbol{A}=\begin{bmatrix}1&2&3\\4&5&6\\7&8&9\end{bmatrix}$$

而言，下列各类范数中最大的是 (　　).

A. $\|\boldsymbol{A}\|_1$　　B. $\|\boldsymbol{A}\|_{m_1}$　　C. $\|\boldsymbol{A}\|_\infty$　　D. $\|\boldsymbol{A}\|_{m_\infty}$

4.14 已知 $\boldsymbol{A}=\begin{bmatrix}-1&0&2&\mathrm{i}\\3+\mathrm{i}&5&1+\mathrm{i}&0\\2&\mathrm{i}&2&-4\\1&1&\mathrm{i}&1\end{bmatrix}$，$\boldsymbol{x}=(-1,2,0,-\mathrm{i})^{\mathrm{T}}$，其中 $\mathrm{i}=\sqrt{-1}$，试求 $||\boldsymbol{A}\boldsymbol{x}||_1$，$||\boldsymbol{A}\boldsymbol{x}||_2$，$||\boldsymbol{A}\boldsymbol{x}||_\infty$，$||\boldsymbol{A}||_1,||\boldsymbol{A}||_\infty$，$||\boldsymbol{A}||_{m_1},||\boldsymbol{A}||_F,||\boldsymbol{A}||_{m_\infty}$.

4.15 证明：设 $||\boldsymbol{x}||$ 是 $\mathbf{C}^n$ 上的向量范数，$\boldsymbol{A}\in\mathbf{C}^{n\times n}$，则 $||\boldsymbol{A}\boldsymbol{x}||$ 也为 $\mathbf{C}^n$ 上的向量范数当且仅当 $\boldsymbol{A}$ 为可逆矩阵.

4.16 证明：设 $||\boldsymbol{x}||_a,||\boldsymbol{x}||_b$ 是 $\mathbf{C}^n$ 上的两种向量范数，$||\boldsymbol{A}||_s,||\boldsymbol{A}||_t$ 是 $\mathbf{C}^{n\times n}$ 上的两种矩阵范数，$k_1,k_2\geqslant 1$，则：

（1）$k_1||\boldsymbol{x}||_a + k_2||\boldsymbol{x}||_b$ 是 $\mathbf{C}^n$ 上的向量范数；

（2）$k_1||\boldsymbol{A}||_s + k_2||\boldsymbol{A}||_t$ 是 $\mathbf{C}^{n\times n}$ 上的矩阵范数.

4.17 证明：设 $||\cdot||_a$ 是 $\mathbf{C}^{n\times n}$ 上的矩阵范数，$\boldsymbol{P}$ 为可逆矩阵，对任意的矩阵 $\boldsymbol{A}\in\mathbf{C}^{n\times n}$，定义 $||\boldsymbol{A}||_b = ||\boldsymbol{P}^{-1}\boldsymbol{A}\boldsymbol{P}||_a$，则 $||\cdot||_b$ 也是 $\mathbf{C}^{n\times n}$ 上的矩阵范数.

4.18 证明:（1）$\mathbf{C}^{n\times n}$ 上的矩阵 m_1 范数与向量 1 范数相容；

（2）$\mathbf{C}^{n\times n}$ 上的矩阵 m_∞ 范数与向量 ∞ 范数相容.

4.19 已知矩阵 $\boldsymbol{A}=\begin{bmatrix}1 & 2\\ 3 & 4\end{bmatrix}$，求 $\mathrm{cond}_1(\boldsymbol{A}), \mathrm{cond}_\infty(\boldsymbol{A})$.

4.20 已知矩阵 $\boldsymbol{A}=\begin{bmatrix}0 & 2 & 1\\ 0 & 2 & 2\\ 2 & 1 & 2\end{bmatrix}$, 求 $\mathrm{cond}_1(\boldsymbol{A}), \mathrm{cond}_\infty(\boldsymbol{A})$.

第 5 章　线 性 变 换

线性变换是线性空间的核心内容，是线性空间 V 到其自身的线性映射，反映的是线性空间中元素间的一种基本联系.

5.1　线性变换的定义与性质

5.1.1　线性变换的定义

定义 5.1.1　设 T 是数域 P 上的线性空间 V 到自身的一个映射，如果对 V 中的任意两个向量 $\boldsymbol{\alpha}\ \boldsymbol{\beta}$ 和任意的数 $k \in P$，都有

（1）(可加性) $T(\boldsymbol{\alpha}+\boldsymbol{\beta})=T(\boldsymbol{\alpha})+T(\boldsymbol{\beta})$;

（2）(齐次性) $T(k\boldsymbol{\alpha})=kT(\boldsymbol{\alpha})$,

则称 T 为 V 上的**线性变换**. 称 $T(\boldsymbol{\alpha})$ 为 $\boldsymbol{\alpha}$ 在 T 下的**像**，而 $\boldsymbol{\alpha}$ 是 $T(\boldsymbol{\alpha})$ 的**原像**.

如果线性变换 T 对应的映射是双射，也称线性变换 T 是一一对应的.

例 5.1.1　由 $T(\boldsymbol{x})=\boldsymbol{A}\boldsymbol{x}, \boldsymbol{x} \in \mathbf{R}^n, \boldsymbol{A} \in \mathbf{R}^{n\times n}$ 确定的映射 $\mathbf{R}^n \to \mathbf{R}^n$ 是线性变换. 特别地，

（1）如果 $\boldsymbol{A}$ 是对角矩阵，则 T 为**伸缩变换**;

（2）如果 $\boldsymbol{A}$ 是单位矩阵，则 T 为**恒等变换** (或**单位变换**)，记作 I，即 $I(\boldsymbol{x})=\boldsymbol{x}$;

（3）如果 $\boldsymbol{A}$ 是零矩阵，则 T 为**零变换**，记作 $\boldsymbol{O}$，即 $\boldsymbol{O}(\boldsymbol{x})=\mathbf{0}$.

例 5.1.2　由 $T(\boldsymbol{X})=\boldsymbol{A}\boldsymbol{X}-\boldsymbol{X}\boldsymbol{B}(\boldsymbol{X},\boldsymbol{A},\boldsymbol{B} \in \mathbf{R}^{n\times n})$ 确定的映射 $\mathbf{R}^{n\times n} \to \mathbf{R}^{n\times n}$ 是线性变换.

例 5.1.3　由 $T(\boldsymbol{x})=\lambda\boldsymbol{x}, \boldsymbol{x} \in V, \lambda \in \mathbf{R}$ 确定的线性空间 V 到其自身的映射 $V \to V$ 是线性变换. λ 称为线性变换 T 的特征值，非零向量 $\boldsymbol{x}$ 称为线性变换 T 的对应于特征值 λ 的特征向量.

例 5.1.4　实数域 $\mathbf{R}$ 上的所有无限次可导实函数的集合 V 是一个线性空间，由

$$D(f)=f', \quad f \in V \tag{5-1}$$

确定的**微商变换**

$$D:\ V \to V \tag{5-2}$$

是 V 上的一个线性变换.

例 5.1.5　闭区间 $[a,b]$ 上的所有实连续函数的集合 $C[a,b]$ 构成 $\mathbf{R}$ 上的一个线性空间，由

$$J(f)=\int_a^t f(u)\mathrm{d}u, \quad f\in C[a,b] \tag{5-3}$$

确定的**积分变换**

$$J: C[a,b]\to C[a,b] \tag{5-4}$$

是 $C[a,b]$ 上的一个线性变换.

微积分的两个基本运算 (微分和积分) 从变换的角度看都是线性变换 (或线性算子)，由此可知线性变换在理论与应用中的重要性.

5.1.2 线性变换的性质

从定义可以推出线性变换的一些重要性质.

性质 1 线性变换把零元变为零元，把负元变为像的负元. 即

$$T(\mathbf{0})=T(0\boldsymbol{\alpha})=0T(\boldsymbol{\alpha})=\mathbf{0}, \tag{5-5}$$

$$T(-\boldsymbol{\alpha})=-T(\boldsymbol{\alpha}). \tag{5-6}$$

性质 2 线性变换保持线性组合不变，即

$$T(\boldsymbol{\alpha})=T(k_1\boldsymbol{\alpha}_1+k_2\boldsymbol{\alpha}_2+\cdots+k_n\boldsymbol{\alpha}_n)=k_1T(\boldsymbol{\alpha}_1)+k_2T(\boldsymbol{\alpha}_2)+\cdots+k_nT(\boldsymbol{\alpha}_n). \tag{5-7}$$

性质 3 线性变换将线性相关的向量组仍变为线性相关的向量组. 即如果

$$k_1\boldsymbol{\alpha}_1+k_2\boldsymbol{\alpha}_2+\cdots+k_n\boldsymbol{\alpha}_n=\mathbf{0}, \tag{5-8}$$

则有

$$k_1T(\boldsymbol{\alpha}_1)+k_2T(\boldsymbol{\alpha}_2)+\cdots+k_nT(\boldsymbol{\alpha}_n)=T(k_1\boldsymbol{\alpha}_1+k_2\boldsymbol{\alpha}_2+\cdots+k_n\boldsymbol{\alpha}_n)=\mathbf{0}. \tag{5-9}$$

注：线性变换可能将线性无关的向量组变成线性相关的向量组. 例如：零变换.

性质 4 如果线性变换 T 是一一对应的，则 T 将线性无关的向量组仍变换为线性无关的向量组.

5.2 线性变换的运算

5.2.1 线性变换的四则运算

1. 线性变换的线性运算

设 T,S 是数域 P 上的线性空间 V 的两个线性变换，$k\in P$，则它们的和 $T+S$ 与数乘 kT 分别定义为

$$(T+S)(\boldsymbol{\alpha})=T(\boldsymbol{\alpha})+S(\boldsymbol{\alpha}), \tag{5-10}$$

$$(kT)(\boldsymbol{\alpha})=kT(\boldsymbol{\alpha}). \tag{5-11}$$

容易证明. 线性变换的和与数乘也是线性变换.

2. 线性变换的乘法运算

设 T, S 是数域 P 上的线性空间 V 的两个线性变换, 定义它们的乘积为

$$(ST)(\boldsymbol{\alpha}) = S(T(\boldsymbol{\alpha})). \tag{5-12}$$

容易证明，线性变换的乘积也是线性变换.

事实上，对任意的 $\boldsymbol{\alpha}, \boldsymbol{\beta} \in V, k \in P$，有

$$\begin{aligned}(ST)(\boldsymbol{\alpha}+\boldsymbol{\beta}) &= S(T(\boldsymbol{\alpha}+\boldsymbol{\beta})) = S(T(\boldsymbol{\alpha})) + S(T(\boldsymbol{\beta})) \\ &= (ST)(\boldsymbol{\alpha}) + (ST)(\boldsymbol{\beta}). \\ (ST)(k\boldsymbol{\alpha}) &= S(T(k\boldsymbol{\alpha})) = S(kT(\boldsymbol{\alpha})) = k(ST)(\boldsymbol{\alpha}).\end{aligned}$$

注：线性变换的乘法满足结合律，即 $(ST)U = S(TU)$. 但一般情况下，线性变换不满足交换律，即 $ST \neq TS$. 例如：微分变换和积分变换.

对于线性变换的乘法，恒等变换 I(单位变换) 满足对任意的线性变换 T，有

$$IT = TI = T. \tag{5-13}$$

3. 线性变换的逆运算

设 T 是数域 P 上的线性空间 V 的线性变换，如果存在 V 的线性变换 S，使得

$$TS = ST = I, \tag{5-14}$$

则称 T 是可逆的，称 S 为 T 的**逆变换**，记作 $S = T^{-1}$.

定理 5.2.1 线性变换 T 可逆的充要条件是 T 是一一对应的.

证 充分性. 若 T 是一一对应的，则对任意的 $\boldsymbol{\alpha} \in V$，存在唯一的 $\boldsymbol{\beta} \in V$，使得 $T(\boldsymbol{\alpha}) = \boldsymbol{\beta}$. 定义一个变换 $S(\boldsymbol{\beta}) = \boldsymbol{\alpha}$，则有

$$(ST)(\boldsymbol{\alpha}) = \boldsymbol{\alpha}, \quad (TS)(\boldsymbol{\beta}) = \boldsymbol{\beta}.$$

即 $ST = TS = I$.

必要性. 若 T 是可逆的，则存在变换 S，使得 $TS = ST = I$. 对于任意的 $\boldsymbol{\beta}$，有

$$\boldsymbol{\beta} = I(\boldsymbol{\beta}) = T(S(\boldsymbol{\beta})),$$

因为 $S(\boldsymbol{\beta}) \in V$，所以 T 是满射.

对任意的 $\boldsymbol{\alpha}_1, \boldsymbol{\alpha}_2$，若 $T(\boldsymbol{\alpha}_1) = T(\boldsymbol{\alpha}_2)$，则有

$$\boldsymbol{\alpha}_1 = (ST)(\boldsymbol{\alpha}_1) = S(T(\boldsymbol{\alpha}_1)) = S(T(\boldsymbol{\alpha}_2)) = (ST)(\boldsymbol{\alpha}_2) = \boldsymbol{\alpha}_2,$$

所以 T 是单射，故 T 是一一对应的.

证毕

定理 5.2.2 如果线性变换 T 是可逆的，则逆变换 T^{-1} 是唯一的.

4. 线性变换的幂运算

设 T 是线性空间 V 上的线性变换，n 为正整数，称

$$T^n = \underbrace{TT\cdots T}_{n}$$

为 T 的 $\boldsymbol{n}$ **次幂**. 若 T 可逆，定义

$$T^{-n} = (T^{-1})^n.$$

特别地，规定 $T^0 = I$.

5.2.2 线性变换的值域与核

定义 5.2.1 设 T 是数域 P 上的线性空间 V 的一个线性变换，V 中所有向量在 T 下的像 $T(\boldsymbol{\alpha})$ 的集合称为 T 的**值域**，记作

$$R(T) = \{T(\boldsymbol{\alpha})\}. \tag{5-15}$$

集合

$$N(T) = \{\boldsymbol{\alpha}|T(\boldsymbol{\alpha}) = 0, \boldsymbol{\alpha} \in V\} \tag{5-16}$$

称为 T 的**核**，也记作 $\mathrm{Ker}(T)$.

定理 5.2.3 线性空间 V 的线性变换 T 的值域 $R(T)$ 与核 $N(T)$ 都是 V 的线性子空间.

定义 5.2.2 线性变换 T 的值域 $R(T)$ 的维数 $\dim R(T)$ 称为 T 的**秩**，记作 $\mathrm{rank}\,(T)$，核 $N(T)$ 的维数称为 T 的**零度**，记作 $\mathrm{null}(T)$.

例 5.2.1 已知 $\mathbf{R}^{2\times 2}$ 的线性变换，$T(\boldsymbol{X}) = \boldsymbol{MX} - \boldsymbol{XM}$，$\boldsymbol{M} = \begin{bmatrix} 1 & 2 \\ 0 & 3 \end{bmatrix}$，求 $R(T)$ 与 $N(T)$ 的基与维数.

解 取 $\mathbf{R}^{2\times 2}$ 的自然基 $\boldsymbol{E}_{11}, \boldsymbol{E}_{12}, \boldsymbol{E}_{21}, \boldsymbol{E}_{22}$，则

$$T(\boldsymbol{E}_{11}) = \begin{bmatrix} 0 & -2 \\ 0 & 0 \end{bmatrix}, \quad T(\boldsymbol{E}_{12}) = \begin{bmatrix} 0 & -2 \\ 0 & 0 \end{bmatrix},$$

$$T(\boldsymbol{E}_{21}) = \begin{bmatrix} 2 & 0 \\ 2 & -2 \end{bmatrix}, \quad T(\boldsymbol{E}_{22}) = \begin{bmatrix} 0 & 2 \\ 0 & 0 \end{bmatrix}.$$

显然，$T(\boldsymbol{E}_{11})$，$T(\boldsymbol{E}_{21})$ 是一个最大线性无关组. 所以，$\dim R(T) = 2$，且 $\{T(\boldsymbol{E}_{11}), T(\boldsymbol{E}_{21})\}$ 是 $R(T)$ 的一组基.

设 $\boldsymbol{X}=\begin{bmatrix} x_1 & x_2 \\ x_3 & x_4 \end{bmatrix}\in N(T)$，由

$$T(\boldsymbol{X})=\boldsymbol{MX}-\boldsymbol{XM}=\begin{bmatrix} 2x_3 & -2x_1-2x_2+2x_4 \\ 2x_3 & -2x_3 \end{bmatrix}=\boldsymbol{O},$$

解得

$$\boldsymbol{X}=\left\{\begin{bmatrix} -c_1+c_2 & c_1 \\ 0 & c_2 \end{bmatrix}\middle| c_1,c_2\in\mathbf{R}\right\}.$$

所以 $\dim N(T)=2$，取 $c_1=1,c_2=0$ 和 $c_1=0,c_2=1$，可得 $N(T)$ 的一组基

$$\begin{bmatrix} -1 & 1 \\ 0 & 0 \end{bmatrix},\quad \begin{bmatrix} 1 & 0 \\ 0 & 1 \end{bmatrix}.$$

5.2.3 线性变换与矩阵

设 T 是 n 维线性空间 V 的一个线性变换，$\boldsymbol{\alpha}_1,\boldsymbol{\alpha}_2,\cdots,\boldsymbol{\alpha}_n$ 是 V 的一组基. 若有

$$\begin{cases} T(\boldsymbol{\alpha}_1)=a_{11}\boldsymbol{\alpha}_1+a_{21}\boldsymbol{\alpha}_2+\cdots+a_{n1}\boldsymbol{\alpha}_n, \\ T(\boldsymbol{\alpha}_2)=a_{12}\boldsymbol{\alpha}_1+a_{22}\boldsymbol{\alpha}_2+\cdots+a_{n2}\boldsymbol{\alpha}_n, \\ \qquad\qquad\vdots \\ T(\boldsymbol{\alpha}_n)=a_{1n}\boldsymbol{\alpha}_1+a_{2n}\boldsymbol{\alpha}_2+\cdots+a_{nn}\boldsymbol{\alpha}_n, \end{cases} \tag{5-17}$$

写成矩阵形式为

$$T(\boldsymbol{\alpha}_1,\boldsymbol{\alpha}_2,\cdots,\boldsymbol{\alpha}_n)\triangleq(T(\boldsymbol{\alpha}_1),T(\boldsymbol{\alpha}_2),\cdots,T(\boldsymbol{\alpha}_n))=(\boldsymbol{\alpha}_1,\boldsymbol{\alpha}_2,\cdots,\boldsymbol{\alpha}_n)\boldsymbol{A}, \tag{5-18}$$

其中

$$\boldsymbol{A}=\begin{bmatrix} a_{11} & a_{12} & \cdots & a_{1n} \\ a_{21} & a_{22} & \cdots & a_{2n} \\ \vdots & \vdots & & \vdots \\ a_{n1} & a_{n2} & \cdots & a_{nn} \end{bmatrix},$$

则称 $\boldsymbol{A}$ **为线性变换** $\boldsymbol{T}$ **关于基** $\boldsymbol{\alpha}_1,\boldsymbol{\alpha}_2,\cdots,\boldsymbol{\alpha}_n$ **的矩阵**, 其中 $\boldsymbol{A}$ 的第 j 列元素就是 $T(\boldsymbol{\alpha}_j)$ 在基 $\boldsymbol{\alpha}_1,\boldsymbol{\alpha}_2,\cdots,\boldsymbol{\alpha}_n$ 下的坐标.

对线性空间的任一向量 $\boldsymbol{\alpha}=x_1\boldsymbol{\alpha}_1+x_2\boldsymbol{\alpha}_2+\cdots+x_n\boldsymbol{\alpha}_n$，由线性变换的定义有

$$T(\boldsymbol{\alpha})=x_1T(\boldsymbol{\alpha}_1)+x_2T(\boldsymbol{\alpha}_2)+\cdots+x_nT(\boldsymbol{\alpha}_n). \tag{5-19}$$

上式表明，只要知道一组基 $\boldsymbol{\alpha}_1,\boldsymbol{\alpha}_2,\cdots,\boldsymbol{\alpha}_n$ 的像, 则可以求得任意向量 $\boldsymbol{\alpha}$ 的像.

例 5.2.2 设 $\boldsymbol{\alpha}_1,\boldsymbol{\alpha}_2,\cdots,\boldsymbol{\alpha}_n$ 分别为某个系统的输入信号向量，则 $T(\boldsymbol{\alpha}_1)$, $T(\boldsymbol{\alpha}_2),\cdots,T(\boldsymbol{\alpha}_n)$ 可视为该系统的输出信号向量. 如果系统输入为

$$\boldsymbol{\alpha}=x_1\boldsymbol{\alpha}_1+x_2\boldsymbol{\alpha}_2+\cdots+x_n\boldsymbol{\alpha}_n,$$

系统的输出为

$$T(\boldsymbol{\alpha})=x_1T(\boldsymbol{\alpha}_1)+x_2T(\boldsymbol{\alpha}_2)+\cdots+x_nT(\boldsymbol{\alpha}_n),$$

则称该系统为**线性系统**；否则称为**非线性系统**.

定理 5.2.4 设 T 是 n 维线性空间 V 的一个线性变换，T 关于基 $\boldsymbol{\alpha}_1,\boldsymbol{\alpha}_2,\cdots,\boldsymbol{\alpha}_n$ 的矩阵为 $\boldsymbol{A}$, 对线性空间的任一向量 $\boldsymbol{\alpha}=x_1\boldsymbol{\alpha}_1+x_2\boldsymbol{\alpha}_2+\cdots+x_n\boldsymbol{\alpha}_n$，以及 $T(\boldsymbol{\alpha})=y_1\boldsymbol{\alpha}_1+y_2\boldsymbol{\alpha}_2+\cdots+y_n\boldsymbol{\alpha}_n$，则有

$$(y_1,y_2,\cdots,y_n)^{\mathrm{T}}=\boldsymbol{A}(x_1,x_2,\cdots,x_n)^{\mathrm{T}}. \tag{5-20}$$

证 根据已知条件，有

$$\begin{aligned}\boldsymbol{\alpha}&=(\boldsymbol{\alpha}_1,\boldsymbol{\alpha}_2,\cdots,\boldsymbol{\alpha}_n)(x_1,x_2,\cdots,x_n)^{\mathrm{T}},\\ T(\boldsymbol{\alpha})&=(T(\boldsymbol{\alpha}_1),T(\boldsymbol{\alpha}_2),\cdots,T(\boldsymbol{\alpha}_n))(x_1,x_2,\cdots,x_n)^{\mathrm{T}}\\ &=(\boldsymbol{\alpha}_1,\boldsymbol{\alpha}_2,\cdots,\boldsymbol{\alpha}_n)\boldsymbol{A}(x_1,x_2,\cdots,x_n)^{\mathrm{T}},\end{aligned}$$

又有

$$T(\boldsymbol{\alpha})=(\boldsymbol{\alpha}_1,\boldsymbol{\alpha}_2,\cdots,\boldsymbol{\alpha}_n)(y_1,y_2,\cdots,y_n)^{\mathrm{T}},$$

于是

$$(y_1,y_2,\cdots,y_n)^{\mathrm{T}}=\boldsymbol{A}(x_1,x_2,\cdots,x_n)^{\mathrm{T}}.$$

证毕

定理 5.2.4表明了向量的坐标与其变换后的坐标之间的关系.

定理 5.2.5 设 n 维线性空间 V，从基 $\boldsymbol{\alpha}_1,\boldsymbol{\alpha}_2,\cdots,\boldsymbol{\alpha}_n$ 到基 $\boldsymbol{\beta}_1,\boldsymbol{\beta}_2,\cdots,\boldsymbol{\beta}_n$ 的过渡矩阵为 $\boldsymbol{P}$，线性变换 T 关于这两组基的矩阵分别为 $\boldsymbol{A}$ 和 $\boldsymbol{B}$，则

$$\boldsymbol{B}=\boldsymbol{P}^{-1}\boldsymbol{A}\boldsymbol{P}. \tag{5-21}$$

证 根据已知条件，有

$$\begin{aligned}T(\boldsymbol{\alpha}_1,\boldsymbol{\alpha}_2,\cdots,\boldsymbol{\alpha}_n)&=(\boldsymbol{\alpha}_1,\boldsymbol{\alpha}_2,\cdots,\boldsymbol{\alpha}_n)\boldsymbol{A},\\ T(\boldsymbol{\beta}_1,\boldsymbol{\beta}_2,\cdots,\boldsymbol{\beta}_n)&=(\boldsymbol{\beta}_1,\boldsymbol{\beta}_2,\cdots,\boldsymbol{\beta}_n)\boldsymbol{B},\end{aligned}$$

又有

$$(\boldsymbol{\beta}_1,\boldsymbol{\beta}_2,\cdots,\boldsymbol{\beta}_n)=(\boldsymbol{\alpha}_1,\boldsymbol{\alpha}_2,\cdots,\boldsymbol{\alpha}_n)\boldsymbol{P},$$

于是

$$\begin{aligned}T(\boldsymbol{\beta}_1,\boldsymbol{\beta}_2,\cdots,\boldsymbol{\beta}_n)&=T((\boldsymbol{\alpha}_1,\boldsymbol{\alpha}_2,\cdots,\boldsymbol{\alpha}_n)\boldsymbol{P})=T(\boldsymbol{\alpha}_1,\boldsymbol{\alpha}_2,\cdots,\boldsymbol{\alpha}_n)\boldsymbol{P}\\&=(\boldsymbol{\alpha}_1,\boldsymbol{\alpha}_2,\cdots,\boldsymbol{\alpha}_n)\boldsymbol{AP}=(\boldsymbol{\beta}_1,\boldsymbol{\beta}_2,\cdots,\boldsymbol{\beta}_n)\boldsymbol{P}^{-1}\boldsymbol{AP}.\end{aligned}$$

因为线性变换在同一组基的矩阵是唯一的，所以 $\boldsymbol{B}=\boldsymbol{P}^{-1}\boldsymbol{AP}$.

证毕

根据定理 5.2.5 可知，同一线性变换在不同基下的矩阵是相似的. 反之，若两矩阵相似，则它们可看成同一线性变换在不同基下的矩阵.

定理 5.2.6 设 $\boldsymbol{A},\boldsymbol{B}$ 分别是线性变换 T_1 和 T_2 在基 $\boldsymbol{\alpha}_1,\boldsymbol{\alpha}_2,\cdots,\boldsymbol{\alpha}_n$ 下的矩阵，那么在此基下有

（1）T_1+T_2 在基 $\boldsymbol{\alpha}_1,\boldsymbol{\alpha}_2,\cdots,\boldsymbol{\alpha}_n$ 下的矩阵为 $\boldsymbol{A}+\boldsymbol{B}$;

（2）kT_1 在基 $\boldsymbol{\alpha}_1,\boldsymbol{\alpha}_2,\cdots,\boldsymbol{\alpha}_n$ 下的矩阵为 $k\boldsymbol{A}$;

（3）T_1T_2 在基 $\boldsymbol{\alpha}_1,\boldsymbol{\alpha}_2,\cdots,\boldsymbol{\alpha}_n$ 下的矩阵为 $\boldsymbol{AB}$;

（4）若 T_1 可逆, 则 T_1^{-1} 在基 $\boldsymbol{\alpha}_1,\boldsymbol{\alpha}_2,\cdots,\boldsymbol{\alpha}_n$ 下的矩阵为 $\boldsymbol{A}^{-1}$.

证 （1）由已知条件，有

$$\begin{aligned}T_1(\boldsymbol{\alpha}_1,\boldsymbol{\alpha}_2,\cdots,\boldsymbol{\alpha}_n)=(\boldsymbol{\alpha}_1,\boldsymbol{\alpha}_2,\cdots,\boldsymbol{\alpha}_n)\boldsymbol{A},\\T_2(\boldsymbol{\alpha}_1,\boldsymbol{\alpha}_2,\cdots,\boldsymbol{\alpha}_n)=(\boldsymbol{\alpha}_1,\boldsymbol{\alpha}_2,\cdots,\boldsymbol{\alpha}_n)\boldsymbol{B},\end{aligned}$$

故

$$\begin{aligned}(T_1+T_2)(\boldsymbol{\alpha}_1,\boldsymbol{\alpha}_2,\cdots,\boldsymbol{\alpha}_n)&=((T_1+T_2)\boldsymbol{\alpha}_1,(T_1+T_2)\boldsymbol{\alpha}_2,\cdots,(T_1+T_2)\boldsymbol{\alpha}_n)\\&=(T_1\boldsymbol{\alpha}_1+T_2\boldsymbol{\alpha}_1,T_1\boldsymbol{\alpha}_2+T_2\boldsymbol{\alpha}_2,\cdots,T_1\boldsymbol{\alpha}_n+T_2\boldsymbol{\alpha}_n)\\&=(T_1\boldsymbol{\alpha}_1,T_1\boldsymbol{\alpha}_2,\cdots,T_1\boldsymbol{\alpha}_n)+(T_2\boldsymbol{\alpha}_1,T_2\boldsymbol{\alpha}_2,\cdots,T_2\boldsymbol{\alpha}_n)\\&=(\boldsymbol{\alpha}_1,\boldsymbol{\alpha}_2,\cdots,\boldsymbol{\alpha}_n)(\boldsymbol{A}+\boldsymbol{B}).\end{aligned}$$

即 T_1+T_2 在基 $\boldsymbol{\alpha}_1,\boldsymbol{\alpha}_2,\cdots,\boldsymbol{\alpha}_n$ 下的矩阵为 $\boldsymbol{A}+\boldsymbol{B}$.

（2）和（3）同理可证.

（4）由（3）可知，$T_1T_2=I$ 与 $\boldsymbol{AB}=\boldsymbol{I}$ 是对应成立的，故 T_1 可逆的充要条件是 $\boldsymbol{A}$ 可逆，且 T_1^{-1} 在基 $\boldsymbol{\alpha}_1,\boldsymbol{\alpha}_2,\cdots,\boldsymbol{\alpha}_n$ 下的矩阵为 $\boldsymbol{A}^{-1}$.

证毕

例 5.2.3 $\mathbf{R}^3$ 中的投影变换

$$T:(x,y,z)\to(x,y,0)$$

在基 $\boldsymbol{i},\boldsymbol{j},\boldsymbol{k}$ 下的矩阵为

$$\begin{bmatrix}1&0&0\\0&1&0\\0&0&0\end{bmatrix}.$$

例 5.2.4 已知 $P_2[t]$ 上的线性变换

$$T(a_0+a_1t+a_2t^2)=(a_0-a_1)+(a_1-a_2)t+(a_2-a_0)t^2.$$

求 T 在基 $1,t,t^2$ 下的矩阵.

解 因为

$$T(1)=1-t^2,\quad T(t)=-1+t,\quad T(t^2)=-t+t^2,$$

所以 T 在基 $1,t,t^2$ 下的矩阵为

$$\boldsymbol{A}=\begin{bmatrix}1&-1&0\\0&1&-1\\-1&0&1\end{bmatrix}.$$

例 5.2.5 $P_n[t]$ 中的微分变换 $T(f(t))=f'(t)$ 在基 $1,t,t^2,\cdots,t^n$ 下的矩阵为

$$\begin{bmatrix}0&1&0&\cdots&0\\0&0&2&\cdots&0\\0&0&0&\cdots&0\\\vdots&\vdots&\vdots&&\vdots\\0&0&0&\cdots&n\\0&0&0&\cdots&0\end{bmatrix}.$$

例 5.2.6 已知 $\mathbf{R}^{2\times2}$ 的两个线性变换，

$$T(\boldsymbol{X})=\boldsymbol{XN},\quad S(\boldsymbol{X})=\boldsymbol{MX},\quad \boldsymbol{M}=\begin{bmatrix}1&0\\-2&0\end{bmatrix},\quad \boldsymbol{N}=\begin{bmatrix}1&1\\1&-1\end{bmatrix}.$$

（1）求 $T+S$, TS 在基 $\boldsymbol{E}_{11}$，$\boldsymbol{E}_{12}$，$\boldsymbol{E}_{21}$，$\boldsymbol{E}_{22}$ 下的矩阵.

（2）T 与 S 是否可逆？若可逆，求其逆变换.

解 （1）可求出 T 与 S 在基 $\boldsymbol{E}_{11},\boldsymbol{E}_{12},\boldsymbol{E}_{21},\boldsymbol{E}_{22}$ 下的矩阵分别为

$$\boldsymbol{A}=\begin{bmatrix}1&1&0&0\\1&-1&0&0\\0&0&1&1\\0&0&1&-1\end{bmatrix},\quad \boldsymbol{B}=\begin{bmatrix}1&0&0&0\\0&1&0&0\\-2&0&0&0\\0&-2&0&0\end{bmatrix},$$

所以 $T+S,TS$ 在基 $\boldsymbol{E}_{11},\boldsymbol{E}_{12},\boldsymbol{E}_{21},\boldsymbol{E}_{22}$ 下的矩阵为

$$\boldsymbol{A}+\boldsymbol{B}=\begin{bmatrix}2&1&0&0\\1&0&0&0\\-2&0&1&1\\0&-2&1&-1\end{bmatrix},\quad \boldsymbol{AB}=\begin{bmatrix}1&1&0&0\\1&-1&0&0\\-2&-2&0&0\\-2&2&0&0\end{bmatrix}.$$

（2）由于 $\det(\boldsymbol{A}) \neq 0, \det(\boldsymbol{B}) = 0$，所以 T 可逆, 而 S 不可逆. T^{-1} 在基 $\boldsymbol{E}_{11}, \boldsymbol{E}_{12}, \boldsymbol{E}_{21}, \boldsymbol{E}_{22}$ 下的矩阵为

$$\boldsymbol{A}^{-1} = \frac{1}{2}\begin{bmatrix} 1 & 1 & 0 & 0 \\ 1 & -1 & 0 & 0 \\ 0 & 0 & 1 & 1 \\ 0 & 0 & 1 & -1 \end{bmatrix}.$$

对任意的 $\boldsymbol{X} = \begin{bmatrix} x_1 & x_2 \\ x_3 & x_4 \end{bmatrix} \in \mathbf{R}^{2\times 2}$，有

$$\begin{aligned} T^{-1}(\boldsymbol{X}) &= T^{-1}(x_1\boldsymbol{E}_{11} + x_2\boldsymbol{E}_{12} + x_3\boldsymbol{E}_{21} + x_4\boldsymbol{E}_{22}) \\ &= T^{-1}(x_1\boldsymbol{E}_{11}) + T^{-1}(x_2\boldsymbol{E}_{12}) + T^{-1}(x_3\boldsymbol{E}_{21}) + T^{-1}(x_4\boldsymbol{E}_{22}) \\ &= (\boldsymbol{E}_{11}, \boldsymbol{E}_{12}, \boldsymbol{E}_{21}, \boldsymbol{E}_{22})\boldsymbol{A}^{-1}(x_1 \quad x_2 \quad x_3 \quad x_4)^{\mathrm{T}} \\ &= \frac{1}{2}\begin{bmatrix} x_1 + x_2 & x_1 - x_2 \\ x_3 + x_4 & x_3 - x_4 \end{bmatrix} = \boldsymbol{X}\begin{bmatrix} 0.5 & 0.5 \\ 0.5 & -0.5 \end{bmatrix}. \end{aligned}$$

5.2.4 线性变换的特征值与特征向量

定义 5.2.3 设 T 是 n 维线性空间 V 的一个线性变换，如果存在数域 P 中的数 λ 和 V 中的非零元素 $\boldsymbol{\alpha}$，使得

$$T(\boldsymbol{\alpha}) = \lambda\boldsymbol{\alpha}, \tag{5-22}$$

则称 λ 为 T 的**特征值**，$\boldsymbol{\alpha}$ 为属于特征值 λ 的**特征向量**.

定理 5.2.7 设 T 是 n 维线性空间 V 的一个线性变换，λ 为 T 的一个特征值，特征值 λ 对应的全部特征向量加上零向量构成的集合

$$V_\lambda = \{\boldsymbol{\alpha} | T(\boldsymbol{\alpha}) = \lambda\boldsymbol{\alpha}, \boldsymbol{\alpha} \in V\},$$

则 V_λ 是 V 的一个子空间, 称为**特征子空间**.

现在讨论线性变换 T 的特征值与其在一组基 $\boldsymbol{\alpha}_1, \boldsymbol{\alpha}_2, \cdots, \boldsymbol{\alpha}_n$ 下的矩阵 $\boldsymbol{A}$ 的特征值的关系.

设 $T(\boldsymbol{\alpha}) = \lambda\boldsymbol{\alpha}$，$\boldsymbol{\alpha} = x_1\boldsymbol{\alpha}_1 + x_2\boldsymbol{\alpha}_2 + \cdots + x_n\boldsymbol{\alpha}_n$，则

$$\begin{aligned} T(\boldsymbol{\alpha}) &= T(x_1\boldsymbol{\alpha}_1 + x_2\boldsymbol{\alpha}_2 + \cdots + x_n\boldsymbol{\alpha}_n) \\ &= T(x_1\boldsymbol{\alpha}_1) + T(x_2\boldsymbol{\alpha}_2) + \cdots + T(x_n\boldsymbol{\alpha}_n) \\ &= (T(\boldsymbol{\alpha}_1), T(\boldsymbol{\alpha}_2), \cdots, T(\boldsymbol{\alpha}_n))(x_1, x_2, \cdots, x_n)^{\mathrm{T}} \\ &= (\boldsymbol{\alpha}_1, \boldsymbol{\alpha}_2, \cdots, \boldsymbol{\alpha}_n)\boldsymbol{A}(x_1, x_2, \cdots, x_n)^{\mathrm{T}}, \\ \lambda(\boldsymbol{\alpha}) &= (\boldsymbol{\alpha}_1, \boldsymbol{\alpha}_2, \cdots, \boldsymbol{\alpha}_n)\lambda(x_1, x_2, \cdots, x_n)^{\mathrm{T}}, \end{aligned}$$

所以，有

$$\boldsymbol{A}(x_1, x_2, \cdots, x_n)^{\mathrm{T}} = \lambda(x_1, x_2, \cdots, x_n)^{\mathrm{T}},$$

即

$$\boldsymbol{A}\boldsymbol{x} = \lambda\boldsymbol{x}.$$

上式表明: T 的特征值就是矩阵 $\boldsymbol{A}$ 的特征值，T 的特征向量在这组基下的坐标就是矩阵 $\boldsymbol{A}$ 对应的特征向量. 由定理 5.2.5 可知，T 在不同基下的矩阵相似，所以其特征值相同，换言之，线性变换的特征值与所选的基无关.

5.3 正交变换

线性变换是线性空间中保持线性运算的变换. 在欧氏空间中，除了线性运算外，还定义了内积和度量性质. 与内积有关的线性变换无疑是重要的，正交变换即是一类重要的线性变换.

5.3.1 正交变换的定义与性质

定义 5.3.1 设 T 是 n 维欧氏空间 V 的一个线性变换，对任意 $\boldsymbol{\alpha}, \boldsymbol{\beta} \in V$，有

$$(T(\boldsymbol{\alpha}), T(\boldsymbol{\beta})) = (\boldsymbol{\alpha}, \boldsymbol{\beta}),$$

称 T 为**正交变换**.

根据定义，正交变换保持欧氏空间的内积不变，所以也保持欧氏空间中向量的长度、两点之间的距离及向量间的夹角等几何属性不变.

定理 5.3.1 设 T 是欧氏空间 V 上的一个线性变换，则下列命题是等价的:

（1）T 是正交变换;

（2）T 保持向量的模不变，即 $||T(\boldsymbol{\alpha})|| = ||\boldsymbol{\alpha}||$;

（3）若 $\boldsymbol{e}_1, \boldsymbol{e}_2, \cdots, \boldsymbol{e}_n$ 是 V 的一组标准正交基, 则 $T(\boldsymbol{e}_1), T(\boldsymbol{e}_2), \cdots, T(\boldsymbol{e}_n)$ 也是 V 的一组标准正交基;

（4）T 在 V 的任意一组标准正交基下的矩阵表示为正交矩阵.

证 （1）$\Rightarrow$（2）

T 是正交变换，对 $\forall \boldsymbol{\alpha} \in \boldsymbol{\alpha}$，有

$$||T(\boldsymbol{\alpha})|| = \sqrt{(T(\boldsymbol{\alpha}), T(\boldsymbol{\alpha}))} = \sqrt{(\boldsymbol{\alpha}, \boldsymbol{\alpha})} = ||\boldsymbol{\alpha}||.$$

（2）$\Rightarrow$（1）

$||T(\boldsymbol{\alpha})|| = ||\boldsymbol{\alpha}||$，则有

$$(T(\boldsymbol{\alpha}+\boldsymbol{\beta}), T(\boldsymbol{\alpha}+\boldsymbol{\beta})) = (\boldsymbol{\alpha}+\boldsymbol{\beta}, \boldsymbol{\alpha}+\boldsymbol{\beta}),$$

两边展开, 得

$$(T(\boldsymbol{\alpha}), T(\boldsymbol{\alpha})) + 2T(\boldsymbol{\alpha}, \boldsymbol{\beta}) + (T(\boldsymbol{\beta}), T(\boldsymbol{\beta})) = (\boldsymbol{\alpha}, \boldsymbol{\alpha}) + 2(\boldsymbol{\alpha}, \boldsymbol{\beta}) + (\boldsymbol{\beta}, \boldsymbol{\beta}).$$

因为 $(T(\boldsymbol{\alpha}),T(\boldsymbol{\alpha}))=(\boldsymbol{\alpha},\boldsymbol{\alpha}),(T(\boldsymbol{\beta}),T(\boldsymbol{\beta}))=(\boldsymbol{\beta},\boldsymbol{\beta})$，代入上式, 化简得

$$T(\boldsymbol{\alpha},\boldsymbol{\beta})=(\boldsymbol{\alpha},\boldsymbol{\beta}),$$

即 T 是正交变换.

（1）⇒（3）

T 是正交变换，设 $\boldsymbol{e}_1,\boldsymbol{e}_2,\cdots,\boldsymbol{e}_n$ 是 V 的标准正交基，则

$$(T(\boldsymbol{e}_i),T(\boldsymbol{e}_j))=(\boldsymbol{e}_i,\boldsymbol{e}_j)=\begin{cases}1, & i=j,\\ 0, & i\neq j.\end{cases}$$

即 $T(\boldsymbol{e}_1),T(\boldsymbol{e}_2),\cdots,T(\boldsymbol{e}_n)$ 也是 V 的一组标准正交基.

（3）⇒（1）

设 $\boldsymbol{e}_1,\boldsymbol{e}_2,\cdots,\boldsymbol{e}_n$ 和 $T(\boldsymbol{e}_1),T(\boldsymbol{e}_2),\cdots,T(\boldsymbol{e}_n)$ 都是 V 的标准正交基, 对任意的

$$\boldsymbol{\alpha}=x_1\boldsymbol{e}_1+x_2\boldsymbol{e}_2+\cdots+x_n\boldsymbol{e}_n,\quad \boldsymbol{\beta}=y_1(\boldsymbol{e}_1)+y_2(\boldsymbol{e}_2)+\cdots+y_n(\boldsymbol{e}_n),$$

有

$$\begin{aligned}(T(\boldsymbol{\alpha}),T(\boldsymbol{\beta}))&=(T(x_1(\boldsymbol{e}_1)+x_2(\boldsymbol{e}_2)+\cdots+x_n(\boldsymbol{e}_n)),T(y_1(\boldsymbol{e}_1)+y_2(\boldsymbol{e}_2)+\cdots+y_n(\boldsymbol{e}_n)))\\&=\sum_{i=1}^{n}\sum_{j=1}^{n}x_iy_j(T(\boldsymbol{e}_i),T(\boldsymbol{e}_j))=\sum_{i=1}^{n}\sum_{j=1}^{n}x_ix_j=(\boldsymbol{\alpha},\boldsymbol{\beta}).\end{aligned}$$

即 T 是正交变换.

（3）⇒（4）

设 $\boldsymbol{e}_1,\boldsymbol{e}_2,\cdots,\boldsymbol{e}_n$ 和 $T(\boldsymbol{e}_1),T(\boldsymbol{e}_2),\cdots,T(\boldsymbol{e}_n)$ 都是 V 的标准正交基，且

$$(T(\boldsymbol{e}_1),T(\boldsymbol{e}_2),\cdots,T(\boldsymbol{e}_n))=(\boldsymbol{e}_1,\boldsymbol{e}_2,\cdots,\boldsymbol{e}_n)\boldsymbol{A},$$

其中，$\boldsymbol{A}=(a_{i,j})_{n\times n}$，则

$$T(\boldsymbol{e}_i)=a_{1i}\boldsymbol{e}_1+a_{2i}\boldsymbol{e}_2+\cdots+a_{ni}\boldsymbol{e}_n,\quad i=1,2,\cdots,n.$$

所以

$$a_{1i}a_{1j}+a_{2i}a_{2j}+\cdots+a_{ni}a_{nj}=\begin{cases}1, & i=j,\\ 0, & i\neq j.\end{cases}$$

即 T 在标准正交基 $\boldsymbol{e}_1,\boldsymbol{e}_2,\cdots,\boldsymbol{e}_n$ 下的矩阵 $\boldsymbol{A}$ 为正交矩阵.

（4）⇒（3）

设 T 在标准正交基 $\boldsymbol{e}_1,\boldsymbol{e}_2,\cdots,\boldsymbol{e}_n$ 下的矩阵 $\boldsymbol{A}$ 为正交矩阵，则

$$\begin{aligned}(T(\boldsymbol{e}_i),T(\boldsymbol{e}_j))&=(a_{1i}\boldsymbol{e}_1+a_{2i}\boldsymbol{e}_2+\cdots+a_{ni}\boldsymbol{e}_n,a_{1j}\boldsymbol{e}_1+a_{2j}\boldsymbol{e}_2+\cdots+a_{nj}\boldsymbol{e}_n)\\&=\begin{cases}1, & i=j,\\ 0, & i\neq j.\end{cases}\end{aligned}$$

故 $T(\boldsymbol{e}_1), T(\boldsymbol{e}_2), \cdots, T(\boldsymbol{e}_n)$ 也是 V 的一组标准正交基.

证毕

注: 正交变换 T 在任意一组标准正交基下的矩阵是正交矩阵，但在其他基下的矩阵可能不是正交矩阵. 正交矩阵的行列式为 1 或 -1. 称行列式为 1 的正交变换为**第一类正交变换**，称行列式为 -1 的正交变换为**第二类正交变换**.

5.3.2 Givens 变换

例 5.3.1 将线性空间 $\mathbf{R}^2$ 中的向量 $(x_1, x_2)^{\mathrm{T}}$ 均绕原点顺时针旋转角度 θ 的线性变换

$$\begin{bmatrix} y_1 \\ y_2 \end{bmatrix} = \begin{bmatrix} \cos\theta & \sin\theta \\ -\sin\theta & \cos\theta \end{bmatrix} \begin{bmatrix} x_1 \\ x_2 \end{bmatrix}$$

是第一类正交变换，因为此变换对应的矩阵

$$\boldsymbol{G} = \begin{bmatrix} \cos\theta & \sin\theta \\ -\sin\theta & \cos\theta \end{bmatrix}$$

是正交矩阵，且行列式为 1.

定义 5.3.2 形如

$$\boldsymbol{G}_{ij}(\theta) = \begin{bmatrix} 1 & & & & & & \\ & \ddots & & & & & \\ & & \cos\theta & & \sin\theta & & \\ & & & \ddots & & & \\ & & -\sin\theta & & \cos\theta & & \\ & & & & & \ddots & \\ & & & & & & 1 \end{bmatrix} \begin{matrix} \\ \\ (i) \\ \\ (j) \\ \\ \\ \end{matrix}$$
$$\qquad\qquad\qquad (i) \qquad\qquad (j)$$

的矩阵称为**吉文斯** (Givens) **矩阵**. 令 $c = \cos\theta, s = \sin\theta$，则 Givens 矩阵也可写成

$$\boldsymbol{G}_{ij}(c, s) = \begin{bmatrix} 1 & & & & & & \\ & \ddots & & & & & \\ & & c & & s & & \\ & & & \ddots & & & \\ & & -s & & c & & \\ & & & & & \ddots & \\ & & & & & & 1 \end{bmatrix} \begin{matrix} \\ \\ (i) \\ \\ (j) \\ \\ \\ \end{matrix},$$
$$\qquad\qquad\qquad (i) \qquad\qquad (j)$$

其中 $c^2+s^2=1$.

定义 5.3.3 对 n 维向量 $\boldsymbol{x}$，线性变换 $\boldsymbol{G}_{ij}(\theta)\boldsymbol{x}$ 将向量 $\boldsymbol{x}$ 在第 i,j 两个维度确定的坐标平面内顺时针旋转 θ 角，该线性变换由 Givens 矩阵确定，称为**吉文斯** (Givens) **变换**.

性质 1 Givens 矩阵是正交矩阵，且有

$$\boldsymbol{G}_{i,j}(c,s)^{-1}=\boldsymbol{G}_{i,j}(c,s)^{\mathrm{T}}=\boldsymbol{G}_{i,j}(c,-s).$$

性质 2 Givens 矩阵的行列式为 1，即 Givens 变换是第一类正交变换.

性质 3 设 $\boldsymbol{x}=(x_1,x_2,\cdots,x_n)^{\mathrm{T}}$，

(1) 若 $x_i^2+x_j^2>0$，令 $c=\dfrac{x_i}{\sqrt{x_i^2+x_j^2}}, s=\dfrac{x_j}{\sqrt{x_i^2+x_j^2}}$，$\boldsymbol{y}=\boldsymbol{G}_{i,j}(c,s)\boldsymbol{x}=(y_1,y_2,\cdots,y_n)^{\mathrm{T}}$，则有

$$y_i=cx_i+sx_j=\sqrt{x_i^2+x_j^2}>0,$$

$$y_j=-sx_i+cx_j=0,$$

$$y_k=x_k,\quad k\neq i,j.$$

(2) 若 $x_i^2+x_j^2=0$，则 $y_i=y_j=0$.

定理 5.3.2 设非零向量 $\boldsymbol{x}=(x_1,x_2,\cdots,x_n)^{\mathrm{T}}$，则存在有限个 Givens 矩阵的乘积 $\boldsymbol{G}$，使得 $\boldsymbol{G}\boldsymbol{x}=||\boldsymbol{x}||\boldsymbol{e}_1$.

证 如果 $x_1\neq 0$，对 $\boldsymbol{x}$ 构造 Givens 矩阵 $\boldsymbol{G}_{1,2}(c,s)$，其中 $c=\dfrac{x_1}{\sqrt{x_1^2+x_2^2}}, s=\dfrac{x_2}{\sqrt{x_1^2+x_2^2}}$，则有

$$\boldsymbol{G}_{1,2}\boldsymbol{x}=(\sqrt{x_1^2+x_2^2},0,x_3,\cdots,x_n).$$

对 $\boldsymbol{G}_{1,2}\boldsymbol{x}$ 构造 Givens 矩阵 $\boldsymbol{G}_{1,3}(c,s)$,其中 $c=\dfrac{\sqrt{x_1^2+x_2^2}}{\sqrt{x_1^2+x_2^2+x_3^2}}, s=\dfrac{x_3}{\sqrt{x_1^2+x_2^2+x_3^2}}$，则有

$$\boldsymbol{G}_{1,3}(\boldsymbol{G}_{1,2}\boldsymbol{x})=(\sqrt{x_1^2+x_2^2+x_3^2},0,0,x_4,\cdots,x_n).$$

如此继续下去, 最后对 $\boldsymbol{G}_{1,n-1}\cdots\boldsymbol{G}_{1,2}\boldsymbol{x}$ 构造 Givens 矩阵 $\boldsymbol{G}_{1,n}(c,s)$，其中 $c=\dfrac{\sqrt{x_1^2+x_2^2+\cdots+x_{n-1}^2}}{\sqrt{x_1^2+x_2^2+\cdots+x_n^2}}, s=\dfrac{x_n}{\sqrt{x_1^2+x_2^2+\cdots+x_n^2}}$，则有

$$\boldsymbol{G}_{1,n}(\boldsymbol{G}_{1,n-1}\cdots\boldsymbol{G}_{1,2}\boldsymbol{x})=(\sqrt{x_1^2+x_2^2+\cdots+x_n^2},0,\cdots,0).$$

如果向量 $\boldsymbol{x}$ 满足 $x_1=x_2=\cdots=x_{k-1}=0,x_k\neq 0(1<k\leqslant n)$，则上面的步骤从构造 $\boldsymbol{G}_{1,k}$ 开始即可.

证毕

推论 5.3.1 对任意的非零向量 $\boldsymbol{x}$ 和单位向量 $\boldsymbol{z}$，存在有限个 Givens 矩阵的乘积 $\boldsymbol{G}$，使得 $\boldsymbol{G}\boldsymbol{x}=||\boldsymbol{x}||\boldsymbol{z}$.

推论 5.3.1表明，对任意向量 $\boldsymbol{x}$，总可以通过 Givens 变换，使其与已知的向量 $\boldsymbol{z}$ 方向一致.

例 5.3.2 已知向量 $\boldsymbol{x}=(1,1,2)^{\mathrm{T}},\boldsymbol{e}=(1,0,0)^{\mathrm{T}}$，求有限个 Givens 矩阵的乘积 $\boldsymbol{G}$，使得 $\boldsymbol{G}\boldsymbol{x}=||\boldsymbol{x}||\boldsymbol{e}$.

解 根据定理 5.3.2，取 $c=\dfrac{\sqrt{2}}{2},s=\dfrac{\sqrt{2}}{2}$，构造 Givens 矩阵 $\boldsymbol{G}_{1,2}$ 为

$$\boldsymbol{G}_{1,2}=\begin{bmatrix}\dfrac{\sqrt{2}}{2} & \dfrac{\sqrt{2}}{2} & 0\\ -\dfrac{\sqrt{2}}{2} & \dfrac{\sqrt{2}}{2} & 0\\ 0 & 0 & 1\end{bmatrix},$$

则有

$$\boldsymbol{G}_{1,2}\boldsymbol{x}=(\sqrt{2},0,2).$$

取 $c=\dfrac{\sqrt{2}}{\sqrt{6}},s=\dfrac{2}{\sqrt{6}}$，构造 Givens 矩阵 $\boldsymbol{G}_{1,3}$ 为

$$\boldsymbol{G}_{1,3}=\begin{bmatrix}\dfrac{\sqrt{2}}{\sqrt{6}} & 0 & \dfrac{2}{\sqrt{6}}\\ 0 & 1 & 0\\ \dfrac{-2}{\sqrt{6}} & 0 & \dfrac{\sqrt{2}}{\sqrt{6}}\end{bmatrix},$$

则有

$$\boldsymbol{G}_{1,3}\boldsymbol{G}_{1,2}\boldsymbol{x}=(\sqrt{6},0,0)^{\mathrm{T}}=||\boldsymbol{x}||\boldsymbol{e}.$$

反之有

$$\boldsymbol{G}_{1,2}^{-1}\boldsymbol{G}_{1,3}^{-1}\boldsymbol{e}=\left(\frac{1}{\sqrt{6}},\frac{1}{\sqrt{6}},\frac{2}{\sqrt{6}}\right)^{\mathrm{T}}=\frac{\boldsymbol{x}}{||\boldsymbol{x}||}.$$

5.3.3 Householder 变换

如图 5-1 所示，给定一个超平面，其单位法向量为 $\boldsymbol{v}$，$\boldsymbol{v}^{\mathrm{T}}\boldsymbol{x}$ 是向量 $\boldsymbol{x}$ 在法向量 $\boldsymbol{v}$ 上的投影长度. 向量 $\boldsymbol{x}$ 经过镜面反射后得到的向量为

$$\boldsymbol{x}-2\boldsymbol{v}(\boldsymbol{v}^{\mathrm{T}}\boldsymbol{x})=(\boldsymbol{I}-2\boldsymbol{v}\boldsymbol{v}^{\mathrm{T}})\boldsymbol{x}.$$

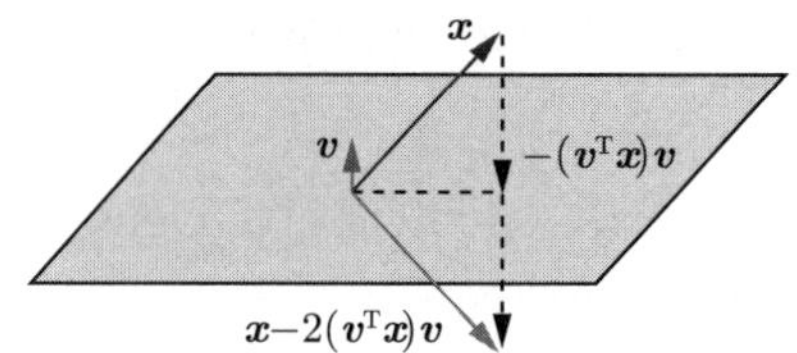

图 5-1 Householder 变换示意图

定义 5.3.4 设单位向量 $\boldsymbol{v} \in \mathbf{R}^3$，线性变换

$$H(\boldsymbol{x}) = \boldsymbol{x} - 2\boldsymbol{v}\boldsymbol{v}^{\mathrm{T}}\boldsymbol{x} = (\boldsymbol{I} - 2\boldsymbol{v}\boldsymbol{v}^{\mathrm{T}})\boldsymbol{x}$$

是将向量 $\boldsymbol{x}$ 关于以 $\boldsymbol{v}$ 为法向量的平面作反射，称 H 为**豪斯霍尔德** (Householder) **变换** (又称**镜面变换**)，线性变换 H 对应的矩阵 $\boldsymbol{I} - 2\boldsymbol{v}\boldsymbol{v}^{\mathrm{T}}$ 称为**豪斯霍尔德** (Householder) **矩阵**.

注：Householder 变换是第二类正交变换.

例 5.3.3 如图 5-2 所示，$\boldsymbol{e}_1$，$\boldsymbol{e}_2$ 是平面上互相正交的单位向量，对平面上任意向量 $\boldsymbol{x}$，有

$$\boldsymbol{x} = (\boldsymbol{x}, \boldsymbol{e}_1)\boldsymbol{e}_1 + (\boldsymbol{x}, \boldsymbol{e}_2)\boldsymbol{e}_2 = \boldsymbol{\alpha} + \boldsymbol{\beta}.$$

因此向量 $\boldsymbol{x}$ 关于“与 $\boldsymbol{e}_2$ 轴正交的直线”对称的镜像向量的表达式为

$$\begin{aligned}\boldsymbol{y} &= \boldsymbol{x} - 2\boldsymbol{\beta} = \boldsymbol{x} - 2(\boldsymbol{x}, \boldsymbol{e}_2)\boldsymbol{e}_2 = \boldsymbol{x} - 2\boldsymbol{e}_2(\boldsymbol{x}, \boldsymbol{e}_2) \\ &= \boldsymbol{x} - 2\boldsymbol{e}_2\boldsymbol{e}_2^{\mathrm{T}}\boldsymbol{x} = (\boldsymbol{I} - 2\boldsymbol{e}_2\boldsymbol{e}_2^{\mathrm{T}})\boldsymbol{x}.\end{aligned}$$

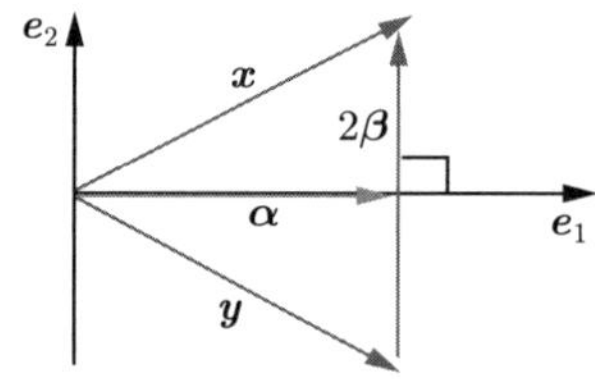

图 5-2 平面上的 Householder 变换

定理 5.3.3 任意给定非零向量 $\boldsymbol{x} \in \mathbf{R}^n$ 及单位向量 $\boldsymbol{z} \in \mathbf{R}^n$，一定存在 Householder 矩阵 $\boldsymbol{H}$，使得 $\boldsymbol{H}\boldsymbol{x} = ||\boldsymbol{x}||\boldsymbol{z}$.

5.4 对称变换

定义 5.4.1 设 T 是欧氏空间 V 的线性变换，如果对任意的 $\boldsymbol{\alpha}, \boldsymbol{\beta} \in V$，都有

$$(T(\boldsymbol{\alpha}), \boldsymbol{\beta}) = (\boldsymbol{\alpha}, T(\boldsymbol{\beta})), \tag{5-23}$$

则称 T 为**对称变换**.

下面给出对称变换的结论[2].

定理 5.4.1 欧氏空间 V 的线性变换 T 是对称变换的充要条件为，T 在 V 的任一标准正交基下的矩阵是对称矩阵.

推论 5.4.1 对称矩阵的特征值都是实数.

推论 5.4.2 对称矩阵不同的特征值对应的特征向量正交.

推论 5.4.3 设 T 是欧氏空间 V 的对称变换，则存在 V 的标准正交基，使 T 在该基下的矩阵是对角矩阵.

5.5 Python 实现

1. 图形变换的理论基础

随着计算机科学技术的发展，计算机图形学的应用领域越来越广泛，如仿真设计、效果图制作、动画片制作、电子游戏开发等.

图形的几何变换，包括图形的平移、旋转、伸缩等，是计算机图形学中经常遇到的问题. 以下只讨论平面图形的几何变换.

平面图形的旋转和伸缩都很容易用矩阵乘法实现，但是图形的平移并不是线性运算，不能直接用矩阵乘法表示. 现在统一利用矩阵乘法来实现平移、旋转、伸缩三种变换[5].

（1）二维空间的坐标表示.

平移变换

$$\begin{bmatrix} x \\ y \end{bmatrix} \to \begin{bmatrix} x+a \\ y+b \end{bmatrix}.$$

旋转变换 (绕原点逆时针旋转 θ 角度)

$$\begin{bmatrix} x \\ y \end{bmatrix} \to \begin{bmatrix} \cos\theta & -\sin\theta \\ \sin\theta & \cos\theta \end{bmatrix} \begin{bmatrix} x \\ y \end{bmatrix} = \begin{bmatrix} x\cos\theta - y\sin\theta \\ x\sin\theta + y\cos\theta \end{bmatrix}.$$

伸缩变换：沿 x 轴方向放大 s 倍，沿 y 轴方向放大 t 倍为

$$\begin{bmatrix} x \\ y \end{bmatrix} \to \begin{bmatrix} sx \\ ty \end{bmatrix}.$$

（2）三维空间的坐标表示.

$\mathbf{R}^2$ 中的每个点 (x,y) 可以对应于 $\mathbf{R}^3$ 中的 $(x,y,1)$. 它在 xOy 平面上方 1 个单位的平面上, 称 $(x,y,1)$ 为 (x,y) 的齐次坐标.

平移变换

$$\begin{bmatrix} x \\ y \end{bmatrix} \to \begin{bmatrix} x+a \\ y+b \end{bmatrix},$$

写成齐次坐标形式为

$$\begin{bmatrix} x \\ y \\ 1 \end{bmatrix} \to \begin{bmatrix} x+a \\ y+b \\ 1 \end{bmatrix},$$

用矩阵乘积表示为

$$\begin{bmatrix} 1 & 0 & a \\ 0 & 1 & b \\ 0 & 0 & 1 \end{bmatrix} \begin{bmatrix} x \\ y \\ 1 \end{bmatrix} = \begin{bmatrix} x+a \\ y+b \\ 1 \end{bmatrix}.$$

旋转变换

$$\begin{bmatrix} x \\ y \end{bmatrix} \to \begin{bmatrix} x\cos\theta - y\sin\theta \\ x\sin\theta + y\cos\theta \end{bmatrix},$$

用齐次坐标写成

$$\begin{bmatrix} x \\ y \\ 1 \end{bmatrix} \to \begin{bmatrix} x\cos\theta - y\sin\theta \\ x\sin\theta + y\cos\theta \\ 1 \end{bmatrix},$$

用矩阵乘积表示为

$$\begin{bmatrix} \cos\theta & -\sin\theta & \\ \sin\theta & \cos\theta & \\ 0 & 0 & 1 \end{bmatrix} \begin{bmatrix} x \\ y \\ 1 \end{bmatrix} = \begin{bmatrix} x\cos\theta - y\sin\theta \\ x\sin\theta + y\cos\theta \\ 1 \end{bmatrix}.$$

伸缩变换

$$\begin{bmatrix} x \\ y \end{bmatrix} \to \begin{bmatrix} sx \\ ty \end{bmatrix},$$

用齐次坐标写成

$$\begin{bmatrix} x \\ y \\ 1 \end{bmatrix} \to \begin{bmatrix} sx \\ ty \\ 1 \end{bmatrix},$$

用矩阵乘积表示为

$$\begin{bmatrix} s & 0 & 0 \\ 0 & t & 0 \\ 0 & 0 & 1 \end{bmatrix} \begin{bmatrix} x \\ y \\ 1 \end{bmatrix} = \begin{bmatrix} sx \\ ty \\ 1 \end{bmatrix}.$$

注：绕坐标原点的旋转变换和伸缩变换是线性变换，平移变换不是线性变换.

2. 图形变换的 Python 程序

例 5.5.1 编写程序，实现平面几何图形的平移、旋转、伸缩、倾斜变换以及混合变换，并绘制上述变换后的图形.

代码如下：

```
import matplotlib.pyplot as plt
import numpy as np
import matplotlib.transforms as mtransforms
# 生成一张位图数据
def get_image():
    delta = 0.05
    x = y = np.arange(-3.0, 3.0, delta)
    X, Y = np.meshgrid(x, y)
    Z1 = np.exp(-X**2 - Y**2)
    Z2 = np.exp(-(X - 1)**2 - (Y - 1)**2)
    Z = (Z1 - Z2)
    return Z
def do_plot(ax, Z, transform, x):
    """
    在指定的坐标系中对指定的位图进行指定的仿射变换
    :param ax: 指定绘图坐标系
    :param Z: 指定位图数据
    :param transform: 指定要对位图执行的仿射变换
    :return:
    """
    im = ax.imshow(Z, interpolation='none',
                   origin='lower',
                   extent=[-3, 3, -2, 2], clip_on=True)
    # 把坐标系中位图的数据坐标转换为显示坐标: ax.transData, 并与放射变换矩阵相加
    trans_data = transform + ax.transData
    # 对位图的显示坐标进行仿射变换
    im.set_transform(trans_data)
    # 在指定边框内绘制变换后的图像
    x1, x2, y1, y2 = im.get_extent()
    ax.plot([x1, x2, x2, x1, x1], [y1, y1, y2, y2, y1], "y--",
            transform=trans_data)
    ax.set_xlim(-5, 5)
    ax.set_ylim(-5, 5)
    ax.set_xlabel(x)

fig, ((ax1, ax2, ax3), (ax4, ax5, ax6)) = plt.subplots(2, 3)
Z = get_image()
```

```
# 原始图像
do_plot(ax1, Z, mtransforms.Affine2D(),"(a)")
# 平移变换
do_plot(ax2, Z, mtransforms.Affine2D().translate(1, 1),"(b)")
# 旋转变换
do_plot(ax3, Z, mtransforms.Affine2D().rotate_deg(30),"(c)")
# 倾斜变换
do_plot(ax4, Z, mtransforms.Affine2D().skew_deg(30, 0),"(d)")
# 伸缩变换
do_plot(ax5, Z, mtransforms.Affine2D().scale(1, .5),"(e)")
# 旋转+倾斜+伸缩+平移
do_plot(ax6, Z, mtransforms.Affine2D().rotate_deg(30).skew_deg(30, 15).scale(-1,
    .5).
translate(.5, -1),"(f)")
plt.show()
```

程序运行结果如图 5-3 所示，其中图 (a) 为原始图形，图 (b) 为平移变换，图 (c) 为旋转变换，图 (d) 为倾斜变换，图 (e) 为伸缩变换，图 (f) 为上面 4 种变换的组合.

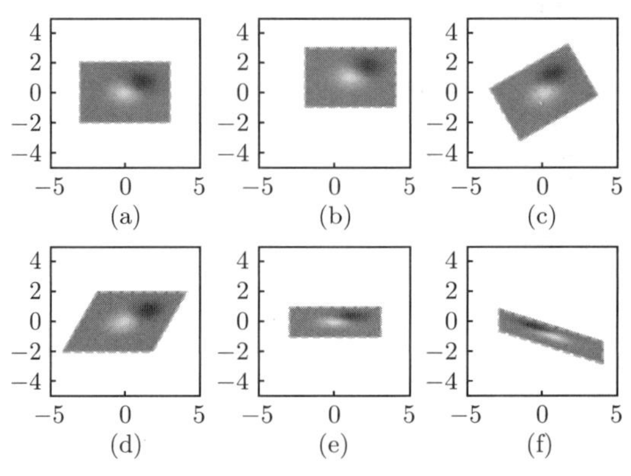

图 5-3　平面图形的几何变换

5.6　应用案例：电路转移矩阵

1. 问题描述

电路是由多个电子元件构成的复杂系统，如图 5-4 所示. 参数的计算是电路设计的重要环节，其依据来自两个方面：一是客观需要，二是物理学定律.

假设图 5-5 中的方框代表某类具有输入和输出终端的电路. 用 $\begin{bmatrix} v_1 \\ i_1 \end{bmatrix}$ 记录输入电压和输入电流 (电压 v 以 V 为单位，电流 i 以 A 为单位)，用 $\begin{bmatrix} v_2 \\ i_2 \end{bmatrix}$ 记录输出电压和

输入电流. 若 $\begin{bmatrix} v_2 \\ i_2 \end{bmatrix} = \boldsymbol{A}\begin{bmatrix} v_1 \\ i_1 \end{bmatrix}$，则称矩阵 $\boldsymbol{A}$ 为电路的**转移矩阵**[5].

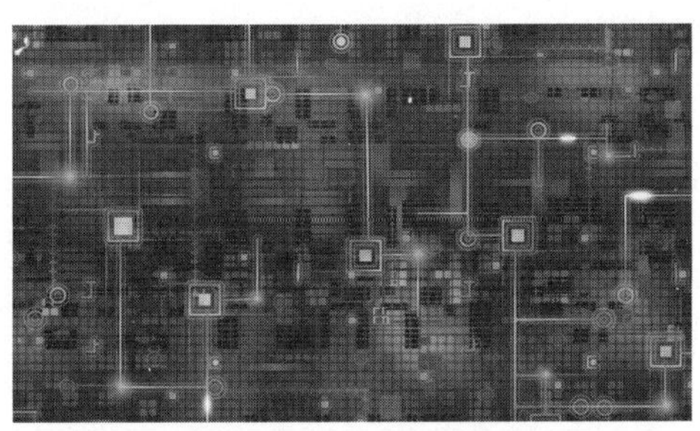

图 5-4　电路图

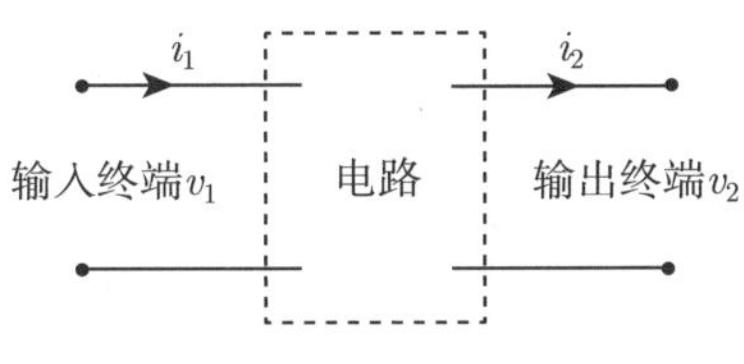

图 5-5　输入和输出电路图

图 5-6 给出了一个梯形网络，左边的电路称为串联电路，电阻为 R_1(单位: Ω). 右边的电路是并联电路，电阻为 R_2. 利用欧姆定理和 **Cholesky** 定律，可以得到串联电路和并联电路的转移矩阵分别为

$$\begin{bmatrix} 1 & -R_1 \\ 0 & 1 \end{bmatrix} \quad \text{和} \quad \begin{bmatrix} 1 & 0 \\ -1/R_2 & 1 \end{bmatrix}.$$

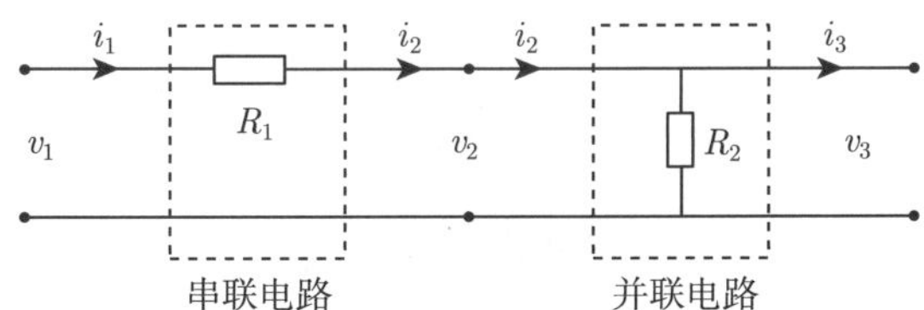

图 5-6　梯形网络

试设计一个梯形网络，其转移矩阵为 $\begin{bmatrix} 1 & -8 \\ -0.5 & 5 \end{bmatrix}$.

2. 模型建立与求解

为简单起见，假设导线的电阻为零. 设 $\boldsymbol{A}_1$ 和 $\boldsymbol{A}_2$ 分别是串联电路和并联电路的转移矩阵，则输入向量 $\boldsymbol{x}$ 先变换成 $\boldsymbol{A}_1\boldsymbol{x}$，再变换到 $\boldsymbol{A}_2(\boldsymbol{A}_1\boldsymbol{x})$. 其中

$$A_2(A_1x)=\begin{bmatrix}1 & 0\\ -1/R_2 & 1\end{bmatrix}\begin{bmatrix}1 & -R_1\\ 0 & 1\end{bmatrix}=\begin{bmatrix}1 & -R_1\\ -1/R_2 & 1+R_1/R_2\end{bmatrix}$$

就是图 5-6 中梯形网络的转移矩阵.

于是，原问题转化为求 R_1，R_2 的值，并使得

$$\begin{bmatrix}1 & -R_1\\ -1/R_2 & 1+R_1/R_2\end{bmatrix}=\begin{bmatrix}1 & -8\\ -0.5 & 5\end{bmatrix}.$$

化简得

$$\begin{cases}-R_1=-8,\\ -1/R_2=-0.5,\\ 1+R_1/R_2=5.\end{cases}$$

根据前两个方程可得 $R_1=8$，$R_2=2$. 将 $R_1=8$，$R_2=2$ 代入上面的第三个方程，等式成立. 所以图 5-6 所示梯形网络中 $R_1=8$，$R_2=2$.

3. 模型分析

若要求的转移矩阵改为 $\begin{bmatrix}1 & -8\\ -0.5 & 4\end{bmatrix}$，则上面的梯形网络无法实现. 因为这时对应的方程组

$$\begin{cases}-R_1=-8,\\ -1/R_2=-0.5,\\ 1+R_1/R_2=4\end{cases}$$

无解.

习　题　5

5.1　设 T 是 V 上的线性变换，且在基 $\boldsymbol{\alpha}_1,\boldsymbol{\alpha}_2,\cdots,\boldsymbol{\alpha}_n$ 的矩阵为 $\boldsymbol{A}$，向量 $\boldsymbol{\alpha}$ 在基 $\boldsymbol{\alpha}_1,\boldsymbol{\alpha}_2,\cdots,\boldsymbol{\alpha}_n$ 的坐标为 $\boldsymbol{x}=(x_1,x_2,\cdots,x_n)^{\mathrm{T}}$,$T(\boldsymbol{\alpha})$ 在基 $\boldsymbol{\alpha}_1,\boldsymbol{\alpha}_2,\cdots,\boldsymbol{\alpha}_n$ 的坐标为 $\boldsymbol{y}=(y_1,y_2,\cdots,y_n)^{\mathrm{T}}$，则以下各项正确的是 (　　).

A. $\boldsymbol{y}=\boldsymbol{A}\boldsymbol{x}$　　B. $\boldsymbol{x}=\boldsymbol{A}\boldsymbol{y}$

C. $\boldsymbol{y}=\boldsymbol{x}\boldsymbol{A}$　　D. $\boldsymbol{x}=\boldsymbol{y}\boldsymbol{A}$

5.2　若 T 是 n 维线性空间 V 上的线性变换，则下列集合不是 V 的线性子空间的是 (　　).

A. T 的核 $\mathrm{Ker}(T)$　　B. T 的值域 $R(T)$

C. $\mathrm{Ker}(T)\cup R(T)$　　D. $\mathrm{Ker}(T)\cap R(T)$

5.3 设 $\boldsymbol{\alpha}_1,\boldsymbol{\alpha}_2,\boldsymbol{\alpha}_3$ 与 $\boldsymbol{\beta}_1,\boldsymbol{\beta}_2,\boldsymbol{\beta}_3$ 是线性空间 V 的两组基，σ 是 V 上的线性变换，且在基 $\boldsymbol{\alpha}_1,\boldsymbol{\alpha}_2,\boldsymbol{\alpha}_3$ 下的矩阵为 $\boldsymbol{A}$，$\boldsymbol{\alpha}_1,\boldsymbol{\alpha}_2,\boldsymbol{\alpha}_3$ 到 $\boldsymbol{\beta}_1,\boldsymbol{\beta}_2,\boldsymbol{\beta}_3$ 的过渡矩阵为 $\boldsymbol{P}$，则 σ 在 $\boldsymbol{\beta}_1,\boldsymbol{\beta}_2,\boldsymbol{\beta}_3$ 下的矩阵为（　　）.

A. $\boldsymbol{P}^{-1}\boldsymbol{A}\boldsymbol{P}$　　B. $\boldsymbol{A}^{-1}\boldsymbol{P}\boldsymbol{A}$

C. $\boldsymbol{P}\boldsymbol{A}\boldsymbol{P}^{-1}$　　D. $\boldsymbol{A}\boldsymbol{P}\boldsymbol{A}^{-1}$

5.4 Householder 变换不能保持欧氏空间中（　　）几何属性不变.

A. 向量的长度　　B. 向量的方向

C. 两点间距离　　D. 向量间的夹角

5.5 正交变换不能保持欧氏空间中（　　）几何属性不变.

A. 向量的方向　　B. 向量的长度

C. 距离　　D. 向量间的夹角

5.6 已知 $\boldsymbol{\alpha}_1=[0,1,1]^{\mathrm{T}},\boldsymbol{\alpha}_2=[1,2,0]^{\mathrm{T}},\boldsymbol{\alpha}_3=[0,0,1]^{\mathrm{T}}$ 是线性空间 $\mathbf{R}^3$ 的一组基，$\mathbf{R}^3$ 中线性变换 T 满足

$$T(\boldsymbol{\alpha}_1)=[2,5,-2]^{\mathrm{T}},T(\boldsymbol{\alpha}_2)=[4,7,-4]^{\mathrm{T}},T(\boldsymbol{\alpha}_3)=[-2,-2,6]^{\mathrm{T}}.$$

求 T 的特征值与在这组基下的特征向量.

5.7 求线性空间 $\mathbf{R}^3$ 中的向量在 xOy 坐标面绕原点顺时针旋转角 θ 的 Givens 变换矩阵.

5.8 求 $\mathbf{R}^3$ 中的投影变换 $T:(x,y,z)\to(x,0,z)$ 在基 $\boldsymbol{i},\boldsymbol{j},\boldsymbol{k}$ 下的矩阵.

5.9 线性空间 $\mathbf{R}^3$ 中，求以平面 $x+y-z=1$ 作镜面变换的 Householder 矩阵.

5.10 在 $C[-\pi,\pi]$ 中, 按标准内积 $(f,g)=\displaystyle\int_{-\pi}^{\pi}fg\mathrm{d}t$，证明三角函数系

$$1,\cos t,\sin t,\cdots,\cos nt,\sin nt,\cdots$$

是正交的，但不是单位元素.

5.11 已知 $P_2[t]$ 的两组基，

(I) $f_1(t)=1+2t^2$，$f_2(t)=t+2t^2$，$f_3(t)=1+2t+5t^2$;

(II) $g_1(t)=1-t$，$g_2(t)=1+t^2$，$g_3(t)=t+2t^2$;

线性变换 T 满足 $T(f_1(t))=2+t^2$，$T(f_2(t))=t$，$T(f_3(t))=1+t+t^2$.

（1）求线性变换 T 在 $g_1(t)$，$g_2(t)$，$g_3(t)$ 下的矩阵；

（2）求 $T(1-2t+t^2)$.

5.12 在线性空间 $\mathbf{R}^3$ 中，设 $\boldsymbol{\alpha}=(x_1,x_2,x_3)$，线性变换 T 为

$$T(\boldsymbol{\alpha})=(2x_2+2x_3,2x_1-3x_2+x_3,2x_1+x_2-3x_3).$$

（1）求线性变换 T 在自然基 $\boldsymbol{e}_1,\boldsymbol{e}_2,\boldsymbol{e}_3$ 下的矩阵；

（2）求 $\mathbf{R}^3$ 的一个基, 使线性变换在该基下的矩阵为对角矩阵.

第 6 章 矩阵分解

将一个矩阵分解为结构简单或具有特殊性质的矩阵乘积，能够揭示矩阵的内在数学特性，并常常有助于简化与矩阵相关的计算过程，这一方法在矩阵理论中占据着核心地位. 本章将详细介绍包括 LU 分解、QR 分解、满秩分解以及奇异值分解在内的几种常见矩阵分解方法.

6.1 矩阵的 LU 分解

6.1.1 LU 分解及存在唯一性定理

LU 分解是一种将矩阵分解为一个下三角矩阵（$\boldsymbol{L}$）和一个上三角矩阵（$\boldsymbol{U}$）的乘积的方法. 这种分解方法起源于高斯（Gauss）在处理最小二乘问题的对称正定系统时采用的消元技巧（即高斯消元法）. 这种方法能够有效地简化线性方程组的求解过程，为现代矩阵理论和数值分析奠定基础.

定义 6.1.1 给定一个复数域的方阵 $\boldsymbol{A} \in \mathbf{C}^{n\times n}$，如果能够找到一个下三角矩阵 $\boldsymbol{L} \in \mathbf{C}^{n\times n}$ 和一个上三角矩阵 $\boldsymbol{U} \in \mathbf{C}^{n\times n}$，使得

$$\boldsymbol{A} = \boldsymbol{L}\boldsymbol{U}, \tag{6-1}$$

则称其为方阵 $\boldsymbol{A}$ 的 **LU 分解**或**三角分解**. 当下三角矩阵 $\boldsymbol{L}$ 的对角线元素均为 1 时，即 $\boldsymbol{L}$ 是单位下三角阵，称式 (6-1) 为矩阵 $\boldsymbol{A}$ 的**杜利特尔（Doolittle）分解**. 当上三角矩阵 $\boldsymbol{U}$ 的对角线元素均为 1 时，即 $\boldsymbol{U}$ 为单位上三角阵，称式 (6-1) 为矩阵 $\boldsymbol{A}$ 的**克劳特（Crout）分解**. 进一步地，如果矩阵 $\boldsymbol{A}$ 可以表示为

$$\boldsymbol{A} = \boldsymbol{L}\boldsymbol{D}\boldsymbol{U}, \tag{6-2}$$

其中 $\boldsymbol{L}$ 是单位下三角阵，$\boldsymbol{U}$ 是单位上三角阵，$\boldsymbol{D}$ 是对角矩阵，则称式 (6-2) 为 $\boldsymbol{A}$ 的 **LDU 分解**. LDU 分解提供了一种将矩阵分解为对角矩阵和两个单位三角矩阵的乘积的方法，这在某些数值计算中非常有用.

定理 6.1.1 (LU 分解定理) 如果方阵 $\boldsymbol{A} \in \mathbf{C}^{n\times n}$ 的各阶顺序主子式

$$D_k \neq 0, \quad k = 1, 2, \cdots, n,$$

则存在唯一的单位下三角矩阵 $\boldsymbol{L} \in \mathbf{C}^{n\times n}$ 与唯一的上三角矩阵 $\boldsymbol{U} \in \mathbf{C}^{n\times n}$，使得

$$\boldsymbol{A} = \boldsymbol{L}\boldsymbol{U}.$$

注：$\boldsymbol{A}$ 的 LU 分解不唯一，但 Doolittle 分解、Crout 分解和 LDU 分解是唯一的.

6.1.2 Doolittle 分解的紧凑格式算法

接下来将简要介绍 Doolittle 分解的紧凑格式算法. 为了简化描述，本节将以三阶方阵为例进行阐述. 其他类型的分解算法也可以采用类似的方法推导出来.

给定一个三阶的复方阵 $\boldsymbol{A}\in\mathbf{C}_3^{3\times 3}$，并假设它满足定理 6.1.1 的条件，根据 Doolittle 分解得

$$\boldsymbol{A}=\begin{bmatrix} a_{11} & a_{12} & a_{13} \\ a_{21} & a_{22} & a_{23} \\ a_{31} & a_{32} & a_{33} \end{bmatrix}=\boldsymbol{LU}=\begin{bmatrix} 1 & 0 & 0 \\ l_{21} & 1 & 0 \\ l_{31} & l_{32} & 1 \end{bmatrix}\begin{bmatrix} u_{11} & u_{12} & u_{13} \\ 0 & u_{22} & u_{23} \\ 0 & 0 & u_{33} \end{bmatrix},$$

通过矩阵乘法，可以得到一组方程组，即

$$\begin{cases} a_{11}=u_{11},\quad a_{12}=u_{12},\quad a_{13}=u_{13}, & \text{（第 1 行）} \\ a_{21}=l_{21}u_{11},\quad a_{31}=l_{31}u_{11}, & \text{（第 1 列）} \\ a_{22}=l_{21}u_{12}+u_{22},\quad a_{23}=l_{21}u_{13}+u_{23}, & \text{（第 2 行）} \\ a_{32}=l_{31}u_{12}+l_{32}u_{22}, & \text{（第 2 列）} \\ a_{33}=l_{31}u_{13}+l_{32}u_{23}+u_{33}, & \text{（第 3 行）} \end{cases} \tag{6-3}$$

通过求解这个方程组，可以依次确定矩阵 $\boldsymbol{L}$ 和矩阵 $\boldsymbol{U}$ 中的未知元素. 这个过程通常从已知的 a_{11} 开始，逐步求解 u_{11}，然后利用 u_{11} 来求解 l_{21} 和 l_{31}，以此类推，最终得到完整的 $\boldsymbol{L}$ 矩阵和 $\boldsymbol{U}$ 矩阵.

例 6.1.1 利用 Doolittle 分解求解方程组 $\boldsymbol{Ax}=\boldsymbol{b}$ 的解，其中

$$\boldsymbol{A}=\begin{bmatrix} 1 & 4 & 7 \\ 2 & 5 & 8 \\ 3 & 6 & 10 \end{bmatrix},\quad \boldsymbol{b}=\begin{bmatrix} 1 \\ 5 \\ 7 \end{bmatrix}.$$

解 由式 (6-3) 得

$$\boldsymbol{A}=\begin{bmatrix} 1 & 4 & 7 \\ 2 & 5 & 8 \\ 3 & 6 & 10 \end{bmatrix}=\begin{bmatrix} 1 & 0 & 0 \\ 2 & 1 & 0 \\ 3 & 2 & 1 \end{bmatrix}\begin{bmatrix} 1 & 4 & 7 \\ 0 & -3 & -6 \\ 0 & 0 & 1 \end{bmatrix}=\boldsymbol{LU}.$$

令 $\boldsymbol{y}=\boldsymbol{Ux}$，由方程组 $\boldsymbol{Ly}=\boldsymbol{b}$ 解得

$$\boldsymbol{y}=(1,3,-2)^{\mathrm{T}},$$

由方程组 $\boldsymbol{Ux}=\boldsymbol{y}$ 解得

$$\boldsymbol{x}=(3,3,-2)^{\mathrm{T}}.$$

当矩阵 $\boldsymbol{A}$ 是一个可逆的方阵，但不是所有的顺序主子式 D_k 都非零时，可能无法直接应用定理 6.1.1得到 LU 分解. 在这种情况下，可以先通过排列矩阵对 $\boldsymbol{A}$ 的行进行重排，再进行 LU 分解.

定义 6.1.2 在一个方阵中，如果每一行和每一列都恰好有一个元素为 1，其余元素全为 0，则称这样的方阵为排列矩阵，通常用 $\boldsymbol{P}$ 表示.

注：（1）排列矩阵代表一种置换操作，即将原矩阵的行或列按照排列矩阵中的 1 的指示进行重新排序.

（2）排列矩阵的逆矩阵也是一个排列矩阵，且 $\boldsymbol{P}^{-1}=\boldsymbol{P}^{\mathrm{T}}$.

（3）一个排列矩阵乘以另一个排列矩阵，结果仍然是一个排列矩阵.

定理 6.1.2 (列主元 LU 分解定理) 设 $\boldsymbol{A}$ 是可逆方阵，则存在排列矩阵 $\boldsymbol{P}$、单位下三角矩阵 $\boldsymbol{L}$ 与上三角矩阵 $\boldsymbol{U}$，使得

$$\boldsymbol{PA}=\boldsymbol{LU}.$$

6.1.3 对称矩阵的三角分解

相比较一般方阵的三角分解，对称矩阵的三角分解也具有对称性.

定理 6.1.3 假设 $\boldsymbol{A}$ 是一个非奇异对称矩阵，则存在唯一的一个单位下三角矩阵 $\boldsymbol{L}$ 和一个对角矩阵 $\boldsymbol{D}$，使得

$$\boldsymbol{A}=\boldsymbol{LDL}^{\mathrm{T}}. \tag{6-4}$$

推论 6.1.1 假设 $\boldsymbol{A}$ 是一个对称正定矩阵，则存在一个下三角矩阵 $\boldsymbol{G}$，其主对角线上的元素均为正数，使得

$$\boldsymbol{A}=\boldsymbol{GG}^{\mathrm{T}}. \tag{6-5}$$

方程 (6-5) 被称为**乔莱斯基**（Cholesky）**分解**. 对于对称正定矩阵的 Cholesky 分解，可以按照以下步骤进行：

步骤 1 求矩阵 $\boldsymbol{A}$ 的 **Doolittle** 分解，即 $\boldsymbol{A}=\boldsymbol{LU}$；

步骤 2 从矩阵 $\boldsymbol{U}$ 中提取对角线元素 $d_1,d_2,\cdots,d_n$；

步骤 3 构造对角矩阵，其对角线上的元素为 $\sqrt{d_1},\sqrt{d_2},\cdots,\sqrt{d_n}$，然后计算 $\boldsymbol{G}=\boldsymbol{L}\cdot\mathrm{diag}(\sqrt{d_1},\sqrt{d_2},\cdots,\sqrt{d_n})$；

步骤 4 验证分解结果，应满足 $\boldsymbol{A}=\boldsymbol{GG}^{\mathrm{T}}$.

通过这些步骤，可以得到对称正定矩阵 $\boldsymbol{A}$ 的 Cholesky 分解，这是一种有效的数值计算方法，广泛应用于工程实践.

6.2 矩阵的 QR 分解

QR 分解在矩阵计算中扮演着至关重要的角色. 它不仅为解决最小二乘问题提供了一种高效的方法，而且在特征值计算等核心矩阵问题中也显示出其独特的优势. 无

论是在工程力学、流体力学，还是图像压缩和结构分析等应用领域，QR 分解都是一种不可或缺的技术.

定义 6.2.1 给定一个复数域上的方阵 $\boldsymbol{A} \in \mathbf{C}^{n\times n}$，如果存在一个 n 阶酉矩阵 $\boldsymbol{Q}$ 和一个 n 阶上三角矩阵 $\boldsymbol{R}$，使得

$$\boldsymbol{A} = \boldsymbol{QR}, \tag{6-6}$$

则称其为矩阵 $\boldsymbol{A}$ 的 **QR 分解**, 又称**正交三角分解**.

定理 6.2.1 给定一个复数域上的非奇异方阵 $\boldsymbol{A} \in \mathbf{C}^{n\times n}$，则 $\boldsymbol{A}$ 的 QR 分解存在，并且在这种分解中，若不考虑相差一个对角元模全为 1 的对角矩阵因子，该分解是唯一的.

证 存在性. 令矩阵 $\boldsymbol{A} = [\boldsymbol{\alpha}_1, \boldsymbol{\alpha}_2, \cdots, \boldsymbol{\alpha}_n]$，$\boldsymbol{\alpha}_i$ 为矩阵 $\boldsymbol{A}$ 的第 i 列向量. 对这些向量进行施密特正交化可得

$$\begin{cases} \boldsymbol{\beta}_1 = \boldsymbol{\alpha}_1, \\ \boldsymbol{\beta}_2 = \boldsymbol{\alpha}_2 - \dfrac{(\boldsymbol{\alpha}_2, \boldsymbol{\beta}_1)}{(\boldsymbol{\beta}_1, \boldsymbol{\beta}_1)}\boldsymbol{\beta}_1, \\ \quad \vdots \\ \boldsymbol{\beta}_n = \boldsymbol{\alpha}_n - \dfrac{(\boldsymbol{\alpha}_n, \boldsymbol{\beta}_1)}{(\boldsymbol{\beta}_1, \boldsymbol{\beta}_1)}\boldsymbol{\beta}_1 - \cdots - \dfrac{(\boldsymbol{\alpha}_n, \boldsymbol{\beta}_{n-1})}{(\boldsymbol{\beta}_{n-1}, \boldsymbol{\beta}_{n-1})}\boldsymbol{\beta}_{n-1}. \end{cases}$$

化简，得

$$\begin{cases} \boldsymbol{\alpha}_1 = \boldsymbol{\beta}_1, \\ \boldsymbol{\alpha}_2 = \dfrac{(\boldsymbol{\alpha}_2, \boldsymbol{\beta}_1)}{(\boldsymbol{\beta}_1, \boldsymbol{\beta}_1)}\boldsymbol{\beta}_1 + \boldsymbol{\beta}_2, \\ \quad \vdots \\ \boldsymbol{\alpha}_n = \dfrac{(\boldsymbol{\alpha}_n, \boldsymbol{\beta}_1)}{(\boldsymbol{\beta}_1, \boldsymbol{\beta}_1)}\boldsymbol{\beta}_1 + \cdots + \dfrac{(\boldsymbol{\alpha}_n, \boldsymbol{\beta}_{n-1})}{(\boldsymbol{\beta}_{n-1}, \boldsymbol{\beta}_{n-1})}\boldsymbol{\beta}_{n-1} + \boldsymbol{\beta}_n. \end{cases} \tag{6-7}$$

令 $\boldsymbol{q}_i = \dfrac{\boldsymbol{\beta}_i}{\| \boldsymbol{\beta}_i \|}$，即 $\boldsymbol{q}_1, \boldsymbol{q}_2, \cdots, \boldsymbol{q}_n$ 构成向量组 $\boldsymbol{\alpha}_1, \boldsymbol{\alpha}_2, \cdots, \boldsymbol{\alpha}_n$ 的一组标准正交基.

将 $\boldsymbol{\beta}_i = \| \boldsymbol{\beta}_i \| \boldsymbol{q}_i$ 代入方程组 (6-7) 可得

$$\begin{cases} \boldsymbol{\alpha}_1 = \| \boldsymbol{\beta}_1 \| \boldsymbol{q}_1, \\ \boldsymbol{\alpha}_2 = (\boldsymbol{\alpha}_2, \boldsymbol{q}_1)\boldsymbol{q}_1 + \| \boldsymbol{\beta}_2 \| \boldsymbol{q}_2, \\ \quad \vdots \\ \boldsymbol{\alpha}_n = (\boldsymbol{\alpha}_n, \boldsymbol{q}_1)\boldsymbol{q}_1 + \cdots + (\boldsymbol{\alpha}_n, \boldsymbol{q}_{n-1})\boldsymbol{q}_{n-1} + \| \boldsymbol{\beta}_n \| \boldsymbol{q}_n. \end{cases}$$

$$\boldsymbol{A} = [\boldsymbol{\alpha}_1, \boldsymbol{\alpha}_2, \cdots, \boldsymbol{\alpha}_n] = [\boldsymbol{q}_1, \boldsymbol{q}_2, \cdots, \boldsymbol{q}_n] \begin{bmatrix} \| \boldsymbol{\beta}_1 \| & (\boldsymbol{\alpha}_2, \boldsymbol{q}_1) & \cdots & (\boldsymbol{\alpha}_n, \boldsymbol{q}_1) \\ 0 & \| \boldsymbol{\beta}_2 \| & \cdots & (\boldsymbol{\alpha}_n, \boldsymbol{q}_2) \\ \vdots & \vdots & & \vdots \\ 0 & 0 & \cdots & \| \boldsymbol{\beta}_n \| \end{bmatrix} = \boldsymbol{QR},$$

其中 $\boldsymbol{Q}$ 为酉矩阵，$\boldsymbol{R}$ 为主对角线上元素为正的上三角矩阵.

唯一性. 设矩阵 $\boldsymbol{A}$ 有两个 QR 分解：

$$\boldsymbol{A}=\boldsymbol{Q}\boldsymbol{R}=\widetilde{\boldsymbol{Q}}\widetilde{\boldsymbol{R}},$$

其中 $\boldsymbol{Q},\widetilde{\boldsymbol{Q}}$ 是酉矩阵, $\boldsymbol{R}$，$\widetilde{\boldsymbol{R}}$ 是非奇异上三角矩阵，则

$$\boldsymbol{Q}=\widetilde{\boldsymbol{Q}}\widetilde{\boldsymbol{R}}\boldsymbol{R}^{-1}=\widetilde{\boldsymbol{Q}}\boldsymbol{D},$$

其中 $\boldsymbol{D}=\widetilde{\boldsymbol{R}}\boldsymbol{R}^{-1}$ 是非奇异上三角矩阵. 于是

$$\boldsymbol{I}=\boldsymbol{Q}^{\mathrm{H}}\boldsymbol{Q}=\left[\widetilde{\boldsymbol{Q}}\boldsymbol{D}\right]^{\mathrm{H}}\left[\widetilde{\boldsymbol{Q}}\boldsymbol{D}\right]=\boldsymbol{D}^{\mathrm{H}}\boldsymbol{D},$$

这说明 $\boldsymbol{D}$ 为酉矩阵. 而 $\boldsymbol{D}$ 又是一个上三角矩阵，故 $\boldsymbol{D}$ 为对角矩阵，且对角元的模全为 1，于是 $\widetilde{\boldsymbol{R}}=\boldsymbol{D}\boldsymbol{R}$，$\widetilde{\boldsymbol{Q}}=\boldsymbol{Q}\boldsymbol{D}^{-1}$.

证毕

注: 如果在非奇异矩阵 $\boldsymbol{A}$ 的 QR 分解中规定上三角矩阵 $\boldsymbol{R}$ 的各个对角元的符号（例如全为正），则 $\boldsymbol{A}$ 的 QR 分解是唯一的.

由上面的结果，可得矩阵 $\boldsymbol{A}$ 的 QR 分解的计算步骤如下：

步骤 1 对矩阵 $\boldsymbol{A}$ 的列向量进行施密特正交化，得到 $\boldsymbol{q}_1,\boldsymbol{q}_2,\cdots,\boldsymbol{q}_n$，则 $\boldsymbol{Q}=[\boldsymbol{q}_1,\boldsymbol{q}_2,\cdots,\boldsymbol{q}_n]$；

步骤 2 计算 $\boldsymbol{R}=\boldsymbol{Q}^{\mathrm{T}}\boldsymbol{A}$，即矩阵 $\boldsymbol{A}$ 的 QR 分解为 $\boldsymbol{A}=\boldsymbol{Q}\boldsymbol{R}$.

例 6.2.1 求矩阵 $\boldsymbol{A}=\begin{bmatrix}2&2&1\\0&2&2\\2&1&2\end{bmatrix}$ 的 QR 分解.

解 设 $\boldsymbol{\alpha}_1,\boldsymbol{\alpha}_2,\boldsymbol{\alpha}_3$ 是矩阵 $\boldsymbol{A}$ 的列向量组，且线性无关，所以使用施密特正交化方法，可得

$$\boldsymbol{q}_1=\frac{\sqrt{2}}{2}(1,0,1)^{\mathrm{T}},\boldsymbol{q}_2=\frac{\sqrt{2}}{3}\left[\frac{1}{2},2,-\frac{1}{2}\right]^{\mathrm{T}},\boldsymbol{q}_3=\frac{1}{3}(-2,1,2)^{\mathrm{T}}.$$

令

$$\boldsymbol{Q}=[\boldsymbol{q}_1,\boldsymbol{q}_2,\boldsymbol{q}_3]=\begin{bmatrix}\dfrac{\sqrt{2}}{2}&\dfrac{\sqrt{2}}{6}&-\dfrac{2}{3}\\0&\dfrac{2\sqrt{2}}{3}&\dfrac{1}{3}\\\dfrac{\sqrt{2}}{2}&-\dfrac{\sqrt{2}}{6}&\dfrac{2}{3}\end{bmatrix},$$

则

$$\boldsymbol{R}=\boldsymbol{Q}^{\mathrm{T}}\boldsymbol{A}=\begin{bmatrix} 2\sqrt{2} & \dfrac{3\sqrt{2}}{2} & \dfrac{3\sqrt{2}}{2} \\ 0 & \dfrac{3\sqrt{2}}{2} & \dfrac{7\sqrt{2}}{6} \\ 0 & 0 & \dfrac{4}{3} \end{bmatrix}.$$

所以，矩阵 $\boldsymbol{A}$ 的 QR 分解为

$$\boldsymbol{A}=\begin{bmatrix} 2 & 2 & 1 \\ 0 & 2 & 2 \\ 2 & 1 & 2 \end{bmatrix}=\begin{bmatrix} \dfrac{\sqrt{2}}{2} & \dfrac{\sqrt{2}}{6} & -\dfrac{2}{3} \\ 0 & \dfrac{2\sqrt{2}}{3} & \dfrac{1}{3} \\ \dfrac{\sqrt{2}}{2} & -\dfrac{\sqrt{2}}{6} & \dfrac{2}{3} \end{bmatrix}\begin{bmatrix} 2\sqrt{2} & \dfrac{3\sqrt{2}}{2} & \dfrac{3\sqrt{2}}{2} \\ 0 & \dfrac{3\sqrt{2}}{2} & \dfrac{7\sqrt{2}}{6} \\ 0 & 0 & \dfrac{4}{3} \end{bmatrix}.$$

6.3 矩阵的满秩分解

本节将讨论一种特殊的矩阵分解方法，该方法将任意非零长方形矩阵分解为两个矩阵的乘积，其中一个矩阵具有满秩的列，另一个矩阵具有满秩的行. 这种分解过程不仅揭示了原始矩阵的秩结构，而且在数学、工程和数据科学等领域的应用中发挥着关键作用.

定义 6.3.1 给定一个复数域上的长方形矩阵 $\boldsymbol{A}\in\mathbf{C}_r^{m\times n}$，$r>0$，如果存在秩为 r 的两个矩阵 $\boldsymbol{B}\in\mathbf{C}_r^{m\times r},\boldsymbol{C}\in\mathbf{C}_r^{r\times n}$，使得

$$\boldsymbol{A}=\boldsymbol{B}\boldsymbol{C},$$

则称其为矩阵 $\boldsymbol{A}$ 的**满秩分解**.

定理 6.3.1 任意非零矩阵都存在满秩分解.

证 设有任意矩阵 $\boldsymbol{A}\in\mathbf{C}_r^{m\times n}$，则总存在可逆矩阵 $\boldsymbol{P}\in\mathbf{C}^{m\times m},\boldsymbol{Q}\in\mathbf{C}^{n\times n}$，使得

$$\boldsymbol{P}\boldsymbol{A}\boldsymbol{Q}=\begin{bmatrix} \boldsymbol{I}_r & \boldsymbol{0} \\ \boldsymbol{0} & \boldsymbol{0} \end{bmatrix},$$

则

$$\boldsymbol{A}=\boldsymbol{P}^{-1}\begin{bmatrix} \boldsymbol{I}_r & \boldsymbol{0} \\ \boldsymbol{0} & \boldsymbol{0} \end{bmatrix}\boldsymbol{Q}^{-1}=\boldsymbol{P}^{-1}\begin{bmatrix} \boldsymbol{I}_r \\ \boldsymbol{0} \end{bmatrix}[\boldsymbol{I}_r\quad \boldsymbol{0}]\boldsymbol{Q}^{-1}=\boldsymbol{B}\boldsymbol{C},$$

其中 $\boldsymbol{B}=\boldsymbol{P}^{-1}\begin{bmatrix} \boldsymbol{I}_r \\ \boldsymbol{0} \end{bmatrix},\boldsymbol{C}=[\boldsymbol{I}_r\quad \boldsymbol{0}]\boldsymbol{Q}^{-1}$.

证毕

根据上述证明，可以概括出满秩分解的步骤如下：

步骤 1 对矩阵 $\boldsymbol{A}$ 应用初等行变换，将其转换为最简形 $\boldsymbol{H}$；

步骤 2 $\boldsymbol{B}$ 由 $\boldsymbol{H}$ 中主元对应的 $\boldsymbol{A}$ 的列构成，$\boldsymbol{C}$ 为 $\boldsymbol{H}$ 的前 r 行.

注： 矩阵 $\boldsymbol{A}$ 的满秩分解是不唯一的.

例 6.3.1 求矩阵 $\boldsymbol{A}=\begin{bmatrix} 2 & 4 & 1 & 1 \\ 1 & 2 & -1 & 2 \\ -1 & -2 & -2 & 1 \end{bmatrix}$ 的满秩分解.

解 因为 $\boldsymbol{A}$ 经过行初等变换可变换为

$$\boldsymbol{A}\longrightarrow\begin{bmatrix} 1 & 2 & 0 & 1 \\ 0 & 0 & 1 & -1 \\ 0 & 0 & 0 & 0 \end{bmatrix},$$

所以 $\boldsymbol{A}$ 的满秩分解为

$$\boldsymbol{A}=\boldsymbol{B}\boldsymbol{C}=\begin{bmatrix} 2 & 1 \\ 1 & -1 \\ -1 & -2 \end{bmatrix}\begin{bmatrix} 1 & 2 & 0 & 1 \\ 0 & 0 & 1 & -1 \end{bmatrix}.$$

6.4 矩阵的奇异值分解

自贝尔特拉米（Beltrami）于 1873 年和乔丹（Jordan）于 1874 年首次提出奇异值分解（Singular Value Decomposition，SVD）以来，这一技术已经成为矩阵计算中最有用且最高效的工具之一. 奇异值分解及其扩展方法在包括最小二乘问题、优化问题、统计分析、信号与图像处理、系统理论及控制等多个领域内得到了广泛的应用[8].

6.4.1 奇异值的定义与性质

给定矩阵 $\boldsymbol{A}\in\mathbf{C}^{m\times n}$，以下是一些与其相关的基本结论：

（1）$\boldsymbol{A}\boldsymbol{A}^{\mathrm{H}}$ 和 $\boldsymbol{A}^{\mathrm{H}}\boldsymbol{A}$ 都是半正定矩阵；

（2）$\boldsymbol{A}\boldsymbol{A}^{\mathrm{H}}$ 和 $\boldsymbol{A}^{\mathrm{H}}\boldsymbol{A}$ 有相同的非零特征值；

（3）$\mathrm{rank}(\boldsymbol{A}\boldsymbol{A}^{\mathrm{H}})=\mathrm{rank}(\boldsymbol{A}^{\mathrm{H}}\boldsymbol{A})=\mathrm{rank}(\boldsymbol{A})$.

定义 6.4.1 给定复数域上的矩阵 $\boldsymbol{A}\in\mathbf{C}_r^{m\times n}$，假设 $\boldsymbol{A}^{\mathrm{H}}\boldsymbol{A}$ 的特征值为

$$\lambda_1\geqslant\lambda_2\geqslant\cdots\geqslant\lambda_r>\lambda_{r+1}=\lambda_{r+2}=\cdots=\lambda_n=0,$$

则称 $\sigma_i=\sqrt{\lambda_i}(i=1,2,\cdots,n)$ 为矩阵 $\boldsymbol{A}$ 的**奇异值**，特别地，称 $\sigma_i(i=1,2,\cdots,r)$ 为 $\boldsymbol{A}$ 的正奇异值.

定义 6.4.2 给定复数域上的两个矩阵 $\boldsymbol{A},\boldsymbol{B}\in\mathbf{C}^{m\times n}$，如果存在一个 m 阶酉矩阵 $\boldsymbol{U}$ 和一个 n 阶酉矩阵 $\boldsymbol{V}$，满足

$$\boldsymbol{U}^{\mathrm{H}}\boldsymbol{A}\boldsymbol{V}=\boldsymbol{B},$$

则称矩阵 $\boldsymbol{A}$ 与矩阵 $\boldsymbol{B}$ **酉等价**.

定理 6.4.1 两个酉等价的矩阵具有相同的奇异值.

证 设矩阵 $\boldsymbol{A},\boldsymbol{B}\in\mathbf{C}^{m\times n}$，且存在一个 m 阶酉矩阵 $\boldsymbol{U}$ 和一个 n 阶酉矩阵 $\boldsymbol{V}$，满足 $\boldsymbol{U}^{\mathrm{H}}\boldsymbol{A}\boldsymbol{V}=\boldsymbol{B}$，则

$$\boldsymbol{B}^{\mathrm{H}}\boldsymbol{B}=(\boldsymbol{U}^{\mathrm{H}}\boldsymbol{A}\boldsymbol{V})^{\mathrm{H}}\boldsymbol{U}^{\mathrm{H}}\boldsymbol{A}\boldsymbol{V}=\boldsymbol{V}^{\mathrm{H}}(\boldsymbol{A}^{\mathrm{H}}\boldsymbol{A})\boldsymbol{V},$$

即 $\boldsymbol{A}^{\mathrm{H}}\boldsymbol{A}$ 与 $\boldsymbol{B}^{\mathrm{H}}\boldsymbol{B}$ 相似. 由于相似矩阵具有相同的特征值，所以矩阵 $\boldsymbol{A}$ 与矩阵 $\boldsymbol{B}$ 有相同的奇异值.

证毕

6.4.2 奇异值分解的计算

定理 6.4.2 给定复数域上的矩阵 $\boldsymbol{A}\in\mathbf{C}_r^{m\times n}$，则存在一个 m 阶酉矩阵 $\boldsymbol{U}$ 和一个 n 阶酉矩阵 $\boldsymbol{V}$，使得

$$\boldsymbol{U}^{\mathrm{H}}\boldsymbol{A}\boldsymbol{V}=\begin{bmatrix}\boldsymbol{\Sigma} & \mathbf{0}\\ \mathbf{0} & \mathbf{0}\end{bmatrix},\tag{6-8}$$

其中 $\boldsymbol{\Sigma}=\mathrm{diag}(\sigma_1,\sigma_2,\cdots,\sigma_r)$，$\sigma_i$ 是 $\boldsymbol{A}$ 的非零奇异值，且 $\sigma_1\geqslant\sigma_2\geqslant\cdots\geqslant\sigma_r>0$. 将式 (6-8) 改写为

$$\boldsymbol{A}=\boldsymbol{U}\begin{bmatrix}\boldsymbol{\Sigma} & \mathbf{0}\\ \mathbf{0} & \mathbf{0}\end{bmatrix}\boldsymbol{V}^{\mathrm{H}},\tag{6-9}$$

式 (6-9) 称为矩阵 $\boldsymbol{A}$ 的**奇异值分解** (SVD).

证 设 $\boldsymbol{A}^{\mathrm{H}}\boldsymbol{A}$ 的特征值为

$$\lambda_1\geqslant\lambda_2\geqslant\cdots\geqslant\lambda_r>\lambda_{r+1}=\cdots=\lambda_n=0,$$

则存在 n 阶酉矩阵 $\boldsymbol{V}$，使得

$$\boldsymbol{V}^{\mathrm{H}}\boldsymbol{A}^{\mathrm{H}}\boldsymbol{A}\boldsymbol{V}=\mathrm{diag}(\lambda_1,\lambda_2,\cdots,\lambda_n)=\begin{bmatrix}\boldsymbol{\Sigma}^2 & \mathbf{0}\\ \mathbf{0} & \mathbf{0}\end{bmatrix}.\tag{6-10}$$

记 $\boldsymbol{V}=[\boldsymbol{V}_1,\boldsymbol{V}_2]$，其中 $\boldsymbol{V}_1\in\mathbf{C}^{n\times r},\boldsymbol{V}_2\in\mathbf{C}^{n\times(n-r)}$, 代入式 (6-10) 得

$$\boldsymbol{V}_1^{\mathrm{H}}\boldsymbol{A}^{\mathrm{H}}\boldsymbol{A}\boldsymbol{V}_1=\boldsymbol{\Sigma}^2,\quad \boldsymbol{V}_2^{\mathrm{H}}\boldsymbol{A}^{\mathrm{H}}\boldsymbol{A}\boldsymbol{V}_2=\mathbf{0}.$$

则

$$(\boldsymbol{\Sigma}^{-1}\boldsymbol{V}_1^{\mathrm{H}}\boldsymbol{A}^{\mathrm{H}})(\boldsymbol{A}\boldsymbol{V}_1\boldsymbol{\Sigma}^{-1})=\boldsymbol{I}_r,\quad (\boldsymbol{A}\boldsymbol{V}_2)^{\mathrm{H}}(\boldsymbol{A}\boldsymbol{V}_2)=\mathbf{0},$$

可知 $\boldsymbol{A}\boldsymbol{V}_2=\mathbf{0}$. 定义 $\boldsymbol{U}_1=\boldsymbol{A}\boldsymbol{V}_1\boldsymbol{\Sigma}^{-1}$，可知 $\boldsymbol{U}_1^{\mathrm{H}}\boldsymbol{U}_1=\boldsymbol{I}_r$.

选取 $\boldsymbol{U}_2$，使得 $\boldsymbol{U}=[\boldsymbol{U}_1,\boldsymbol{U}_2]$ 是一个 m 阶酉矩阵，则

$$\boldsymbol{U}^{\mathrm{H}}\boldsymbol{A}\boldsymbol{V}=\begin{bmatrix}\boldsymbol{U}_1^{\mathrm{H}}\\\boldsymbol{U}_2^{\mathrm{H}}\end{bmatrix}\boldsymbol{A}[\boldsymbol{V}_1,\boldsymbol{V}_2]=\begin{bmatrix}\boldsymbol{U}_1^{\mathrm{H}}\boldsymbol{A}\boldsymbol{V}_1 & \boldsymbol{U}_1^{\mathrm{H}}\boldsymbol{A}\boldsymbol{V}_2\\\boldsymbol{U}_2^{\mathrm{H}}\boldsymbol{A}\boldsymbol{V}_1 & \boldsymbol{U}_2^{\mathrm{H}}\boldsymbol{A}\boldsymbol{V}_2\end{bmatrix}$$

$$=\begin{bmatrix}\boldsymbol{U}_1^{\mathrm{H}}(\boldsymbol{U}_1\boldsymbol{\Sigma}) & \boldsymbol{0}\\\boldsymbol{U}_2^{\mathrm{H}}(\boldsymbol{U}_1\boldsymbol{\Sigma}) & \boldsymbol{0}\end{bmatrix}=\begin{bmatrix}\boldsymbol{\Sigma} & \boldsymbol{0}\\\boldsymbol{0} & \boldsymbol{0}\end{bmatrix}.$$

即

$$\boldsymbol{A}=\boldsymbol{U}\begin{bmatrix}\boldsymbol{\Sigma} & \boldsymbol{0}\\\boldsymbol{0} & \boldsymbol{0}\end{bmatrix}\boldsymbol{V}^{\mathrm{H}}.$$

证毕

根据定理证明，可以概括奇异值分解算法的步骤如下：

步骤 1 计算矩阵 $\boldsymbol{A}^{\mathrm{H}}\boldsymbol{A}$ 的特征值 $\lambda_1,\lambda_2,\cdots,\lambda_n$；

步骤 2 将特征值按照降序进行排列，并求解对应的标准正交化特征向量 $\boldsymbol{v}_1,\boldsymbol{v}_2,\cdots,\boldsymbol{v}_n$，则

$$\boldsymbol{V}=[\boldsymbol{V}_1,\boldsymbol{V}_2],\quad \boldsymbol{V}_1=[\boldsymbol{v}_1,\boldsymbol{v}_2,\cdots,\boldsymbol{v}_r],\quad \boldsymbol{V}_2=[\boldsymbol{v}_{r+1},\boldsymbol{v}_{r+2},\cdots,\boldsymbol{v}_n]$$

步骤 3 计算 $\boldsymbol{U}_1=\boldsymbol{A}\boldsymbol{V}_1\boldsymbol{\Sigma}^{-1}=[\boldsymbol{u}_1,\boldsymbol{u}_2,\cdots,\boldsymbol{u}_r]$，其中 $\boldsymbol{\Sigma}=\mathrm{diag}(\sigma_1,\sigma_2,\cdots,\sigma_r)$，$\sigma_i$ 是 $\boldsymbol{A}$ 的非零奇异值；

步骤 4 将向量组 $[\boldsymbol{u}_1,\boldsymbol{u}_2,\cdots,\boldsymbol{u}_r]$ 扩充为 $\mathbf{C}^m$ 的一组标准正交基

$$[\boldsymbol{u}_1,\boldsymbol{u}_2,\cdots,\boldsymbol{u}_r,\boldsymbol{u}_{r+1},\cdots,\boldsymbol{u}_m],$$

取 $\boldsymbol{U}_2=[\boldsymbol{u}_{r+1},\boldsymbol{u}_{r+2},\cdots,\boldsymbol{u}_m]$；

步骤 5 令 $\boldsymbol{U}=[\boldsymbol{U}_1,\boldsymbol{U}_2]$，则 $\boldsymbol{A}$ 的奇异值分解为 $\boldsymbol{A}=\boldsymbol{U}\begin{bmatrix}\boldsymbol{\Sigma} & \boldsymbol{O}\\\boldsymbol{O} & \boldsymbol{O}\end{bmatrix}\boldsymbol{V}^{\mathrm{H}}$.

例 6.4.1 求矩阵 $\boldsymbol{A}=\begin{bmatrix}2 & 0\\0 & 3\\1 & 0\end{bmatrix}$ 的奇异值分解.

解

$$\boldsymbol{A}^{\mathrm{T}}\boldsymbol{A}=\begin{bmatrix}5 & 0\\0 & 9\end{bmatrix}.$$

$\boldsymbol{A}^{\mathrm{T}}\boldsymbol{A}$ 的特征值为 5，9. 对应于特征值 9 和 5 的标准正交特征向量为 $(0,1)^{\mathrm{T}},(1,0)^{\mathrm{T}}$. 所以

$$\boldsymbol{V}=\begin{bmatrix}0 & 1\\1 & 0\end{bmatrix}=\boldsymbol{V}_1,\quad \boldsymbol{\Sigma}=\begin{bmatrix}3 & 0\\0 & \sqrt{5}\end{bmatrix}.$$

计算：$\boldsymbol{U}_1 = \boldsymbol{A}\boldsymbol{V}_1\boldsymbol{\Sigma}^{-1} = \begin{bmatrix} 0 & \dfrac{2\sqrt{5}}{5} \\ 1 & 0 \\ 0 & \dfrac{\sqrt{5}}{5} \end{bmatrix}$，选取 $\boldsymbol{U}_2 = \begin{bmatrix} \dfrac{2\sqrt{5}}{5} \\ 0 \\ -\dfrac{\sqrt{5}}{5} \end{bmatrix}$，则 $\boldsymbol{U} = [\boldsymbol{U}_1, \boldsymbol{U}_2]$.

矩阵 $\boldsymbol{A}$ 的奇异值分解为

$$\boldsymbol{A} = \boldsymbol{U}\boldsymbol{\Sigma}\boldsymbol{V}^{\mathrm{T}} = \begin{bmatrix} 0 & \dfrac{2\sqrt{5}}{5} & \dfrac{2\sqrt{5}}{5} \\ 1 & 0 & 0 \\ 0 & \dfrac{\sqrt{5}}{5} & -\dfrac{\sqrt{5}}{5} \end{bmatrix} \begin{bmatrix} 3 & 0 \\ 0 & \sqrt{5} \\ 0 & 0 \end{bmatrix} \begin{bmatrix} 0 & 1 \\ 1 & 0 \end{bmatrix}.$$

6.4.3 奇异值的几何意义

矩阵可以看作空间中的线性变换[6]，下面以对角矩阵 $\boldsymbol{A} = \begin{bmatrix} 3 & 0 \\ 0 & 1 \end{bmatrix}$ 为例进行说明.

该矩阵作用到向量 $\begin{bmatrix} x \\ y \end{bmatrix}$，其几何意义为在 x 轴方向上将向量拉伸至原来的 3 倍，而在 y 轴方向上则保持向量长度不变. 事实上，向量 $\boldsymbol{x}_1 = (1,0)^{\mathrm{T}}$ 和 $\boldsymbol{x}_2 = (0,1)^{\mathrm{T}}$ 正是矩阵 $\boldsymbol{A}$ 的特征向量，它们在矩阵 $\boldsymbol{A}$ 的作用下仅发生伸缩，方向不发生改变，如图 6-1 所示.

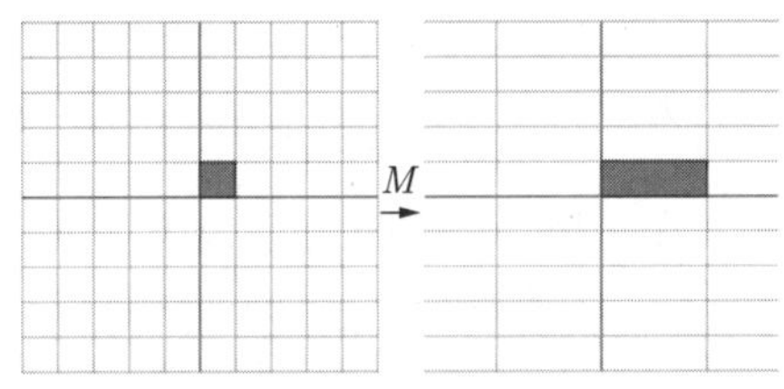

图 6-1　对角矩阵的线性变换

如果给定的矩阵 $\boldsymbol{A}$ 是一个对称矩阵，则其特征值和特征向量很容易求得. 当矩阵 $\boldsymbol{A}$ 作用于其特征向量时，仅发生拉伸而不发生旋转. 以下是对这一过程的详细描述：给定 $\boldsymbol{A} = \begin{bmatrix} 2 & 1 \\ 1 & 2 \end{bmatrix}$. 易知矩阵 $\boldsymbol{A}$ 的特征值为 $\lambda_1 = 1$，$\lambda_2 = 3$，对应的特征向量为 $\boldsymbol{p}_1 = (1,-1)^{\mathrm{T}}, \boldsymbol{p}_2 = (1,1)^{\mathrm{T}}$. 当矩阵 $\boldsymbol{A}$ 作用于其特征向量时，有

$$\boldsymbol{A}\boldsymbol{p}_1 = \begin{bmatrix} 2 & 1 \\ 1 & 2 \end{bmatrix} \begin{bmatrix} 1 \\ -1 \end{bmatrix} = \lambda_1 \begin{bmatrix} 1 \\ -1 \end{bmatrix}, \quad \boldsymbol{A}\boldsymbol{p}_2 = \begin{bmatrix} 2 & 1 \\ 1 & 2 \end{bmatrix} \begin{bmatrix} 1 \\ 1 \end{bmatrix} = \lambda_2 \begin{bmatrix} 1 \\ 1 \end{bmatrix}.$$

以上结果表明，矩阵 $\boldsymbol{A}$ 作用于其特征向量时，特征向量 $\boldsymbol{p}_1$ 不发生改变，而特征向量 $\boldsymbol{p}_2$ 则被拉伸至三倍其原始长度. 这种拉伸变换的几何效果如图 6-2 所示.

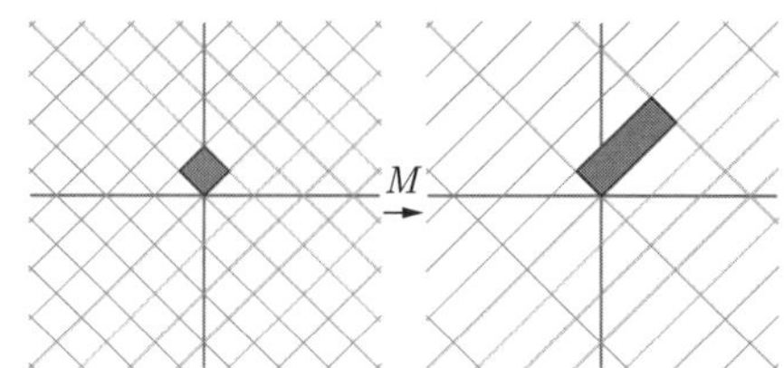

图 6-2　沿特征向量方向的线性变换

矩阵 $\boldsymbol{A}$ 作用在向量 $\boldsymbol{x}_1=(1,0)^{\mathrm{T}}$ 和向量 $\boldsymbol{x}_2=(0,1)^{\mathrm{T}}$ 的结果分别为

$$\boldsymbol{A}\boldsymbol{x}_1=\begin{bmatrix}2&1\\1&2\end{bmatrix}\begin{bmatrix}1\\0\end{bmatrix}=\begin{bmatrix}2\\1\end{bmatrix},\quad \boldsymbol{A}\boldsymbol{x}_2=\begin{bmatrix}2&1\\1&2\end{bmatrix}\begin{bmatrix}0\\1\end{bmatrix}=\begin{bmatrix}1\\2\end{bmatrix}.$$

这两个结果表明，矩阵 $\boldsymbol{A}$ 作用在向量 $\boldsymbol{x}_1$ 和 $\boldsymbol{x}_2$ 时，将原来的向量进行了拉伸和旋转. 这种变换的几何效果如图 6-3 所示，这表明矩阵 $\boldsymbol{A}$ 代表的是一个线性变换，它不仅改变了向量的长度，还改变了向量的方向.

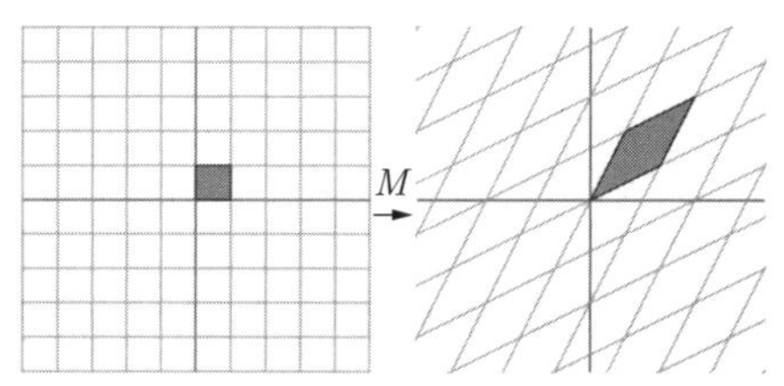

图 6-3　任意方向的线性变换

考虑一个更一般的非对称矩阵 $\boldsymbol{A}=\begin{bmatrix}1&1\\0&1\end{bmatrix}$. 由于该矩阵不能在实数域上对角化，所以无法找到一组向量，在矩阵 $\boldsymbol{A}$ 作用之后仅发生拉伸变换. 因此，希望寻找一组正交向量，使得 $\boldsymbol{A}$ 作用在这些向量上时，虽然可能发生拉伸和旋转变换，但变换后的向量仍然保持正交.

这种需求自然引出了奇异值分解的概念. 奇异值分解的几何意义在于，对于任意矩阵，需要找到一组正交单位向量，使得矩阵作用在这些向量上后得到的新向量组仍然两两正交. 奇异值表示变换后向量组中各向量的长度.

当矩阵 $\boldsymbol{A}$ 作用在正交单位向量 $\boldsymbol{v}_1$ 和 $\boldsymbol{v}_2$ 上时，得到 $\boldsymbol{A}\boldsymbol{v}_1$ 和 $\boldsymbol{A}\boldsymbol{v}_2$，这两个向量也是正交的. 设 $\boldsymbol{u}_1$ 和 $\boldsymbol{u}_2$ 分别是 $\boldsymbol{A}\boldsymbol{v}_1$ 和 $\boldsymbol{A}\boldsymbol{v}_2$ 方向上的单位向量，σ_1 和 σ_2 分别是 $\boldsymbol{A}\boldsymbol{v}_1$ 和 $\boldsymbol{A}\boldsymbol{v}_2$ 的长度，则 $\boldsymbol{A}\boldsymbol{v}_1=\sigma_1\boldsymbol{u}_1$ 和 $\boldsymbol{A}\boldsymbol{v}_2=\sigma_2\boldsymbol{u}_2$，即

$$\boldsymbol{A}[\boldsymbol{v}_1\quad \boldsymbol{v}_2]=[\sigma_1\boldsymbol{u}_1\quad \sigma_2\boldsymbol{u}_2],$$

整理, 得

$$\boldsymbol{A}=\boldsymbol{A}[\boldsymbol{v}_1\ \ \boldsymbol{v}_2]\begin{bmatrix}\boldsymbol{v}_1^{\mathrm{T}}\\\boldsymbol{v}_2^{\mathrm{T}}\end{bmatrix}=[\sigma_1\boldsymbol{u}_1\quad \sigma_2\boldsymbol{u}_2]\begin{bmatrix}\boldsymbol{v}_1^{\mathrm{T}}\\\boldsymbol{v}_2^{\mathrm{T}}\end{bmatrix}=[\boldsymbol{u}_1\quad \boldsymbol{u}_2]\begin{bmatrix}\sigma_1&0\\0&\sigma_2\end{bmatrix}\begin{bmatrix}\boldsymbol{v}_1^{\mathrm{T}}\\\boldsymbol{v}_2^{\mathrm{T}}\end{bmatrix},$$

这就给出了矩阵 $\boldsymbol{A}$ 的奇异值分解，奇异值 σ_1 和 σ_2 分别表示 $\boldsymbol{Av}_1$ 和 $\boldsymbol{Av}_2$ 的长度. 这个结论很容易推广到一般的 n 维情形.

奇异值分解不仅揭示了矩阵的拉伸和旋转特性，而且在许多领域，如信号处理、统计学和数据压缩中都有广泛的应用. 通过奇异值分解，可以更深入地理解矩阵对空间的变换作用.

6.5 Python 实现

在 Python 中，可以使用 SciPy 库和 NumPy 库的 linalg 模块来实现本章介绍的矩阵分解.SciPy 和 NumPy 是强大的科学计算库和数学库，提供了许多用于矩阵分解的函数和方法. 如果用户尚未安装 SciPy 库，需要先使用下面的命令进行安装和验证.

Windows 系统的计算机打开 cmd（Mac OS 的计算机打开终端），输入如下命令进行安装：

```
pip install scipy
```

再输入下面的命令进行验证：

```
import scipy
```

如果运行没有报错，说明已安装成功.

1. LU 分解

使用 scipy.linalg.lu 进行 LU 分解，这个函数返回三个对象，分别是排列矩阵 $\boldsymbol{P}$、单位下三角矩阵 $\boldsymbol{L}$ 和上三角矩阵 $\boldsymbol{U}$，并且满足 $\boldsymbol{A}=\boldsymbol{PLU}$.

```
P, L, U = scipy.linalg.lu(A)
```

例 6.5.1 利用 Python 求矩阵 $\boldsymbol{X}=\begin{bmatrix} 2 & 5 & -6 \\ 4 & 13 & -19 \\ -6 & -3 & 4 \end{bmatrix}$ 的 LU 分解.

在 Python 交互式环境中输入如下命令：

```
import numpy as np
from scipy import linalg
X = np.array([
    [2, 5, -6],
    [4, 13, -19],
    [-6, -3, 4]
])
P, L, U = linalg.lu(X)
```

2. Cholesky 分解

使用 scipy.linalg.cholesky 进行 Cholesky 分解返回的是上三角矩阵 $\boldsymbol{R}$, 并满足 $\boldsymbol{A}=\boldsymbol{R}^{\mathrm{T}}\boldsymbol{R}$.

```
R = scipy.linalg.cholesky(A),
```

使用 np.linalg.cholesky 进行 Cholesky 分解返回的是下三角矩阵 $\boldsymbol{L}$，并满足 $\boldsymbol{A}=\boldsymbol{L}\boldsymbol{L}^{\mathrm{T}}$.

```
L = np.linalg.cholesky(A).
```

例 6.5.2 利用 Python 求矩阵 $\boldsymbol{A}=\begin{bmatrix}4 & 12 & -16\\ 12 & 37 & -43\\ -16 & -43 & 98\end{bmatrix}$ 的 Cholesky 分解.

在 Python 交互式环境中输入如下命令：

```
import numpy as np
from scipy import linalg
A = np.array([[4, 12, -16],
              [12, 37, -43],
              [-16, -43, 98]])
R = linalg.cholesky(A)
```

3. QR 分解

在 Python 中，SciPy 和 NumPy 都提供了进行 QR 分解的函数，它们在很多方面是相似的，但也有一些细微的差别. 以下是使用这两个库进行 QR 分解的基本介绍和比较.

使用 SciPy 进行 QR 分解的代码如下：

```
from scipy.linalg import qr
# 对矩阵A进行QR分解
Q, R = qr(A)
```

返回的矩阵 $\boldsymbol{R}$ 为上三角矩阵，矩阵 $\boldsymbol{Q}$ 为正交（酉）矩阵.

使用 NumPy 进行 QR 分解的代码如下：

```
import numpy as np
# 对矩阵A进行QR分解
Q, R = np.linalg.qr(A)
```

返回的矩阵 $\boldsymbol{R}$ 和 $\boldsymbol{Q}$ 与 scipy.linalg.qr 相同.

两种方法的区别：

（1）库的不同：SciPy 是建立在 NumPy 之上的，提供更高级的数学功能.

（2）性能：SciPy 的 QR 分解在某些情况下比 NumPy 的实现更高效，尤其是在处理大型矩阵时.

（3）功能：SciPy 的 QR 函数提供更多的选项和功能，例如不同的分解模式（完整或经济模式）和对特定矩阵类型的优化.

两种方法的共同点：

（1）两个函数都返回正交（酉）矩阵 $\boldsymbol{Q}$ 和上三角矩阵 $\boldsymbol{R}$；

（2）两者都有良好的文档和社区支持.

在实际应用中，可以根据具体的需要和对性能的要求选择合适的库. 如果需要更高级的数学功能，可以使用 SciPy；如果对简单性和易用性有更高的要求，则选择 NumPy. 对于每个函数的具体行为和性能表现建议查看最新的官方文档.

例 6.5.3 利用 Python 求矩阵 $\boldsymbol{A}=\begin{bmatrix}2&2&1\\0&2&2\\2&1&2\end{bmatrix}$ 的 QR 分解.

在 Python 交互式环境中输入如下命令：

```
import numpy as np
from scipy import linalg
# 定义矩阵 A
A = np.array([
    [2, 2, 1],
    [0, 2, 2],
    [2, 1, 2]])
# 使用 scipy.linalg 的 qr 函数进行 QR 分解
Q, R = linalg.qr(A)
```

4. 满秩分解

满秩分解的步骤表明求矩阵的行最简形是实现满秩分解的一个关键步骤. 在 Python 中，可以使用 SymPy 库中的 Matrix 模块来求矩阵的行最简形，具体函数及其使用格式如下：

```
H = scipy.Matrix([[2, 4, 1, 1], [1, 2, -1, 2], [-1, -2, -2, 1]]).rref()
```

上述的 rref() 函数返回的是一个元组，第一个元素是数据类型为 Matrix 的行最简形矩阵，第二个是数据类型为 list 的主元位置列表.

例 6.5.4 利用 Python 求矩阵 $\boldsymbol{M}=\begin{bmatrix}2&4&1&1\\1&2&-1&2\\-1&-2&-2&1\end{bmatrix}$ 的满秩分解.

在 Python 交互式环境中输入如下命令：

```
from sympy import Matrix
import numpy as np
M = Matrix([[2, 4, 1, 1], [1, 2, -1, 2], [-1, -2, -2, 1]])
# 获取行最简形矩阵，并将其转为NumPy的ndarray对象
H = np.array(M.rref()[0]).astype(float)
# 获取满秩分解中的矩阵B
B = np.array(M)[:,M.rref()[1]].astype(float)
# 获取满秩分解中的矩阵C
```

```
C = H[:len(M.rref()[1]),:]
print("H=",H)
print("B=",B)
print("C=",C)
```

输出为

```
H =[[ 1., 2., 0., 1.],
 [ 0., 0., 1., -1.],
 [ 0., 0., 0., 0.]]
B = [[ 2., 1.],
  [ 1., -1.],
  [-1., -2.]]
C = [[ 1., 2., 0., 1.],
  [ 0., 0., 1., -1.]]
```

5. 奇异值分解

(1) 使用 SciPy 进行奇异值分解.

代码如下:

```
from scipy.linalg import svd
# 对矩阵A进行奇异值分解
U, s, Vh = svd(A, full_matrices=False)
```

输入值说明:

$\boldsymbol{A}$: 需要进行奇异值分解的矩阵.

full_matrices=False: 表示返回经济模式的 $\boldsymbol{U}$ 和 $\boldsymbol{Vh}$, 适用于矩阵 $\boldsymbol{A}$ 不是方阵的情况.

返回值说明:

$\boldsymbol{U}$: 左奇异矩阵.

$\boldsymbol{s}$: 包含奇异值的向量, 从大到小排序.

$\boldsymbol{Vh}$: 右奇异矩阵的共轭转置.

(2) 使用 NumPy 进行奇异值分解.

代码如下:

```
import numpy as np
# 对矩阵A进行奇异值分解
U, s, Vh = np.linalg.svd(A, full_matrices=False)
```

参数和返回值与 SciPy 相同.

例 6.5.5 利用 Python 求矩阵 $\boldsymbol{A}=\begin{bmatrix}2&0\\0&3\\1&0\end{bmatrix}$ 的奇异值分解.

在 Python 交互式环境中输入如下命令:

```
import numpy as np
```

```
from scipy.linalg import svd
A = np.array([[2., 0], [0., 3], [1., 0]])
U, s, Vh = svd(A, full_matrices=False)
```

6.6 应用案例：奇异值分解在图像处理中的应用

奇异值分解在图像压缩领域扮演着极其重要的角色[6]. 以图 6-4 为例，这是一幅在数字图像处理中被广泛使用的标准测试图像——Lena 图. 该图像具有 512×512 像素的分辨率. 本质上，图像可以被视作一个矩阵，其维度与图像的像素尺寸相匹配，如这张图对应的矩阵维度为 512×512. 在这个矩阵中，每个元素的数值代表相应像素的亮度或颜色信息，记这个像素矩阵为 $\boldsymbol{A}$.

图 6-4　Lena 原图

1. 模型建立

考虑一个复数域上的矩阵 $\boldsymbol{A}\in\mathbf{C}_r^{m\times n}$，根据定理 6.4.2对矩阵 $\boldsymbol{A}$ 进行奇异值分解，得

$$\boldsymbol{A}=\boldsymbol{U}\begin{bmatrix}\boldsymbol{\Sigma} & \mathbf{0}\\ \mathbf{0} & \mathbf{0}\end{bmatrix}\boldsymbol{V}^{\mathrm{H}}=[\boldsymbol{u}_1\ \ \boldsymbol{u}_2\ \ \cdots\ \ \boldsymbol{u}_m]\begin{bmatrix}\sigma_1 & \cdots & 0 & \cdots & 0\\ \vdots & & \vdots & & \vdots\\ 0 & \cdots & \sigma_r & \cdots & 0\\ \vdots & & \vdots & & \vdots\\ 0 & \cdots & 0 & \cdots & 0\end{bmatrix}\begin{bmatrix}\boldsymbol{v}_1^{\mathrm{T}}\\ \boldsymbol{v}_2^{\mathrm{T}}\\ \vdots\\ \boldsymbol{v}_n^{\mathrm{T}}\end{bmatrix}.$$

直观上，奇异值分解将矩阵分解成若干个**秩一矩阵**（秩为 1 的矩阵）之和，上式表示为

$$\boldsymbol{A}=\sigma_1\boldsymbol{u}_1\boldsymbol{v}_1^{\mathrm{T}}+\sigma_2\boldsymbol{u}_2\boldsymbol{v}_2^{\mathrm{T}}+\cdots+\sigma_r\boldsymbol{u}_r\boldsymbol{v}_r^{\mathrm{T}}=\sum_{i=1}^{r}\sigma_i\boldsymbol{u}_i\boldsymbol{v}_i^{\mathrm{T}},\tag{6-11}$$

其中等号右边每一项 $\sigma_i\boldsymbol{u}_i\boldsymbol{v}_i^{\mathrm{T}}$ 都是一个秩一矩阵，$\sigma_i\ (i=1,2,\cdots,r)$ 是奇异值,$\boldsymbol{u}_i$ 和 $\boldsymbol{v}_i\ (i=1,2,\cdots,r)$ 分别表示 m 维和 n 维单位列向量. 在图像压缩中，通过仅保留大的奇异值及其对应的向量，可以近似原始图像.

2. 模型求解

令 $\boldsymbol{A}_1=\sigma_1\boldsymbol{u}_1\boldsymbol{v}_1^{\mathrm{T}}$，只保留方程 (6-11) 中等号右边第一项，结果如图 6-5 所示，此时图像几乎无法识别.

图 6-5　奇异值分解前 1 项的 Lena 重构图

图 6-6 显示了使用前 6 个最大奇异值重构的图像，虽然图像仍然模糊，但可以隐约辨别出人脸的轮廓. 公式为

$$\boldsymbol{A}_6=\sigma_1\boldsymbol{u}_1\boldsymbol{v}_1^{\mathrm{T}}+\sigma_2\boldsymbol{u}_2\boldsymbol{v}_2^{\mathrm{T}}+\cdots+\sigma_6\boldsymbol{u}_6\boldsymbol{v}_6^{\mathrm{T}}.$$

图 6-6　奇异值分解前 6 项的 Lena 重构图

当保留更多的奇异值项时，如使用方程 (6-11) 的右边前 113 项，即

$$\boldsymbol{A}_{113}=\sigma_1\boldsymbol{u}_1\boldsymbol{v}_1^{\mathrm{T}}+\sigma_2\boldsymbol{u}_2\boldsymbol{v}_2^{\mathrm{T}}+\cdots+\sigma_{113}\boldsymbol{u}_{113}\boldsymbol{v}_{113}^{\mathrm{T}},$$

重构的图像如图 6-7 所示，此时图像质量已经非常接近原始图像. 这说明通过奇异值分解，可以在保持图像可识别精度的前提下，大大减少所需的存储量. 例如在上面的例子中，如果保留奇异值分解的前 113 项，则需要存储的元素为 $1025\times113=115\ 825$，和存储原始矩阵相比，存储量仅为原来的 44.18%.

奇异值分解不仅在图像压缩方面有效，还可以用于图像去噪. 较小的奇异值可能对应于图像噪声，通过将这些较小的奇异值设置为零，可以去除噪声，从而提高图像质量. 在实际应用中，奇异值分解允许在压缩数据和去除噪声之间找到一个平衡点，这在处理大量图像数据时尤其有价值. 通过奇异值分解，可以更有效地存储和处理图像，同时保留其重要信息.

图 6-7 奇异值分解前 113 项的 Lena 重构图

3. Python 实现

在 Python 中，可以使用 matplotlib、numpy、PIL 和 scipy 库来实现图像压缩. 以下是上述模型的一个完整的示例代码，它展示了如何加载图像、执行奇异值分解、保留前 k 个奇异值，并显示原始图像和近似图像.

```
import numpy as np
import matplotlib.pyplot as plt
from PIL import Image
from scipy.linalg import svd
# 读取图像
lena_path = 'lenaGRAY.jpg'
lena_img = Image.open(lena_path)
# 将图像转换为 NumPy 数组
lena_array = np.array(lena_img)
# 进行 SVD 分解
U, s, Vt = svd(lena_array, full_matrices=False)
# 设置保留的奇异值数量
k_values = [1, 6, 113]
# 构建不同 k 值下的近似图像
approx_images = []
for k in k_values:
    approx = np.dot(U[:, :k] * s[:k], Vt[:k, :])
    approx_images.append(approx)
# 显示原始图像和近似图像
plt.figure(figsize=(12, 8))
# 显示原始图像
plt.subplot(2, len(k_values) + 1, 1)
plt.imshow(lena_array, cmap='gray')
plt.title('Original Image')
```

```
plt.axis('off')
# 显示近似图像
for i, approx in enumerate(approx_images):
    plt.subplot(2, len(k_values) + 1, i + 2)
    plt.imshow(approx, cmap='gray')
    plt.title(f'Approximation with k={k_values[i]}')
    plt.axis('off')
plt.tight_layout()
plt.show()
```

在这段代码中：

(1) 读取图像：使用 PIL 的 Image.open() 方法读取灰度图像.

(2) 转换为 NumPy 数组：将图像转换为 NumPy 数组，以便进行数学运算.

(3) 执行奇异值分解：使用 scipy.linalg.svd 方法进行奇异值分解.

(4) 近似图像：根据不同的 k 值（保留的奇异值数量），使用 np.dot 方法重构图像.

(5) 可视化结果：使用 matplotlib 显示原始图像和不同 k 值下的近似图像.

运行上述代码后，会得到一个包含原始图像和不同 k 值下近似图像的图形界面. 通过观察不同 k 值下的图像，可以看到随着 k 值增加，图像的质量逐渐提高.

习　题　6

6.1　对于一个 $n \times n$ 的对称正定矩阵 $\boldsymbol{A}$，以下哪种分解是可能的？(　　)

A. QR 分解　　B. Cholesky 分解

C. LU 分解　　D. 所有上述分解

6.2　求下列矩阵的 LU 分解.

(1) $\boldsymbol{A} = \begin{bmatrix} 3 & 2 & 1 \\ 12 & 1 & 1 \\ 6 & -3 & -6 \end{bmatrix}$；　(2) $\boldsymbol{A} = \begin{bmatrix} 2 & -1 & 3 \\ 1 & 1 & 2 \\ 4 & 1 & 4 \end{bmatrix}$.

6.3　求下列矩阵的满秩分解.

(1) $\boldsymbol{A} = \begin{bmatrix} 2 & 4 & 1 & -7 \\ 1 & 2 & 0 & -2 \\ -2 & -4 & 1 & 1 \end{bmatrix}$；　(2) $\boldsymbol{A} = \begin{bmatrix} 2 & 1 & -1 & -1 \\ -1 & 2 & 8 & -2 \\ 3 & -1 & -9 & -2 \\ 4 & 2 & -2 & 1 \end{bmatrix}$.

6.4　求下列矩阵的 QR 分解.

(1) $\boldsymbol{A} = \begin{bmatrix} 1 & 2 & 3 \\ 0 & 1 & 4 \\ -1 & 1 & 0 \end{bmatrix}$；　(2) $\boldsymbol{A} = \begin{bmatrix} 1 & 1 & -1 \\ -1 & 1 & 1 \\ 1 & 1 & -1 \\ 1 & 1 & 1 \end{bmatrix}$.

6.5 求矩阵 $\boldsymbol{A}=\begin{bmatrix}1 & 0 & -1\\ 0 & -1 & 0\\ 1 & 0 & 1\end{bmatrix}$ 的奇异值分解.

6.6 设 $\boldsymbol{B},\boldsymbol{C}\in\mathbf{R}^{n\times n},\boldsymbol{A}=\boldsymbol{B}+\mathrm{i}\boldsymbol{C}$，且 $\boldsymbol{R}=\begin{bmatrix}\boldsymbol{B} & -\boldsymbol{C}\\ \boldsymbol{C} & \boldsymbol{B}\end{bmatrix},\boldsymbol{W}=\begin{bmatrix}\boldsymbol{B} & \boldsymbol{C}\\ \boldsymbol{C} & \boldsymbol{B}\end{bmatrix}$.

证明:（1）若 $\boldsymbol{A}$ 是正规矩阵，则 $\boldsymbol{R}$ 是实正规矩阵；

（2）若 $\boldsymbol{A}$ 是 Hermite 矩阵，则 $\boldsymbol{R}$ 是对称矩阵；

（3）若 $\boldsymbol{A}$ 是正定矩阵，则 $\boldsymbol{W}$ 是正定矩阵；

（4）若 $\boldsymbol{A}$ 是酉矩阵，则 $\boldsymbol{R}$ 是正交矩阵.

第 7 章 矩 阵 分 析

微积分对近现代科学发展产生的巨大作用有目共睹. 将微积分中的极限、导数、积分、级数等分析方法应用于矩阵的研究，自然就在情理之中.

7.1 矩阵级数

微积分的基础是数列极限的收敛理论及其衍生出来的级数理论. 矩阵可看成一个"超数"，基于矩阵范数的理论，类比可得矩阵序列与矩阵级数.

7.1.1 矩阵序列的极限

定义 7.1.1 设矩阵序列 $\{\boldsymbol{A}^{(k)}=(a_{ij}^{(k)})\in\mathbf{C}^{m\times n},k=0,1,\cdots\}$ 和矩阵 $\boldsymbol{A}=(a_{ij})\in\mathbf{C}^{m\times n}$. 如果

$$\lim_{k\to\infty}a_{i,j}^{(k)}=a_{i,j},\quad i=1,2,\cdots,m;\ j=1,2,\cdots,n,\tag{7-1}$$

则称矩阵 $\boldsymbol{A}$ 为矩阵序列 $\{\boldsymbol{A}^{(k)}\}$ 的**极限**, 或者称矩阵序列 $\{\boldsymbol{A}^{(k)}\}$ **收敛**, 且收敛到 $\boldsymbol{A}$，记作

$$\lim_{k\to\infty}\boldsymbol{A}^{(k)}=\boldsymbol{A}.\tag{7-2}$$

不收敛的矩阵序列称为**发散**的.

定理 7.1.1 设矩阵序列 $\{\boldsymbol{A}^{(k)},\boldsymbol{A}\in\mathbf{C}^{m\times n}\}$，则 $\lim\limits_{k\to\infty}\boldsymbol{A}^{(k)}=\boldsymbol{A}$ 的充要条件为：对任意矩阵范数 $\|\cdot\|$，有

$$\lim_{k\to\infty}\|\boldsymbol{A}^{(k)}-\boldsymbol{A}\|=0.\tag{7-3}$$

证 先取 $\mathbf{C}^{m\times n}$ 上矩阵的 G 范数 $\|\cdot\|_{\mathrm{G}}$，由于

$$\begin{aligned}\left|a_{ij}^{(k)}-a_{ij}\right|&\leqslant\sqrt{mn}\max_{i,j}\left|a_{ij}^{(k)}-a_{ij}\right|=\left\|\boldsymbol{A}^{(k)}-\boldsymbol{A}\right\|_{\mathrm{G}}\\&\leqslant\sqrt{mn}\sum_{i=1}^{m}\sum_{j=1}^{n}\left|a_{ij}^{(k)}-a_{ij}\right|,\end{aligned}$$

所以 $\lim\limits_{k\to+\infty}\boldsymbol{A}^{(k)}=\boldsymbol{A}$ 的充要条件是 $\lim\limits_{k\to+\infty}\left\|\boldsymbol{A}^{(k)}-\boldsymbol{A}\right\|_{\mathrm{G}}=0$.

又由范数的等价性知，对 $\mathbf{C}^{m\times n}$ 上任一矩阵范数 $\|\cdot\|$，存在正常数 α,β，使得

$$\alpha\left\|\boldsymbol{A}^{(k)}-\boldsymbol{A}\right\|_{\mathrm{G}}\leqslant\left\|\boldsymbol{A}^{(k)}-\boldsymbol{A}\right\|\leqslant\beta\left\|\boldsymbol{A}^{(k)}-\boldsymbol{A}\right\|_{\mathrm{G}},$$

故 $\lim\limits_{k\to+\infty}\left\|\boldsymbol{A}^{(k)}-\boldsymbol{A}\right\|_{\mathrm{G}}=0$ 的充要条件是 $\lim\limits_{k\to+\infty}\left\|\boldsymbol{A}^{(k)}-\boldsymbol{A}\right\|=0$.

证毕

例 7.1.1 设矩阵序列 $\boldsymbol{A}^{(n)}=\begin{bmatrix}\dfrac{\sin n}{n} & \mathrm{e}^{-n}\\ 1 & \cos\dfrac{1}{n}\end{bmatrix}$，求 $\lim\limits_{n\to\infty}\boldsymbol{A}^{(n)}$.

解

$$\lim_{n\to\infty}\boldsymbol{A}^{(n)}=\lim_{n\to\infty}\begin{bmatrix}\dfrac{\sin n}{n} & \mathrm{e}^{-n}\\ 1 & \cos\dfrac{1}{n}\end{bmatrix}=\begin{bmatrix}0 & 0\\ 1 & 1\end{bmatrix}.$$

在矩阵序列中，最常见的是方阵的序列，其理论与方阵的特征值密切相关.

定义 7.1.2 设矩阵 $\boldsymbol{A}\in\mathbf{C}^{n\times n}$ 的特征值为 $\lambda_1,\lambda_2,\cdots,\lambda_n$，称

$$\rho(\boldsymbol{A})=\max_i|\lambda_i| \tag{7-4}$$

为矩阵 $\boldsymbol{A}$ 的**谱半径**.

从几何上看，如果将 $\boldsymbol{A}$ 的所有特征值画在复平面上，那么 $\boldsymbol{A}$ 的谱半径是以原点为中心、包含所有的特征值的圆盘的最小半径.

定理 7.1.2 对矩阵 $\boldsymbol{A}$ 的任意矩阵范数 $\|\cdot\|$，有

$$\rho(\boldsymbol{A})\leqslant\|\boldsymbol{A}\|. \tag{7-5}$$

即 $\boldsymbol{A}$ 的谱半径是 $\boldsymbol{A}$ 的任意一种范数的下界.

证 设 λ 是矩阵 $\boldsymbol{A}$ 的特征值，$\boldsymbol{x}$ 是对应的特征向量，则

$$\begin{aligned}&|\lambda|\|\boldsymbol{x}\|=\|\lambda\boldsymbol{x}\|=\|\boldsymbol{A}x\|\leqslant\|\boldsymbol{A}\|\|\boldsymbol{x}\|,\\ &\Rightarrow|\lambda|\leqslant\|\boldsymbol{A}\|.\end{aligned}$$

即 $\rho(\boldsymbol{A})\leqslant\|\boldsymbol{A}\|$.

证毕

定理 7.1.3 设 $\boldsymbol{A}\in\mathbf{C}^{n\times n}$，对任意给定的正数 ε，存在某一矩阵范数 $\|\cdot\|_m$，使得

$$\|\boldsymbol{A}\|_m\leqslant\rho(\boldsymbol{A})+\varepsilon.$$

定理 7.1.4 $\lim\limits_{k\to\infty}\boldsymbol{A}^k=\boldsymbol{O}$ 的充要条件为

$$\rho(\boldsymbol{A})<1. \tag{7-6}$$

称满足上述定理条件的矩阵 $\boldsymbol{A}$ 为**收敛矩阵**.

证 必要性. 已知 $\boldsymbol{A}$ 为收敛矩阵，有

$$(\rho(\boldsymbol{A}))^k=\rho(\boldsymbol{A}^k)\leqslant\left\|\boldsymbol{A}^k\right\|,$$

其中 $\|\cdot\|$ 是 $\mathbf{C}^{n\times n}$ 上任一矩阵范数, 即有

$$\lim_{k\to+\infty}(\rho(\boldsymbol{A}))^k=0,$$

故 $\rho(\boldsymbol{A})<1$.

充分性. 由于 $\rho(\boldsymbol{A})<1$，则存在正数 ε，使得 $\rho(\boldsymbol{A})+\varepsilon<1$. 根据定理 7.1.3，存在 $\mathbf{C}^{n\times n}$ 上的矩阵范数 $\|\cdot\|_m$，使得

$$\|\boldsymbol{A}\|_m\leqslant\rho(\boldsymbol{A})+\varepsilon<1,$$

从而由 $\|\boldsymbol{A}^k\|_m\leqslant\|\boldsymbol{A}\|_m^k$，得 $\lim\limits_{k\to+\infty}\|\boldsymbol{A}^k\|_m=0$. 故 $\lim\limits_{k\to+\infty}\boldsymbol{A}^k=\boldsymbol{O}$.

证毕

7.1.2 矩阵级数的定义

定义 7.1.3 设矩阵序列 $\{\boldsymbol{A}^{(k)}=(a_{ij}^{(k)})\}$, $k=0,1,2,\cdots,n,\cdots$，称

$$\boldsymbol{A}^{(0)}+\boldsymbol{A}^{(1)}+\cdots+\boldsymbol{A}^{(n)}+\cdots$$

为**矩阵级数**，记为 $\sum\limits_{k=0}^{\infty}\boldsymbol{A}^{(k)}$.

定义 7.1.4 设矩阵级数 $\sum\limits_{k=0}^{\infty}\boldsymbol{A}^{(k)}$，令

$$\boldsymbol{S}_N=\sum_{k=0}^{N}\boldsymbol{A}^{(k)},\ N=1,2,\cdots, \tag{7-7}$$

称 $\boldsymbol{S}_0,\boldsymbol{S}_1,\cdots,\boldsymbol{S}_N,\cdots$ 为矩阵级数 $\sum\limits_{k=0}^{\infty}\boldsymbol{A}^{(k)}$ 的 **部分和序列**. 若 $\lim\limits_{n\to\infty}\boldsymbol{S}^{(n)}$ 存在，且

$$\lim_{n\to\infty}\boldsymbol{S}^{(n)}=\boldsymbol{S}, \tag{7-8}$$

则称矩阵级数 $\sum\limits_{k=0}^{\infty}\boldsymbol{A}^{(k)}$ **收敛**, 并称矩阵级数 $\sum\limits_{k=0}^{\infty}\boldsymbol{A}^{(k)}$ 的**和**为 $\boldsymbol{S}$，记为 $\boldsymbol{S}=\sum\limits_{k=0}^{\infty}\boldsymbol{A}^{(k)}$. 若 $\lim\limits_{n\to\infty}\boldsymbol{S}_n$ 不存在，则称矩阵级数 $\sum\limits_{k=0}^{\infty}\boldsymbol{A}^{(k)}$ **发散**.

定理 7.1.5 矩阵级数 $\sum\limits_{k=0}^{\infty}\boldsymbol{A}^{(k)}$ 收敛的充要条件是任意的数项级数 $\sum\limits_{k=0}^{\infty}a_{ij}^{(k)}$ 收敛.

定义 7.1.5 对矩阵级数 $\sum\limits_{k=0}^{\infty}\boldsymbol{A}^{(k)}=\sum\limits_{k=0}^{\infty}(a_{ij}^{(k)})$，若任意的数项级数 $\sum\limits_{k=0}^{\infty}a_{ij}^{(k)}$ 绝对收敛，则称矩阵级数 $\sum\limits_{k=0}^{\infty}\boldsymbol{A}^{(k)}$ **绝对收敛**.

定理 7.1.6 矩阵级数 $\sum\limits_{k=0}^{\infty} \boldsymbol{A}^{(k)}$ 绝对收敛的充要条件是对任意的矩阵范数 $\|\cdot\|$，级数 $\sum\limits_{k=0}^{\infty} \| \boldsymbol{A}^{(k)} \|$ 收敛.

例 7.1.2 已知 $\boldsymbol{A}^{(k)} = \begin{bmatrix} \dfrac{1}{2^k} & \dfrac{\pi}{4^k} \\ 0 & \dfrac{1}{(k+1)(k+2)} \end{bmatrix}$，讨论矩阵级数 $\sum\limits_{k=0}^{\infty} \boldsymbol{A}^{(k)}$ 的敛散性.

解 因为级数

$$\sum_{k=0}^{\infty} \frac{1}{2^k}, \quad \sum_{k=0}^{\infty} \frac{\pi}{4^k}, \quad \sum_{k=0}^{\infty} 0, \quad \sum_{k=0}^{\infty} \frac{1}{(k+1)(k+2)}$$

均收敛，所以矩阵级数 $\sum\limits_{k=0}^{\infty} \boldsymbol{A}^{(k)}$ 收敛，且

$$\sum_{k=0}^{\infty} \boldsymbol{A}^{(k)} = \begin{bmatrix} \sum\limits_{k=0}^{\infty} \dfrac{1}{2^k} & \sum\limits_{k=0}^{\infty} \dfrac{\pi}{4^k} \\ \sum\limits_{k=0}^{\infty} 0 & \sum\limits_{k=0}^{\infty} \dfrac{1}{(k+1)(k+2)} \end{bmatrix} = \begin{bmatrix} 2 & \dfrac{4\pi}{3} \\ 0 & 1 \end{bmatrix}.$$

7.1.3 矩阵幂级数

下面讨论一类重要的矩阵级数——方阵的幂级数.

定义 7.1.6 设 $\boldsymbol{A} \in \mathbf{C}^{n\times n}$，称 $\sum\limits_{k=0}^{\infty} c_k \boldsymbol{A}^k$ 为方阵 $\boldsymbol{A}$ 的**幂级数**.

定理 7.1.7 设幂级数 $\sum\limits_{k=0}^{\infty} c_k z^k$ 的收敛半径为 r，$\boldsymbol{A} \in \mathbf{C}^{n\times n}$，则

（1）若 $\rho(\boldsymbol{A}) < r$，则幂级数 $\sum\limits_{k=0}^{\infty} c_k \boldsymbol{A}^k$ 绝对收敛；

（2）若 $\rho(\boldsymbol{A}) > r$，则幂级数 $\sum\limits_{k=0}^{\infty} c_k \boldsymbol{A}^k$ 发散.

其中 $\rho(\boldsymbol{A})$ 是矩阵 $\boldsymbol{A}$ 的谱半径.

推论 7.1.1 若幂级数 $\sum\limits_{k=0}^{\infty} c_k z^k$ 在整个复平面上收敛，则对任意方阵 $\boldsymbol{A}$，有 $\sum\limits_{k=0}^{\infty} c_k \boldsymbol{A}^k$ 收敛.

推论 7.1.2 幂级数 $\boldsymbol{I} + \boldsymbol{A} + \boldsymbol{A}^2 + \boldsymbol{A}^3 + \cdots + \boldsymbol{A}^n + \cdots$（又称 Neumann 级数）绝对收敛的充要条件是 $\rho(\boldsymbol{A}) < 1$，且其和为 $(\boldsymbol{I} - \boldsymbol{A})^{-1}$.

证 幂级数 $\sum\limits_{k=0}^{\infty} z^k$ 的收敛半径为 1，由定理 7.1.7，幂级数 $\boldsymbol{I} + \boldsymbol{A} + \boldsymbol{A}^2 + \boldsymbol{A}^3 + \cdots + \boldsymbol{A}^n + \cdots$ 绝对收敛.

反之，幂级数 $\boldsymbol{I} + \boldsymbol{A} + \boldsymbol{A}^2 + \boldsymbol{A}^3 + \cdots + \boldsymbol{A}^n + \cdots$ 绝对收敛，则 $\| \boldsymbol{A}^k \| \to 0$，可知 $\rho(\boldsymbol{A}) < 1$.

又因为

$$(\boldsymbol{I}+\boldsymbol{A}+\boldsymbol{A}^2+\boldsymbol{A}^3+\cdots+\boldsymbol{A}^n+\cdots)(\boldsymbol{I}-\boldsymbol{A})=\boldsymbol{I},$$

所以

$$\boldsymbol{I}+\boldsymbol{A}+\boldsymbol{A}^2+\boldsymbol{A}^3+\cdots+\boldsymbol{A}^n+\cdots=(\boldsymbol{I}-\boldsymbol{A})^{-1}.$$

7.2 函数矩阵

函数矩阵是指由多个函数构成的矩阵，矩阵的每个元素是一个函数. 具体来说，设 m,n 为正整数，若对任意正整数 $i\leqslant m, j\leqslant n$，都有实变量函数 $f_{ij}(x)$ 与之对应，则称 $[f_{ij}(x)]_{m\times n}$ 为一个 $m\times n$ 函数矩阵.

微积分是高等数学的主要内容. 在研究优化问题和微分方程组时，常常遇到对函数矩阵的求导与积分运算.

定义 7.2.1 设函数矩阵 $\boldsymbol{Y}(x)=[f_{ij}(x)]_{m\times n}$，若每个 $f_{ij}(x)$ 可微，则称 $\boldsymbol{Y}(x)=[f_{ij}(x)]$ **可微**，定义函数矩阵 $\boldsymbol{Y}(x)$ 的导数为

$$\boldsymbol{Y}'(x)=\left[f'_{ij}(x)\right]_{m\times n}. \tag{7-9}$$

若每个 $f_{ij}(x)$ 在区间 $[a,b]$ 可积，则称 $\boldsymbol{Y}(x)=[f_{ij}(x)]$ 在区间 $[a,b]$ **可积**，定义函数矩阵 $\boldsymbol{Y}(x)$ 的积分为

$$\int_a^b \boldsymbol{Y}(x)\mathrm{d}x=\left[\int_a^b f_{ij}(x)\mathrm{d}x\right]_{m\times n}. \tag{7-10}$$

定理 7.2.1 函数矩阵的微分有以下性质：

（1）$[a\boldsymbol{A}(x)+b\boldsymbol{B}(x)]'=a\boldsymbol{A}'(x)+b\boldsymbol{B}'(x)$；

（2）$[\boldsymbol{A}(x)\boldsymbol{B}(x)]'=\boldsymbol{A}'(x)\boldsymbol{B}(x)+\boldsymbol{A}(x)\boldsymbol{B}'(x)$；

（3）$\dfrac{\mathrm{d}}{\mathrm{d}x}\boldsymbol{A}(u(x))=u'(x)\dfrac{\mathrm{d}}{\mathrm{d}u}\boldsymbol{A}(u)$；

（4）$\boldsymbol{A}(x)$ 可逆，则 $\dfrac{\mathrm{d}}{\mathrm{d}x}\boldsymbol{A}^{-1}(x)=-\boldsymbol{A}^{-1}(x)\boldsymbol{A}'(x)\boldsymbol{A}^{-1}(x)$.

定理 7.2.2 函数矩阵的积分有以下性质：

（1）$\displaystyle\int_a^b[k_1\boldsymbol{A}(x)+k_2\boldsymbol{B}(x)]\mathrm{d}x=k_1\int_a^b\boldsymbol{A}(x)\mathrm{d}x+k_2\int_a^b\boldsymbol{B}(x)\mathrm{d}x$；

（2）$\displaystyle\frac{\mathrm{d}}{\mathrm{d}x}\int_a^x\boldsymbol{A}(u)\mathrm{d}u=\boldsymbol{A}(x)$；

（3）$\displaystyle\int_a^b\boldsymbol{A}'(x)\mathrm{d}x=\boldsymbol{A}(b)-\boldsymbol{A}(a)$.

例 7.2.1 已知 $\boldsymbol{A}(x)=\begin{bmatrix} x^2+1 & \sin x\\ 1 & \cos x\end{bmatrix}$，求：

（1）$\displaystyle\lim_{x\to 0}\boldsymbol{A}(x)$；（2）$\boldsymbol{A}'(x)$；（3）$\displaystyle\int_0^1\boldsymbol{A}(x)\mathrm{d}x$.

解 （1）$\lim\limits_{x\to 0}\boldsymbol{A}(x)=\lim\limits_{x\to 0}\begin{bmatrix} x^2+1 & \sin x \\ 1 & \cos x \end{bmatrix}=\begin{bmatrix} 1 & 0 \\ 1 & 1 \end{bmatrix}$.

（2）$\boldsymbol{A}'(x)=\begin{bmatrix} 2x & \cos x \\ 0 & -\sin x \end{bmatrix}$.

（3）$\displaystyle\int_0^1 \boldsymbol{A}(x)\mathrm{d}x=\begin{bmatrix} \int_0^1 (x^2+1)\mathrm{d}x & \int_0^1 \sin t\mathrm{d}x \\ \int_0^1 \mathrm{d}x & \int_0^1 \cos x\mathrm{d}x \end{bmatrix}=\begin{bmatrix} \frac{4}{3} & 1-\cos 1 \\ 1 & \sin 1 \end{bmatrix}$.

7.3 矩阵函数

矩阵函数在力学、控制理论及信号处理等学科中具有重要应用. 类比普通函数，矩阵函数的特殊之处在于其自变量是方阵.

7.3.1 矩阵函数的定义

定义 7.3.1 设幂级数 $\sum\limits_{k=0}^{\infty} c_k z^k$ 的收敛半径为 r，且当 $|z|<r$ 时，幂级数收敛于 $f(z)$，即

$$f(z)=\sum_{k=0}^{\infty} c_k z^k,$$

如果 $\boldsymbol{A}\in\mathbf{C}^{n\times n}$ 满足 $\rho(\boldsymbol{A})<r$，则称矩阵幂级数 $\sum\limits_{k=0}^{\infty} c_k\boldsymbol{A}^k$ 的和为**矩阵函数** $f(\boldsymbol{A})$，即

$$f(\boldsymbol{A})=\sum_{k=0}^{\infty} c_k\boldsymbol{A}^k.$$

在高等数学中，有以下幂级数展开式：

$$\begin{aligned}
&\mathrm{e}^z=\sum_{k=0}^{+\infty}\frac{z^k}{k!},\quad r=+\infty;\\
&\sin z=\sum_{k=0}^{+\infty}\frac{(-1)^k}{(2k+1)!}z^{2k+1},\quad r=+\infty;\\
&\cos z=\sum_{k=0}^{+\infty}\frac{(-1)^k}{(2k)!}z^{2k},\quad r=+\infty;\\
&(1-z)^{-1}=\sum_{k=0}^{+\infty}z^k,\quad r=1;\\
&\ln(1+z)=\sum_{k=0}^{+\infty}\frac{(-1)^k}{k+1}z^{k+1},\quad r=1.
\end{aligned}$$

相应的矩阵函数定义如下：

$$
\begin{aligned}
&\mathrm{e}^{\boldsymbol{A}}=\sum_{k=0}^{+\infty}\frac{1}{k!}\boldsymbol{A}^k;\\
&\sin\boldsymbol{A}=\sum_{k=0}^{+\infty}\frac{(-1)^k}{(2k+1)!}\boldsymbol{A}^{2k+1};\\
&\cos\boldsymbol{A}=\sum_{k=0}^{+\infty}\frac{(-1)^k}{(2k)!}\boldsymbol{A}^{2k};\\
&(\boldsymbol{I}-\boldsymbol{A})^{-1}=\sum_{k=0}^{+\infty}\boldsymbol{A}^k,\quad \rho(\boldsymbol{A})<1;\\
&\ln(\boldsymbol{I}+\boldsymbol{A})=\sum_{k=0}^{+\infty}\frac{(-1)^k}{k+1}\boldsymbol{A}^{k+1},\quad \rho(\boldsymbol{A})<1.
\end{aligned}
$$

称 $\mathrm{e}^{\boldsymbol{A}}$ 为**矩阵指数函数**，$\sin\boldsymbol{A}$ 为**矩阵正弦函数**，$\cos\boldsymbol{A}$ 为**矩阵余弦函数**.

含参数 t 的矩阵函数定义如下：

$$
\begin{aligned}
&\mathrm{e}^{\boldsymbol{A}t}=\sum_{k=0}^{+\infty}\frac{t^k}{k!}\boldsymbol{A}^k;\\
&\sin(\boldsymbol{A}t)=\sum_{k=0}^{+\infty}\frac{(-1)^k}{(2k+1)!}t^{2k+1}\boldsymbol{A}^{2k+1};\\
&\cos(\boldsymbol{A}t)=\sum_{k=0}^{+\infty}\frac{(-1)^k}{(2k)!}t^{2k}\boldsymbol{A}^{2k};\\
&(\boldsymbol{I}-\boldsymbol{A}t)^{-1}=\sum_{k=0}^{+\infty}t^k\boldsymbol{A}^k,\quad \rho(\boldsymbol{A})t<1;\\
&\ln(\boldsymbol{I}+\boldsymbol{A}t)=\sum_{k=0}^{+\infty}\frac{(-1)^k}{k+1}t^{k+1}\boldsymbol{A}^{k+1},\quad \rho(\boldsymbol{A})t<1.
\end{aligned}
$$

7.3.2 矩阵函数的计算

由矩阵函数的定义，矩阵函数的计算可转化为矩阵幂级数和的计算. 因此，矩阵的幂计算显得尤其重要.

1. 利用相似对角化计算

假设矩阵 $\boldsymbol{A}$ 可对角化，即存在可逆矩阵 $\boldsymbol{P}$，使得

$$
\boldsymbol{A}=\boldsymbol{P}\begin{bmatrix}\lambda_1&0&\cdots&0\\0&\lambda_2&\cdots&0\\\vdots&\vdots&&\vdots\\0&0&\cdots&\lambda_n\end{bmatrix}\boldsymbol{P}^{-1},
$$

则

$$f(\boldsymbol{A})=\sum_{k=0}^{+\infty}c_k\boldsymbol{A}^k=\boldsymbol{P}\begin{bmatrix}\sum\limits_{k=0}^{+\infty}c_k\lambda_1^k & 0 & \cdots & 0\\ 0 & \sum\limits_{k=0}^{+\infty}c_k\lambda_2^k & \cdots & 0\\ \vdots & \vdots & & \vdots\\ 0 & 0 & \cdots & \sum\limits_{k=0}^{+\infty}c_k\lambda_n^k\end{bmatrix}\boldsymbol{P}^{-1}$$

$$=\boldsymbol{P}\begin{bmatrix}f(\lambda_1) & 0 & \cdots & 0\\ 0 & f(\lambda_2) & \cdots & 0\\ \vdots & \vdots & & \vdots\\ \cdots & \cdots & \cdots & f(\lambda_n)\end{bmatrix}\boldsymbol{P}^{-1}.$$

同理得

$$f(\boldsymbol{A}t)=\boldsymbol{P}\begin{bmatrix}f(\lambda_1 t) & 0 & \cdots & 0\\ 0 & f(\lambda_2 t) & \cdots & 0\\ \vdots & \vdots & & \vdots\\ 0 & 0 & \cdots & f(\lambda_n t)\end{bmatrix}\boldsymbol{P}^{-1}.$$

例 7.3.1 矩阵 $\boldsymbol{A}=\begin{bmatrix}4 & 6 & 0\\ -3 & -5 & 0\\ -3 & -6 & 1\end{bmatrix}$，求 $\mathrm{e}^{\boldsymbol{A}t}$，$\cos\boldsymbol{A}$.

解 根据特征方程 $|\lambda\boldsymbol{I}-\boldsymbol{A}|=0$，解得特征值为

$$\lambda_1=-2,\quad \lambda_2=\lambda_3=1,$$

其对应的线性无关的特征向量分别为

$$\boldsymbol{p}_1=(-1,1,1)^{\mathrm{T}},\quad \boldsymbol{p}_2=(-2,1,0)^{\mathrm{T}},\quad \boldsymbol{p}_3=(0,0,1)^{\mathrm{T}},$$

故矩阵 $\boldsymbol{P}=[\boldsymbol{p}_1,\boldsymbol{p}_2,\boldsymbol{p}_3]=\begin{bmatrix}-1 & -2 & 0\\ 1 & 1 & 0\\ 1 & 0 & 1\end{bmatrix}$，使得

$$\boldsymbol{A}=\boldsymbol{P}\begin{bmatrix}-2 & & \\ & 1 & \\ & & 1\end{bmatrix}\boldsymbol{P}^{-1},$$

故

$$e^{\boldsymbol{A}t}=\boldsymbol{P}\begin{bmatrix} e^{-2t} & & \\ & e^{t} & \\ & & e^{t}\end{bmatrix}\boldsymbol{P}^{-1}=\begin{bmatrix} 2e^{t}-e^{-2t} & 2e^{t}-2e^{-2t} & 0 \\ e^{-2t}-e^{t} & 2e^{-2t}-e^{t} & 0 \\ e^{-2t}-e^{t} & 2e^{-2t}-2e^{t} & e^{t}\end{bmatrix},$$

$$\cos\boldsymbol{A}=\boldsymbol{P}\begin{bmatrix} \cos(-2) & & \\ & \cos 1 & \\ & & \cos 1\end{bmatrix}\boldsymbol{P}^{-1}=\begin{bmatrix} 2\cos 1-\cos 2 & 2\cos 1-2\cos 2 & 0 \\ \cos 2-\cos 1 & 2\cos 2-\cos 1 & 0 \\ \cos 2-\cos 1 & 2\cos 2-2\cos 1 & \cos 1\end{bmatrix}.$$

2. 待定系数法

一般来说，不是所有的矩阵都可以对角化. 这种情况下，可以通过最小多项式来求矩阵函数.

设矩阵 $\boldsymbol{A}$ 的最小多项式为

$$m_{\boldsymbol{A}}(\lambda)=(\lambda-\lambda_1)^{r_1}(\lambda-\lambda_2)^{r_2}\cdots(\lambda-\lambda_s)^{r_s},$$

其中，$\deg m_{\boldsymbol{A}}(\lambda)=r_1+r_2+\cdots+r_s=m$.

设矩阵函数 $f(\boldsymbol{A})=\sum\limits_{k=0}^{+\infty}c_k\boldsymbol{A}^k$，根据多项式带余除法，得

$$f(\lambda)=\sum_{k=0}^{+\infty}c_k\lambda^k=q(\lambda)m_{\boldsymbol{A}}(\lambda)+r(\lambda),$$

其中 $r(\lambda)=b_0+b_1\lambda+\cdots+b_{m-1}\lambda^{m-1}$.

根据 Cayley-Hamilton 定理，有 $f(\boldsymbol{A})=r(\boldsymbol{A})$.

令 $r^{(p)}(\lambda_i)=f^{(p)}(\lambda_i), p=0,1,\cdots,r_i-1$. 求解上述线性方程组，可解出待定系数 $b_0,b_1,\cdots,b_{m-1}$.

待定系数法的步骤总结如下：

步骤 1 求矩阵 $\boldsymbol{A}$ 的最小多项式 $m_{\boldsymbol{A}}(\lambda)$，最小多项式的次数为 m;

步骤 2 设 $r(\lambda)=b_0+b_1\lambda+\cdots+b_{m-1}\lambda^{m-1}$;

步骤 3 利用 $r^{(p)}(\lambda_i)=f^{(p)}(\lambda_i)$，或 $r^{(p)}(\lambda_i t)=f^{(p)}(\lambda_i t)$，$p=0,1,\cdots,r_i-1$，可解出待定系数 $b_0,b_1,\cdots,b_{m-1}$;

步骤 4 计算 $f(\boldsymbol{A})=r(\boldsymbol{A})=b_0\boldsymbol{I}+b_1\boldsymbol{A}+\cdots+b_{m-1}\boldsymbol{A}^{m-1}$.

例 7.3.2 已知矩阵 $\boldsymbol{A}=\begin{bmatrix}-1 & 0 & 1\\ 1 & 2 & 0\\ -4 & 0 & 3\end{bmatrix}$，求 $e^{\boldsymbol{A}t}$，$\cos\boldsymbol{A}$.

解 $\boldsymbol{A}$ 的特征多项式为

$$|\lambda\boldsymbol{I}-\boldsymbol{A}|=(\lambda-1)^2(\lambda-2),$$

可验证

$$(\boldsymbol{A}-\boldsymbol{I})(\boldsymbol{A}-2\boldsymbol{I}) \neq \boldsymbol{O},$$

所以 $m_{\boldsymbol{A}}(\lambda)=(\lambda-1)^2(\lambda-2)$，即为最小多项式. 设

$$r(\lambda)=b_2\lambda^2+b_1\lambda+b_0.$$

令 $f(\lambda)=\mathrm{e}^{\lambda t}$，则

$$f'(\lambda)=t\mathrm{e}^{\lambda t},\quad r'(\lambda)=2b_2\lambda+b_1.$$

于是

$$\begin{cases} r(1)=f(1), \\ r'(1)=f'(1), \\ r(2)=f(2). \end{cases}$$

代入, 得

$$\begin{cases} b_2+b_1+b_0=\mathrm{e}^t, \\ 2b_2+b_1=t\mathrm{e}^t, \\ 4b_2+2b_1+b_0=\mathrm{e}^{2t}. \end{cases}$$

解得

$$\begin{cases} b_2=\mathrm{e}^{2t}-\mathrm{e}^t-t\mathrm{e}^t, \\ b_1=-2\mathrm{e}^{2t}+2\mathrm{e}^t+3t\mathrm{e}^t, \\ b_0=\mathrm{e}^{2t}-2t\mathrm{e}^t, \end{cases}$$

所以

$$\mathrm{e}^{\boldsymbol{A}t}=b_2\boldsymbol{A}^2+b_1\boldsymbol{A}+b_0\boldsymbol{I}=\begin{bmatrix} \mathrm{e}^t-2t\mathrm{e}^t & 0 & t\mathrm{e}^t \\ -\mathrm{e}^{2t}+\mathrm{e}^t+2t\mathrm{e}^t & \mathrm{e}^{2t} & \mathrm{e}^{2t}-\mathrm{e}^t-t\mathrm{e}^t \\ -4t\mathrm{e}^t & 0 & 2t\mathrm{e}^t+\mathrm{e}^t \end{bmatrix}.$$

令 $g(\lambda)=\cos\lambda$，则

$$g'(\lambda)=-\sin\lambda.$$

于是

$$\begin{cases} r(1)=g(1), \\ r'(1)=g'(1), \\ r(2)=g(2). \end{cases}$$

代入, 得

$$\begin{cases} b_2+b_1+b_0=\cos 1, \\ 2b_2+b_1=-\sin 1, \\ 4b_2+2b_1+b_0=\cos 2. \end{cases}$$

解得

$$\begin{cases} b_2 = \sin 1 - \cos 1 + \cos 2, \\ b_1 = -3\sin 1 + 2\cos 1 - 2\cos 2, \\ b_0 = 2\sin 1 + \cos 2, \end{cases}$$

所以

$$\cos \boldsymbol{A} = b_2\boldsymbol{A}^2 + b_1\boldsymbol{A} + b_0\boldsymbol{I} = \begin{bmatrix} 2\sin 1 + \cos 1 & 0 & -\sin 1 \\ -2\sin 1 + \cos 1 - \cos 2 & \cos 2 & \sin 1 - \cos 1 + \cos 2 \\ 4\sin 1 & 0 & -2\sin 1 + \cos 1 \end{bmatrix}.$$

7.3.3 常用矩阵函数的性质

定理 7.3.1 对任意的方阵 $\boldsymbol{A} \in \mathbf{C}^{n\times n}$，有:

（1）$\sin(-\boldsymbol{A}) = -\sin \boldsymbol{A}, \cos(-\boldsymbol{A}) = \cos \boldsymbol{A}$;

（2）$\mathrm{e}^{\mathrm{i}\boldsymbol{A}} = \cos \boldsymbol{A} + \mathrm{i}\sin \boldsymbol{A}$.

证 （1）由 $\sin \boldsymbol{A}$ 的矩阵幂级数展开式，得

$$\sin(-\boldsymbol{A}) = \sum_{k=0}^{+\infty} \frac{(-1)^k}{(2k+1)!}(-\boldsymbol{A})^{2k+1} = \sum_{k=0}^{+\infty} \frac{(-1)^{k+1}}{(2k+1)!}\boldsymbol{A}^{2k+1} = -\sin \boldsymbol{A}.$$

同理可证 $\cos(-\boldsymbol{A}) = \cos \boldsymbol{A}$.

（2）

$$\mathrm{e}^{\mathrm{i}\boldsymbol{A}} = \sum_{k=0}^{+\infty} \frac{\mathrm{i}^k}{k!}\boldsymbol{A}^k = \sum_{k=0}^{+\infty} \frac{(-1)^k}{(2k)!}\boldsymbol{A}^{2k} + \mathrm{i}\sum_{k=0}^{+\infty} \frac{(-1)^k}{(2k+1)!}\boldsymbol{A}^{2k+1} = \cos \boldsymbol{A} + \mathrm{i}\sin \boldsymbol{A}.$$

证毕

定理 7.3.2 对任意的方阵 $\boldsymbol{A}, \boldsymbol{B} \in \mathbf{C}^{n\times n}$，若 $\boldsymbol{AB} = \boldsymbol{BA}$，则

（1）$\mathrm{e}^{\boldsymbol{A}+\boldsymbol{B}} = \mathrm{e}^{\boldsymbol{A}}\mathrm{e}^{\boldsymbol{B}} = \mathrm{e}^{\boldsymbol{B}}\mathrm{e}^{\boldsymbol{A}}$;

（2）$\sin(\boldsymbol{A}+\boldsymbol{B}) = \sin \boldsymbol{A}\cos \boldsymbol{B} + \cos \boldsymbol{A}\sin \boldsymbol{B}, \cos(\boldsymbol{A}+\boldsymbol{B}) = \cos \boldsymbol{A}\cos \boldsymbol{B} - \sin \boldsymbol{A}\sin \boldsymbol{B}$;

（3）$\cos(2\boldsymbol{A}) = \cos^2 \boldsymbol{A} - \sin^2 \boldsymbol{A}$，$\sin(2\boldsymbol{A}) = 2\sin \boldsymbol{A}\cos \boldsymbol{A}$.

关于矩阵的指数函数与三角函数，还有下面几个非常有用的性质:

（1）$\dfrac{\mathrm{d}}{\mathrm{d}t}\mathrm{e}^{\boldsymbol{A}t} = \boldsymbol{A}\mathrm{e}^{\boldsymbol{A}t} = \mathrm{e}^{\boldsymbol{A}t}\boldsymbol{A}$;

（2）$\dfrac{\mathrm{d}}{\mathrm{d}t}(\sin \boldsymbol{A}t) = \boldsymbol{A}(\cos \boldsymbol{A}t) = (\cos \boldsymbol{A}t)\boldsymbol{A}$;

（3）$\dfrac{\mathrm{d}}{\mathrm{d}t}(\cos \boldsymbol{A}t) = -\boldsymbol{A}(\sin \boldsymbol{A}t) = -(\sin \boldsymbol{A}t)\boldsymbol{A}$.

证 （1）
$$\frac{\mathrm{d}}{\mathrm{d}t}\mathrm{e}^{\boldsymbol{A}t}=\frac{\mathrm{d}}{\mathrm{d}t}\left(\boldsymbol{I}+\boldsymbol{A}t+\frac{1}{2!}\boldsymbol{A}^2t^2+\cdots+\frac{1}{n!}\boldsymbol{A}^nt^n+\cdots\right)$$
$$=\boldsymbol{A}+\boldsymbol{A}^2t+\cdots+\frac{1}{(n-1)!}\boldsymbol{A}^nt^{n-1}+\cdots$$
$$=\boldsymbol{A}\left(\boldsymbol{I}+\boldsymbol{A}t+\frac{1}{2!}\boldsymbol{A}^2t^2+\cdots+\frac{1}{n!}\boldsymbol{A}^nt^n+\cdots\right)$$
$$=\boldsymbol{A}\mathrm{e}^{\boldsymbol{A}t}.$$
（2），（3）可类似证明.

证毕

7.4 矩阵函数求导

7.4.1 函数概念的推广

设函数关系记为 f，常见的函数关系有 $y=f(x),\boldsymbol{y}=f(\boldsymbol{x}),\boldsymbol{Y}=f(\boldsymbol{X})$ 等. 对于函数，根据求导的自变量和因变量分别是标量、向量还是矩阵，共有 9 种可能的模式，其导数形式见表 7.1.

表 7.1 求导的各种形式

函数 /自变量	标量 x	向量 $\boldsymbol{x}$	矩阵 $\boldsymbol{X}$
标量 y	① $\frac{\mathrm{d}y}{\mathrm{d}x}$	② $\frac{\partial y}{\partial \boldsymbol{x}}$	③ $\frac{\partial y}{\partial \boldsymbol{X}}$
向量 $\boldsymbol{y}$	④ $\frac{\mathrm{d}\boldsymbol{y}}{\mathrm{d}x}$	⑤ $\frac{\partial \boldsymbol{y}}{\partial \boldsymbol{x}}$	⑥ $\frac{\partial \boldsymbol{y}}{\partial \boldsymbol{X}}$
矩阵 $\boldsymbol{Y}$	⑦ $\frac{\mathrm{d}\boldsymbol{Y}}{\mathrm{d}x}$	⑧ $\frac{\partial \boldsymbol{Y}}{\partial \boldsymbol{x}}$	⑨ $\frac{\partial \boldsymbol{Y}}{\partial \boldsymbol{X}}$

7.4.2 自变量为标量的函数求导

模式 ① 为标量对标量的求导，高等数学中已详细描述. 模式 ⑦ 是函数矩阵求导，在 7.2 节已介绍.

模式 ④ 是向量函数 $\boldsymbol{y}=[y_1,y_2,\cdots,y_m]^{\mathrm{T}}$ 对标量变量 x 的求导，会得到一组标量求导的结果：
$$\frac{\mathrm{d}y_i}{\mathrm{d}x},\quad i=1,2,\cdots,m,$$
把这组标量写成向量的形式：
$$\frac{\mathrm{d}\boldsymbol{y}}{\mathrm{d}x}=\left[\frac{dy_1}{\mathrm{d}x},\frac{\mathrm{d}y_2}{\mathrm{d}x},\cdots,\frac{\mathrm{d}y_m}{\mathrm{d}x}\right]^{\mathrm{T}},$$
即得到维度为 m 的 $\boldsymbol{y}$ 对一个标量 x 求导的向量.

模式 ④ 是模式 ⑦ 的特殊情况.

7.4.3 函数值为标量的函数求导

模式 ② 为标量函数对向量自变量的求导，即为高等数学中的梯度概念，其表达式为

$$\frac{\partial y}{\partial \boldsymbol{x}}=\left[\frac{\partial f}{\partial x_i}\right]_{n\times 1}=\begin{bmatrix}\dfrac{\partial f}{\partial x_1}\\ \dfrac{\partial f}{\partial x_2}\\ \vdots\\ \dfrac{\partial f}{\partial x_n}\end{bmatrix}. \tag{7-11}$$

记作 $\text{grad}f$ 或 ∇f.

模式 ③ 为标量函数对矩阵自变量的求导，定义如下：

定义 7.4.1 设矩阵标量函数 $f(\boldsymbol{X})$ 是关于矩阵变量 $\boldsymbol{X}=(x_{ij})\in\mathbf{R}^{m\times n}$ 的函数，则 $f(\boldsymbol{X})$ 对矩阵变量 $\boldsymbol{X}$ 的**导数** $\dfrac{\mathrm{d}f(\boldsymbol{X})}{\mathrm{d}\boldsymbol{X}}$ 为

$$\frac{\mathrm{d}f(\boldsymbol{X})}{\mathrm{d}\boldsymbol{X}}=\left[\frac{\partial f}{\partial x_{ij}}\right]_{m\times n}=\begin{bmatrix}\dfrac{\partial f}{\partial x_{11}} & \dfrac{\partial f}{\partial x_{12}} & \cdots & \dfrac{\partial f}{\partial x_{1n}}\\ \dfrac{\partial f}{\partial x_{21}} & \dfrac{\partial f}{\partial x_{22}} & \cdots & \dfrac{\partial f}{\partial x_{2n}}\\ \vdots & \vdots & & \vdots\\ \dfrac{\partial f}{\partial x_{m1}} & \dfrac{\partial f}{\partial x_{m2}} & \cdots & \dfrac{\partial f}{\partial x_{mn}}\end{bmatrix}. \tag{7-12}$$

注：②是 ③的特殊情况.

例 7.4.1 已知 $\boldsymbol{a}=\begin{bmatrix}a_1\\ a_2\\ \vdots\\ a_n\end{bmatrix},\boldsymbol{x}=\begin{bmatrix}x_1\\ x_2\\ \vdots\\ x_n\end{bmatrix}$，$f(\boldsymbol{x})=\boldsymbol{a}^{\mathrm{T}}\boldsymbol{x}=\boldsymbol{x}^{\mathrm{T}}\boldsymbol{a}$, $g(\boldsymbol{x})=\boldsymbol{x}^{\mathrm{T}}\boldsymbol{x}$, 求 $\dfrac{\mathrm{d}f}{\mathrm{d}\boldsymbol{x}},\dfrac{\mathrm{d}g}{\mathrm{d}\boldsymbol{x}}$.

解

$$\frac{\mathrm{d}f}{\mathrm{d}\boldsymbol{x}}=\begin{bmatrix}\dfrac{\partial f}{\partial x_1}\\ \dfrac{\partial f}{\partial x_2}\\ \vdots\\ \dfrac{\partial f}{\partial x_n}\end{bmatrix}=\begin{bmatrix}a_1\\ a_2\\ \vdots\\ a_n\end{bmatrix}=\boldsymbol{a}.$$

$$\frac{\mathrm{d}g}{\mathrm{d}\boldsymbol{x}}=\begin{bmatrix}\dfrac{\partial g}{\partial x_1}\\\dfrac{\partial g}{\partial x_2}\\\vdots\\\dfrac{\partial g}{\partial x_n}\end{bmatrix}=\begin{bmatrix}2x_1\\2x_2\\\vdots\\2x_n\end{bmatrix}=2\boldsymbol{x}.$$

例 7.4.2 已知 $\boldsymbol{X}=\begin{bmatrix}x_{11}&x_{12}\\x_{21}&x_{22}\end{bmatrix}$, $f(\boldsymbol{X})=\mathrm{tr}(\boldsymbol{X})=x_{11}+x_{22}$，求 $\dfrac{\mathrm{d}f(\boldsymbol{X})}{\mathrm{d}\boldsymbol{X}}$.

解

$$\frac{\mathrm{d}f(\boldsymbol{X})}{\mathrm{d}\boldsymbol{X}}=\begin{bmatrix}\dfrac{\partial f}{\partial x_{11}}&\dfrac{\partial f}{\partial x_{12}}\\\dfrac{\partial f}{\partial x_{21}}&\dfrac{\partial f}{\partial x_{22}}\end{bmatrix}=\begin{bmatrix}1&0\\0&1\end{bmatrix}=\boldsymbol{I}.$$

例 7.4.3 已知 $\boldsymbol{A}=\begin{bmatrix}a_{11}&a_{12}&a_{13}\\a_{21}&a_{22}&a_{23}\\a_{31}&a_{32}&a_{33}\end{bmatrix}$, $\boldsymbol{x}=\begin{bmatrix}x_1\\x_2\\x_3\end{bmatrix}$, $f(\boldsymbol{x})=\boldsymbol{x}^{\mathrm{T}}\boldsymbol{A}x$，求 $\dfrac{\mathrm{d}f(\boldsymbol{x})}{\mathrm{d}\boldsymbol{x}}$.

解 因为

$$\begin{aligned}f(\boldsymbol{x})=&a_{11}x_1^2+a_{12}x_1x_2+a_{13}x_1x_3+a_{21}x_1x_2+a_{22}x_2^2+a_{23}x_2x_3\\&+a_{31}x_1x_3+a_{32}x_2x_3+a_{33}x_3^2,\end{aligned}$$

所以

$$\frac{\mathrm{d}f(\boldsymbol{x})}{\mathrm{d}\boldsymbol{x}}=\begin{bmatrix}\dfrac{\partial f}{\partial x_1}\\\dfrac{\partial f}{\partial x_2}\\\dfrac{\partial f}{\partial x_3}\end{bmatrix}=\boldsymbol{A}^{\mathrm{T}}\boldsymbol{x}+\boldsymbol{A}\boldsymbol{x}=(\boldsymbol{A}^{\mathrm{T}}+\boldsymbol{A})\boldsymbol{x}.$$

特别地, 当 $\boldsymbol{A}$ 是对称矩阵时, 有

$$\frac{\mathrm{d}\boldsymbol{x}^{\mathrm{T}}\boldsymbol{A}x}{\mathrm{d}\boldsymbol{x}}=2\boldsymbol{A}\boldsymbol{x}.$$

前面介绍的 5 种模式都有一个共同的特点：自变量和因变量中至少有一个是标量. 在这种情况下，求导的结果事实上是由另一个变量的维数确定. 例如，标量函数对向量的导数还是一个向量. 这里有一个问题没有讲到，就是这个向量到底应该是列向量还是行向量.

这个问题的答案是：行向量或者列向量皆可. 毕竟求导的本质只是把标量求导的结果排列起来，按行排列和按列排列都是可以的. 但是这样也有问题，在机器学习算法的优化过程中，经常遇到第 ⑤ 种模式，如果行向量或者列向量随便写，那么结果就不唯一，将产生混乱. 为了解决这个问题，以下引入求导布局的概念.

7.4.4 求导布局

当自变量和函数值均为向量时，即函数形式为 $\boldsymbol{y}=f(\boldsymbol{x})$，需要了解两种求导布局的概念，即分子布局 (numerator layout) 和分母布局 (denominator layout).

1. 分子布局

对于分子布局来说，求导结果的维度以分子为主. 假设 f 是一个从 n 维欧氏空间映射到 m 维欧氏空间的函数，函数 f 由 m 个实函数

$$y_1(x_1,x_2,\cdots x_n),y_2(x_1,x_2,\cdots x_n),\cdots,y_m(x_1,x_2,\cdots x_n)$$

组成，即 $\boldsymbol{y}=f(\boldsymbol{x}),\boldsymbol{x}\in\mathbf{R}^{n\times 1},\boldsymbol{y}\in\mathbf{R}^{m\times 1}$. 按照分子布局，将 $\boldsymbol{y}$ 对 $\boldsymbol{x}$ 求导得

$$\frac{\partial\boldsymbol{y}}{\partial\boldsymbol{x}^{\mathrm{T}}}=\begin{bmatrix}\dfrac{\partial y_1}{\partial x_1} & \dfrac{\partial y_1}{\partial x_2} & \cdots & \dfrac{\partial y_1}{\partial x_n}\\ \dfrac{\partial y_2}{\partial x_1} & \dfrac{\partial y_2}{\partial x_2} & \cdots & \dfrac{\partial y_2}{\partial x_n}\\ \vdots & \vdots & & \vdots\\ \dfrac{\partial y_m}{\partial x_1} & \dfrac{\partial y_m}{\partial x_2} & \cdots & \dfrac{\partial y_m}{\partial x_n}\end{bmatrix}. \tag{7-13}$$

注：式 (7-13) 也称为雅克比（Jacobian）矩阵.

例 7.4.4 海森（Hessian）矩阵是一个多元函数的二阶偏导数构成的方阵，用以描述函数的局部曲率. Hessian 矩阵最早于 19 世纪由德国数学家 Ludwig Otto Hesse 提出，并以其名字命名. Hessian 矩阵常用于牛顿法解决优化问题.

对于一个实值多元函数 $y=f(x_1,x_2,\cdots,x_n)$，如果函数的二阶偏导数都存在，则定义的 Hessian 矩阵 $\boldsymbol{H}$ 为

$$\frac{\partial\nabla f}{\partial\boldsymbol{x}^{\mathrm{T}}}=\begin{bmatrix}\dfrac{\partial^2 f}{\partial x_1\partial x_1} & \dfrac{\partial^2 f}{\partial x_1\partial x_2} & \cdots & \dfrac{\partial^2 f}{\partial x_1\partial x_n}\\ \dfrac{\partial^2 f}{\partial x_2\partial x_1} & \dfrac{\partial^2 f}{\partial x_2\partial x_2} & \cdots & \dfrac{\partial^2 f}{\partial x_2\partial x_n}\\ \vdots & \vdots & & \vdots\\ \dfrac{\partial^2 f}{\partial x_n\partial x_1} & \dfrac{\partial^2 f}{\partial x_n\partial x_2} & \cdots & \dfrac{\partial^2 f}{\partial x_n\partial x_n}\end{bmatrix}.$$

Hessian 矩阵 $\boldsymbol{H}$ 本质上为函数 f 先对 x 后对 x^{T} 的二阶导数：

$$\boldsymbol{H}(\boldsymbol{x})=\frac{\partial^2 f(\boldsymbol{x})}{\partial\boldsymbol{x}\boldsymbol{x}^{\mathrm{T}}}.$$

对 Hessian 矩阵一般不用去关心布局的事情，因为它通常是对称矩阵. 多元函数泰勒展开的矩阵形式如下：

$$f(\boldsymbol{x}) = f(\boldsymbol{x}_0) + \nabla f(\boldsymbol{x}_0)^{\mathrm{T}}(\boldsymbol{x}-\boldsymbol{x}_0) + \frac{1}{2!}(\boldsymbol{x}-\boldsymbol{x}_0)^{\mathrm{T}}\boldsymbol{H}(\boldsymbol{x}_0)(\boldsymbol{x}-\boldsymbol{x}_0) + o\left(||\boldsymbol{x}-\boldsymbol{x}_0||_2^2\right).$$

2. 分母布局

对于分母布局，将 $\boldsymbol{y}$ 对 $\boldsymbol{x}$ 求导得

$$\frac{\partial \boldsymbol{y}^{\mathrm{T}}}{\partial \boldsymbol{x}} = \begin{bmatrix} \frac{\partial y_1}{\partial x_1} & \frac{\partial y_2}{\partial x_1} & \cdots & \frac{\partial y_m}{\partial x_1} \\ \frac{\partial y_1}{\partial x_2} & \frac{\partial y_2}{\partial x_2} & \cdots & \frac{\partial y_m}{\partial x_2} \\ \vdots & \vdots & & \vdots \\ \frac{\partial y_1}{\partial x_n} & \frac{\partial y_2}{\partial x_n} & \cdots & \frac{\partial y_m}{\partial x_n} \end{bmatrix}.$$

显然，对于分子布局和分母布局的结果来说，向量求导两者相差一个转置.

例 7.4.5 设 $\boldsymbol{x} = [x_1, x_2, \cdots, x_n]^{\mathrm{T}}$ 是向量变量, 求 $\frac{\mathrm{d}\boldsymbol{x}^{\mathrm{T}}}{\mathrm{d}\boldsymbol{x}}$ 和 $\frac{\mathrm{d}\boldsymbol{x}}{\mathrm{d}\boldsymbol{x}^{\mathrm{T}}}$.

解 由定义，得

$$\frac{\mathrm{d}\boldsymbol{x}^{\mathrm{T}}}{\mathrm{d}\boldsymbol{x}} = \begin{bmatrix} \frac{\partial \boldsymbol{x}^{\mathrm{T}}}{\partial x_1} \\ \frac{\partial \boldsymbol{x}^{\mathrm{T}}}{\partial x_2} \\ \vdots \\ \frac{\partial \boldsymbol{x}^{\mathrm{T}}}{\partial x_n} \end{bmatrix} = \begin{bmatrix} 1 & 0 & \cdots & 0 \\ 0 & 1 & \cdots & 0 \\ \vdots & \vdots & & \vdots \\ 0 & 0 & \cdots & 1 \end{bmatrix} = \boldsymbol{I}_n.$$

同理可得

$$\frac{\mathrm{d}\boldsymbol{x}}{\mathrm{d}\boldsymbol{x}^{\mathrm{T}}} = \left[\frac{\partial \boldsymbol{x}}{\partial x_1}, \frac{\partial \boldsymbol{x}}{\partial x_2}, \cdots, \frac{\partial \boldsymbol{x}}{\partial x_n}\right] = \boldsymbol{I}_n.$$

例 7.4.6 设 $\boldsymbol{x} = [x_1, x_2, \cdots, x_n]^{\mathrm{T}}$ 是向量变量，$\boldsymbol{y} = \boldsymbol{A}\boldsymbol{x}$，求 $\frac{\partial \boldsymbol{y}}{\partial \boldsymbol{x}}$.

解 按分子布局，得

$$\frac{\partial \boldsymbol{y}}{\partial \boldsymbol{x}^{\mathrm{T}}} = \boldsymbol{A}.$$

按分母布局，得

$$\frac{\partial \boldsymbol{y}^{\mathrm{T}}}{\partial \boldsymbol{x}} = \boldsymbol{A}^{\mathrm{T}}.$$

7.4.5 矩阵值函数对矩阵求导

定义 7.4.2 设矩阵值函数 $\boldsymbol{F}(\boldsymbol{X})=(f_{ij}(\boldsymbol{X}))_{s\times t}$ 是关于矩阵变量 $\boldsymbol{X}=(x_{ij})\in\mathbf{C}^{m\times n}$ 的函数，则 $\boldsymbol{F}(\boldsymbol{X})$ 对矩阵变量 $\boldsymbol{X}$ 的**导数**为

$$\frac{\mathrm{d}\boldsymbol{F}(\boldsymbol{X})}{\mathrm{d}\boldsymbol{X}}=\left[\frac{\partial \boldsymbol{F}}{\partial x_{ij}}\right]_{m\times n}=\begin{bmatrix}\dfrac{\partial \boldsymbol{F}}{\partial x_{11}} & \dfrac{\partial \boldsymbol{F}}{\partial x_{12}} & \cdots & \dfrac{\partial \boldsymbol{F}}{\partial x_{1n}}\\ \dfrac{\partial \boldsymbol{F}}{\partial x_{21}} & \dfrac{\partial \boldsymbol{F}}{\partial x_{22}} & \cdots & \dfrac{\partial \boldsymbol{F}}{\partial x_{2n}}\\ \vdots & \vdots & & \vdots\\ \dfrac{\partial \boldsymbol{F}}{\partial x_{m1}} & \dfrac{\partial \boldsymbol{F}}{\partial x_{m2}} & \cdots & \dfrac{\partial \boldsymbol{F}}{\partial x_{mn}}\end{bmatrix}. \tag{7-14}$$

其中 $\dfrac{\partial \boldsymbol{F}}{\partial x_{ij}}=\begin{bmatrix}\dfrac{\partial f_{11}}{\partial x_{ij}} & \dfrac{\partial f_{12}}{\partial x_{ij}} & \cdots & \dfrac{\partial f_{1t}}{\partial x_{ij}}\\ \dfrac{\partial f_{21}}{\partial x_{ij}} & \dfrac{\partial f_{22}}{\partial x_{ij}} & \cdots & \dfrac{\partial f_{2t}}{\partial x_{ij}}\\ \vdots & \vdots & & \vdots\\ \dfrac{\partial f_{s1}}{\partial x_{ij}} & \dfrac{\partial f_{s2}}{\partial x_{ij}} & \cdots & \dfrac{\partial f_{st}}{\partial x_{ij}}\end{bmatrix}_{s\times t}$，即 $\dfrac{\mathrm{d}\boldsymbol{F}(\boldsymbol{X})}{\mathrm{d}\boldsymbol{X}}$ 的结果为 $(ms)\times(nt)$ 矩阵.

作为特殊情形，这一定义包括了向量值函数对于向量变量的导数、向量值函数对于矩阵变量的导数、矩阵值函数对于向量的导数等.

例 7.4.7 设 $\boldsymbol{a}=[a_1,a_2,a_3,a_4]^{\mathrm{T}}$, $\boldsymbol{X}=[x_{ij}]_{2\times 4}$ 是矩阵变量, 求 $\dfrac{\mathrm{d}(\boldsymbol{Xa})^{\mathrm{T}}}{\mathrm{d}\boldsymbol{X}}, \dfrac{\mathrm{d}(\boldsymbol{Xa})}{\mathrm{d}\boldsymbol{X}}$.

解 因为

$$\boldsymbol{Xa}=\begin{bmatrix}\sum\limits_{k=1}^{4}x_{1k}a_k\\ \sum\limits_{k=1}^{4}x_{2k}a_k\end{bmatrix},$$

$$(\boldsymbol{Xa})^{\mathrm{T}}=\left[\sum_{k=1}^{4}x_{1k}a_k,\sum_{k=1}^{4}x_{2k}a_k\right],$$

所以

$$
\frac{\mathrm{d}(\boldsymbol{X}\boldsymbol{a})^{\mathrm{T}}}{\mathrm{d}\boldsymbol{X}} = \begin{bmatrix} \dfrac{\partial(\boldsymbol{X}\boldsymbol{a})^{\mathrm{T}}}{\partial x_{11}} & \dfrac{\partial(\boldsymbol{X}\boldsymbol{a})^{\mathrm{T}}}{\partial x_{12}} & \dfrac{\partial(\boldsymbol{X}\boldsymbol{a})^{\mathrm{T}}}{\partial x_{13}} & \dfrac{\partial(\boldsymbol{X}\boldsymbol{a})^{\mathrm{T}}}{\partial x_{14}} \\ \dfrac{\partial(\boldsymbol{X}\boldsymbol{a})^{\mathrm{T}}}{\partial x_{21}} & \dfrac{\partial(\boldsymbol{X}\boldsymbol{a})^{\mathrm{T}}}{\partial x_{22}} & \dfrac{\partial(\boldsymbol{X}\boldsymbol{a})^{\mathrm{T}}}{\partial x_{23}} & \dfrac{\partial(\boldsymbol{X}\boldsymbol{a})^{\mathrm{T}}}{\partial x_{24}} \end{bmatrix}
$$

$$
= \begin{bmatrix} a_1 & 0 & a_2 & 0 & a_3 & 0 & a_4 & 0 \\ 0 & a_1 & 0 & a_2 & 0 & a_3 & 0 & a_4 \end{bmatrix},
$$

$$
\frac{\mathrm{d}(\boldsymbol{X}\boldsymbol{a})}{\mathrm{d}\boldsymbol{X}} = \begin{bmatrix} \dfrac{\partial(\boldsymbol{X}\boldsymbol{a})}{\partial x_{11}} & \dfrac{\partial(\boldsymbol{X}\boldsymbol{a})}{\partial x_{12}} & \dfrac{\partial(\boldsymbol{X}\boldsymbol{a})}{\partial x_{13}} & \dfrac{\partial(\boldsymbol{X}\boldsymbol{a})}{\partial x_{14}} \\ \dfrac{\partial(\boldsymbol{X}\boldsymbol{a})}{\partial x_{21}} & \dfrac{\partial(\boldsymbol{X}\boldsymbol{a})}{\partial x_{22}} & \dfrac{\partial(\boldsymbol{X}\boldsymbol{a})}{\partial x_{23}} & \dfrac{\partial(\boldsymbol{X}\boldsymbol{a})}{\partial x_{24}} \end{bmatrix}
$$

$$
= \begin{bmatrix} a_1 & a_2 & a_3 & a_4 \\ 0 & 0 & 0 & 0 \\ 0 & 0 & 0 & 0 \\ a_1 & a_2 & a_3 & a_4 \end{bmatrix}.
$$

7.5 矩阵函数求导的链式法则

本节中，标量对向量的求导、标量对矩阵的求导使用分母布局，向量对向量的求导使用分子布局.

7.5.1 向量函数对向量变量求导

首先来看向量对向量求导的链式法则. 假设多个向量存在依赖关系，比如三个向量 $\boldsymbol{x} \to \boldsymbol{y} \to \boldsymbol{z}$ 存在复合函数关系，则有下面的链式求导法则：

$$
\frac{\partial \boldsymbol{z}}{\partial \boldsymbol{x}} = \frac{\partial \boldsymbol{z}}{\partial \boldsymbol{y}} \frac{\partial \boldsymbol{y}}{\partial \boldsymbol{x}}.
$$

从矩阵维度相容的角度也很容易理解上面的链式法则，假设 $\boldsymbol{x}, \boldsymbol{y}, \boldsymbol{z}$ 分别是 n, m, p 维向量，则求导结果 $\dfrac{\partial \boldsymbol{z}}{\partial \boldsymbol{x}}$ 是一个 $p \times n$ 的雅克比矩阵，而右边 $\dfrac{\partial \boldsymbol{z}}{\partial \boldsymbol{y}}$ 是一个 $p \times m$ 的雅克比矩阵，$\dfrac{\partial \boldsymbol{y}}{\partial \boldsymbol{x}}$ 是一个 $m \times n$ 的雅克比矩阵，两边的维度刚好相容.

注：该法则也可以推广到更多的向量复合关系.

7.5.2 标量函数对向量变量求导

在机器学习算法中，最终要优化的一般是一个标量损失函数，因此最后求导的目标是标量，即复合关系为 $\boldsymbol{x} \to \boldsymbol{y} \to z$. 此时很容易发现维度不相容，无法使用上一节的链式求导法则. 但是，假如把标量求导的部分都作一个转置，那么维度就可以相容

了，也就是

$$\left(\frac{\partial z}{\partial \boldsymbol{x}}\right)^{\mathrm{T}}=\left(\frac{\partial z}{\partial \boldsymbol{y}}\right)^{\mathrm{T}}\frac{\partial \boldsymbol{y}}{\partial \boldsymbol{x}}.$$

两边转置可以得到标量对多个向量求导的链式法则：

$$\frac{\partial z}{\partial \boldsymbol{x}}=\left(\frac{\partial \boldsymbol{y}}{\partial \boldsymbol{x}}\right)^{\mathrm{T}}\frac{\partial z}{\partial \boldsymbol{y}}.$$

如果是标量对更多的向量求导，比如 $\boldsymbol{y}_1\to\boldsymbol{y}_2\to\cdots\to\boldsymbol{y}_n\to z$，则其链式求导表达式可以表示为

$$\frac{\partial z}{\partial \boldsymbol{y}_1}=\left(\frac{\partial \boldsymbol{y}_n}{\partial \boldsymbol{y}_{n-1}}\frac{\partial \boldsymbol{y}_{n-1}}{\partial \boldsymbol{y}_{n-2}}\cdots\frac{\partial \boldsymbol{y}_2}{\partial \boldsymbol{y}_1}\right)^{\mathrm{T}}\frac{\partial z}{\partial \boldsymbol{y}_n}.$$

例 7.5.1 $f(\boldsymbol{x})=||\boldsymbol{A}\boldsymbol{x}-\boldsymbol{b}||^2$, 求 $\dfrac{\partial f}{\partial \boldsymbol{x}}$.

解 这是标量对向量求导，将向量范数写成

$$f(\boldsymbol{x})=(\boldsymbol{A}\boldsymbol{x}-\boldsymbol{b})^{\mathrm{T}}(\boldsymbol{A}\boldsymbol{x}-\boldsymbol{b}).$$

设 $f(\boldsymbol{x})=\boldsymbol{z}^{\mathrm{T}}\boldsymbol{z},\boldsymbol{z}=\boldsymbol{A}\boldsymbol{x}-\boldsymbol{b}$，则

$$\frac{\partial f}{\partial \boldsymbol{x}}=\left(\frac{\partial \boldsymbol{z}}{\partial \boldsymbol{x}}\right)^{\mathrm{T}}\frac{\partial f}{\partial \boldsymbol{z}}=\boldsymbol{A}^{\mathrm{T}}\cdot 2\boldsymbol{z}=2\boldsymbol{A}^{\mathrm{T}}(\boldsymbol{A}\boldsymbol{x}-\boldsymbol{b}).$$

7.5.3 标量函数对矩阵变量求导

矩阵对矩阵的求导是比较复杂的定义，但是对于一些线性关系的链式求导，仍可以得到一些有用的结论. 我们来看一个常见问题：$\boldsymbol{A},\boldsymbol{X},\boldsymbol{B},\boldsymbol{Y}$ 都是矩阵, z 是标量, 其中 $z=f(\boldsymbol{Y}),\boldsymbol{Y}=\boldsymbol{A}\boldsymbol{X}+\boldsymbol{B}$，则

$$\frac{\partial z}{\partial \boldsymbol{X}}=\boldsymbol{A}^{\mathrm{T}}\frac{\partial z}{\partial \boldsymbol{Y}}.$$

类似地，对 $z=f(\boldsymbol{Y}),\boldsymbol{Y}=\boldsymbol{X}\boldsymbol{A}+\boldsymbol{B}$，有

$$\frac{\partial z}{\partial \boldsymbol{X}}=\frac{\partial z}{\partial \boldsymbol{Y}}\boldsymbol{A}^{\mathrm{T}}.$$

对 $z=f(\boldsymbol{y}),\boldsymbol{y}=\boldsymbol{X}\boldsymbol{a}+\boldsymbol{b}$，有

$$\frac{\partial z}{\partial \boldsymbol{X}}=\frac{\partial z}{\partial \boldsymbol{y}}\boldsymbol{a}^{\mathrm{T}}.$$

7.6 一阶线性常系数微分方程组

在线性控制系统中，常涉及线性微分方程组的问题，矩阵函数在其中有着重要应用，它不仅使线性微分方程组定解问题表示形式比较简单，而且可使线性微分方程组求解得到简化.

7.6.1 一阶线性常系数齐次微分方程组

一阶线性常系数齐次微分方程

$$\frac{\mathrm{d}x(t)}{\mathrm{d}t} = ax(t), \quad x(t_0) = x_0 \tag{7-15}$$

的解为

$$x(t) = \mathrm{e}^{a(t-t_0)}x_0. \tag{7-16}$$

一阶线性常系数齐次微分方程组

$$\begin{cases} \dfrac{\mathrm{d}x_1}{\mathrm{d}t} = a_{11}x_1 + a_{12}x_2 + \cdots + a_{1n}x_n, \\ \dfrac{\mathrm{d}x_2}{\mathrm{d}t} = a_{21}x_1 + a_{22}x_2 + \cdots + a_{2n}x_n, \\ \qquad\vdots \\ \dfrac{\mathrm{d}x_n}{\mathrm{d}t} = a_{n1}x_1 + a_{n2}x_2 + \cdots + a_{nn}x_n \end{cases} \tag{7-17}$$

满足初始条件

$$x_i(t_0) = (x_0)_i, \quad i = 1, 2, \cdots, n.$$

记

$$\boldsymbol{A} = (a_{ij})_{n\times n}, \quad \boldsymbol{x}_0 = ((x_0)_1, (x_0)_2, \cdots, (x_0)_n)^{\mathrm{T}},$$
$$\boldsymbol{x}(t) = ((x_1)(t), (x_2)(t), \cdots, (x_n)(t))^{\mathrm{T}},$$

则微分方程组 (7-17) 可写为

$$\frac{\mathrm{d}\boldsymbol{x}(t)}{\mathrm{d}t} = \boldsymbol{A}\boldsymbol{x}(t), \quad \boldsymbol{x}(t_0) = \boldsymbol{x}_0. \tag{7-18}$$

定理 7.6.1 微分方程组 (7-18) 的解为

$$\boldsymbol{x}(t) = \mathrm{e}^{\boldsymbol{A}(t-t_0)}\boldsymbol{x}_0. \tag{7-19}$$

证 对式 (7-19) 两边求导，即得式 (7-18).

证毕

例 7.6.1 求一阶线性常系数齐次微分方程组

$$\begin{cases} \dfrac{\mathrm{d}x_1}{\mathrm{d}t} = 2x_1, \\ \dfrac{\mathrm{d}x_2}{\mathrm{d}t} = x_1 + x_2 + x_3, \\ \dfrac{\mathrm{d}x_3}{\mathrm{d}t} = x_1 - x_2 + 3x_3 \end{cases}$$

满足 $\boldsymbol{x}_0 = (1, 1, 1)^{\mathrm{T}}$ 的解.

解 令 $\boldsymbol{A}=\begin{bmatrix}2 & 0 & 0\\ 1 & 1 & 1\\ 1 & -1 & 3\end{bmatrix}$，则其解为

$$\boldsymbol{x}(t)=\mathrm{e}^{\boldsymbol{A}t}\boldsymbol{x}_0.$$

求得矩阵函数

$$\mathrm{e}^{\boldsymbol{A}t}=\mathrm{e}^{2t}\begin{bmatrix}1 & 0 & 0\\ t & 1-t & t\\ t & -t & 1+t\end{bmatrix}.$$

所求微分方程组的解为

$$\boldsymbol{x}(t)=\mathrm{e}^{2t}\begin{bmatrix}1 & 0 & 0\\ t & 1-t & t\\ t & -t & 1+t\end{bmatrix}\begin{bmatrix}1\\ 1\\ 1\end{bmatrix}=\begin{bmatrix}\mathrm{e}^{2t}\\ \mathrm{e}^{2t}(1+t)\\ \mathrm{e}^{2t}(1+t)\end{bmatrix}.$$

7.6.2 一阶线性常系数非齐次微分方程组

一阶线性常系数非齐次微分方程

$$\frac{\mathrm{d}x(t)}{\mathrm{d}t}=ax(t)+f(t),\quad x(t_0)=x_0 \tag{7-20}$$

的解为

$$x(t)=\mathrm{e}^{a(t-t_0)}x_0+\mathrm{e}^{at}\int_{t_0}^{t}\mathrm{e}^{-as}f(s)\mathrm{d}s. \tag{7-21}$$

证 计算得

$$\frac{\mathrm{d}}{\mathrm{d}t}(\mathrm{e}^{(-at)x(t)})=\mathrm{e}^{-at}f(t),$$

两边在 $[t_0,t]$ 上积分，化简可得方程 (7-21).

证毕

一阶线性常系数非齐次微分方程组

$$\begin{cases}\dfrac{\mathrm{d}x_1}{\mathrm{d}t}=a_{11}x_1+a_{12}x_2+\cdots+a_{1n}x_n+f_1(t),\\ \dfrac{\mathrm{d}x_2}{\mathrm{d}t}=a_{21}x_1+a_{22}x_2+\cdots+a_{2n}x_n+f_2(t),\\ \qquad\vdots\\ \dfrac{\mathrm{d}x_n}{\mathrm{d}t}=a_{n1}x_1+a_{n2}x_2+\cdots+a_{nn}x_n+f_n(t)\end{cases} \tag{7-22}$$

满足初始条件

$$x_i(t_0)=(x_0)_i,\quad i=1,2,\cdots,n.$$

记

$$A = (a_{ij})_{n\times n}, \quad \boldsymbol{x}_0 = ((x_0)_1, (x_0)_2, \cdots, (x_0)_n)^{\mathrm{T}},$$

$$\boldsymbol{x}(t) = (x_1(t), x_2(t), \cdots, x_n(t))^{\mathrm{T}}, \quad \boldsymbol{f}(t) = (f_1(t), f_2(t), \cdots, f_n(t))^{\mathrm{T}},$$

则微分方程组 (7-17) 可写为

$$\frac{\mathrm{d}\boldsymbol{x}(t)}{\mathrm{d}t} = \boldsymbol{A}\boldsymbol{x}(t) + \boldsymbol{f}(t), \quad \boldsymbol{x}(t_0) = \boldsymbol{x}_0. \tag{7-23}$$

定理 7.6.2 一阶线性常系数非齐次微分方程组 (7-23) 的解为

$$\boldsymbol{x}(t) = \mathrm{e}^{\boldsymbol{A}(t-t_0)}\boldsymbol{x}_0 + \mathrm{e}^{\boldsymbol{A}t}\int_{t_0}^{t} \mathrm{e}^{-\boldsymbol{A}s}\boldsymbol{f}(s)\mathrm{d}s. \tag{7-24}$$

证 计算得

$$\begin{aligned}\frac{\mathrm{d}}{\mathrm{d}t}(\mathrm{e}^{-\boldsymbol{A}t}\boldsymbol{x}(t)) &= \mathrm{e}^{-\boldsymbol{A}t}(-\boldsymbol{A})\boldsymbol{x}(t) + \mathrm{e}^{-\boldsymbol{A}t}\frac{\mathrm{d}\boldsymbol{x}(t)}{\mathrm{d}t}\\ &= \mathrm{e}^{-\boldsymbol{A}t}\left(\frac{\mathrm{d}\boldsymbol{x}(t)}{\mathrm{d}t} - \boldsymbol{A}\boldsymbol{x}(t)\right) = \mathrm{e}^{-\boldsymbol{A}t}\boldsymbol{f}(t),\end{aligned}$$

两边在 $[t_0, t]$ 上积分, 得

$$\int_{t_0}^{t} \frac{\mathrm{d}}{\mathrm{d}s}(\mathrm{e}^{-\boldsymbol{A}s}\boldsymbol{x}(s))\mathrm{d}s = \int_{t_0}^{t} \mathrm{e}^{-\boldsymbol{A}s}\boldsymbol{f}(s)\mathrm{d}s,$$

化简得

$$\mathrm{e}^{-\boldsymbol{A}t}\boldsymbol{x}(t) - \mathrm{e}^{-\boldsymbol{A}t_0}\boldsymbol{x}(t_0) = \int_{t_0}^{t} \mathrm{e}^{-\boldsymbol{A}s}\boldsymbol{f}(s)\mathrm{d}s,$$

即

$$\boldsymbol{x}(t) = \mathrm{e}^{\boldsymbol{A}(t-t_0)}\boldsymbol{x}_0 + \mathrm{e}^{\boldsymbol{A}t}\int_{t_0}^{t} \mathrm{e}^{-\boldsymbol{A}s}\boldsymbol{f}(s)\mathrm{d}s.$$

证毕

例 7.6.2 求一阶线性常系数非齐次微分方程组

$$\begin{cases}\dfrac{\mathrm{d}x_1}{\mathrm{d}t} = -x_1 + x_3 + 1,\\[2mm] \dfrac{\mathrm{d}x_2}{\mathrm{d}t} = x_1 + 2x_2 - 1,\\[2mm] \dfrac{\mathrm{d}x_3}{\mathrm{d}t} = -4x_1 + 3x_3 + 2\end{cases}$$

满足 $\boldsymbol{x}(0) = (1, 0, 1)^{\mathrm{T}}$ 的解.

解 令

$$\boldsymbol{A}=\begin{bmatrix}-1&0&1\\1&2&0\\-4&0&3\end{bmatrix},\ \boldsymbol{f}(t)=\begin{bmatrix}1\\-1\\2\end{bmatrix},\ \boldsymbol{x}(0)=\begin{bmatrix}1\\0\\1\end{bmatrix},$$

求得矩阵函数

$$\mathrm{e}^{\boldsymbol{A}t}=\begin{bmatrix}\mathrm{e}^t-2t\mathrm{e}^t&0&t\mathrm{e}^t\\-\mathrm{e}^{2t}+\mathrm{e}^t+2t\mathrm{e}^t&\mathrm{e}^{2t}&\mathrm{e}^{2t}-\mathrm{e}^t-t\mathrm{e}^t\\-4t\mathrm{e}^t&0&2t\mathrm{e}^t+\mathrm{e}^t\end{bmatrix},$$

$$\int_0^t\mathrm{e}^{-\boldsymbol{A}s}\boldsymbol{f}(s)\mathrm{d}s=\int_0^t\begin{bmatrix}\mathrm{e}^{-s}\\-\mathrm{e}^{-s}\\2\mathrm{e}^{-s}\end{bmatrix}\mathrm{d}s=\begin{bmatrix}1-\mathrm{e}^{-t}\\-1+\mathrm{e}^{-t}\\2-2\mathrm{e}^{-t}\end{bmatrix}.$$

因此所求微分方程组的解为

$$\boldsymbol{x}(t)=\begin{bmatrix}(2-t)\mathrm{e}^t-1\\(t-1)\mathrm{e}^t+1\\(3-2t)\mathrm{e}^t-2\end{bmatrix}.$$

7.6.3 Lyapunov 方程

定义 7.6.1 形如

$$\boldsymbol{AX}+\boldsymbol{XB}=\boldsymbol{F}\tag{7-25}$$

的方程称为**李亚普诺夫**（Lyapunov）**方程**.

Lyapunov 方程是系统理论中常见的方程.

定理 7.6.3 设 Lyapunov 方程

$$\boldsymbol{AX}+\boldsymbol{XB}=\boldsymbol{F},$$

其中 $\boldsymbol{A}\in\mathbf{C}^{m\times m},\boldsymbol{B}\in\mathbf{C}^{n\times n},\boldsymbol{F}\in\mathbf{C}^{m\times n}$. 如果 $\boldsymbol{A}$ 和 $\boldsymbol{B}$ 的所有特征值都具有负实部，则该方程有唯一解

$$\boldsymbol{X}=-\int_0^{+\infty}\mathrm{e}^{\boldsymbol{A}t}\boldsymbol{F}\mathrm{e}^{\boldsymbol{B}t}\mathrm{d}t.$$

定理 7.6.4 设 $\boldsymbol{A}\in\mathbf{C}^{m\times m},\boldsymbol{B}\in\mathbf{C}^{n\times n},\boldsymbol{F}\in\mathbf{C}^{m\times n}$，则矩阵微分方程

$$\begin{cases}\dfrac{\mathrm{d}\boldsymbol{X}}{\mathrm{d}t}=\boldsymbol{AX}+\boldsymbol{XB},\\ \boldsymbol{X}(\boldsymbol{0})=\boldsymbol{F}\end{cases}$$

的解为

$$\boldsymbol{X}(t)=\mathrm{e}^{\boldsymbol{A}t}\boldsymbol{F}\mathrm{e}^{\boldsymbol{B}t}.$$

7.7 Python 实现

例 7.7.1 已知矩阵 $\boldsymbol{A}=\begin{bmatrix}-1&0&1\\1&2&0\\-4&0&3\end{bmatrix}$，求它的谱半径.

解 在 Python 中，可以使用 numpy 库来求解矩阵的谱半径，代码如下：

```
import numpy as np
def matrix_spectral_radius(A):
    """计算矩阵A的谱半径"""
    eigenvalues = np.linalg.eigvals(A)
    return np.max(np.abs(eigenvalues))
# 示例矩阵
A = np.array([[-1, 0, 1],
              [1, 2, 0],
              [-4, 0, 3]])
# 计算矩阵A的谱半径
spectral_radius = matrix_spectral_radius(A)
print(f"The spectral radius of A is: {spectral_radius}")
```

例 7.7.2 已知矩阵 $\boldsymbol{A}=\begin{bmatrix}-1&0&1\\1&2&0\\-4&0&3\end{bmatrix}$，求 $\mathrm{e}^{\boldsymbol{A}}$，$\sin\boldsymbol{A}$，$\cos\boldsymbol{A}$.

解 Scipy.linalg 是 SciPy 库中求解线性代数的模块，提供了一系列用于矩阵分析、求解线性方程组、解决优化问题、特征值计算等的函数. 代码如下：

```
import numpy as np
from scipy.linalg import expm, sinm, cosm
A = np.array([[-1, 0, 1],
              [1, 2, 0],
              [-4, 0, 3]])
exp_A = expm(A)
print(exp_A)
sin_A = sinm(A)
print(sin_A)
cos_A = cosm(A)
print(cos_A)
```

7.8 应用案例: 虫子爬行轨迹

一只虫子在平面直角坐标系内爬行，如图 7-1 所示. 开始时位于点 $P_0(1,0)$ 处. 如果知道虫子在点 $P(x,\ y)$ 处沿 x 轴正向的速率为 $4x-5y$, 沿 y 轴正向的速率为 $2x-3y$，如何确定虫子爬行的轨迹的参数方程[5]？

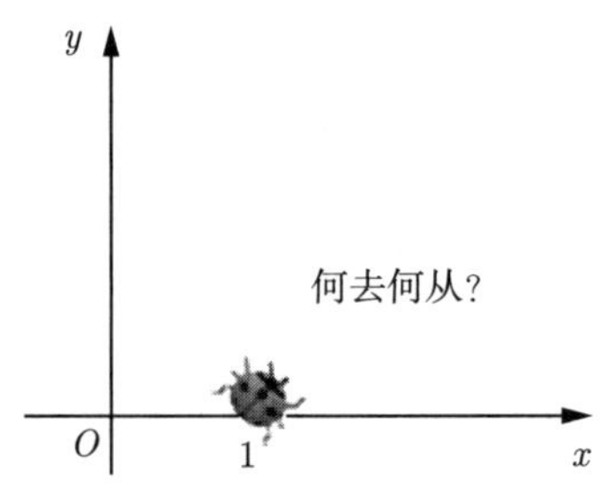

图 7-1　虫子爬行的轨迹

1. 模型建立

设 t 时刻虫子所处位置的坐标为 $(x(t),\ y(t))$. 由已知条件知

$$\begin{cases} \dfrac{\mathrm{d}x}{\mathrm{d}t} = 4x - 5y, \\ \dfrac{\mathrm{d}y}{\mathrm{d}t} = 2x - 3y, \end{cases}$$

初值条件为

$$(x(0), y(0)) = (1, 0).$$

现要由此得出虫子爬行的轨迹的参数方程.

2. 模型求解

令 $\boldsymbol{A} = \begin{bmatrix} 4 & -5 \\ 2 & -3 \end{bmatrix}$, 则

$$|\lambda \boldsymbol{I} - \boldsymbol{A}| = \begin{vmatrix} \lambda - 4 & 5 \\ -2 & \lambda + 3 \end{vmatrix} = (\lambda + 1)(\lambda - 2).$$

解得

$$\lambda_1 = -1, \quad \lambda_2 = 2.$$

分别对应的线性无关的特征向量为

$$\boldsymbol{\xi}_1 = (1, 1)^{\mathrm{T}}, \quad \boldsymbol{\xi}_2 = (5, 2)^{\mathrm{T}}.$$

令 $\boldsymbol{P} = (\boldsymbol{\xi}_1, \boldsymbol{\xi}_2)$, 则

$$\boldsymbol{P}^{-1}\boldsymbol{A}\boldsymbol{P} = \begin{bmatrix} -1 & 0 \\ 0 & 2 \end{bmatrix}.$$

记 $\boldsymbol{X}=\begin{bmatrix} x \\ y \end{bmatrix}$，$\boldsymbol{Y}=\begin{bmatrix} u \\ v \end{bmatrix}$，并且作线性变换 $\boldsymbol{X}=\boldsymbol{P}\boldsymbol{Y}$，则

$$\boldsymbol{Y}=\boldsymbol{P}^{-1}\boldsymbol{X},$$

$$\frac{\mathrm{d}\boldsymbol{Y}}{\mathrm{d}t}=\boldsymbol{P}^{-1}\frac{\mathrm{d}\boldsymbol{X}}{\mathrm{d}t}=\boldsymbol{P}^{-1}\boldsymbol{A}\boldsymbol{X}=\boldsymbol{P}^{-1}\boldsymbol{A}\boldsymbol{P}\boldsymbol{Y}=\begin{bmatrix} -1 & 0 \\ 0 & 2 \end{bmatrix}\boldsymbol{Y},$$

即

$$\begin{bmatrix} \mathrm{d}u/\mathrm{d}t \\ \mathrm{d}v/\mathrm{d}t \end{bmatrix}=\begin{bmatrix} -1 & 0 \\ 0 & 2 \end{bmatrix}\begin{bmatrix} u \\ v \end{bmatrix},$$

故

$$u=c_1\mathrm{e}^{t},\quad v=c_2\mathrm{e}^{2t},$$

即

$$\boldsymbol{Y}=\begin{bmatrix} c_1\mathrm{e}^{-t} \\ c_2\mathrm{e}^{2t} \end{bmatrix}.$$

因而

$$\begin{bmatrix} c_1 \\ c_2 \end{bmatrix}=\boldsymbol{Y}|_{t=0}=\boldsymbol{P}^{-1}\boldsymbol{X}|_{t=0}=\begin{bmatrix} -2/3 & 5/3 \\ 1/3 & -1/3 \end{bmatrix}\begin{bmatrix} 1 \\ 0 \end{bmatrix}=\begin{bmatrix} -2/3 \\ 1/3 \end{bmatrix}.$$

于是得

$$\boldsymbol{Y}=\begin{bmatrix} -\dfrac{2}{3}\mathrm{e}^{-t} \\ \dfrac{1}{3}\mathrm{e}^{2t} \end{bmatrix},\quad \boldsymbol{X}=\boldsymbol{P}\boldsymbol{Y}=\begin{bmatrix} 1 & 5 \\ 1 & 2 \end{bmatrix}\begin{bmatrix} -\dfrac{2}{3}\mathrm{e}^{-t} \\ \dfrac{1}{3}\mathrm{e}^{2t} \end{bmatrix}=\begin{bmatrix} -\dfrac{2}{3}\mathrm{e}^{-t}+\dfrac{5}{3}\mathrm{e}^{2t} \\ -\dfrac{2}{3}\mathrm{e}^{-t}+\dfrac{2}{3}\mathrm{e}^{2t} \end{bmatrix}.$$

即虫子爬行的轨迹的参数方程为

$$\begin{cases} x=-\dfrac{2}{3}\mathrm{e}^{-t}+\dfrac{5}{3}\mathrm{e}^{2t}, \\ y=-\dfrac{2}{3}\mathrm{e}^{-t}+\dfrac{2}{3}\mathrm{e}^{2t}. \end{cases}$$

3. Python 实现

命令代码如下：

```
import numpy as np
import math
import matplotlib.pyplot as plt
```

```
# 定义参数 t
t = np.linspace(0, 1, 100)
x = np.zeros(100)
y = np.zeros(100)

# 定义 x 和 y 的参数方程
for t in range(100):
    x[t] = -2*math.exp(t)/3 + 5* math.exp(2*t)/3
    y[t] = -2*math.exp(t)/3 + 2* math.exp(2*t)/3

# 绘制图像
plt.rcParams['font.sans-serif'] = ['SimHei']
plt.rcParams['axes.unicode_minus'] = False
plt.figure(figsize=(6, 6))
plt.plot(x, y, label='虫子爬行轨迹', color='blue')
plt.title('x = -2/3*exp(t) + 5/3*exp(2*t), y = -2/3*exp(t) + 2/5*exp(2*t)')
plt.xlabel('x')
plt.ylabel('y')
plt.axis('equal')
plt.axhline(0, color='black',linewidth=0.5, ls='--')
plt.axvline(0, color='black',linewidth=0.5, ls='--')
plt.grid()
plt.legend()
plt.show()
```

从图 7-2 中可以看出虫子爬行的轨迹接近一条直线.

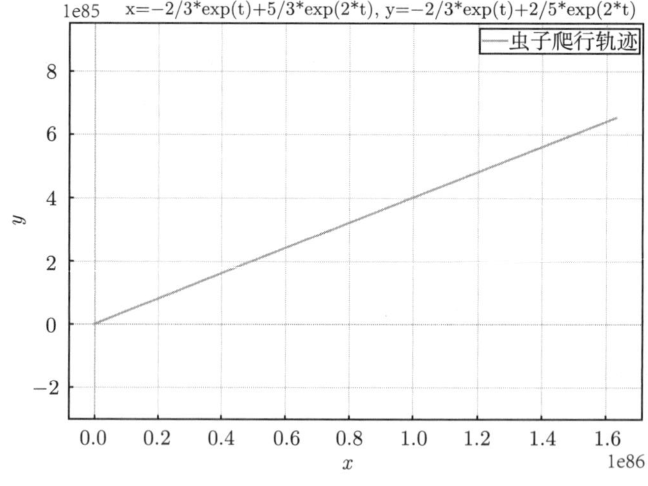

图 7-2 虫子爬行轨迹

习 题 7

7.1 设 $\boldsymbol{A}=\begin{bmatrix}0&a&a\\a&0&a\\a&a&0\end{bmatrix}$，$a\in\mathbf{R}$，则矩阵幂级数 $\sum\limits_{k=0}^{\infty}\boldsymbol{A}^k$ 收敛的充要条件是 (　　).

A. $a>\dfrac{1}{2}$　　B. $a<-\dfrac{1}{2}$

C. $a>\dfrac{1}{2}$ 或 $a<-\dfrac{1}{2}$　　D. $-\dfrac{1}{2}<a<\dfrac{1}{2}$

7.2 设 $\mathrm{e}^{\boldsymbol{A}t}=\begin{bmatrix}\mathrm{e}^{2t}&24\mathrm{e}^{t}-24\mathrm{e}^{2t}+24t\mathrm{e}^{2t}&-4\mathrm{e}^{t}+4\mathrm{e}^{2t}\\0&\mathrm{e}^{2t}&0\\0&-6\mathrm{e}^{t}+6\mathrm{e}^{2t}&\mathrm{e}^{t}\end{bmatrix}$，则 $\boldsymbol{A}$=(　　).

A. $\begin{bmatrix}2&1&4\\0&2&0\\0&3&1\end{bmatrix}$　　B. $\begin{bmatrix}1&1&4\\0&1&0\\0&6&1\end{bmatrix}$

C. $\begin{bmatrix}2&0&4\\0&2&0\\0&6&1\end{bmatrix}$　　D. $\begin{bmatrix}2&2&4\\0&2&0\\0&3&1\end{bmatrix}$

7.3 矩阵 $\boldsymbol{A}$ 取 (　　) 时，矩阵级数 $\sum\limits_{k=0}^{\infty}\dfrac{1}{k+1}\boldsymbol{A}^k$ 收敛.

A. $\dfrac{1}{2}\begin{bmatrix}-1&3\\2&4\end{bmatrix}$　　B. $\dfrac{1}{3}\begin{bmatrix}1&2\\3&2\end{bmatrix}$

C. $\dfrac{1}{4}\begin{bmatrix}1&4\\2&3\end{bmatrix}$　　D. $\dfrac{1}{5}\begin{bmatrix}2&1\\1&2\end{bmatrix}$

7.4 已知 $\boldsymbol{A}^{(k)}=\begin{bmatrix}\dfrac{1}{k+1}&\cos\dfrac{1}{k}\\\dfrac{2k^2+1}{k^2+k}&\left(1-\dfrac{1}{k}\right)^k\end{bmatrix}$，求 $\lim\limits_{k\to\infty}\boldsymbol{A}^{(k)}$.

7.5 已知 $\boldsymbol{A}(t)=\begin{bmatrix}\sin 2t&\ln t&t\\\mathrm{e}^t&\cos t&t^2\\1&0&0\end{bmatrix}$，求 (1) $\boldsymbol{A}'(t)$；(2) $\boldsymbol{A}''(t)$；(3) $\int_1^2\boldsymbol{A}(t)\mathrm{d}t$；(4) $\dfrac{\mathrm{d}}{\mathrm{d}t}|\boldsymbol{A}(t)|$.

7.6 设 $\boldsymbol{A}=\begin{bmatrix}1&1\\0&2\end{bmatrix}$，求 $\mathrm{e}^{\boldsymbol{A}},\sin\boldsymbol{A},\cos\boldsymbol{A}t$.

7.7 设微分方程组 $\begin{cases} \dfrac{\mathrm{d}\boldsymbol{x}}{\mathrm{d}t} = \boldsymbol{A}x, \\ \boldsymbol{x}(0) = \boldsymbol{x}_0, \end{cases}$ 其中 $\boldsymbol{A} = \begin{bmatrix} 5 & 0 & 8 \\ 3 & 1 & 6 \\ -2 & 0 & -3 \end{bmatrix}$，初值条件 $\boldsymbol{x}_0 = \begin{bmatrix} 1 \\ 1 \\ 1 \end{bmatrix}$. 求：

（1）$\boldsymbol{A}$ 的最小多项式 $m_{\boldsymbol{A}}(\lambda)$;

（2）$\mathrm{e}^{\boldsymbol{A}t}$;

（3）该方程组的解.

7.8 已知 $\boldsymbol{A}^{(k)} = \dfrac{k}{6^k} \begin{bmatrix} 1 & -4 \\ -2 & 1 \end{bmatrix}^k$，讨论矩阵级数 $\sum\limits_{k=0}^{\infty} \boldsymbol{A}^{(k)}$ 的敛散性.

7.9 已知 $\boldsymbol{A} = \begin{bmatrix} 1 & 2 \\ 3 & 4 \end{bmatrix}, \boldsymbol{x} = (x_1, x_2)^{\mathrm{T}}, \boldsymbol{X} = \begin{bmatrix} x_1 & x_2 \\ x_3 & x_4 \end{bmatrix}, f(\boldsymbol{x}) = \boldsymbol{x}^{\mathrm{T}}\boldsymbol{A}\boldsymbol{x}, \boldsymbol{g}(\boldsymbol{X}) = \boldsymbol{A}\boldsymbol{X}$，求 $\dfrac{\mathrm{d}f(\boldsymbol{x})}{\mathrm{d}\boldsymbol{x}}, \dfrac{\mathrm{d}\boldsymbol{g}(\boldsymbol{X})}{\mathrm{d}\boldsymbol{X}}$.

7.10 若矩阵 $\boldsymbol{A}$ 为实反对称矩阵, 证明：$\mathrm{e}^{\boldsymbol{A}}$ 是正交矩阵.

7.11 设函数 $L = -\boldsymbol{y}\log\mathrm{softmax}(\boldsymbol{W}\boldsymbol{x})$，求 $\dfrac{\partial L}{\partial \boldsymbol{W}}$. 式中 $\boldsymbol{y}$ 是 one-hot 向量，$\mathrm{softmax}(\boldsymbol{x}) = \dfrac{\exp(\boldsymbol{x})}{\boldsymbol{1}^{\mathrm{T}}\exp(\boldsymbol{x})}$，其中 $\exp(\boldsymbol{x})$ 表示逐元素指数函数，$\boldsymbol{1}$ 代表全 1 向量.

第 8 章　矩阵的广义逆

一般地，对于 n 阶方阵 $\boldsymbol{A}$，如果行列式 $\det(\boldsymbol{A}) \neq 0$，则 $\boldsymbol{A}$ 的逆矩阵 $\boldsymbol{A}^{-1}$ 存在且唯一，否则矩阵 $\boldsymbol{A}$ 不可逆. 然而，在许多实际应用中，我们遇到的矩阵可能不是方阵，或者即使是方阵，其行列式也可能为零（即奇异矩阵），这样的矩阵没有传统的逆矩阵. 矩阵的广义逆将逆矩阵的概念推广到不可逆矩阵以及长方矩阵上. 目前，矩阵的广义逆是相关理论的有力工具，其在数理统计、系统理论、最优化理论、现代控制理论等许多领域中有着非常重要的应用.

8.1　广义逆的定义

定义 8.1.1　设矩阵 $\boldsymbol{A} \in \mathbf{C}^{m\times n}$，若矩阵 $\boldsymbol{G} \in \mathbf{C}^{n\times m}$ 满足如下四个彭罗斯（Penrose）方程

$$\begin{aligned} &(1)\ \ \boldsymbol{AGA} = \boldsymbol{A}, \qquad && (2)\ \boldsymbol{GAG} = \boldsymbol{G}, \\ &(3)\ (\boldsymbol{AG})^{\mathrm{H}} = \boldsymbol{AG}, \qquad && (4)\ (\boldsymbol{GA})^{\mathrm{H}} = \boldsymbol{GA} \end{aligned} \tag{8-1}$$

中的一个或若干个，则称 $\boldsymbol{G}$ 是 $\boldsymbol{A}$ 的**广义逆矩阵**.

满足全部四个 Penrose 方程的广义逆矩阵称为**摩尔-彭罗斯**（Moore-Penrose）**逆**. 满足第 $i,j,\cdots,k$ 个 Penrose 方程的逆称为 $\{i,j,\cdots,k\}$ 逆, 记作 $\boldsymbol{A}^{(i,j,\cdots,k)}$. 例如满足方程 (8-1) 中（1）和（2），称为 $\{1,2\}$ 逆，记作 $\boldsymbol{A}^{(1,2)}$. 按照上述定义，广义逆矩阵一共有 $\mathrm{C}_4^1+\mathrm{C}_4^2+\mathrm{C}_4^3+\mathrm{C}_4^4=15$ 种. 应用较多的是 $\boldsymbol{A}^{(1)}, \boldsymbol{A}^{(1,2)}, \boldsymbol{A}^{(1,3)}, \boldsymbol{A}^{(1,4)}, \boldsymbol{A}^{(1,2,3,4)}$.

例 8.1.1　设矩阵 $\boldsymbol{A} = \begin{bmatrix} 0 & 0 & 1 \\ 0 & 0 & 0 \end{bmatrix}$，由矩阵 $\boldsymbol{G}_1 = \begin{bmatrix} -1 & -1 \\ 1 & 1 \\ 1 & 1 \end{bmatrix}$，$\boldsymbol{G}_2 = \begin{bmatrix} 1 & 1 \\ 1 & 1 \\ 1 & 1 \end{bmatrix}$ 满足

$$\boldsymbol{AG}_i\boldsymbol{A} = \boldsymbol{A}, \quad \boldsymbol{G}_i\boldsymbol{AG}_i = \boldsymbol{G}_i, \quad i=1,2,$$

但不满足

$$(\boldsymbol{AG}_i)^{\mathrm{H}} = \boldsymbol{AG}_i, \quad (\boldsymbol{G}_i\boldsymbol{A})^{\mathrm{H}} = \boldsymbol{G}_i\boldsymbol{A}, \quad i=1,2$$

可知，$\boldsymbol{G}_1,\boldsymbol{G}_2$ 均是 $\boldsymbol{A}$ 的 $\{1,2\}$ 广义逆.

注：广义逆矩阵中，除了 Moore-Penrose 逆是唯一的，其他的广义逆都不唯一.

8.2 广义逆 A^-

定义 8.2.1 设矩阵 $\boldsymbol{A}\in\mathbf{C}^{m\times n}$ ，若矩阵 $\boldsymbol{G}\in\mathbf{C}^{n\times m}$ 满足第一个 Penrose 方程，即

$$\boldsymbol{AGA}=\boldsymbol{A}, \tag{8-2}$$

则称 $\boldsymbol{G}$ 是 $\boldsymbol{A}$ 的$\{1\}$ 逆，又称**减号逆**，记作 $\boldsymbol{A}^{(1)}$ 或 $\boldsymbol{A}^{-}$.

定理 8.2.1 设矩阵 $\boldsymbol{A}\in\mathbf{C}_r^{m\times n}$，可逆矩阵 $\boldsymbol{P},\boldsymbol{Q}$ 满足式 (8-4)，则矩阵 $\boldsymbol{G}\in\mathbf{C}^{n\times m}$ 满足 $\boldsymbol{AGA}=\boldsymbol{A}$ 的充要条件是

$$\boldsymbol{G}=\boldsymbol{Q}\begin{bmatrix}\boldsymbol{I}_r & *_1\\ *_2 & *_3\end{bmatrix}\boldsymbol{P}. \tag{8-3}$$

其中 $*_1\in\mathbf{C}^{r\times(m-r)}, *_2\in\mathbf{C}^{(n-r)\times r}, *_3\in\mathbf{C}^{(n-r)\times(m-r)}$，表示任意矩阵.

证 充分性.

设矩阵 $\boldsymbol{A}\in\mathbf{C}_r^{m\times n}$，则存在可逆矩阵 $\boldsymbol{P},\boldsymbol{Q}$，使得

$$\boldsymbol{PAQ}=\begin{bmatrix}\boldsymbol{I}_r & \boldsymbol{O}\\ \boldsymbol{O} & \boldsymbol{O}\end{bmatrix}. \tag{8-4}$$

由式 (8-4) 得

$$\boldsymbol{A}=\boldsymbol{P}^{-1}\begin{bmatrix}\boldsymbol{I}_r & \boldsymbol{O}\\ \boldsymbol{O} & \boldsymbol{O}\end{bmatrix}\boldsymbol{Q}^{-1},$$

所以

$$\begin{aligned}\boldsymbol{AGA}&=\boldsymbol{P}^{-1}\begin{bmatrix}\boldsymbol{I}_r & \boldsymbol{O}\\ \boldsymbol{O} & \boldsymbol{O}\end{bmatrix}\boldsymbol{Q}^{-1}\boldsymbol{Q}\begin{bmatrix}\boldsymbol{I}_r & *_1\\ *_2 & *_3\end{bmatrix}\boldsymbol{PP}^{-1}\begin{bmatrix}\boldsymbol{I}_r & \boldsymbol{O}\\ \boldsymbol{O} & \boldsymbol{O}\end{bmatrix}\boldsymbol{Q}^{-1}\\ &=\boldsymbol{P}^{-1}\begin{bmatrix}\boldsymbol{I}_r & \boldsymbol{O}\\ \boldsymbol{O} & \boldsymbol{O}\end{bmatrix}\boldsymbol{Q}^{-1}=\boldsymbol{A}.\end{aligned}$$

必要性.

设 $\boldsymbol{G}=\boldsymbol{Q}\begin{bmatrix}G_1 & *_2\\ *_3 & *_4\end{bmatrix}\boldsymbol{P}, \boldsymbol{A}=\boldsymbol{P}^{-1}\begin{bmatrix}\boldsymbol{I}_r & \boldsymbol{O}\\ \boldsymbol{O} & \boldsymbol{O}\end{bmatrix}\boldsymbol{Q}^{-1}$，代入式 $\boldsymbol{AGA}=\boldsymbol{A}$，得

$$\boldsymbol{P}^{-1}\begin{bmatrix}\boldsymbol{I}_r & \boldsymbol{O}\\ \boldsymbol{O} & \boldsymbol{O}\end{bmatrix}\boldsymbol{Q}^{-1}\boldsymbol{Q}\begin{bmatrix}G_1 & *_2\\ *_3 & *_4\end{bmatrix}\boldsymbol{PP}^{-1}\begin{bmatrix}\boldsymbol{I}_r & \boldsymbol{O}\\ \boldsymbol{O} & \boldsymbol{O}\end{bmatrix}\boldsymbol{Q}^{-1}=\boldsymbol{P}^{-1}\begin{bmatrix}\boldsymbol{I}_r & \boldsymbol{O}\\ \boldsymbol{O} & \boldsymbol{O}\end{bmatrix}\boldsymbol{Q}^{-1},$$

化简得 $\boldsymbol{G}_1=\boldsymbol{I}_r$，即

$$\boldsymbol{G}=\boldsymbol{Q}\begin{bmatrix}\boldsymbol{I}_r & *_1\\ *_2 & *_3\end{bmatrix}\boldsymbol{P}.$$

证毕

注：对于任意 $m \times n$ 矩阵 $\boldsymbol{A}$, $\boldsymbol{A}^-$ 必定存在但不唯一.

例 8.2.1 已知矩阵 $\boldsymbol{A} = \begin{bmatrix} 1 & 1 & 1 \\ 2 & 1 & 1 \end{bmatrix}$，求 $\boldsymbol{A}^-$.

解 先对 $(\boldsymbol{A} \vdots \boldsymbol{I})$ 进行行初等变换，得

$$(\boldsymbol{A} \vdots \boldsymbol{I}) = \begin{bmatrix} 1 & 1 & 1 & \vdots & 1 & 0 \\ 2 & 1 & 1 & \vdots & 0 & 1 \end{bmatrix} \to \begin{bmatrix} 1 & 0 & 0 & \vdots & -1 & 1 \\ 0 & 1 & 1 & \vdots & 2 & -1 \end{bmatrix} = [\boldsymbol{H} \vdots \boldsymbol{P}].$$

再对 $\begin{bmatrix} \boldsymbol{H} \\ \cdots \\ \boldsymbol{I} \end{bmatrix}$ 进行列初等变换，得

$$\begin{bmatrix} \boldsymbol{H} \\ \cdots \\ \boldsymbol{I} \end{bmatrix} = \begin{bmatrix} 1 & 0 & 0 \\ 0 & 1 & 1 \\ \cdots & \cdots & \cdots \\ 1 & 0 & 0 \\ 0 & 1 & 0 \\ 0 & 0 & 1 \end{bmatrix} \to \begin{bmatrix} 1 & 0 & 0 \\ 0 & 1 & 0 \\ \cdots & \cdots & \cdots \\ 1 & 0 & 0 \\ 0 & 1 & -1 \\ 0 & 0 & 1 \end{bmatrix} = \begin{bmatrix} \boldsymbol{\Sigma} \\ \cdots \\ \boldsymbol{Q} \end{bmatrix}.$$

由式 (8-3) 得

$$\boldsymbol{A}^- = \boldsymbol{Q} \begin{bmatrix} 1 & 0 \\ 0 & 1 \\ c_1 & c_2 \end{bmatrix} \boldsymbol{P} = \begin{bmatrix} -1 & 1 \\ c_1 - 2c_2 + 2 & c_2 - c_1 - 1 \\ 2c_2 - c_1 & c_1 - c_2 \end{bmatrix},$$

其中 c_1, c_2 为任意常数.

定理 8.2.2 设 $\boldsymbol{A} \in \mathbf{C}^{m \times n}, \boldsymbol{A}^-$ 为其一个特定的减号逆，记 $\boldsymbol{A}$ 的 $\{1\}$ 逆的全体为 $\boldsymbol{A}\{1\}$，则

$$\boldsymbol{A}\{1\} = \{\boldsymbol{X} | \boldsymbol{X} = \boldsymbol{A}^- + \boldsymbol{U} - \boldsymbol{A}^-\boldsymbol{A}\boldsymbol{U}\boldsymbol{A}\boldsymbol{A}^-\}; \tag{8-5}$$

$$\boldsymbol{A}\{1\} = \{\boldsymbol{Y} | \boldsymbol{Y} = \boldsymbol{A}^- + \boldsymbol{V}(\boldsymbol{I}_m - \boldsymbol{A}\boldsymbol{A}^-) + (\boldsymbol{I}_n - \boldsymbol{A}^-\boldsymbol{A})\boldsymbol{W}\}. \tag{8-6}$$

其中 $\boldsymbol{U}, \boldsymbol{V}, \boldsymbol{W} \in \mathbf{C}^{n \times m}$ 为任意矩阵.

证 易证式 (8-5) 与式 (8-6) 中的 $\boldsymbol{X}, \boldsymbol{Y}$ 满足 $\boldsymbol{A}\boldsymbol{X}\boldsymbol{A} = \boldsymbol{A}, \boldsymbol{A}\boldsymbol{Y}\boldsymbol{A} = \boldsymbol{A}$.

设 $\boldsymbol{X}$ 为 $\boldsymbol{A}$ 的任意一个减号逆，则 $\boldsymbol{A}\boldsymbol{X}\boldsymbol{A} - \boldsymbol{A}\boldsymbol{A}^-\boldsymbol{A} = \boldsymbol{O}$. 因此，

$$\boldsymbol{A}^-\boldsymbol{A}(\boldsymbol{X} - \boldsymbol{A}^-)\boldsymbol{A}\boldsymbol{A}^- = \boldsymbol{O}.$$

于是

$$\boldsymbol{X} = \boldsymbol{A}^- + (\boldsymbol{X} - \boldsymbol{A}^-) - \boldsymbol{A}^-\boldsymbol{A}(\boldsymbol{X} - \boldsymbol{A}^-)\boldsymbol{A}\boldsymbol{A}^-.$$

令 $\boldsymbol{U} = \boldsymbol{X} - \boldsymbol{A}^-$，可得式 (8-5).

设 $\boldsymbol{Y}$ 为 $\boldsymbol{A}$ 的任意一个减号逆，则

$$\begin{aligned}\boldsymbol{Y}&=\boldsymbol{A}^-+\boldsymbol{Y}-\boldsymbol{A}^-=\boldsymbol{A}^-+(\boldsymbol{Y}-\boldsymbol{A}^-)-(\boldsymbol{Y}-\boldsymbol{A}^-)\boldsymbol{A}\boldsymbol{A}^-+\boldsymbol{Y}\boldsymbol{A}\boldsymbol{A}^--\boldsymbol{A}^-\boldsymbol{A}\boldsymbol{A}^-\\&=\boldsymbol{A}^-+(\boldsymbol{Y}-\boldsymbol{A}^-)(\boldsymbol{I}_m-\boldsymbol{A}\boldsymbol{A}^-)+\boldsymbol{Y}\boldsymbol{A}\boldsymbol{A}^--\boldsymbol{A}^-\boldsymbol{A}\boldsymbol{Y}\boldsymbol{A}\boldsymbol{A}^-\\&=\boldsymbol{A}^-+(\boldsymbol{Y}-\boldsymbol{A}^-)(\boldsymbol{I}_m-\boldsymbol{A}\boldsymbol{A}^-)+(\boldsymbol{I}_n-\boldsymbol{A}^-\boldsymbol{A})\boldsymbol{Y}\boldsymbol{A}\boldsymbol{A}^-.\end{aligned}$$

令 $\boldsymbol{V}=\boldsymbol{Y}-\boldsymbol{A}^-,\boldsymbol{W}=\boldsymbol{Y}\boldsymbol{A}\boldsymbol{A}^-$，可得式 (8-6).

证毕

减号逆 $\boldsymbol{A}^-$ 在解线性方程组中有如下的重要应用，证明留给读者.

定理 8.2.3 设矩阵 $\boldsymbol{A}^-\in\mathbf{C}^{n\times m}$ 是 $\boldsymbol{A}\in\mathbf{C}^{m\times n}$ 的一个减号逆，则 $\boldsymbol{A}\boldsymbol{x}=\boldsymbol{b}$ 有解的充要条件为

$$\boldsymbol{A}\boldsymbol{A}^-\boldsymbol{b}=\boldsymbol{b}, \tag{8-7}$$

有解时，通解为

$$\boldsymbol{x}=\boldsymbol{A}^-\boldsymbol{b}+(\boldsymbol{I}-\boldsymbol{A}^-\boldsymbol{A})\boldsymbol{c},\quad \boldsymbol{c}\in\mathbf{C}^n. \tag{8-8}$$

其中，$\boldsymbol{c}\in\mathbf{C}^n$ 是任意的.

特别地，当 $\boldsymbol{b}=\boldsymbol{0}$ 时，$\boldsymbol{A}\boldsymbol{x}=\boldsymbol{0}$ 的通解为 $\boldsymbol{x}=(\boldsymbol{I}-\boldsymbol{A}^-\boldsymbol{A})\boldsymbol{c}$.

定理 8.2.4 设矩阵 $\boldsymbol{A}\in\mathbf{C}^{m\times n},\boldsymbol{B}\in\mathbf{C}^{p\times q},\boldsymbol{C}\in\mathbf{C}^{m\times q}$，则 $\boldsymbol{A}\boldsymbol{X}\boldsymbol{B}=\boldsymbol{C}$ 有解的充要条件为

$$\boldsymbol{A}\boldsymbol{A}^-\boldsymbol{C}\boldsymbol{B}^-\boldsymbol{B}=\boldsymbol{C}, \tag{8-9}$$

有解时，通解为

$$\boldsymbol{X}=\boldsymbol{A}^-\boldsymbol{C}\boldsymbol{B}^-+\boldsymbol{Y}-\boldsymbol{A}^-\boldsymbol{A}\boldsymbol{Y}\boldsymbol{B}\boldsymbol{B}^-, \tag{8-10}$$

其中，$\boldsymbol{Y}\in\mathbf{C}^{n\times p}$ 为任意矩阵.

例 8.2.2 已知 $\boldsymbol{A}=\begin{bmatrix}1&1&1\\2&1&1\end{bmatrix},\boldsymbol{b}=\begin{bmatrix}1\\3\end{bmatrix}$，试判断线性方程组 $\boldsymbol{A}\boldsymbol{x}=\boldsymbol{b}$ 是否有解. 有解时，求其通解.

解 由例 8.2.1知，$\boldsymbol{A}$ 的一个减号逆为

$$\boldsymbol{A}^-=\begin{bmatrix}-1&1\\2&-1\\0&0\end{bmatrix},$$

满足 $\boldsymbol{A}\boldsymbol{A}^-\boldsymbol{b}=\boldsymbol{b}$，所以线性方程组 $\boldsymbol{A}\boldsymbol{x}=\boldsymbol{b}$ 有解，通解为

$$\boldsymbol{x}=\boldsymbol{A}^-\boldsymbol{b}+(\boldsymbol{I}-\boldsymbol{A}^-\boldsymbol{A})\boldsymbol{c}=\begin{bmatrix}2\\-1\\0\end{bmatrix}+\begin{bmatrix}0\\-c_3\\c_3\end{bmatrix},\quad \boldsymbol{c}=(c_1,c_2,c_3)^{\mathrm{T}}\in\mathbf{C}^3. \tag{8-11}$$

8.3 广义逆 A^+

定义 8.3.1 设矩阵 $\boldsymbol{A} \in \mathbf{C}^{m\times n}$，若矩阵 $\boldsymbol{G} \in \mathbf{C}^{n\times m}$ 满足如下 4 个 Penrose 方程：

$$\begin{aligned} &(1)\ \boldsymbol{AGA} = \boldsymbol{A}, \qquad &(2)\ \boldsymbol{GAG} = \boldsymbol{G}, \\ &(3)\ (\boldsymbol{AG})^{\mathrm{H}} = \boldsymbol{AG}, \qquad &(4)\ (\boldsymbol{GA})^{\mathrm{H}} = \boldsymbol{GA}, \end{aligned} \tag{8-12}$$

则称 $\boldsymbol{G}$ 是 $\boldsymbol{A}$ 的 **Moore-Penrose 逆矩阵**，或者**加号逆**，记作 $\boldsymbol{A}^+$.

定理 8.3.1 对任意 $\boldsymbol{A} \in \mathbf{C}_r^{m\times n}$，$\boldsymbol{A}^+$ 存在且唯一，若 $\boldsymbol{A}$ 的满秩分解为

$$\boldsymbol{A} = \boldsymbol{BC}, \tag{8-13}$$

则有

$$\boldsymbol{A}^+ = \boldsymbol{C}^{\mathrm{H}}(\boldsymbol{CC}^{\mathrm{H}})^{-1}(\boldsymbol{B}^{\mathrm{H}}\boldsymbol{B})^{-1}\boldsymbol{B}^{\mathrm{H}}, \tag{8-14}$$

其中 $\boldsymbol{B} \in \mathbf{C}_r^{m\times r}, \boldsymbol{C} \in \mathbf{C}_r^{r\times n}$.

证 当 $\boldsymbol{A} = \boldsymbol{O}$ 时，显然 $\boldsymbol{A}^+$ 存在，就是零矩阵；当 $\boldsymbol{A}$ 是非零矩阵时，设 $\mathrm{rank}\,(\boldsymbol{A}) = r$, $\boldsymbol{A}$ 的满秩分解为 $\boldsymbol{A} = \boldsymbol{BC}$，令

$$\boldsymbol{X} = \boldsymbol{C}^{\mathrm{H}}(\boldsymbol{CC}^{\mathrm{H}})^{-1}(\boldsymbol{B}^{\mathrm{H}}\boldsymbol{B})^{-1}\boldsymbol{B}^{\mathrm{H}},$$

可验证 $\boldsymbol{X}$ 满足四个 Penrose 方程，故 $\boldsymbol{A}^+ = \boldsymbol{X}$.

唯一性. 设 $\boldsymbol{X}$ 和 $\boldsymbol{Y}$ 均满足四个 Penrose 方程，则

$$\begin{aligned} \boldsymbol{X} &= \boldsymbol{XAX} = \boldsymbol{X}(\boldsymbol{AX})^{\mathrm{H}} = \boldsymbol{XX}^{\mathrm{H}}\boldsymbol{A}^{\mathrm{H}} = \boldsymbol{XX}^{\mathrm{H}}\boldsymbol{A}^{\mathrm{H}}\boldsymbol{Y}^{\mathrm{H}}\boldsymbol{A}^{\mathrm{H}} = \boldsymbol{X}(\boldsymbol{AX})^{\mathrm{H}}(\boldsymbol{AY})^{\mathrm{H}} \\ &= \boldsymbol{XAXAY} = \boldsymbol{XAY} = (\boldsymbol{XA})^{\mathrm{H}}\boldsymbol{YAY} = (\boldsymbol{XA})^{\mathrm{H}}(\boldsymbol{YA})^{\mathrm{H}}\boldsymbol{Y} = (\boldsymbol{YAXA})^{\mathrm{H}}\boldsymbol{Y} \\ &= (\boldsymbol{YA})^{\mathrm{H}}\boldsymbol{Y} = \boldsymbol{YAY} = \boldsymbol{Y}. \end{aligned}$$

证毕

特别地，若 $\mathrm{rank}(\boldsymbol{A}) = m$，此时 $\boldsymbol{A}$ 的满秩分解为 $\boldsymbol{A} = \boldsymbol{IA} = \boldsymbol{BC}$，则

$$\boldsymbol{A}^+ = \boldsymbol{A}^{\mathrm{H}}(\boldsymbol{AA}^{\mathrm{H}})^{-1}.$$

若 $\mathrm{rank}(\boldsymbol{A}) = n$，此时 $\boldsymbol{A}$ 的满秩分解为 $\boldsymbol{A} = \boldsymbol{AI} = \boldsymbol{BC}$ ，则

$$\boldsymbol{A}^+ = (\boldsymbol{A}^{\mathrm{H}}\boldsymbol{A})^{-1}\boldsymbol{A}^{\mathrm{H}}.$$

例 8.3.1 已知矩阵 $\boldsymbol{A} = \begin{bmatrix} 1 & 0 & 1 \\ 1 & 2 & 3 \\ 2 & 4 & 6 \end{bmatrix}$，求它的广义逆 $\boldsymbol{A}^+$.

解 对矩阵 $\boldsymbol{A}$ 进行初等变换，化成行最简形：

$$\boldsymbol{A} \longrightarrow \begin{bmatrix} 1 & 0 & 1 \\ 0 & 1 & 1 \\ 0 & 0 & 0 \end{bmatrix}.$$

矩阵 $\boldsymbol{A}$ 的满秩分解为

$$\boldsymbol{A} = \begin{bmatrix} 1 & 0 \\ 1 & 2 \\ 2 & 4 \end{bmatrix} \begin{bmatrix} 1 & 0 & 1 \\ 0 & 1 & 1 \end{bmatrix} = \boldsymbol{BC}.$$

计算得

$$\boldsymbol{B}^{\mathrm{H}}\boldsymbol{B} = \begin{bmatrix} 6 & 10 \\ 10 & 20 \end{bmatrix}, \qquad \boldsymbol{C}\boldsymbol{C}^{\mathrm{H}} = \begin{bmatrix} 2 & 1 \\ 1 & 2 \end{bmatrix}.$$

所以

$$\boldsymbol{A}^{+} = \boldsymbol{C}^{\mathrm{H}}(\boldsymbol{C}\boldsymbol{C}^{\mathrm{H}})^{-1}(\boldsymbol{B}^{\mathrm{H}}\boldsymbol{B})^{-1}\boldsymbol{B}^{\mathrm{H}} = \frac{1}{30}\begin{bmatrix} 25 & -1 & -2 \\ -20 & 2 & 4 \\ 5 & 1 & 2 \end{bmatrix}.$$

定理 8.3.2 对任意 $\boldsymbol{A} \in \mathbf{C}_r^{m\times n}$，若 $\boldsymbol{A}$ 的奇异值分解为

$$\boldsymbol{A} = \boldsymbol{U}\begin{bmatrix} \boldsymbol{\Sigma} & \boldsymbol{O} \\ \boldsymbol{O} & \boldsymbol{O} \end{bmatrix}\boldsymbol{V}^{\mathrm{T}}, \tag{8-15}$$

则有

$$\boldsymbol{A}^{+} = \boldsymbol{V}\begin{bmatrix} \boldsymbol{\Sigma}^{-1} & \boldsymbol{O} \\ \boldsymbol{O} & \boldsymbol{O} \end{bmatrix}\boldsymbol{U}^{\mathrm{T}}, \tag{8-16}$$

其中 $\boldsymbol{U} \in \mathbf{C}^{m\times m}$, $\boldsymbol{V} \in \mathbf{C}^{n\times n}$ 为酉矩阵，$\boldsymbol{\Sigma} = \mathrm{diag}(\sigma_1, \sigma_2, \cdots, \sigma_r)$, $\sigma_i > 0, i = 1, 2, \cdots, r$.

证 直接验证可知，式 (8-16) 定义的 $\boldsymbol{A}^{+}$ 满足 4 个 Penrose 方程.

证毕

关于 Moore-Penrose 广义逆 $\boldsymbol{A}^{+}$，有如下基本性质：

定理 8.3.3 设矩阵 $\boldsymbol{A} \in \mathbf{C}^{m\times n}$，则

（1）$(\boldsymbol{A}^{+})^{+} = \boldsymbol{A}$;

（2）$(\lambda\boldsymbol{A})^{+} = \dfrac{1}{\lambda}\boldsymbol{A}^{+}$, $\lambda \neq 0$;

（3）$(\boldsymbol{A}^{\mathrm{H}})^{+} = (\boldsymbol{A}^{+})^{\mathrm{H}}$, $(\boldsymbol{A}^{\mathrm{T}})^{+} = (\boldsymbol{A}^{+})^{\mathrm{T}}$;

（4）$(\boldsymbol{A}^{\mathrm{H}}\boldsymbol{A})^{+} = \boldsymbol{A}^{+}(\boldsymbol{A}^{\mathrm{H}})^{+}$, $(\boldsymbol{A}\boldsymbol{A}^{\mathrm{H}})^{+} = (\boldsymbol{A}^{\mathrm{H}})^{+}\boldsymbol{A}^{+}$;

（5）$\mathrm{rank}(\boldsymbol{A}) = \mathrm{rank}(\boldsymbol{A}^{+}) = \mathrm{rank}(\boldsymbol{A}\boldsymbol{A}^{+}) = \mathrm{rank}(\boldsymbol{A}^{+}\boldsymbol{A})$;

（6）$R(\boldsymbol{A}^{+}) = R(\boldsymbol{A}^{\mathrm{H}})$, $N(\boldsymbol{A}^{+}) = N(\boldsymbol{A}^{\mathrm{H}})$.

证 由加号逆的定义易证（1）～（4）成立. 由

$$\begin{aligned}\operatorname{rank}(\boldsymbol{A}) &= \operatorname{rank}(\boldsymbol{A}\boldsymbol{A}^{+}\boldsymbol{A}) \leqslant \operatorname{rank}(\boldsymbol{A}\boldsymbol{A}^{+}) \leqslant \operatorname{rank}(\boldsymbol{A}^{+}) \\ &= \operatorname{rank}(\boldsymbol{A}^{+}\boldsymbol{A}\boldsymbol{A}^{+}) \leqslant \operatorname{rank}(\boldsymbol{A}^{+}\boldsymbol{A}) \leqslant \operatorname{rank}(\boldsymbol{A})\end{aligned}$$

可知（5）成立. 由

$$\begin{aligned}
&R(\boldsymbol{A}^{\mathrm{H}})=R(\boldsymbol{A}^{\mathrm{H}}(\boldsymbol{A}^{+})^{\mathrm{H}}\boldsymbol{A}^{\mathrm{H}}) = R((\boldsymbol{A}^{+}\boldsymbol{A})^{\mathrm{H}}\boldsymbol{A}^{\mathrm{H}}) = R(\boldsymbol{A}^{+}\boldsymbol{A}\boldsymbol{A}^{\mathrm{H}}) \subset R(\boldsymbol{A}^{+}),\\
&R(\boldsymbol{A}^{+})=R(\boldsymbol{A}^{+}\boldsymbol{A}\boldsymbol{A}^{+}) = R((\boldsymbol{A}^{+}\boldsymbol{A})^{\mathrm{H}}\boldsymbol{A}^{+}) = R(\boldsymbol{A}^{\mathrm{H}}(\boldsymbol{A}^{+})^{\mathrm{H}}\boldsymbol{A}^{+}) \subset R(\boldsymbol{A}^{\mathrm{H}}),\\
&N(\boldsymbol{A}^{\mathrm{H}})=N(\boldsymbol{A}^{\mathrm{H}}(\boldsymbol{A}^{+})^{\mathrm{H}}\boldsymbol{A}^{\mathrm{H}}) = N(\boldsymbol{A}^{\mathrm{H}}(\boldsymbol{A}\boldsymbol{A}^{+})^{\mathrm{H}}) = N(\boldsymbol{A}^{\mathrm{H}}\boldsymbol{A}\boldsymbol{A}^{+}) \supset N(\boldsymbol{A}^{+}),\\
&N(\boldsymbol{A}^{+})=N(\boldsymbol{A}^{+}\boldsymbol{A}\boldsymbol{A}^{+}) = N(\boldsymbol{A}^{+}(\boldsymbol{A}\boldsymbol{A}^{+})^{\mathrm{H}}) = N(\boldsymbol{A}^{+}(\boldsymbol{A}^{+})^{\mathrm{H}}\boldsymbol{A}^{\mathrm{H}}) \supset R(\boldsymbol{A}^{\mathrm{H}})
\end{aligned}$$

可得（6）成立.

证毕

注：一般地，

（1）$(\boldsymbol{AB})^{+} \neq \boldsymbol{B}^{+}\boldsymbol{A}^{+}$;

（2）$\boldsymbol{A}\boldsymbol{A}^{+} \neq \boldsymbol{A}^{+}\boldsymbol{A}$;

（3）$(\boldsymbol{A}^{k})^{+} \neq (\boldsymbol{A}^{+})^{k}$, k 为正整数.

如取

$$\boldsymbol{A}=\begin{bmatrix}1 & 1\\ 0 & 0\end{bmatrix},\quad \boldsymbol{B}=\begin{bmatrix}0 & 1\\ 1 & 1\end{bmatrix},$$

经计算可得

$$(\boldsymbol{AB})^{+}=\begin{bmatrix}0.2 & 0\\ 0.4 & 0\end{bmatrix},\quad \boldsymbol{B}^{+}\boldsymbol{A}^{+}=\begin{bmatrix}0 & 0\\ 0.5 & 0\end{bmatrix},$$

$$\boldsymbol{A}\boldsymbol{A}^{+}=\begin{bmatrix}1 & 0\\ 0 & 0\end{bmatrix},\quad \boldsymbol{A}^{+}\boldsymbol{A}=\begin{bmatrix}0.5 & 0.5\\ 0.5 & 0.5\end{bmatrix},$$

$$(\boldsymbol{A}^{2})^{+}=\begin{bmatrix}0.5 & 0\\ 0.5 & 0\end{bmatrix},\quad (\boldsymbol{A}^{+})^{2}=\begin{bmatrix}0.25 & 0\\ 0.25 & 0\end{bmatrix}.$$

定理 8.2.3 已经解决了判断方程组是否有解的问题，以及给出了通解的表达式. 由于 $\boldsymbol{A}^{+}$ 为特殊的减号逆，因此也有相应的定理如下：

定理 8.3.4 设矩阵 $\boldsymbol{A} \in \mathbf{C}^{m\times n}$，则 $\boldsymbol{Ax}=\boldsymbol{b}$ 有解的充要条件为

$$\boldsymbol{A}\boldsymbol{A}^{+}\boldsymbol{b}=\boldsymbol{b}, \tag{8-17}$$

有解时，通解为

$$\boldsymbol{x}=\boldsymbol{A}^{+}\boldsymbol{b}+(\boldsymbol{I}-\boldsymbol{A}^{+}\boldsymbol{A})\boldsymbol{c},\quad \boldsymbol{c}\in\mathbf{C}^{n}, \tag{8-18}$$

其中，$\boldsymbol{c}\in\mathbf{C}^{n}$ 是任意的.

特别地，当 $\boldsymbol{b}=\boldsymbol{0}$ 时，$\boldsymbol{Ax}=\boldsymbol{0}$ 的通解为 $\boldsymbol{x}=(\boldsymbol{I}-\boldsymbol{A}^{+}\boldsymbol{A})\boldsymbol{c}$.

定理 8.3.5 设矩阵 $\boldsymbol{A}\in\mathbf{C}^{m\times n},\boldsymbol{B}\in\mathbf{C}^{p\times q},\boldsymbol{C}\in\mathbf{C}^{m\times q}$，则 $\boldsymbol{AXB}=\boldsymbol{C}$ 有解的充要条件为

$$\boldsymbol{A}\boldsymbol{A}^{+}\boldsymbol{C}\boldsymbol{B}^{+}\boldsymbol{B}=\boldsymbol{C}, \tag{8-19}$$

有解时，通解为

$$\boldsymbol{X}=\boldsymbol{A}^{+}\boldsymbol{C}\boldsymbol{B}^{+}+\boldsymbol{Y}-\boldsymbol{A}^{+}\boldsymbol{A}\boldsymbol{Y}\boldsymbol{B}\boldsymbol{B}^{+}, \tag{8-20}$$

其中，$\boldsymbol{Y}\in\mathbf{C}^{n\times p}$ 为任意矩阵.

8.4 最小二乘问题

8.4.1 最小二乘解

定义 8.4.1 设 $\boldsymbol{A}\in\mathbf{C}^{m\times n}$，$\boldsymbol{b}\in\mathbf{C}^{m}$，当线性方程组 $\boldsymbol{Ax}=\boldsymbol{b}$ 无解时，称之为**矛盾方程组**. 反之，有解的方程组称为**相容方程组**.

对矛盾方程组 $\boldsymbol{Ax}=\boldsymbol{b}$，没有通常意义下的解，残量 $\boldsymbol{b}-\boldsymbol{Ax}$ 不等于零. 若存在 $\boldsymbol{x}_0$，使得

$$\|\boldsymbol{A}\boldsymbol{x}_0-\boldsymbol{b}\|_2=\min_{\boldsymbol{x}\in\mathbf{R}^n}\|\boldsymbol{Ax}-\boldsymbol{b}\|_2,$$

则称 $\boldsymbol{x}_0$ 为矛盾方程组 $\boldsymbol{Ax}=\boldsymbol{b}$ 的**最小二乘解**. 求解最小二乘解的问题称为**最小二乘问题**.

定理 8.4.1 矛盾方程组 $\boldsymbol{Ax}=\boldsymbol{b}$ 的最小二乘解为方程组

$$\boldsymbol{A}^{\mathrm{H}}\boldsymbol{Ax}=\boldsymbol{A}^{\mathrm{H}}\boldsymbol{b} \tag{8-21}$$

的解，反之亦然.

证 由最小二乘解的定义，令

$$\begin{aligned}\boldsymbol{f}(\boldsymbol{x})&=\|\boldsymbol{Ax}-\boldsymbol{b}\|_2^2=(\boldsymbol{Ax}-\boldsymbol{b})^{\mathrm{H}}(\boldsymbol{Ax}-\boldsymbol{b})\\&=\boldsymbol{x}^{\mathrm{H}}\boldsymbol{A}^{\mathrm{H}}\boldsymbol{Ax}-\boldsymbol{x}^{\mathrm{H}}\boldsymbol{A}^{\mathrm{H}}\boldsymbol{b}-\boldsymbol{b}^{\mathrm{H}}\boldsymbol{Ax}+\boldsymbol{b}^{\mathrm{H}}\boldsymbol{b}.\end{aligned}$$

由

$$\frac{\mathrm{d}\boldsymbol{f}(\boldsymbol{x})}{\mathrm{d}\boldsymbol{x}}=2\boldsymbol{A}^{\mathrm{H}}\boldsymbol{Ax}-2\boldsymbol{A}^{\mathrm{H}}\boldsymbol{b}=\mathbf{0},$$

可得

$$\boldsymbol{A}^{\mathrm{H}}\boldsymbol{Ax}=\boldsymbol{A}^{\mathrm{H}}\boldsymbol{b}.$$

若 $\boldsymbol{y}$ 是方程组 (8-21) 的解，则

$$\begin{aligned}||\boldsymbol{Ax}-\boldsymbol{b}||_2^2&=||\boldsymbol{A}(\boldsymbol{x}-\boldsymbol{y})+(\boldsymbol{Ay}-\boldsymbol{b})||_2^2\\&=[\boldsymbol{A}(\boldsymbol{x}-\boldsymbol{y})+(\boldsymbol{Ay}-\boldsymbol{b})]^{\mathrm{H}}[\boldsymbol{A}(\boldsymbol{x}-\boldsymbol{y})+(\boldsymbol{Ay}-\boldsymbol{b})]\\&=||\boldsymbol{A}(\boldsymbol{x}-\boldsymbol{y})||_2^2+||(\boldsymbol{Ay}-\boldsymbol{b})||_2^2+(\boldsymbol{x}-\boldsymbol{y})^{\mathrm{H}}\boldsymbol{A}^{\mathrm{H}}(\boldsymbol{Ay}-\boldsymbol{b})+(\boldsymbol{Ay}-\boldsymbol{b})^{\mathrm{H}}\boldsymbol{A}(\boldsymbol{x}-\boldsymbol{y})\end{aligned}$$

$$=||\boldsymbol{A}(\boldsymbol{x}-\boldsymbol{y})||_2^2+||(\boldsymbol{A}\boldsymbol{y}-\boldsymbol{b})||_2^2 \geqslant ||(\boldsymbol{A}\boldsymbol{y}-\boldsymbol{b})||_2^2.$$

上式说明 $\boldsymbol{y}$ 是矛盾方程组 $\boldsymbol{A}\boldsymbol{x}=\boldsymbol{b}$ 的最小二乘解.

证毕

若 $\mathrm{rank}(\boldsymbol{A})=n$，则方程组 (8-21) 有唯一解，即矛盾方程组 $\boldsymbol{A}\boldsymbol{x}=\boldsymbol{b}$ 有唯一的最小二乘解为

$$\boldsymbol{z}=(\boldsymbol{A}^{\mathrm{H}}\boldsymbol{A})^{-1}\boldsymbol{A}^{\mathrm{H}}\boldsymbol{b}. \tag{8-22}$$

若 $\mathrm{rank}(\boldsymbol{A})<n$，则矛盾方程组 $\boldsymbol{A}\boldsymbol{x}=\boldsymbol{b}$ 的最小二乘解不唯一.

定理 8.4.2 矛盾方程组 $\boldsymbol{A}\boldsymbol{x}=\boldsymbol{b}$ 的全部最小二乘解为

$$\boldsymbol{z}=\boldsymbol{A}^{+}\boldsymbol{b}+(\boldsymbol{I}-\boldsymbol{A}^{+}\boldsymbol{A})\boldsymbol{c}, \quad \boldsymbol{c}\in\mathbf{C}^n. \tag{8-23}$$

证 由式 (8-23) 得

$$\|\boldsymbol{A}\boldsymbol{z}-\boldsymbol{b}\|_2^2=\|\boldsymbol{A}(\boldsymbol{A}^{+}\boldsymbol{b}+(\boldsymbol{I}-\boldsymbol{A}^{+}\boldsymbol{A})\boldsymbol{c})-\boldsymbol{b}\|_2^2=\|\boldsymbol{A}\boldsymbol{A}^{+}\boldsymbol{b}-\boldsymbol{b}\|_2^2 .$$

$\forall\boldsymbol{x}\in\mathbf{C}^n$，有

$$\begin{aligned}\|\boldsymbol{A}\boldsymbol{x}-\boldsymbol{b}\|_2^2&=\|(\boldsymbol{A}\boldsymbol{x}-\boldsymbol{A}\boldsymbol{A}^{+}\boldsymbol{b})+(\boldsymbol{A}\boldsymbol{A}^{+}\boldsymbol{b}-\boldsymbol{b})\|_2^2\\&=[(\boldsymbol{A}\boldsymbol{x}-\boldsymbol{A}\boldsymbol{A}^{+}\boldsymbol{b})+(\boldsymbol{A}\boldsymbol{A}^{+}\boldsymbol{b}-\boldsymbol{b})]^{\mathrm{H}}[(\boldsymbol{A}\boldsymbol{x}-\boldsymbol{A}\boldsymbol{A}^{+}\boldsymbol{b})+(\boldsymbol{A}\boldsymbol{A}^{+}\boldsymbol{b}-\boldsymbol{b})]\\&=\|\boldsymbol{A}\boldsymbol{x}-\boldsymbol{A}\boldsymbol{A}^{+}\boldsymbol{b}\|_2^2+\|\boldsymbol{A}\boldsymbol{A}^{+}\boldsymbol{b}-\boldsymbol{b}\|_2^2+(\boldsymbol{A}\boldsymbol{x}-\boldsymbol{A}\boldsymbol{A}^{+}\boldsymbol{b})^{\mathrm{H}}(\boldsymbol{A}\boldsymbol{A}^{+}\boldsymbol{b}-\boldsymbol{b})+\\&\quad(\boldsymbol{A}\boldsymbol{A}^{+}\boldsymbol{b}-\boldsymbol{b})^{\mathrm{H}}(\boldsymbol{A}\boldsymbol{x}-\boldsymbol{A}\boldsymbol{A}^{+}\boldsymbol{b})\\&=\|\boldsymbol{A}\boldsymbol{x}-\boldsymbol{A}\boldsymbol{A}^{+}\boldsymbol{b}\|_2^2+\|\boldsymbol{A}\boldsymbol{A}^{+}\boldsymbol{b}-\boldsymbol{b}\|_2^2 .\end{aligned}$$

因此

$$\|\boldsymbol{A}\boldsymbol{x}-\boldsymbol{b}\|_2\geqslant\|\boldsymbol{A}\boldsymbol{A}^{+}\boldsymbol{b}-\boldsymbol{b}\|_2=\|\boldsymbol{A}\boldsymbol{z}-\boldsymbol{b}\|_2 .$$

即式 (8-23) 给出的 $\boldsymbol{z}$ 是 $\boldsymbol{A}\boldsymbol{x}=\boldsymbol{b}$ 的最小二乘解.

又设 $\boldsymbol{z}$ 是 $\boldsymbol{A}\boldsymbol{x}=\boldsymbol{b}$ 的任意最小二乘解，则

$$\|\boldsymbol{A}\boldsymbol{z}-\boldsymbol{b}\|_2^2=\|\boldsymbol{A}\boldsymbol{A}^{+}\boldsymbol{b}-\boldsymbol{b}\|_2^2=\|\boldsymbol{A}\boldsymbol{z}-\boldsymbol{A}\boldsymbol{A}^{+}\boldsymbol{b}\|_2^2+\|\boldsymbol{A}\boldsymbol{A}^{+}\boldsymbol{b}-\boldsymbol{b}\|_2^2 .$$

从而

$$\|\boldsymbol{A}\boldsymbol{z}-\boldsymbol{A}\boldsymbol{A}^{+}\boldsymbol{b}\|_2=0,$$

即

$$\boldsymbol{A}\boldsymbol{z}=\boldsymbol{A}\boldsymbol{A}^{+}\boldsymbol{b}.$$

$\boldsymbol{z}$ 是线性方程组 $\boldsymbol{A}\boldsymbol{x}=\boldsymbol{A}\boldsymbol{A}^{+}\boldsymbol{b}$ 的解. 由于 $\boldsymbol{A}\boldsymbol{A}^{+}(\boldsymbol{A}\boldsymbol{A}^{+}\boldsymbol{b})=\boldsymbol{A}\boldsymbol{A}^{+}\boldsymbol{b}$，由定理 8.3.4可知，通解为

$$\boldsymbol{z}=\boldsymbol{A}^{+}\boldsymbol{b}+(\boldsymbol{I}-\boldsymbol{A}^{+}\boldsymbol{A})\boldsymbol{c}, \quad \boldsymbol{c}\in\mathbf{C}^n.$$

证毕

8.4.2 极小范数解与极小范数最小二乘解

在实际问题中，相容方程组的解可能有无穷多个，矛盾方程组的最小二乘解也可能不唯一，此时通常需要求解范数最小的解.

对相容线性方程组 $\boldsymbol{Ax}=\boldsymbol{b}$，若 $\boldsymbol{x}_0$ 满足

$$\|\boldsymbol{x}_0\|_2=\min_{\boldsymbol{Ax}=\boldsymbol{b}}\|\boldsymbol{x}\|_2,$$

则称 $\boldsymbol{x}_0$ 为 $\boldsymbol{Ax}=\boldsymbol{b}$ 的**极小范数解**.

定理 8.4.3 $\boldsymbol{Ax}=\boldsymbol{b}$ 为相容线性方程组，则其存在唯一极小范数解

$$\boldsymbol{x}_0=\boldsymbol{A}^+\boldsymbol{b}. \tag{8-24}$$

证 由式 (8-18) 得

$$\begin{aligned}\|\boldsymbol{x}\|_2^2&=[\boldsymbol{A}^+\boldsymbol{b}+(\boldsymbol{I}-\boldsymbol{A}^+\boldsymbol{A})\boldsymbol{c}]^{\mathrm{H}}[\boldsymbol{A}^+\boldsymbol{b}+(\boldsymbol{I}-\boldsymbol{A}^+\boldsymbol{A})\boldsymbol{c}]\\&=\|\boldsymbol{A}^+\boldsymbol{b}\|_2^2+\|(\boldsymbol{I}-\boldsymbol{A}^+\boldsymbol{A})\boldsymbol{c}\|_2^2+\boldsymbol{b}^{\mathrm{H}}(\boldsymbol{A}^+)^{\mathrm{H}}(\boldsymbol{I}-\boldsymbol{A}^+\boldsymbol{A})\boldsymbol{c}+\boldsymbol{c}^{\mathrm{H}}(\boldsymbol{I}-\boldsymbol{A}^+\boldsymbol{A})^{\mathrm{H}}\boldsymbol{A}^+\boldsymbol{b}\\&=\|\boldsymbol{A}^+\boldsymbol{b}\|_2^2+\|(\boldsymbol{I}-\boldsymbol{A}^+\boldsymbol{A})\boldsymbol{c}\|_2^2.\end{aligned}$$

即 $\boldsymbol{A}^+\boldsymbol{b}$ 是极小范数解.

唯一性. 对极小范数解 $\boldsymbol{x}_0=\boldsymbol{A}^+\boldsymbol{b}+(\boldsymbol{I}-\boldsymbol{A}^+\boldsymbol{A})\boldsymbol{c}$，有

$$\|(\boldsymbol{I}-\boldsymbol{A}^+\boldsymbol{A})\boldsymbol{c}\|_2^2=0,$$

即

$$(\boldsymbol{I}-\boldsymbol{A}^+\boldsymbol{A})\boldsymbol{c}=\boldsymbol{0},$$

从而 $\boldsymbol{x}_0=\boldsymbol{A}^+\boldsymbol{b}$ 是极小范数解，唯一性得证.

证毕

设 $\boldsymbol{x}_0$ 为矛盾方程组 $\boldsymbol{Ax}=\boldsymbol{b}$ 的一个最小二乘解，若对于任意的最小二乘解 $\boldsymbol{x}$，都有

$$\|\boldsymbol{x}_0\|_2\leqslant\|\boldsymbol{x}\|_2,$$

则称 $\boldsymbol{x}_0$ 为 $\boldsymbol{Ax}=\boldsymbol{b}$ 的**极小范数最小二乘解**.

注意到最小二乘解的表达式 (8-23)，类似于定理 8.4.3的证明，可得如下结论：

定理 8.4.4 矛盾方程组 $\boldsymbol{Ax}=\boldsymbol{b}$ 的唯一极小范数最小二乘解为

$$\boldsymbol{x}=\boldsymbol{A}^+\boldsymbol{b}.$$

例 8.4.1 已知线性方程组

$$\begin{cases}x_1+x_2+x_3+x_4=1,\\x_1+2x_2+3x_3+4x_4=1,\\x_2+2x_3+3x_4=1,\end{cases}$$

用广义逆的方法判断线性方程组的解的情况，若有解，求其通解；若无解，求其最小二乘解和极小范数最小二乘解.

解 将方程组写成矩阵形式：

$$\boldsymbol{Ax}=\boldsymbol{b},$$

其中

$$\boldsymbol{A}=\begin{bmatrix}1&1&1&1\\1&2&3&4\\0&1&2&3\end{bmatrix},\quad \boldsymbol{b}=\begin{bmatrix}1\\1\\1\end{bmatrix}.$$

矩阵 $\boldsymbol{A}$ 的满秩分解为

$$\boldsymbol{A}=\begin{bmatrix}1&1\\1&2\\0&1\end{bmatrix}\begin{bmatrix}1&0&-1&-2\\0&1&2&3\end{bmatrix}=\boldsymbol{BC},$$

所以

$$\boldsymbol{A}^{+}=\boldsymbol{C}^{\mathrm{H}}(\boldsymbol{CC}^{\mathrm{H}})^{-1}(\boldsymbol{B}^{\mathrm{H}}\boldsymbol{B})^{-1}\boldsymbol{B}^{\mathrm{H}}=\frac{1}{30}\begin{bmatrix}17&4&-13\\9&3&-6\\1&2&1\\-7&1&8\end{bmatrix}.$$

由于 $\boldsymbol{AA}^{+}\boldsymbol{b}=\dfrac{2}{3}(1,2,1)^{\mathrm{T}}\neq\boldsymbol{b}$ ，所以方程组无解.

根据方程 (8-23) 得最小二乘解为

$$\boldsymbol{x}=\boldsymbol{A}^{+}\boldsymbol{b}+(\boldsymbol{I}-\boldsymbol{A}^{+}\boldsymbol{A})\boldsymbol{c}=\frac{1}{15}\begin{bmatrix}4\\3\\2\\1\end{bmatrix}+\frac{1}{10}\begin{bmatrix}7&4&1&-2\\4&3&2&1\\1&2&3&4\\-2&1&4&7\end{bmatrix}\begin{bmatrix}c_1\\c_2\\c_3\\c_4\end{bmatrix}.$$

极小范数最小二乘解为

$$\boldsymbol{x}=\boldsymbol{A}^{+}\boldsymbol{b}=\frac{1}{15}(4,\ 3,\ 2,\ 1)^{\mathrm{T}}.$$

8.5 Python 实现

示例 1：计算 $\boldsymbol{A}^{+}$(例 8.3.1)

代码如下：

```
import numpy as np
# 定义矩阵 A
A = np.array([[1, 0, 1], [1, 2, 3], [2, 4, 6]])
```

```
# 计算矩阵 A 的 Moore-Penrose 逆
A_pinv = np.linalg.pinv(A)
# 输出广义逆矩阵
print("矩阵 A 的 Moore-Penrose 逆:\n", A_pinv)
```

示例 2：计算极小范数最小二乘解 $\boldsymbol{A}^{+}\boldsymbol{b}$(例 8.4.1)

代码如下：

```
import numpy as np
# 定义矩阵 A,向量b
A = np.array([[1, 1, 1 , 1], [1, 2, 3, 4], [0, 1, 2, 3]])
b = np.array([[1], [1], [1]])
# 计算矩阵 A 的 Moore-Penrose 逆
A_pinv = np.linalg.pinv(A)
# 计算极小范数最小二乘解
minnorm_lstsq=np.dot(A_pinv,b)
# 输出结果
print("极小范数最小二乘解:\n", minnorm_lstsq)
```

8.6 应用案例

8.6.1 多元线性回归分析

1855 年，高尔顿（Galton）发表《遗传的身高向平均数方向的回归》一文. 他和他的学生卡尔·皮尔逊（Karl Person）通过观察 1078 对夫妇的身高数据，以每对夫妇的平均身高作为自变量，取他们的一个成年儿子的身高作为因变量，分析儿子身高与父母身高之间的关系，发现根据父母的身高可以预测子女的身高，两者近乎一条直线. 当父母越高或越矮时，子女的身高会比一般儿童高或矮.

他将儿子与父母身高的这种现象拟合出一种线性关系，分析出儿子的身高 y 与父亲的身高 x 大致可归结为以下关系：

$$y = 33.73 + 0.516x \quad (\text{in}).$$

根据换算公式 1in=0.0254m，1m=39.37in. 将单位换算成米后得

$$Y = 0.8567 + 0.516X \quad (\text{m}).$$

假如父母的平均身高为 1.75m，则预测子女的身高为 1.7597m.

有趣的是，通过观察，高尔顿还注意到，尽管这是一种拟合较好的线性关系，但仍然存在例外现象：矮个父母所生的儿子比其父亲高，身材较高的父母所生子女的身高却回降到多数人的平均身高. 换句话说，当父母的身高比较极端时，子女的身高不会像父母身高那样极端化，其身高要比父母的身高更接近平均身高，即有“回归”到

平均数去的趋势，这就是统计学上最初出现“回归”时的涵义，高尔顿把这一现象叫作“向平均数方向的回归”.

线性回归是利用数理统计中的回归分析，确定两种或两种以上变量间相互依赖的定量关系的一种统计分析方法，运用十分广泛. 回归分析按照自变量和因变量之间的关系类型，可分为线性回归分析和非线性回归分析. 在线性回归分析中，只包括一个自变量和一个因变量，且二者的关系可用一条直线近似表示，这种回归分析称为一元线性回归分析. 如果回归分析中包括两个或两个以上的自变量，且因变量和自变量之间是线性关系，则称为多元线性回归分析. 本节主要介绍多元线性回归分析的模型、求解与应用.

1. 模型建立

假设因变量 y 与自变量 $x_1,x_2,\cdots,x_k$ 存在着线性回归关系，它的第 i 次观察数据如下：

$$(y_i,x_{i1},x_{i2},\cdots,x_{ik}),\quad i=1,2,\cdots,n.$$

则多元线性回归模型为

$$\begin{cases} y_1=\beta_0+\beta_1x_{11}+\beta_2x_{12}+\cdots+\beta_kx_{1k}+\varepsilon_1, \\ y_2=\beta_0+\beta_1x_{21}+\beta_2x_{22}+\cdots+\beta_kx_{2k}+\varepsilon_2, \\ \qquad\vdots \\ y_n=\beta_0+\beta_1x_{n1}+\beta_2x_{n2}+\cdots+\beta_kx_{nk}+\varepsilon_n, \end{cases}$$

其中，$\beta_0,\beta_1,\beta_2,\cdots,\beta_k$ 是 $k+1$ 个未知参数，$x_1,x_2,\cdots,x_k$ 是 k 个可以精确测量或可以控制的变量，$\varepsilon_1,\varepsilon_2,\cdots,\varepsilon_n$ 是 n 个相互独立且服从同一正态分布 $N(0,\sigma^2)$ 的随机向量.

记 $\boldsymbol{y}=\begin{bmatrix} y_1\\ y_2\\ \vdots\\ y_n\end{bmatrix}$,$\boldsymbol{X}=\begin{bmatrix} 1 & x_{11} & x_{12} & \cdots & x_{1k}\\ 1 & x_{21} & x_{22} & \cdots & x_{2k}\\ \vdots & \vdots & \vdots & & \vdots\\ 1 & x_{n1} & x_{n2} & \cdots & x_{nk}\end{bmatrix}$, $\boldsymbol{\beta}=\begin{bmatrix}\beta_0\\ \beta_1\\ \vdots\\ \beta_k\end{bmatrix}$,$\boldsymbol{\varepsilon}=\begin{bmatrix}\varepsilon_1\\ \varepsilon_2\\ \vdots\\ \varepsilon_n\end{bmatrix}$，则多元线性回归模型为

$$\begin{cases} \boldsymbol{y}=\boldsymbol{X}\boldsymbol{\beta}+\boldsymbol{\varepsilon}, \\ \boldsymbol{\varepsilon}\sim N_n(\boldsymbol{0},\sigma^2\boldsymbol{I}_n). \end{cases}$$

注意：

（1）$\boldsymbol{X}$ 是纯量矩阵，称为设计矩阵或结构矩阵；

（2）矩阵 $\boldsymbol{X}$ 列满秩，即 $\mathrm{rank}(\boldsymbol{X})=k+1$；

（3）$E(\boldsymbol{\varepsilon})=\boldsymbol{0}$ 是 n 维零向量，$\boldsymbol{I}_n$ 是 n 阶单位矩阵.

2. 模型求解

设 $\hat{\beta}_0,\hat{\beta}_1,\hat{\beta}_2,\cdots,\hat{\beta}_k$ 是 $\beta_0,\beta_1,\beta_2,\cdots,\beta_k$ 的最小二乘估计，则多元线性回归方程为

$$\hat{y}_i=\hat{\beta}_0+\hat{\beta}_1x_{i1}+\hat{\beta}_2x_{i2}+\cdots+\hat{\beta}_kx_{ik},\quad i=1,2,\cdots,n,$$

其中 $\hat{\beta}_0,\hat{\beta}_1,\hat{\beta}_2,\cdots,\hat{\beta}_k$ 称为回归方程的系数.

观测值与回归值的偏离平方和为

$$S_E^2=S_E^2(\boldsymbol{\beta})=\sum_{i=1}^{n}(y_i-\hat{y}_i)^2=\sum_{i=1}^{n}[y_i-(\hat{\beta}_0+\hat{\beta}_1x_{i1}+\hat{\beta}_2x_{i2}+\cdots+\hat{\beta}_kx_{ik})]^2.$$

由最小二乘法知，选取 $\hat{\beta}_0,\hat{\beta}_1,\hat{\beta}_2,\cdots,\hat{\beta}_k$ 应使偏离平方和 S_E^2 达到最小，则有

$$\begin{cases}\dfrac{\partial S_E^2}{\partial\hat{\beta}_0}=-2\sum\limits_{i=1}^{n}[y_i-(\hat{\beta}_0+\hat{\beta}_1x_{i1}+\hat{\beta}_2x_{i2}+\cdots+\hat{\beta}_kx_{ik})]=0,\\ \dfrac{\partial S_E^2}{\partial\hat{\beta}_1}=-2\sum\limits_{i=1}^{n}[y_i-(\hat{\beta}_0+\hat{\beta}_1x_{i1}+\hat{\beta}_2x_{i2}+\cdots+\hat{\beta}_kx_{ik})]x_{i1}=0,\\ \qquad\vdots\\ \dfrac{\partial S_E^2}{\partial\hat{\beta}_k}=-2\sum\limits_{i=1}^{n}[y_i-(\hat{\beta}_0+\hat{\beta}_1x_{i1}+\hat{\beta}_2x_{i2}+\cdots+\hat{\beta}_kx_{ik})]x_{ik}=0.\end{cases}$$

整理，得

$$\begin{bmatrix} n & \sum\limits_{i=1}^{n}x_{i1} & \sum\limits_{i=1}^{n}x_{i2} & \cdots & \sum\limits_{i=1}^{n}x_{ik}\\ \sum\limits_{i=1}^{n}x_{i1} & \sum\limits_{i=1}^{n}x_{i1}^2 & \sum\limits_{i=1}^{n}x_{i1}x_{i2} & \cdots & \sum\limits_{i=1}^{n}x_{i1}x_{ik}\\ \sum\limits_{i=1}^{n}x_{i2} & \sum\limits_{i=1}^{n}x_{i1}x_{i2} & \sum\limits_{i=1}^{n}x_{i2}^2 & \cdots & \sum\limits_{i=1}^{n}x_{i2}x_{ik}\\ \vdots & \vdots & \vdots & & \vdots\\ \sum\limits_{i=1}^{n}x_{ik} & \sum\limits_{i=1}^{n}x_{i1}x_{ik} & \sum\limits_{i=1}^{n}x_{i2}x_{ik} & \cdots & \sum\limits_{i=1}^{n}x_{ik}^2 \end{bmatrix}\begin{bmatrix}\hat{\beta}_0\\ \hat{\beta}_1\\ \hat{\beta}_2\\ \vdots\\ \hat{\beta}_k\end{bmatrix}=\begin{bmatrix}\sum\limits_{i=1}^{n}y_i\\ \sum\limits_{i=1}^{n}x_{i1}y_i\\ \sum\limits_{i=1}^{n}x_{i2}y_i\\ \vdots\\ \sum\limits_{i=1}^{n}x_{ik}y_i\end{bmatrix},$$

则回归方程系数满足矩阵方程

$$(\boldsymbol{X}^{\mathrm{T}}\boldsymbol{X})\hat{\boldsymbol{\beta}}=\boldsymbol{X}^{\mathrm{T}}\boldsymbol{y},$$

其中 $\hat{\boldsymbol{\beta}}=(\hat{\beta}_0,\hat{\beta}_1,\cdots,\hat{\beta}_k)^{\mathrm{T}}$.

已知结构矩阵 $\boldsymbol{X}$ 列满秩，则系数矩阵 $\boldsymbol{X}^{\mathrm{T}}\boldsymbol{X}$ 满秩. 于是，回归系数的估计为

$$\hat{\boldsymbol{\beta}}=(\boldsymbol{X}^{\mathrm{T}}\boldsymbol{X})^{-1}\boldsymbol{X}^{\mathrm{T}}\boldsymbol{y}=\boldsymbol{X}^{+}\boldsymbol{y}.$$

3. Python 程序实现

案例：现有 2007 年全国 31 个主要城市的气候观测数据，如表 8.1 所示，令年极端最高气温 x_1(°C)、年极端最低气温 x_2(°C) 为自变量，年平均气温 y(°C) 为因变量．试建立因变量 y 关于自变量 x_1 和 x_2 的多元线性回归模型.

表 8.1　2007 年全国 31 个主要城市的气候观测数据　　单位：℃

城市	年平均气温	年极端最高气温	年极端最低气温
北京	14	37.3	−11.7
天津	13.6	38.5	−10.6
石家庄	14.9	39.7	−7.4
太原	11.4	35.8	−13.2
呼和浩特	9	35.6	−17.6
沈阳	9	33.9	−23.1
长春	7.7	35.8	−21.7
哈尔滨	6.6	35.8	−22.6
上海	18.5	39.6	−1.1
南京	17.4	38.2	−4.5
杭州	18.4	39.5	−1.9
合肥	17.4	37.2	−3.5
福州	21	39.8	3.6
南昌	19.2	38.5	0.5
济南	15	38.5	−7.9
郑州	16	39.7	−5
武汉	18.6	37.2	−1.5
长沙	18.8	38.8	−0.5
广州	23.2	37.4	5.7
南宁	21.7	37.7	0.7
海口	24.1	37.9	10.7
重庆	19	37.9	3
成都	16.8	34.9	−1.6
贵阳	14.9	31	−1.7
昆明	15.6	30	0.7
拉萨	9.8	29	−9.8
西安	15.6	39.8	−5.9
兰州	11.1	34.3	−11.9
西宁	6.1	30.7	−21.8
银川	10.4	35	−15.4
乌鲁木齐	8.5	37.6	−24

Python 程序如下：

```
import numpy as np
```

```
from scipy import stats
# 定义数据
T0 = np.array([[14, 37.3, -11.7],[13.6, 38.5, -10.6],[14.9, 39.7, -7.4],
[11.4, 35.8, -13.2],[9, 35.6, -17.6],[9, 33.9, -23.1],[7.7, 35.8, -21.7],
[6.6, 35.8, -22.6],[18.5, 39.6, -1.1],[17.4, 38.2, -4.5],[18.4, 39.5, -1.9],
[17.4, 37.2, -3.5],[21, 39.8, 3.6],[19.2, 38.5, 0.5],[15, 38.5, -7.9],
[16, 39.7, -5],[18.6, 37.2, -1.5],[18.8, 38.8, -0.5],[23.2, 37.4, 5.7],
[21.7, 37.7, 0.7],[24.1, 37.9, 10.7],[19, 37.9, 3],[16.8, 34.9, -1.6],
[14.9, 31, -1.7],[15.6, 30, 0.7],[9.8, 29, -9.8],[15.6, 39.8, -5.9],
[11.1, 34.3, -11.9],[6.1, 30.7, -21.8],[10.4, 35, -15.4],[8.5, 37.6, -24]])
# 提取y值，即T0的第一列
y = T0[:, 0]
# 创建X值，添加一列全为1的数组
X = np.hstack([np.ones((31, 1)), T0[:, 1:3]])
# 计算X的加号逆
X_pinv = np.linalg.pinv(X)
# 获取模型系数
coefficients =np.dot(X_pinv,y)
# 输出系数
print("多元线性回归模型的系数:\n",coefficients)
```

输出结果如下：

```
多元线性回归模型的系数:
[4.11971145 0.38721913 0.46595224]
```

即因变量 y 关于自变量 x_1 和 x_2 的多元线性回归模型为

$$y = 4.119\ 711\ 45 + 0.387\ 219\ 13x_1 + 0.465\ 952\ 24x_2.$$

此外，在 Python 中进行多元线性回归并返回模型的系数，我们也可以使用 statsmodels 库，它提供了更详细的统计输出，包括模型的系数.

8.6.2 功率放大器非线性特性及预失真建模

1. 问题引入

信号的功率放大是电子通信系统的关键功能之一，其实现模块称为功率放大器(PA)，简称功放. 功放的输出信号相对于输入信号可能产生非线性变形，这将带来无益的干扰信号，影响信息的正确传递和接收，此现象称为非线性失真. 若记输入信号为 $\boldsymbol{x}(t)$，输出信号为 $\boldsymbol{z}(t)$，t 为时间变量，则功放非线性在数学上可表示为

$$\boldsymbol{z}(t) = H(\boldsymbol{x}(t)),$$

其中 H 为非线性函数. 一般功放的输入-输出如图 8.1 所示.

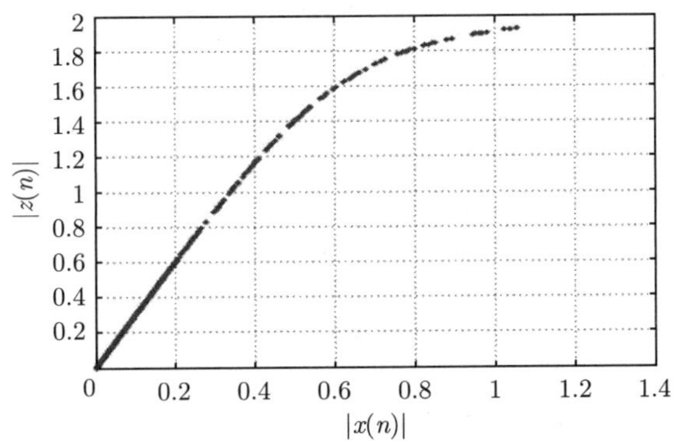

图 8.1　功放输入–输出幅度散点图

预失真的基本原理是：在功放前设置一个预失真处理模块，如图 8.2 所示. 设功放输入-输出传输特性为 $H[\cdot]$，预失真器特性为 $F[\cdot]$，那么预失真处理原理可表示为

$$\boldsymbol{z}(t)=H(\boldsymbol{y}(t))=H(F(\boldsymbol{x}(t)))=H\circ F(\boldsymbol{x}(t))=L(\boldsymbol{x}(t)), \tag{8-25}$$

其中，$H\circ F=L$ 表示 $H[\cdot]$ 和 $F[\cdot]$ 的复合函数等于 $L[\cdot]$, $\boldsymbol{y}(t)$ 为预失真器的输出.

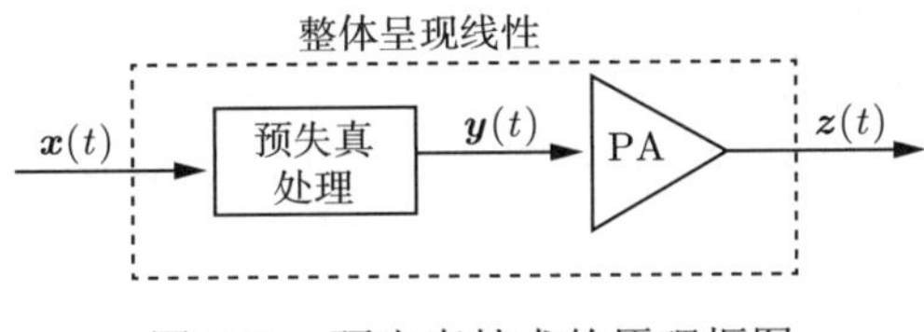

图 8.2　预失真技术的原理框图

2. 非线性系统的多项式逼近模型

根据函数逼近的 Weierstrass 定理，对解析函数 $H(\boldsymbol{x})$ 总可以用一个次数充分大的多项式逼近到任意程度，故可采用计算简单的多项式表示非线性函数. 其特性可用多项式表示为

$$\boldsymbol{z}(t)=\sum_{k=1}^{K}h_k\boldsymbol{x}^k(t),\quad t\in[0,T), \tag{8-26}$$

式中，K 表示非线性的阶数（即多项式次数），h_k 为各次幂的系数.

如果对功放输入 $\boldsymbol{x}(t)$、输出 $\boldsymbol{z}(t)$ 进行离散采样后其值分别为 $\boldsymbol{x}(n)$，$\boldsymbol{z}(n)$，则方程 (8-26) 可用离散多项式表示如下：

$$\boldsymbol{z}(n)=\sum_{k=1}^{K}h_k\boldsymbol{x}^k(n)=h_1\boldsymbol{x}(n)+h_2\boldsymbol{x}(n)^2+\cdots+h_K\boldsymbol{x}(n)^K,\quad n=1,2,\cdots,N. \tag{8-27}$$

写成矩阵形式为

$$\boldsymbol{z}=\boldsymbol{XH}, \tag{8-28}$$

其中，$\boldsymbol{H}$ 为所求系数，$\boldsymbol{H}=(h_1,h_2,\cdots,h_K)^{\mathrm{T}}$；$\boldsymbol{z}=(z(1),z(2),\cdots,z(N))^{\mathrm{T}}$ 为实际输出；$\boldsymbol{X}$ 为输入序列矩阵，定义为

$$\boldsymbol{X}=\begin{bmatrix} \boldsymbol{x}(1) & \boldsymbol{x}(1)^2 & \cdots & \boldsymbol{x}(1)^K \\ \boldsymbol{x}(2) & \boldsymbol{x}(2)^2 & \cdots & \boldsymbol{x}(2)^K \\ \vdots & \vdots & & \vdots \\ \boldsymbol{x}(N) & \boldsymbol{x}(N)^2 & \cdots & \boldsymbol{x}(N)^K \end{bmatrix}. \tag{8-29}$$

线性方程组 (8-28) 的最小二乘解可用广义逆表示为

$$\boldsymbol{H}=\boldsymbol{X}^{+}\boldsymbol{z}. \tag{8-30}$$

3. 预失真系统建模

功放系统 $H[\cdot]$ 增加了预失真系统 $F[\cdot]$ 后，希望系统输出是输入的线性函数，即线性化要求

$$\boldsymbol{z}(t)=H\circ F(\boldsymbol{x}(t))=L(\boldsymbol{x}(t))=g\cdot\boldsymbol{x}(t), \tag{8-31}$$

式中，常数 g 是功放的理想“幅度放大倍数”($g>1$). 因此，若功放特性 $H[\cdot]$ 已知，则预失真技术的核心是寻找预失真器的特性 $F[\cdot]$，使得它们复合后能满足方程 (8-31).

显然，F 与 H/g 互为反函数. 如果对给出的放大器输出序列 $\boldsymbol{z}$ 进行 g 倍衰减，得到 $\boldsymbol{y}=\boldsymbol{z}/g$，则有

$$\boldsymbol{x}=F(\boldsymbol{z}/g). \tag{8-32}$$

令 $\boldsymbol{y}(n)=\boldsymbol{z}(n)/g$，则预失真系统 $F[\cdot]$ 可通过如下方程组求解：

$$\boldsymbol{x}(n)=\boldsymbol{y}(n)\boldsymbol{F}. \tag{8-33}$$

写成矩阵形式为

$$\boldsymbol{x}=\boldsymbol{Y}\boldsymbol{F}, \tag{8-34}$$

其中 $\boldsymbol{F}=(f_1,f_2,\cdots,f_K)^{\mathrm{T}}$ 为所求系数，$\boldsymbol{x}=(\boldsymbol{x}(1),\boldsymbol{x}(2),\cdots,\boldsymbol{x}(N))^{\mathrm{T}}$ 为实际输出，$\boldsymbol{Y}$ 为输入序列矩阵，定义为

$$\boldsymbol{Y}=\begin{bmatrix} y(1) & y(1)^2 & \cdots & y(1)^K \\ y(2) & y(2)^2 & \cdots & y(2)^K \\ \vdots & \vdots & & \vdots \\ y(N) & y(N)^2 & \cdots & y(N)^K \end{bmatrix}. \tag{8-35}$$

线性方程组 (8-34) 的最小二乘解可用广义逆表示为

$$\boldsymbol{F}=\boldsymbol{Y}^{+}\boldsymbol{x}. \tag{8-36}$$

4. 模型求解

采用 K=7 阶多项式来拟合功放的输入输出，解得结果为

$$\boldsymbol{H} = (3.0116, -0.2778, 1.9415, -4.6023, -3.2040, 8.8443, -3.8001)^{\mathrm{T}}.$$

功放系统拟合结果如图 8.3 所示.

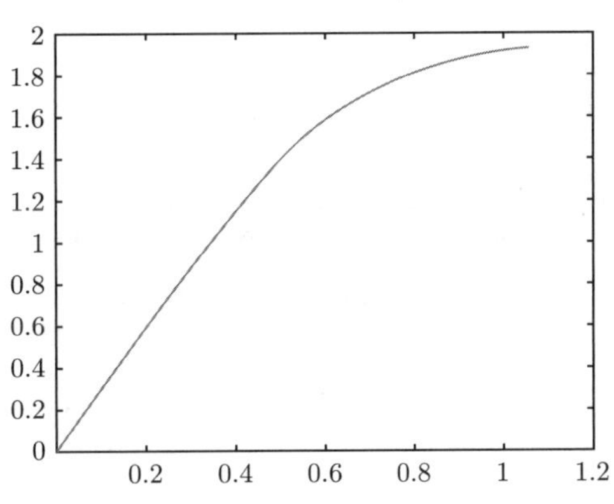

图 8.3　功放系统 7 阶多项式拟合效果

当 $n = 995$ 时，输入信号 $\boldsymbol{x}(995)$ 的模最大，因此可能的线性化最大放大倍数为

$$g = \frac{|z(995)|}{|x(995)|} = \frac{1.9247}{1.0553} = 1.8265. \tag{8-37}$$

也可以通过图 8.4 观察得出 g 值约为 1.8.

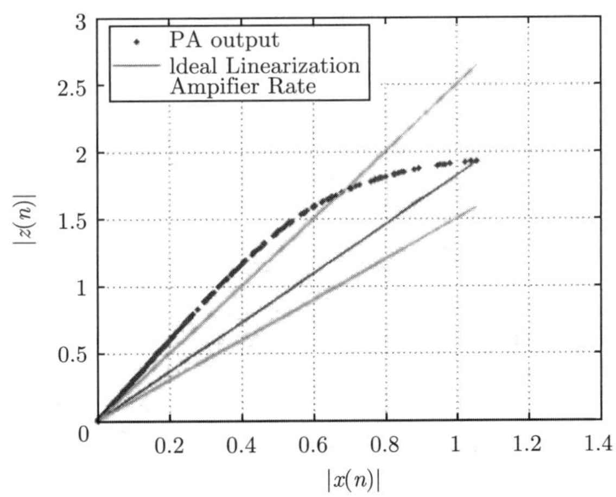

图 8.4　功放线性化放大倍数图

类似地，求解模型 (8-34)，可求得预失真系统 $\boldsymbol{F}$ 为

$$\boldsymbol{F} = \boldsymbol{y}^{+}\boldsymbol{x} = (0.6642, -1.3705, 10.9120, -39.0079, 69.1374, -59.1487, 19.6388)^{\mathrm{T}}. \tag{8-38}$$

功放预失真系统效果如图 8.5 所示.

预失真系统与功放系统的集成效果如图 8.6 所示.

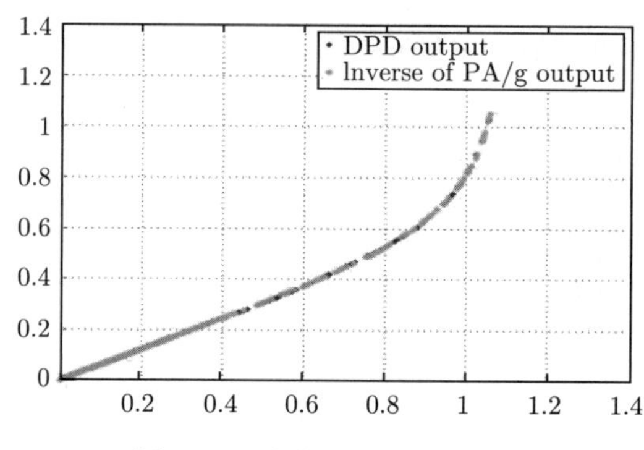

图 8.5　功放预失真系统效果

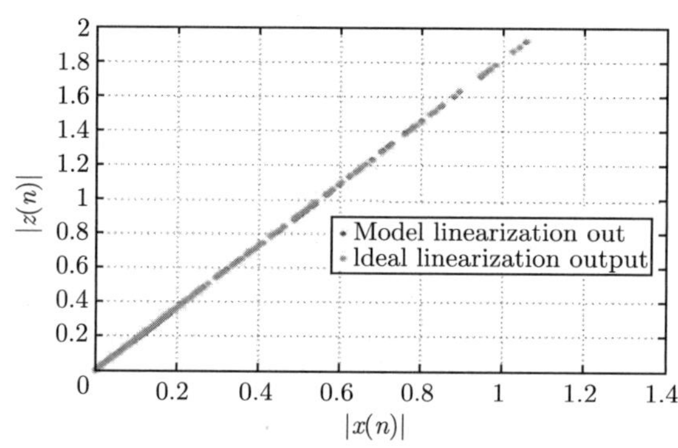

图 8.6　预失真系统与功放系统的集成效果

习　题　8

8.1　已知 $\boldsymbol{A}\in\mathbf{C}_r^{m\times n}$,存在可逆矩阵 $\boldsymbol{P}\in\mathbf{C}^{m\times m}$,$\boldsymbol{Q}\in\mathbf{C}^{n\times n}$,使得 $\boldsymbol{PAQ}=\begin{bmatrix}\boldsymbol{I}_r & \boldsymbol{O}\\ \boldsymbol{O} & \boldsymbol{O}\end{bmatrix}$,则 $\boldsymbol{A}$ 的减号逆可表示为 (　　).

A. $\boldsymbol{A}^-=\boldsymbol{Q}\begin{bmatrix}\boldsymbol{I}_r & *_1\\ *_2 & *_3\end{bmatrix}\boldsymbol{P}$, 其中 $*_1,*_2,*_3$ 为合适阶任意矩阵

B. $\boldsymbol{A}^-=\boldsymbol{P}\begin{bmatrix}\boldsymbol{I}_r & *_1\\ *_2 & *_3\end{bmatrix}\boldsymbol{Q}$, 其中 $*_1,*_2,*_3$ 为合适阶任意矩阵

C. $\boldsymbol{A}^-=\boldsymbol{Q}\begin{bmatrix}*_1 & *_2\\ *_3 & \boldsymbol{I}_r\end{bmatrix}\boldsymbol{P}$, 其中 $*_1,*_2,*_3$ 为合适阶任意矩阵

D. $\boldsymbol{A}^-=\boldsymbol{P}\begin{bmatrix}*_1 & *_2\\ *_3 & \boldsymbol{I}_r\end{bmatrix}\boldsymbol{Q}$, 其中 $*_1,*_2,*_3$ 为合适阶任意矩阵

8.2 已知 $\boldsymbol{A}=\begin{bmatrix}1&2&1\\2&4&1\end{bmatrix}$，则下列为 $\boldsymbol{A}^-$ 的是 (　　).

A. $\begin{bmatrix}1&-1\\0&0\\2&-1\end{bmatrix}$　B. $\begin{bmatrix}-1&1\\0&0\\2&-1\end{bmatrix}$　C. $\begin{bmatrix}-1&1\\0&0\\2&1\end{bmatrix}$　D. $\begin{bmatrix}-1&1\\0&0\\-2&1\end{bmatrix}$

8.3 已知 $\boldsymbol{A}$ 的满秩分解为 $\boldsymbol{A}=\boldsymbol{BC}$，则 $\boldsymbol{A}$ 的加号逆可表示为 (　　).

A. $\boldsymbol{C}^{\mathrm{H}}(\boldsymbol{C}\boldsymbol{C}^{\mathrm{H}})^{-1}(\boldsymbol{B}^{\mathrm{H}}\boldsymbol{B})^{-1}\boldsymbol{B}^{\mathrm{H}}$　B. $\boldsymbol{C}(\boldsymbol{C}^{\mathrm{H}}\boldsymbol{C})^{-1}(\boldsymbol{B}\boldsymbol{B}^{\mathrm{H}})^{-1}\boldsymbol{B}$

C. $\boldsymbol{B}^{\mathrm{H}}(\boldsymbol{B}\boldsymbol{B}^{\mathrm{H}})^{-1}(\boldsymbol{C}^{\mathrm{H}}\boldsymbol{C})^{-1}\boldsymbol{C}^{\mathrm{H}}$　D. $\boldsymbol{B}(\boldsymbol{B}^{\mathrm{H}}\boldsymbol{B})^{-1}(\boldsymbol{C}\boldsymbol{C}^{\mathrm{H}})^{-1}\boldsymbol{C}$

8.4 已知 $\boldsymbol{A}^+$ 是 $\boldsymbol{A}\in\mathbf{C}^{m\times n}$ 的 Moore-Penrose 逆，则下列说法正确的是 (　　).

A. $(\boldsymbol{A}^+)^+=\boldsymbol{A}$　B. $\boldsymbol{AB}^+=\boldsymbol{B}^+\boldsymbol{A}^+$

C. $(\boldsymbol{A}^+)^k=(\boldsymbol{A}^k)^+$，其中 k 为正整数　D. $\boldsymbol{AA}^+=\boldsymbol{A}^+\boldsymbol{A}$

8.5 已知矩阵 $\boldsymbol{A}=\begin{bmatrix}1&2&1\\2&4&1\end{bmatrix}$，求 $\boldsymbol{A}^-$.

8.6 求下列矩阵的加号逆 $\boldsymbol{A}^+$：

(1) $\boldsymbol{A}=\begin{bmatrix}1&0&1\\1&2&3\\2&4&6\end{bmatrix}$；　(2) $\boldsymbol{A}=\begin{bmatrix}2&0&2&4\\0&1&0&1\\2&1&2&5\end{bmatrix}$.

8.7 已知 $\boldsymbol{A}=\begin{bmatrix}1&1&0&1\\0&1&1&1\\2&3&1&3\end{bmatrix},\boldsymbol{b}=\begin{bmatrix}1\\1\\1\end{bmatrix}$.

(1) 求 $\boldsymbol{A}$ 的满秩分解；

(2) 求 $\boldsymbol{A}^+$；

(3) 用广义逆的方法判断线性方程组 $\boldsymbol{Ax}=\boldsymbol{b}$ 是否有解，若有解，求其通解；若无解，求其极小范数最小二乘解.

8.8 证明：设 $\boldsymbol{P}\in\mathbf{C}^{m\times m},\boldsymbol{Q}\in\mathbf{C}^{n\times n}$ 为酉矩阵，$\boldsymbol{A}\in\mathbf{C}^{m\times n}$，则

$$(\boldsymbol{PAQ})^+=\boldsymbol{Q}^+\boldsymbol{A}^+\boldsymbol{P}^+.$$

第 9 章　矩阵的 Kronecker 积与 Hadamard 积

利用矩阵的克罗内克（Kronecker）积和哈达玛（Hadamard）积可以由已有的矩阵构造新矩阵，两种积虽然在形式上有所不同，但它们都是矩阵理论中不可或缺的工具，在数学、物理学、工程学和计算机科学等多个领域中扮演着关键的角色.

9.1　Kronecker 积

Kronecker 积以德国数学家利奥波德·克罗内克（Leopold Kronecker）的名字命名，是一种在多个领域具有广泛应用的矩阵操作．它允许两个任意大小的矩阵通过一种特殊的方式相乘，从而生成一个新的、更大的矩阵.

9.1.1　Kronecker 积的定义

矩阵的 Kronecker 积是一种能快速扩大矩阵尺度的乘法，一个 $m\times n$ 矩阵 $\boldsymbol{A}$ 和一个 $p\times q$ 矩阵 $\boldsymbol{B}$ 的 Kronecker 积是一个 $mp\times nq$ 矩阵，记为 $\boldsymbol{A}\otimes\boldsymbol{B}$.

定义 9.1.1　设矩阵 $\boldsymbol{A}=(a_{ij})\in\mathbf{C}^{m\times n}$，$\boldsymbol{B}=(b_{ij})\in\mathbf{C}^{p\times q}$，分块矩阵

$$\boldsymbol{A}\otimes\boldsymbol{B}=\begin{bmatrix} a_{11}\boldsymbol{B} & a_{12}\boldsymbol{B} & \cdots & a_{1n}\boldsymbol{B} \\ a_{21}\boldsymbol{B} & a_{22}\boldsymbol{B} & \cdots & a_{2n}\boldsymbol{B} \\ \vdots & \vdots & & \vdots \\ a_{m1}\boldsymbol{B} & a_{m2}\boldsymbol{B} & \cdots & a_{mn}\boldsymbol{B} \end{bmatrix}\in\mathbf{C}^{mp\times nq} \tag{9-1}$$

称为 $\boldsymbol{A}$ 与 $\boldsymbol{B}$ 的 **Kronecker 积**，亦称 $\boldsymbol{A}$ 与 $\boldsymbol{B}$ 的**直积**或**张量积**，简记为 $\boldsymbol{A}\otimes\boldsymbol{B}=(a_{ij}\boldsymbol{B})$.

例 9.1.1　设 $\boldsymbol{A}=\begin{bmatrix} a_{11} & a_{12} \\ a_{21} & a_{22} \end{bmatrix}$，$\boldsymbol{B}=\begin{bmatrix} b_{11} \\ b_{21} \end{bmatrix}$，则

$$\boldsymbol{A}\otimes\boldsymbol{B}=\begin{bmatrix} a_{11}\boldsymbol{B} & a_{12}\boldsymbol{B} \\ a_{21}\boldsymbol{B} & a_{22}\boldsymbol{B} \end{bmatrix}=\begin{bmatrix} a_{11}b_{11} & a_{12}b_{11} \\ a_{11}b_{21} & a_{12}b_{21} \\ a_{21}b_{11} & a_{22}b_{11} \\ a_{21}b_{21} & a_{22}b_{21} \end{bmatrix},\quad \boldsymbol{B}\otimes\boldsymbol{A}=\begin{bmatrix} b_{11}\boldsymbol{A} \\ b_{21}\boldsymbol{A} \end{bmatrix}=\begin{bmatrix} b_{11}a_{11} & b_{11}a_{12} \\ b_{11}a_{21} & b_{11}a_{22} \\ b_{21}a_{11} & b_{21}a_{12} \\ b_{21}a_{21} & b_{21}a_{22} \end{bmatrix}.$$

由此例可知，虽 $\boldsymbol{A}\otimes\boldsymbol{B}$ 与 $\boldsymbol{B}\otimes\boldsymbol{A}$ 的阶数均为 4×2，但 $\boldsymbol{A}\otimes\boldsymbol{B}\neq\boldsymbol{B}\otimes\boldsymbol{A}$，即一般情况下，Kronecker 积和通常的矩阵乘法一样不满足交换律.

由定义可知，若 $\boldsymbol{A}=(a_{ij})\in\mathbf{C}^{m\times n}$，$\boldsymbol{B}=(b_{ij})\in\mathbf{C}^{p\times q}$，则 $\boldsymbol{A}\otimes\boldsymbol{B}$ 与 $\boldsymbol{B}\otimes\boldsymbol{A}$ 的阶数均为 $mp\times nq$，即 $\boldsymbol{A}\otimes\boldsymbol{B}$ 与 $\boldsymbol{B}\otimes\boldsymbol{A}$ 是同阶矩阵. 特别地，$\boldsymbol{I}_m\otimes\boldsymbol{I}_n=\boldsymbol{I}_n\otimes\boldsymbol{I}_m=\boldsymbol{I}_{mn}$.

关于 Kronecker 积的幂，有如下定义：

$$\boldsymbol{A}^{[k]}=\boldsymbol{A}\otimes\boldsymbol{A}^{[k-1]},\quad \boldsymbol{A}^{[1]}=\boldsymbol{A},\quad k=2,3,\cdots.$$

9.1.2 Kronecker 积的性质

Kronecker 积具有以下基本性质[3,20]：

定理 9.1.1 （1）对任意的常数 k，$\boldsymbol{A}\in\mathbf{C}^{m\times n}$，$\boldsymbol{B}\in\mathbf{C}^{p\times q}$，则

$$k(\boldsymbol{A}\otimes\boldsymbol{B})=(k\boldsymbol{A})\otimes\boldsymbol{B}=\boldsymbol{A}\otimes(k\boldsymbol{B}).\tag{9-2}$$

（2）设 $\boldsymbol{A},\boldsymbol{B}\in\mathbf{C}^{m\times n}$，$\boldsymbol{C}\in\mathbf{C}^{p\times q}$，则

$$(\boldsymbol{A}+\boldsymbol{B})\otimes\boldsymbol{C}=\boldsymbol{A}\otimes\boldsymbol{C}+\boldsymbol{B}\otimes\boldsymbol{C};\tag{9-3}$$

$$\boldsymbol{C}\otimes(\boldsymbol{A}+\boldsymbol{B})=\boldsymbol{C}\otimes\boldsymbol{A}+\boldsymbol{C}\otimes\boldsymbol{B}.\tag{9-4}$$

（3）设 $\boldsymbol{A}\in\mathbf{C}^{m\times n}$，$\boldsymbol{B}\in\mathbf{C}^{p\times q}$，$\boldsymbol{C}\in\mathbf{C}^{s\times t}$，则

$$(\boldsymbol{A}\otimes\boldsymbol{B})\otimes\boldsymbol{C}=\boldsymbol{A}\otimes(\boldsymbol{B}\otimes\boldsymbol{C}).\tag{9-5}$$

（4）设 $\boldsymbol{A}\in\mathbf{C}^{m\times n}$，$\boldsymbol{B}\in\mathbf{C}^{p\times q}$，$\boldsymbol{C}\in\mathbf{C}^{n\times s}$，$\boldsymbol{D}\in\mathbf{C}^{q\times t}$，则

$$(\boldsymbol{A}\otimes\boldsymbol{B})(\boldsymbol{C}\otimes\boldsymbol{D})=\boldsymbol{AC}\otimes\boldsymbol{BD}.\tag{9-6}$$

特别地，若 $\boldsymbol{A}\in\mathbf{C}^{m\times m}$，$\boldsymbol{B}\in\mathbf{C}^{n\times n}$，则

$$(\boldsymbol{I}_m\otimes\boldsymbol{B})(\boldsymbol{A}\otimes\boldsymbol{I}_n)=(\boldsymbol{A}\otimes\boldsymbol{I}_n)(\boldsymbol{I}_m\otimes\boldsymbol{B})=\boldsymbol{A}\otimes\boldsymbol{B}.\tag{9-7}$$

（5）设 $\boldsymbol{A}\in\mathbf{C}^{m\times n}$，$\boldsymbol{B}\in\mathbf{C}^{n\times s}$，则

$$(\boldsymbol{AB})^{[k]}=\boldsymbol{A}^{[k]}\boldsymbol{B}^{[k]}.\tag{9-8}$$

（6）设 $\boldsymbol{A}\in\mathbf{C}^{m\times n}$, $\boldsymbol{B}\in\mathbf{C}^{p\times q}$，则

$$(\boldsymbol{A}\otimes\boldsymbol{B})^{\mathrm{T}}=\boldsymbol{A}^{\mathrm{T}}\otimes\boldsymbol{B}^{\mathrm{T}};\tag{9-9}$$

$$(\boldsymbol{A}\otimes\boldsymbol{B})^{\mathrm{H}}=\boldsymbol{A}^{\mathrm{H}}\otimes\boldsymbol{B}^{\mathrm{H}}.$$

（7）若 $\boldsymbol{A},\boldsymbol{B}$ 为可逆方阵，则 $\boldsymbol{A}\otimes\boldsymbol{B}$ 也可逆，且

$$(\boldsymbol{A}\otimes\boldsymbol{B})^{-1}=\boldsymbol{A}^{-1}\otimes\boldsymbol{B}^{-1}.\tag{9-10}$$

更一般地，设 $\boldsymbol{A}\in\mathbf{C}^{m\times n}$，$\boldsymbol{B}\in\mathbf{C}^{p\times q}$，则

$$(\boldsymbol{A}\otimes\boldsymbol{B})^{+}=\boldsymbol{A}^{+}\otimes\boldsymbol{B}^{+}.\tag{9-11}$$

证 由定义易证性质（1）～（3），证明留给读者.

（4）由定义可得

$$\begin{aligned}(\boldsymbol{A}\otimes\boldsymbol{B})(\boldsymbol{C}\otimes\boldsymbol{D})&=(a_{ij}\boldsymbol{B})(c_{ij}\boldsymbol{D})\\&=\sum_{k=1}^{n}(a_{ik}c_{kj}\boldsymbol{B}\boldsymbol{D})=(\boldsymbol{A}\boldsymbol{C})_{ij}\boldsymbol{B}\boldsymbol{D}=\boldsymbol{A}\boldsymbol{C}\otimes\boldsymbol{B}\boldsymbol{D}.\end{aligned}$$

（5）对 k 利用数学归纳法. 当 $k=1$ 时，结论显然成立. 假设结论对 $k-1$ 成立，则由性质（4）得

$$\begin{aligned}(\boldsymbol{A}\boldsymbol{B})^{[k]}&=(\boldsymbol{A}\boldsymbol{B})\otimes(\boldsymbol{A}\boldsymbol{B})^{[k-1]}=(\boldsymbol{A}\boldsymbol{B})\otimes(\boldsymbol{A}^{[k-1]}\boldsymbol{B}^{[k-1]})\\&=(\boldsymbol{A}\otimes\boldsymbol{A}^{[k-1]})(\boldsymbol{B}\otimes\boldsymbol{B}^{[k-1]})=\boldsymbol{A}^{[k]}\boldsymbol{B}^{[k]}.\end{aligned}$$

（6）下证 $(\boldsymbol{A}\otimes\boldsymbol{B})^{\mathrm{T}}=\boldsymbol{A}^{\mathrm{T}}\otimes\boldsymbol{B}^{\mathrm{T}}$，同理可证 $(\boldsymbol{A}\otimes\boldsymbol{B})^{\mathrm{H}}=\boldsymbol{A}^{\mathrm{H}}\otimes\boldsymbol{B}^{\mathrm{H}}$.

$$[(\boldsymbol{A}\otimes\boldsymbol{B})^{\mathrm{T}}]_{ij}=[(a_{ij}\boldsymbol{B})^{\mathrm{T}}]_{ij}=a_{ji}\boldsymbol{B}^{\mathrm{T}}=(\boldsymbol{A}^{\mathrm{T}}\otimes\boldsymbol{B}^{\mathrm{T}})_{ij}.$$

（7）由性质（4）可知

$$(\boldsymbol{A}\otimes\boldsymbol{B})(\boldsymbol{A}^{-1}\otimes\boldsymbol{B}^{-1})=(\boldsymbol{A}\boldsymbol{A}^{-1})\otimes(\boldsymbol{B}\boldsymbol{B}^{-1})=\boldsymbol{I}.$$

由性质（4）及性质（5）易证 $\boldsymbol{A}^{+}\otimes\boldsymbol{B}^{+}$ 满足 $\boldsymbol{A}\otimes\boldsymbol{B}$ 的 Moore-Penrose 逆的四个条件.

证毕

推论 9.1.1 若 $\boldsymbol{A}$ 和 $\boldsymbol{B}$ 都是对角矩阵、上 (下) 三角阵、实对称矩阵、Hermite 矩阵、正交矩阵或酉矩阵，则 $\boldsymbol{A}\otimes\boldsymbol{B}$ 也分别为同种类型的矩阵.

定理 9.1.2 设 $\boldsymbol{A}\in\mathbf{C}^{m\times n}$，$\boldsymbol{B}\in\mathbf{C}^{p\times q}$，则

$$\operatorname{rank}(\boldsymbol{A}\otimes\boldsymbol{B})=\operatorname{rank}(\boldsymbol{A})\operatorname{rank}(\boldsymbol{B}).$$

证 设 $\operatorname{rank}(\boldsymbol{A})=r_1,\operatorname{rank}(\boldsymbol{B})=r_2$，则存在可逆矩阵 $\boldsymbol{P}_1,\boldsymbol{Q}_1,\boldsymbol{P}_2,\boldsymbol{Q}_2$ 使得

$$\boldsymbol{P}_1\boldsymbol{A}\boldsymbol{Q}_1=\begin{bmatrix}\boldsymbol{I}_{r_1}&\boldsymbol{O}\\\boldsymbol{O}&\boldsymbol{O}\end{bmatrix}=\boldsymbol{M},\quad \boldsymbol{P}_2\boldsymbol{B}\boldsymbol{Q}_2=\begin{bmatrix}\boldsymbol{I}_{r_2}&\boldsymbol{O}\\\boldsymbol{O}&\boldsymbol{O}\end{bmatrix}=\boldsymbol{N}.$$

从而 $\boldsymbol{A}=\boldsymbol{P}_1^{-1}\boldsymbol{M}\boldsymbol{Q}_1^{-1},\boldsymbol{B}=\boldsymbol{P}_2^{-1}\boldsymbol{N}\boldsymbol{Q}_2^{-1}$. 于是

$$\boldsymbol{A}\otimes\boldsymbol{B}=(\boldsymbol{P}_1^{-1}\boldsymbol{M}\boldsymbol{Q}_1^{-1})\otimes(\boldsymbol{P}_2^{-1}\boldsymbol{N}\boldsymbol{Q}_2^{-1})=(\boldsymbol{P}_1^{-1}\otimes\boldsymbol{P}_2^{-1})(\boldsymbol{M}\otimes\boldsymbol{N})(\boldsymbol{Q}_1^{-1}\otimes\boldsymbol{Q}_2^{-1}).$$

由定理 9.1.1知，$\boldsymbol{P}_1^{-1}\otimes\boldsymbol{P}_2^{-1}$ 与 $\boldsymbol{Q}_1^{-1}\otimes\boldsymbol{Q}_2^{-1}$ 均为可逆矩阵，则 $\operatorname{rank}(\boldsymbol{A}\otimes\boldsymbol{B})=\operatorname{rank}(\boldsymbol{M}\otimes\boldsymbol{N})$. 而

$$\operatorname{rank}(\boldsymbol{M}\otimes\boldsymbol{N})=r_1r_2=\operatorname{rank}(\boldsymbol{A})\operatorname{rank}(\boldsymbol{B}),$$

于是 $\operatorname{rank}(\boldsymbol{A}\otimes\boldsymbol{B})=\operatorname{rank}(\boldsymbol{A})\operatorname{rank}(\boldsymbol{B})$.

证毕

定理 9.1.3 设 $\boldsymbol{x}_1,\boldsymbol{x}_2,\cdots,\boldsymbol{x}_n$ 是 n 个线性无关的 m 维列向量，$\boldsymbol{y}_1,\boldsymbol{y}_2,\cdots,\boldsymbol{y}_q$ 是 q 个线性无关的 p 维列向量，则 nq 个线性无关的 mp 维列向量 $\boldsymbol{x}_i\otimes\boldsymbol{y}_j$ $(i=1,2,\cdots,n;j=1,2,\cdots,q)$ 亦线性无关；反之亦然.

证 设 $\boldsymbol{x}_i=(a_{1i},a_{2i},\cdots,a_{mi})^{\mathrm{T}},\boldsymbol{y}_j=(b_{1j},b_{2j},\cdots,b_{pj})^{\mathrm{T}}$，令

$$\boldsymbol{A}=(\boldsymbol{x}_1,\boldsymbol{x}_2,\cdots,\boldsymbol{x}_n)=(a_{ij})_{m\times n},\boldsymbol{B}=(\boldsymbol{y}_1,\boldsymbol{y}_2,\cdots,\boldsymbol{y}_q)=(b_{ij})_{p\times q},$$

则 $\boldsymbol{A},\boldsymbol{B}$ 列满秩，即 $\operatorname{rank}(\boldsymbol{A})=n,\operatorname{rank}(\boldsymbol{B})=q$. 由定理 9.1.2知

$$\operatorname{rank}(\boldsymbol{A}\otimes\boldsymbol{B})=\operatorname{rank}(\boldsymbol{A})\operatorname{rank}(\boldsymbol{B})=nq. \tag{9-12}$$

由式 (9-1) 可得

$$\boldsymbol{A}\otimes\boldsymbol{B}=(\boldsymbol{x}_1\otimes\boldsymbol{y}_1,\cdots,\boldsymbol{x}_1\otimes\boldsymbol{y}_q,\cdots,\boldsymbol{x}_n\otimes\boldsymbol{y}_1,\cdots,\boldsymbol{x}_n\otimes\boldsymbol{y}_q). \tag{9-13}$$

于是 $\boldsymbol{A}\otimes\boldsymbol{B}$ 为列满秩的，即 $\boldsymbol{x}_i\otimes\boldsymbol{y}_j$ $(i=1,2,\cdots,n;j=1,2,\cdots,q)$ 线性无关.

反之，设向量组 $\boldsymbol{x}_i\otimes\boldsymbol{y}_j$ $(i=1,2,\cdots,n;j=1,2,\cdots,q)$ 线性无关，则由式 (9-13) 可知 $\boldsymbol{A}\otimes\boldsymbol{B}$ 是列满秩的，即式 (9-12) 成立. 若 $\operatorname{rank}(\boldsymbol{A})<n$，则必有 $\operatorname{rank}(\boldsymbol{B})>q$，这是不可能的，因为 $\boldsymbol{B}$ 只有 q 列，故 $\operatorname{rank}(\boldsymbol{A})=n$. 同理，$\operatorname{rank}(\boldsymbol{B})=q$，即 $\boldsymbol{A},\boldsymbol{B}$ 均为列满秩的，因此，$\boldsymbol{x}_1,\boldsymbol{x}_2,\cdots,\boldsymbol{x}_n$ 和 $\boldsymbol{y}_1,\boldsymbol{y}_2,\cdots,\boldsymbol{y}_q$ 均是线性无关的.

证毕

例 9.1.2 设 $V=\mathbf{R}^m,W=\mathbf{R}^n$ 为两个线性空间，则集合

$$S=\left\{\sum_{i=1}^{k}\boldsymbol{v}_i\otimes\boldsymbol{w}_i|\boldsymbol{v}_i\in V,\boldsymbol{w}_i\in W,k\geqslant 0\right\}$$

也构成一个线性空间，称为 V 与 W 的**张量积空间**，记为 $V\otimes W$，则 $V\otimes W$ 与 $\mathbf{R}^{mn}$ 同构. 由定理 9.1.3易知，若 $\boldsymbol{\alpha}_1,\boldsymbol{\alpha}_2,\cdots,\boldsymbol{\alpha}_m$ 与 $\boldsymbol{\beta}_1,\boldsymbol{\beta}_2,\cdots,\boldsymbol{\beta}_n$ 分别为 V 和 W 的基，则

$$\boldsymbol{\alpha}_1\otimes\boldsymbol{\beta}_1,\boldsymbol{\alpha}_1\otimes\boldsymbol{\beta}_2,\cdots,\boldsymbol{\alpha}_1\otimes\boldsymbol{\beta}_n,\cdots,\boldsymbol{\alpha}_m\otimes\boldsymbol{\beta}_1,\boldsymbol{\alpha}_m\otimes\boldsymbol{\beta}_2,\cdots,\boldsymbol{\alpha}_m\otimes\boldsymbol{\beta}_n \tag{9-14}$$

是 $V\otimes W$ 的一组基.

设 T_1 为 V 的某线性变换，T_2 为 W 的某线性变换，则可定义线性变换

$$T(\boldsymbol{v}\otimes\boldsymbol{w})=T_1(\boldsymbol{v})\otimes T_2(\boldsymbol{w}),\quad \boldsymbol{v}\in V,\boldsymbol{w}\in W,$$

称 T 为 T_1 和 T_2 的**张量积**，记为 $T_1\otimes T_2$，若线性变换 T_1 和 T_2 在基 $\boldsymbol{\alpha}_1,\boldsymbol{\alpha}_2,\cdots,\boldsymbol{\alpha}_m$ 与 $\boldsymbol{\beta}_1,\boldsymbol{\beta}_2,\cdots,\boldsymbol{\beta}_n$ 下的矩阵分别为 $\boldsymbol{A}$ 和 $\boldsymbol{B}$，则 $T_1\otimes T_2$ 在基 (9-14) 下的矩阵为 $\boldsymbol{A}\otimes\boldsymbol{B}$，在基

$$\boldsymbol{\alpha}_1\otimes\boldsymbol{\beta}_1,\boldsymbol{\alpha}_2\otimes\boldsymbol{\beta}_1,\cdots,\boldsymbol{\alpha}_m\otimes\boldsymbol{\beta}_1,\cdots,\boldsymbol{\alpha}_1\otimes\boldsymbol{\beta}_n,\boldsymbol{\alpha}_2\otimes\boldsymbol{\beta}_n,\cdots,\boldsymbol{\alpha}_m\otimes\boldsymbol{\beta}_n$$

下的矩阵为 $\boldsymbol{B}\otimes\boldsymbol{A}$.

下面讨论 Kronecker 积的特征值问题.

定理 9.1.4 设 λ 为 $\boldsymbol{A}\in\mathbf{C}^{m\times m}$ 的特征值，相对应的特征向量为 $\boldsymbol{x}\in\mathbf{C}^m$，$\mu$ 为 $\boldsymbol{B}\in\mathbf{C}^{n\times n}$ 的特征值，相对应的特征向量为 $\boldsymbol{y}\in\mathbf{C}^n$，则

（1） $\boldsymbol{A}\otimes\boldsymbol{B}$ 的特征值为 $\lambda\mu$，相对应的特征向量为 $\boldsymbol{x}\otimes\boldsymbol{y}$；

（2） $\boldsymbol{A}\otimes\boldsymbol{I}_n+\boldsymbol{I}_m\otimes\boldsymbol{B}$ 的特征值为 $\lambda+\mu$，相对应的特征向量为 $\boldsymbol{x}\otimes\boldsymbol{y}$.

证 由 $\boldsymbol{A}\boldsymbol{x}=\lambda\boldsymbol{x},\boldsymbol{B}\boldsymbol{y}=\mu\boldsymbol{y}$ 知 $\boldsymbol{x}\neq\boldsymbol{0},\boldsymbol{y}\neq\boldsymbol{0}$，故 $\boldsymbol{x}\otimes\boldsymbol{y}\neq\boldsymbol{0}$，且

$$(\boldsymbol{A}\otimes\boldsymbol{B})(\boldsymbol{x}\otimes\boldsymbol{y})=(\boldsymbol{A}\boldsymbol{x})\otimes(\boldsymbol{B}\boldsymbol{y})=(\lambda\boldsymbol{x})\otimes(\mu\boldsymbol{y})=\lambda\mu(\boldsymbol{x}\otimes\boldsymbol{y}).$$

又

$$(\boldsymbol{A}\otimes\boldsymbol{I}_n)(\boldsymbol{x}\otimes\boldsymbol{y})=(\boldsymbol{A}\boldsymbol{x})\otimes(\boldsymbol{I}_n\boldsymbol{y})=(\lambda\boldsymbol{x})\otimes\boldsymbol{y}=\lambda(\boldsymbol{x}\otimes\boldsymbol{y}),$$

$$(\boldsymbol{I}_m\otimes\boldsymbol{B})(\boldsymbol{x}\otimes\boldsymbol{y})=(\boldsymbol{I}_m\boldsymbol{x})\otimes(\boldsymbol{B}\boldsymbol{y})=\boldsymbol{x}\otimes(\mu\boldsymbol{y})=\mu(\boldsymbol{x}\otimes\boldsymbol{y}),$$

于是有

$$\begin{aligned}&(\boldsymbol{A}\otimes\boldsymbol{I}_n+\boldsymbol{I}_m\otimes\boldsymbol{B})(\boldsymbol{x}\otimes\boldsymbol{y})\\=&(\boldsymbol{A}\otimes\boldsymbol{I}_n)(\boldsymbol{x}\otimes\boldsymbol{y})+(\boldsymbol{I}_m\otimes\boldsymbol{B})(\boldsymbol{x}\otimes\boldsymbol{y})\\=&(\lambda+\mu)(\boldsymbol{x}\otimes\boldsymbol{y}).\end{aligned}$$

证毕

更一般地，设 $f(x,y)=\sum\limits_{i=0}^{k}\sum\limits_{j=0}^{k}c_{ij}x^iy^j$ 是变量 x,y 的复系数多项式，对于 $\boldsymbol{A}\in\mathbf{C}^{m\times m}$，$\boldsymbol{B}\in\mathbf{C}^{n\times n}$ 定义 mn 阶矩阵

$$f(\boldsymbol{A},\boldsymbol{B})=\sum_{i=0}^{k}\sum_{j=0}^{k}c_{ij}\boldsymbol{A}^i\otimes\boldsymbol{B}^j,$$

其中 $\boldsymbol{A}^0=\boldsymbol{I}_m,\boldsymbol{B}^0=\boldsymbol{I}_n$. 类似地，可证明如下定理成立，证明留给读者练习.

定理 9.1.5 若 $\boldsymbol{A}$ 的特征值为 $\lambda_1,\lambda_2,\cdots,\lambda_m$，相对应的特征向量分别为 $\boldsymbol{x}_1,\boldsymbol{x}_2,\cdots,\boldsymbol{x}_m$，$\boldsymbol{B}$ 的特征值为 $\mu_1,\mu_2,\cdots,\mu_n$，相对应的特征向量分别为 $\boldsymbol{y}_1,\boldsymbol{y}_2,\cdots,\boldsymbol{y}_n$，则 $f(\boldsymbol{A},\boldsymbol{B})$ 的特征值是 $f(\lambda_s,\mu_t)$，相对应的特征向量分别为 $\boldsymbol{x}_s\otimes\boldsymbol{y}_t(s=1,2,\cdots,m;t=1,2,\cdots,n)$.

注:（1）若取 $f(x,y)=xy$，则有 $f(\boldsymbol{A},\boldsymbol{B})=\boldsymbol{A}\otimes\boldsymbol{B}$；

（2）若取 $f(x,y)=x+y$，则有 $f(\boldsymbol{A},\boldsymbol{B})=\boldsymbol{A}\otimes\boldsymbol{I}_n+\boldsymbol{I}_m\otimes\boldsymbol{B}$，称为矩阵 $\boldsymbol{A}$ 和 $\boldsymbol{B}$ 的 Kronecker 和.

推论 9.1.2 设 $\boldsymbol{A}\in\mathbf{C}^{m\times m}$，$\boldsymbol{B}\in\mathbf{C}^{n\times n}$，且 $\boldsymbol{A}$ 的特征值为 $\lambda_1,\lambda_2,\cdots,\lambda_m$，$\boldsymbol{B}$ 的特征值为 $\mu_1,\mu_2,\cdots,\mu_n$，则

（1）$\boldsymbol{A}\otimes\boldsymbol{B}$ 的 mn 个特征值为 $\lambda_i\mu_j(i=1,2,\cdots,m;j=1,2,\cdots,n)$；

（2）$\boldsymbol{A}\otimes\boldsymbol{I}_n+\boldsymbol{I}_m\otimes\boldsymbol{B}$ 的 mn 个特征值为 $\lambda_i+\mu_j(i=1,2,\cdots,m;j=1,2,\cdots,n)$；

（3）$\rho(\boldsymbol{A}\otimes\boldsymbol{B})=\rho(\boldsymbol{A})\rho(\boldsymbol{B})$；

（4）$\det(\boldsymbol{A}\otimes\boldsymbol{B})=[\det(\boldsymbol{A})]^n[\det(\boldsymbol{B})]^m$；

（5）$\mathrm{tr}(\boldsymbol{A}\otimes\boldsymbol{B})=\mathrm{tr}(\boldsymbol{A})\mathrm{tr}(\boldsymbol{B})$.

证 由定理 9.1.4易得（1）～（3），且

$$\begin{aligned}\det(\boldsymbol{A}\otimes\boldsymbol{B})&=\prod_{i=1}^{m}\left(\prod_{j=1}^{n}\lambda_i\mu_j\right)=\prod_{i=1}^{m}\left(\lambda_i^n\prod_{j=1}^{n}\mu_j\right)=\left(\prod_{i=1}^{m}\lambda_i^n\right)\left(\prod_{j=1}^{n}\mu_j\right)^m\\&=[\det(\boldsymbol{A})]^n[\det(\boldsymbol{B})]^m,\end{aligned}$$

$$\mathrm{tr}(\boldsymbol{A}\otimes\boldsymbol{B})=\sum_{i=1}^{m}\sum_{j=1}^{n}\lambda_i\mu_j=\left(\sum_{i=1}^{m}\lambda_i\right)\left(\sum_{j=1}^{n}\mu_j\right)=\mathrm{tr}(\boldsymbol{A})\mathrm{tr}(\boldsymbol{B}).$$

证毕

推论 9.1.3 若 $\boldsymbol{A}$ 和 $\boldsymbol{B}$ 都是（半）正定矩阵，则 $\boldsymbol{A}\otimes\boldsymbol{B}$ 也是（半）正定矩阵.

例 9.1.3 求下列矩阵的特征值及相应的特征向量：

$$(1)\ \boldsymbol{A}_1=\begin{bmatrix}2&2&0&0&0&0\\0&4&0&0&0&0\\1&1&1&1&2&2\\0&2&0&2&0&4\\1&1&0&0&3&3\\0&2&0&0&0&6\end{bmatrix};\quad(2)\ \boldsymbol{A}_2=\begin{bmatrix}3&1&0&0&0&0\\0&4&0&0&0&0\\1&0&2&1&2&0\\0&1&0&3&0&2\\1&0&0&0&4&1\\0&1&0&0&0&5\end{bmatrix}.$$

解 令

$$\boldsymbol{B}=\begin{bmatrix}2&0&0\\1&1&2\\1&0&3\end{bmatrix},\quad\boldsymbol{C}=\begin{bmatrix}1&1\\0&2\end{bmatrix},$$

则 $\boldsymbol{B}$ 的特征值为 $1,2,3$，对应的特征向量分别为 $\boldsymbol{x}_1=(0,1,0)^{\mathrm{T}},\boldsymbol{x}_2=(-1,1,1)^{\mathrm{T}},\boldsymbol{x}_3=(0,1,1)^{\mathrm{T}}$；$\boldsymbol{C}$ 的特征值为 $1,2$，对应的特征向量分别为 $\boldsymbol{y}_1=(1,0)^{\mathrm{T}},\boldsymbol{y}_2=(1,1)^{\mathrm{T}}$.

（1）经计算可知，$\boldsymbol{A}_1=\boldsymbol{B}\otimes\boldsymbol{C}$，因此 $\boldsymbol{A}_1$ 的特征值分别为 1,2,2,4,3,6. 对应的特征向量分别为

$$\boldsymbol{p}_1=\boldsymbol{x}_1\otimes\boldsymbol{y}_1=(0,0,1,0,0,0)^{\mathrm{T}},\quad\boldsymbol{p}_2=\boldsymbol{x}_1\otimes\boldsymbol{y}_2=(0,0,1,1,0,0)^{\mathrm{T}},$$

$$\boldsymbol{p}_3=\boldsymbol{x}_2\otimes\boldsymbol{y}_1=(-1,0,1,0,1,0)^{\mathrm{T}},\quad\boldsymbol{p}_4=\boldsymbol{x}_2\otimes\boldsymbol{y}_2=(-1,-1,1,1,1,1)^{\mathrm{T}},$$

$$\boldsymbol{p}_5=\boldsymbol{x}_3\otimes\boldsymbol{y}_1=(0,0,1,0,1,0)^{\mathrm{T}},\quad\boldsymbol{p}_6=\boldsymbol{x}_3\otimes\boldsymbol{y}_2=(0,0,1,1,1,1)^{\mathrm{T}}.$$

（2）经计算可知，$\boldsymbol{A}_2=(\boldsymbol{B}\otimes\boldsymbol{I}_2)+(\boldsymbol{I}_3\otimes\boldsymbol{C})$，因此 $\boldsymbol{A}_2$ 的特征值分别为 2,3,3,4,4,5. 对应的特征向量分别为（1）中的 $\boldsymbol{p}_1,\boldsymbol{p}_2,\cdots,\boldsymbol{p}_6$.

9.2 Hadamard 积

Hadamard 积，也称为逐元素乘积或舒尔（Schur）积，是一种更为直接的矩阵操作，涉及两个相同维度矩阵的对应元素之间的直接乘法，它生成一个新的矩阵，其尺寸与原始矩阵相同．它在许多领域都有重要应用[15,20]．

9.2.1 Hadamard 积的定义

定义 9.2.1 设 $\boldsymbol{A}=(a_{ij}),\boldsymbol{B}=(b_{ij})\in\mathbf{C}^{m\times n}$，称

$$\boldsymbol{A}\circ\boldsymbol{B}=\begin{bmatrix} a_{11}b_{11} & a_{12}b_{12} & \cdots & a_{1n}b_{1n} \\ a_{21}b_{21} & a_{22}b_{22} & \cdots & a_{2n}b_{2n} \\ \vdots & \vdots & & \vdots \\ a_{m1}b_{m1} & a_{m2}b_{m2} & \cdots & a_{mn}b_{mn} \end{bmatrix}$$

为矩阵 $\boldsymbol{A}$ 和 $\boldsymbol{B}$ 的 **Hardmard 积**，或舒尔（Schur）积，简记为 $\boldsymbol{A}\circ\boldsymbol{B}=(a_{ij}b_{ij})$．

特别地，若 $\boldsymbol{B}=\boldsymbol{I}_m$，则 $\boldsymbol{A}\circ\boldsymbol{I}_m=\operatorname{diag}(a_{11},a_{22},\cdots,a_{nn})$．

9.2.2 Hadamard 积的性质

关于 Hadamard 积的基本性质，有如下结论．

定理 9.2.1 设 $\boldsymbol{A},\boldsymbol{B},\boldsymbol{C},\boldsymbol{D}\in\mathbf{C}^{m\times n}$，则

（1）$k(\boldsymbol{A}\circ\boldsymbol{B})=(k\boldsymbol{A})\circ\boldsymbol{B}=\boldsymbol{A}\circ(k\boldsymbol{B})$，$k$ 为常数；

（2）$\boldsymbol{A}\circ\boldsymbol{B}=\boldsymbol{B}\circ\boldsymbol{A}$；

（3）$(\boldsymbol{A}\circ\boldsymbol{B})^{\mathrm{T}}=\boldsymbol{A}^{\mathrm{T}}\circ\boldsymbol{B}^{\mathrm{T}}$，$(\boldsymbol{A}\circ\boldsymbol{B})^{\mathrm{H}}=\boldsymbol{A}^{\mathrm{H}}\circ\boldsymbol{B}^{\mathrm{H}}$；

（4）若 $\boldsymbol{A},\boldsymbol{B}$ 对称，则 $\boldsymbol{A}\circ\boldsymbol{B}$ 对称；

（5）若 $\boldsymbol{A},\boldsymbol{B}$ 为 Hermite 矩阵，则 $\boldsymbol{A}\circ\boldsymbol{B}$ 为 Hermite 矩阵；

（6）$\boldsymbol{A}\circ(\boldsymbol{B}\circ\boldsymbol{C})=(\boldsymbol{A}\circ\boldsymbol{B})\circ\boldsymbol{C}=\boldsymbol{A}\circ\boldsymbol{B}\circ\boldsymbol{C}$；

（7）$(\boldsymbol{A}\pm\boldsymbol{B})\circ\boldsymbol{C}=(\boldsymbol{A}\circ\boldsymbol{C})\pm(\boldsymbol{B}\circ\boldsymbol{C})$；

（8）$(\boldsymbol{A}+\boldsymbol{B})\circ(\boldsymbol{C}+\boldsymbol{D})=(\boldsymbol{A}\circ\boldsymbol{C})+(\boldsymbol{A}\circ\boldsymbol{D})+(\boldsymbol{B}\circ\boldsymbol{C})+(\boldsymbol{B}\circ\boldsymbol{D})$；

（9）若 $\boldsymbol{A},\boldsymbol{B},\boldsymbol{D}\in\mathbf{C}^{m\times m}$，且 $\boldsymbol{D}$ 为对角矩阵，则 $(\boldsymbol{D}\boldsymbol{A})\circ(\boldsymbol{B}\boldsymbol{D})=\boldsymbol{D}(\boldsymbol{A}\circ\boldsymbol{B})\boldsymbol{D}$；

（10）$\operatorname{tr}\left[\boldsymbol{A}^{\mathrm{T}}(\boldsymbol{B}\circ\boldsymbol{C})\right]=\operatorname{tr}\left[(\boldsymbol{A}^{\mathrm{T}}\circ\boldsymbol{B}^{\mathrm{T}})\boldsymbol{C}\right]$．

证 由定义易证（1）~(9)．下证 (10)．记 $\boldsymbol{A}=(a_{ij}),\boldsymbol{B}=(b_{ij}),\boldsymbol{C}=(c_{ij})$，则

$$\left[\boldsymbol{A}^{\mathrm{T}}(\boldsymbol{B}\circ\boldsymbol{C})\right]_{ii}=\sum_{k=1}^{n}a_{ki}b_{ki}c_{ki}=\left[(\boldsymbol{A}^{\mathrm{T}}\circ\boldsymbol{B}^{\mathrm{T}})\boldsymbol{C}\right]_{ii}.$$

所以，$\boldsymbol{A}^{\mathrm{T}}(\boldsymbol{B}\circ\boldsymbol{C})$ 与 $(\boldsymbol{A}^{\mathrm{T}}\circ\boldsymbol{B}^{\mathrm{T}})\boldsymbol{C}$ 具有相同的对角元素，即证明（10）成立．

证毕

下面的定理说明了 $\boldsymbol{A}\circ\boldsymbol{B}$ 与 $\boldsymbol{A}\otimes\boldsymbol{B}$ 之间的关系．

定理 9.2.2 设 $\boldsymbol{A},\boldsymbol{B}\in\mathbf{C}^{n\times n}$，则 $\boldsymbol{A}\circ\boldsymbol{B}$ 是 $\boldsymbol{A}\otimes\boldsymbol{B}$ 的位于 $1,n+2,2n+3,\cdots,n^2$ 行和列的主子矩阵.

证 设 $\boldsymbol{e}_i\in\mathbf{R}^n$ 是第 i 个标准单位向量. 即 $\boldsymbol{e}_i$ 的第 i 个分量为 1，其余分量为 0. 记

$$\boldsymbol{A}=(a_{ij}),\quad \boldsymbol{B}=(b_{ij}),\quad \boldsymbol{M}=(\boldsymbol{e}_1\otimes\boldsymbol{e}_1,\cdots,\boldsymbol{e}_n\otimes\boldsymbol{e}_n).$$

则

$$a_{ij}b_{ij}=(\boldsymbol{e}_i^{\mathrm{T}}\boldsymbol{A}\boldsymbol{e}_j)(\boldsymbol{e}_i^{\mathrm{T}}\boldsymbol{B}\boldsymbol{e}_j)=(\boldsymbol{e}_i\otimes\boldsymbol{e}_i)^{\mathrm{T}}(\boldsymbol{A}\otimes\boldsymbol{B})(\boldsymbol{e}_j\otimes\boldsymbol{e}_j)=\boldsymbol{e}_i^{\mathrm{T}}[\boldsymbol{M}^{\mathrm{T}}(\boldsymbol{A}\otimes\boldsymbol{B})\boldsymbol{M}]\boldsymbol{e}_j.$$

于是有

$$\boldsymbol{A}\circ\boldsymbol{B}=\boldsymbol{M}^{\mathrm{T}}(\boldsymbol{A}\otimes\boldsymbol{B})\boldsymbol{M}.$$

证毕

定理 9.2.3 设 $\boldsymbol{A},\boldsymbol{B}\in\mathbf{C}^{n\times n}$. 则 $\mathrm{rank}(\boldsymbol{A}\circ\boldsymbol{B})\leqslant\mathrm{rank}(\boldsymbol{A})\mathrm{rank}(\boldsymbol{B})$.

证 由定理 9.1.2 知 $\mathrm{rank}(\boldsymbol{A}\otimes\boldsymbol{B})=\mathrm{rank}(\boldsymbol{A})\mathrm{rank}(\boldsymbol{B})$. 又 $\boldsymbol{A}\circ\boldsymbol{B}$ 是 $\boldsymbol{A}\otimes\boldsymbol{B}$ 的一个主子矩阵，所以

$$\mathrm{rank}(\boldsymbol{A}\circ\boldsymbol{B})\leqslant\mathrm{rank}(\boldsymbol{A})\mathrm{rank}(\boldsymbol{B}).$$

证毕

注： 此结论对于 $\boldsymbol{A},\boldsymbol{B}\in\mathbf{C}^{m\times n}$ 也成立.

定理 9.2.4 设 $\boldsymbol{A},\boldsymbol{B}\in\mathbf{C}^{n\times n}$，则：

（1）若 $\boldsymbol{A},\boldsymbol{B}$ 半正定，则 $\boldsymbol{A}\circ\boldsymbol{B}$ 半正定；

（2）若 $\boldsymbol{A},\boldsymbol{B}$ 正定，则 $\boldsymbol{A}\circ\boldsymbol{B}$ 正定.

证 假设 $\boldsymbol{A},\boldsymbol{B}$ 半正定，则 $\boldsymbol{A}\otimes\boldsymbol{B}$ 是 Hermite 矩阵，由定理 9.1.4 知，$\boldsymbol{A}\otimes\boldsymbol{B}$ 半正定. 又由定理 9.2.2 知，$\boldsymbol{A}\circ\boldsymbol{B}$ 是 $\boldsymbol{A}\otimes\boldsymbol{B}$ 的一个主子矩阵，所以 $\boldsymbol{A}\circ\boldsymbol{B}$ 半正定. 类似地，可证明若 $\boldsymbol{A},\boldsymbol{B}$ 正定，则 $\boldsymbol{A}\circ\boldsymbol{B}$ 正定.

证毕

定理 9.2.5 设 $\boldsymbol{A},\boldsymbol{B}\in\mathbf{C}^{n\times n}$. 若 $\boldsymbol{A},\boldsymbol{B}$ 半正定，则

（1）$\lambda_{\min}(\boldsymbol{A}\circ\boldsymbol{B})\geqslant\lambda_{\min}(\boldsymbol{A})\lambda_{\min}(\boldsymbol{B})$；

（2）$\lambda_{\max}(\boldsymbol{A}\circ\boldsymbol{B})\leqslant\lambda_{\max}(\boldsymbol{A})\lambda_{\max}(\boldsymbol{B})$.

证 由推论 9.1.2知，$\boldsymbol{A}\otimes\boldsymbol{B}$ 的特征值即为 $\boldsymbol{A}$ 的特征值与 $\boldsymbol{B}$ 的特征值的乘积，故 $\boldsymbol{A}\otimes\boldsymbol{B}$ 的特征值的最小值与最大值为 $\lambda_{\min}(\boldsymbol{A})\lambda_{\min}(\boldsymbol{B})$ 与 $\lambda_{\max}(\boldsymbol{A})\lambda_{\max}(\boldsymbol{B})$. 又 $\boldsymbol{A}\circ\boldsymbol{B}$ 是 $\boldsymbol{A}\otimes\boldsymbol{B}$ 的一个主子矩阵，所以结论成立.

证毕

定理 9.2.5 是特征值的一个较弱的定量估计，而下述定理给出了有实用价值的下界（证明略）.

定理 9.2.6 设 $\boldsymbol{A},\boldsymbol{B}\in\mathbf{C}^{n\times n}$. 若 $\boldsymbol{A},\boldsymbol{B}$ 半正定，则

（1）$\lambda_{\min}(\boldsymbol{A}\circ\boldsymbol{B})\geqslant\lambda_{\min}(\boldsymbol{A}\boldsymbol{B}^{\mathrm{T}})$；

（2）$\lambda_{\min}(\boldsymbol{A}\circ\boldsymbol{B})\geqslant\lambda_{\min}(\boldsymbol{A}\boldsymbol{B})$.

下面介绍关于 $\boldsymbol{A}\circ\boldsymbol{B}$ 的行列式与关于 $\boldsymbol{A}$ 和 $\boldsymbol{B}$ 的行列式之间的关系.

定理 9.2.7 (Oppenheim 不等式)[3] 设 $\boldsymbol{A},\boldsymbol{B}=(b_{ij})\in\mathbf{C}^{n\times n}$ 为半正定矩阵，则

$$\det(\boldsymbol{A}\circ\boldsymbol{B})\geqslant\det(\boldsymbol{A})b_{11}b_{22}\cdots b_{nn}.$$

若 $\boldsymbol{B}=\boldsymbol{I}_n$，则有 Hadamard 不等式如下：

定理 9.2.8 设 $\boldsymbol{A}=(a_{ij})\in\mathbf{C}^{n\times n}$ 为半正定矩阵，则

$$\det(\boldsymbol{A})\leqslant a_{11}a_{22}\cdots a_{nn}.$$

由 Oppenheim 不等式及 Hadamard 不等式可得如下结论：

定理 9.2.9 设 $\boldsymbol{A},\boldsymbol{B}\in\mathbf{C}^{n\times n}$. 若 $\boldsymbol{A},\boldsymbol{B}$ 半正定，则

$$\det(\boldsymbol{A}\circ\boldsymbol{B})\geqslant\det(\boldsymbol{A})\ (\det\boldsymbol{B}).$$

9.3 向量化与矩阵化

矩阵和向量是线性代数中的两个基本概念，它们在数据分析、机器学习、计算机图形学等领域有着广泛的应用. 矩阵与向量之间存在相互转换的函数或算子，它们是向量化算子和矩阵化算子. 这两种算子在理论和实际应用中都非常重要，它们使得矩阵和向量之间的转换变得简单，同时也为矩阵计算提供了灵活性. 例如，在多维数组的数据处理中，向量化可以减少循环的使用，提高计算效率. 而在某些矩阵分解或重构问题中，矩阵化算子则提供了一种将一维数据重新组织成多维结构的方法.

定义 9.3.1 设

$$\boldsymbol{A}=\begin{bmatrix} a_{11} & a_{12} & \cdots & a_{1n} \\ a_{21} & a_{22} & \cdots & a_{2n} \\ \vdots & \vdots & & \vdots \\ a_{m1} & a_{m2} & \cdots & a_{mn} \end{bmatrix}\in\mathbf{C}^{m\times n},$$

将 $\boldsymbol{A}$ 的各列依次纵排得到一个 mn 维列向量，记

$$\mathrm{vec}(\boldsymbol{A})=[a_{11},a_{21},\cdots,a_{m1},a_{12},a_{22},\cdots,a_{m2},a_{1n},a_{2n},\cdots,a_{mn}]^{\mathrm{T}},$$

则称 $\mathrm{vec}(\boldsymbol{A})$ 为矩阵 $\boldsymbol{A}$ 的**向量化**，vec 称为**向量化算子**.

类似地，将 $\boldsymbol{A}$ 的各行依次横排得到一个 mn 维行向量，记

$$\mathrm{rvec}(\boldsymbol{A})=[a_{11},a_{12},\cdots,a_{1n},a_{21},a_{22},\cdots,a_{2n},a_{m1},a_{m2},\cdots,a_{mn}],$$

则称 $\mathrm{rvec}(\boldsymbol{A})$ 为矩阵 $\boldsymbol{A}$ 的**行向量化**，rvec 称为**行向量化算子**.

例如，设 $\boldsymbol{A}=\begin{bmatrix} 1 & 2 \\ 3 & 4 \end{bmatrix}$，则

$$\mathrm{vec}(\boldsymbol{A})=(1,3,2,4)^{\mathrm{T}},\quad \mathrm{rvec}(\boldsymbol{A})=(1,2,3,4).$$

由定义易证向量化算子 vec 满足如下线性性质：

定理 9.3.1 设 $\boldsymbol{A}, \boldsymbol{B} \in \mathbf{C}^{m\times n}$，则

（1）对于任意常数 k，有 $\text{vec}(k\boldsymbol{A}) = k\cdot\text{vec}(\boldsymbol{A})$；

（2）$\text{vec}(\boldsymbol{A}+\boldsymbol{B}) = \text{vec}(\boldsymbol{A}) + \text{vec}(\boldsymbol{B})$.

更一般地，有如下结论成立：

定理 9.3.2 设 $k_i \in \boldsymbol{C}, \boldsymbol{A}_i \in \mathbf{C}^{m\times n}, i=1,2,\cdots,s$，则

$$\text{vec}(k_1\boldsymbol{A}_1 + k_2\boldsymbol{A}_2 + \cdots + k_s\boldsymbol{A}_s) = k_1\text{vec}(\boldsymbol{A}_1) + k_2\text{vec}(\boldsymbol{A}_2) + \cdots + k_s\text{vec}(\boldsymbol{A}_s).$$

定理 9.3.3 设 $\boldsymbol{A} \in \mathbf{C}^{m\times n}, \boldsymbol{B} \in \mathbf{C}^{n\times s}, \boldsymbol{C} \in \mathbf{C}^{s\times t}$，则

$$\text{vec}(\boldsymbol{ABC}) = (\mathbf{C}^{\mathrm{T}} \otimes \boldsymbol{A})\text{vec}(\boldsymbol{B}).$$

证 记

$$\begin{aligned}
\boldsymbol{B} &= (\boldsymbol{b}_1, \boldsymbol{b}_2, \cdots, \boldsymbol{b}_s), \boldsymbol{b}_i \in \mathbf{C}^n, \quad i=1,2,\cdots,s,\\
\boldsymbol{C} &= (\boldsymbol{c}_1, \boldsymbol{c}_2, \cdots, \boldsymbol{c}_t), \boldsymbol{c}_j \in \mathbf{C}^s, \quad j=1,2,\cdots,t,
\end{aligned}$$

则

$$\text{vec}(\boldsymbol{ABC}) = \text{vec}(\boldsymbol{ABc}_1, \boldsymbol{ABc}_2, \cdots, \boldsymbol{ABc}_t) = \begin{bmatrix} \boldsymbol{ABc}_1 \\ \boldsymbol{ABc}_2 \\ \vdots \\ \boldsymbol{ABc}_t \end{bmatrix}.$$

而

$$\begin{aligned}
\boldsymbol{ABc}_j &= c_{1j}\boldsymbol{Ab}_1 + c_{2j}\boldsymbol{Ab}_2 + \cdots + c_{sj}\boldsymbol{Ab}_s\\
&= (c_{1j}\boldsymbol{A}, c_{2j}\boldsymbol{A}, \cdots, c_{sj}\boldsymbol{A})\text{vec}(\boldsymbol{B}),
\end{aligned}$$

所以

$$\text{vec}(\boldsymbol{ABC}) = \begin{bmatrix} c_{11}\boldsymbol{A} & c_{21}\boldsymbol{A} & \cdots & c_{s1}\boldsymbol{A} \\ c_{12}\boldsymbol{A} & c_{22}\boldsymbol{A} & \cdots & c_{s2}\boldsymbol{A} \\ \vdots & \vdots & & \vdots \\ c_{1t}\boldsymbol{A} & c_{2t}\boldsymbol{A} & \cdots & c_{st}\boldsymbol{A} \end{bmatrix}\text{vec}(\boldsymbol{B}) = (\mathbf{C}^{\mathrm{T}} \otimes \boldsymbol{A})\text{vec}(\boldsymbol{B}).$$

证毕

由定理 9.3.2和定理 9.3.3 可得以下结论：

定理 9.3.4 设 $\boldsymbol{A}_i \in \mathbf{C}^{m\times m}, \boldsymbol{B} \in \mathbf{C}^{m\times n}, \boldsymbol{C}_i \in \mathbf{C}^{n\times n}$ $(i=1,2,\cdots,s)$，则

$$\text{vec}\left[\sum_{i=1}^{s}(\boldsymbol{A}_i\boldsymbol{B}\boldsymbol{C}_i)\right] = \left[\sum_{i=1}^{s}(\boldsymbol{C}_i^{\mathrm{T}} \otimes \boldsymbol{A}_i)\right]\text{vec}(\boldsymbol{B}).$$

推论 9.3.1 设 $\boldsymbol{A}\in\mathbf{C}^{m\times m},\boldsymbol{B}\in\mathbf{C}^{m\times n},\boldsymbol{C}\in\mathbf{C}^{n\times n}$，则

（1）$\mathrm{vec}(\boldsymbol{AB})=(\boldsymbol{I}_n\otimes\boldsymbol{A})\mathrm{vec}(\boldsymbol{B})$；

（2）$\mathrm{vec}(\boldsymbol{BC})=(\boldsymbol{C}^{\mathrm{T}}\otimes\boldsymbol{I}_m)\mathrm{vec}(\boldsymbol{B})$；

（3）$\mathrm{vec}(\boldsymbol{AB}+\boldsymbol{BC})=(\boldsymbol{I}_n\otimes\boldsymbol{A}+\boldsymbol{C}^{\mathrm{T}}\otimes\boldsymbol{I}_m)\mathrm{vec}(\boldsymbol{B})$.

定义 9.3.2 st 维列向量 $\boldsymbol{a}=(a_1,a_2,\cdots,a_{st})^{\mathrm{T}}$ 转换为 $s\times t$ 矩阵 $\boldsymbol{M}=(m_{ij})_{s\times t}$ 的运算称为列向量 $\boldsymbol{a}$ 的**矩阵化**，记作 $\mathrm{unvec}_{s,t}(\boldsymbol{a})$，定义为

$$\boldsymbol{M}_{s\times t}=\mathrm{unvec}_{s,t}(\boldsymbol{a})=\begin{bmatrix}a_1 & a_{s+1} & \cdots & a_{s(t-1)+1}\\ a_2 & a_{s+2} & \cdots & a_{s(t-1)+2}\\ \vdots & \vdots & & \vdots\\ a_s & a_{2s} & \cdots & a_{st}\end{bmatrix},$$

其中，矩阵 $\boldsymbol{M}$ 的第 (i,j) 元素 m_{ij} 与向量 $\boldsymbol{a}$ 的第 k 个元素间的转换公式如下：

$$m_{ij}=a_{i+(j-1)s},\ i=1,2,\cdots,s;\ j=1,2,\cdots,t.$$

类似地，st 维行向量 $\boldsymbol{b}=(b_1,b_2,\cdots,b_{st})$ 转换为 $s\times t$ 矩阵 $\boldsymbol{N}=(n_{ij})_{s\times t}$ 的运算称为行向量的**矩阵化**，记作 $\mathrm{unrvec}_{s,t}(\boldsymbol{b})$，定义为

$$\boldsymbol{N}_{s\times t}=\mathrm{unrvec}_{s,t}(\boldsymbol{\alpha})=\begin{bmatrix}b_1 & b_2 & \cdots & b_t\\ b_{t+1} & b_{t+2} & \cdots & a_{2t}\\ \vdots & \vdots & & \vdots\\ b_{(s-1)t+1} & b_{(s-1)t+2} & \cdots & b_{st}\end{bmatrix},$$

其中，矩阵 $\boldsymbol{N}$ 的第 (i,j) 元素 n_{ij} 与向量 $\boldsymbol{b}$ 的第 k 个元素间的转换公式如下：

$$n_{ij}=b_{j+(i-1)t},\ i=1,2,\cdots,s;\ j=1,2,\cdots,t.$$

矩阵化与向量化之间存在以下关系：

$$\mathrm{unvec}_{s,t}(\boldsymbol{a})=\boldsymbol{M}_{s\times t}\Leftrightarrow\mathrm{vec}(\boldsymbol{M}_{s\times t})=\boldsymbol{a}_{st\times 1},$$
$$\mathrm{unrvec}_{s,t}(\boldsymbol{b})=\boldsymbol{N}_{s\times t}\Leftrightarrow\mathrm{rvec}(\boldsymbol{N}_{s\times t})=\boldsymbol{b}_{1\times st}.$$

9.4 线性矩阵方程

下面利用 Kronecker 积讨论形如

$$\boldsymbol{A}_1\boldsymbol{X}\boldsymbol{B}_1+\boldsymbol{A}_2\boldsymbol{X}\boldsymbol{B}_2+\cdots+\boldsymbol{A}_s\boldsymbol{X}\boldsymbol{B}_s=\boldsymbol{D}\tag{9-15}$$

的线性矩阵方程的求解问题，其中 $\boldsymbol{A}_i\in\mathbf{C}^{m\times m},\boldsymbol{B}_i\in\mathbf{C}^{n\times n}(i=1,2,\cdots,s),\boldsymbol{D}\in\mathbf{C}^{m\times n}$ 为已知矩阵，$\boldsymbol{X}\in\mathbf{C}^{m\times n}$ 为未知矩阵.

定理 9.4.1 矩阵 $\boldsymbol{X}$ 为矩阵方程 (9-15) 的解当且仅当 $\boldsymbol{x} = \mathrm{vec}(\boldsymbol{X})$ 为线性方程组

$$\boldsymbol{G}\boldsymbol{x} = \mathrm{vec}(\boldsymbol{D}) \tag{9-16}$$

的解，其中 $\boldsymbol{G} = \sum\limits_{i=1}^{s}(\boldsymbol{B}_i^{\mathrm{T}} \otimes \boldsymbol{A}_i)$.

证 结合定理 9.3.4, 对矩阵方程 (9-15) 两边进行向量化运算即得线性方程组 (9-16).

证毕

推论 9.4.1 矩阵方程 (9-15) 有解当且仅当 $\mathrm{rank}[\boldsymbol{G}, \mathrm{vec}(\boldsymbol{D})] = \mathrm{rank}(\boldsymbol{G})$.

推论 9.4.2 矩阵方程 (9-15) 有唯一解当且仅当 $\boldsymbol{G}$ 非奇异.

例 9.4.1 解矩阵方程 $\boldsymbol{A}_1\boldsymbol{X}\boldsymbol{B}_1 + \boldsymbol{A}_2\boldsymbol{X}\boldsymbol{B}_2 = \boldsymbol{D}$，其中

$$\boldsymbol{A}_1 = \begin{bmatrix} 1 & 2 \\ 0 & 4 \end{bmatrix}, \boldsymbol{B}_1 = \begin{bmatrix} 0 & 1 \\ 2 & -2 \end{bmatrix}, \boldsymbol{A}_2 = \begin{bmatrix} 2 & 0 \\ -1 & 1 \end{bmatrix},$$

$$\boldsymbol{B}_2 = \begin{bmatrix} 2 & -1 \\ 3 & 0 \end{bmatrix}, \boldsymbol{D} = \begin{bmatrix} 20 & -3 \\ -6 & 4 \end{bmatrix}, \boldsymbol{X} = \begin{bmatrix} x_1 & x_3 \\ x_2 & x_4 \end{bmatrix}.$$

解 由定理 9.4.1知，上述方程可化为

$$(\boldsymbol{B}_1^{\mathrm{T}} \otimes \boldsymbol{A}_1 + \boldsymbol{B}_2^{\mathrm{T}} \otimes \boldsymbol{A}_2)\mathrm{vec}(\boldsymbol{X}) = \mathrm{vec}(\boldsymbol{D}).$$

经计算，得

$$\begin{bmatrix} 4 & 0 & 8 & 4 \\ -2 & 2 & -3 & 11 \\ -1 & 2 & -2 & -4 \\ 1 & 3 & 0 & -8 \end{bmatrix} \begin{bmatrix} x_1 \\ x_2 \\ x_3 \\ x_4 \end{bmatrix} = \begin{bmatrix} 20 \\ -6 \\ -3 \\ 4 \end{bmatrix}.$$

经验证，上述方程组有唯一解，且 $x_1 = 1, x_2 = 1, x_3 = 2, x_4 = 0$. 故所求方程有唯一解，为

$$\boldsymbol{X} = \begin{bmatrix} 1 & 2 \\ 1 & 0 \end{bmatrix}.$$

下面讨论矩阵方程 (9-15) 的两种特殊情况.

(1) $\boldsymbol{A} \in \mathbf{C}^{m\times m}, \boldsymbol{B} \in \mathbf{C}^{n\times n}, \boldsymbol{D} \in \mathbf{C}^{m\times n}$ 为已知矩阵，$\boldsymbol{X} \in \mathbf{C}^{m\times n}$ 为未知矩阵，方程

$$\boldsymbol{A}\boldsymbol{X} + \boldsymbol{X}\boldsymbol{B} = \boldsymbol{D}. \tag{9-17}$$

定理 9.4.2 设矩阵 $\boldsymbol{A}$ 的特征值为 $\lambda_1, \lambda_2, \cdots, \lambda_m$，矩阵 $\boldsymbol{B}$ 的特征值为 $\mu_1, \mu_2, \cdots, \mu_n$，则方程 (9-17) 有唯一解当且仅当 $\boldsymbol{A}$ 和 $-\boldsymbol{B}$ 无相同的特征值，即

$$\lambda_i + \mu_j \neq 0, \quad i = 1, 2, \cdots, m; \quad j = 1, 2, \cdots, n.$$

证 注意到 $\boldsymbol{B}^{\mathrm{T}}$ 与 $\boldsymbol{B}$ 有相同的特征值这个事实，则根据推论 9.1.2，有

$$(\boldsymbol{I}_n \otimes \boldsymbol{A} + \boldsymbol{B}^{\mathrm{T}} \otimes \boldsymbol{I}_m) \tag{9-18}$$

的特征值为

$$\lambda_i + \mu_j, \quad i = 1, 2, \cdots, m; \quad j = 1, 2, \cdots, n.$$

而由定理 9.4.1知，方程 (9-17) 有唯一解当且仅当

$$(\boldsymbol{I}_n \otimes \boldsymbol{A} + \boldsymbol{B}^{\mathrm{T}} \otimes \boldsymbol{I}_m)\mathrm{vec}(\boldsymbol{X}) = \mathrm{vec}(\boldsymbol{D}) \tag{9-19}$$

有唯一解．且据推论 9.4.2知方程 (9-19) 有唯一解当且仅当矩阵 (9-18) 非奇异．所以

$$\lambda_i + \mu_j \neq 0, \quad i = 1, 2, \cdots, m; \quad j = 1, 2, \cdots, n.$$

证毕

例 9.4.2 求解矩阵方程 $\boldsymbol{AX} + \boldsymbol{XB} = \boldsymbol{D}$，其中

$$\boldsymbol{A} = \begin{bmatrix} 1 & 2 \\ 0 & -3 \end{bmatrix}, \boldsymbol{B} = \begin{bmatrix} 2 & 3 \\ 0 & 1 \end{bmatrix}, \boldsymbol{D} = \begin{bmatrix} 7 & 17 \\ -2 & -2 \end{bmatrix}, \boldsymbol{X} = \begin{bmatrix} x_1 & x_3 \\ x_2 & x_4 \end{bmatrix}.$$

解 因为 $\boldsymbol{A}$ 的特征值为 1 和 -3，$\boldsymbol{B}$ 的特征值为 1 和 2，所以所求方程有唯一解，且方程可化为

$$(\boldsymbol{I}_2 \otimes \boldsymbol{A} + \boldsymbol{B}^{\mathrm{T}} \otimes \boldsymbol{I}_2)\mathrm{vec}(\boldsymbol{X}) = \mathrm{vec}(\boldsymbol{D}).$$

经计算，即

$$\begin{bmatrix} 3 & 2 & 0 & 0 \\ 0 & -1 & 0 & 0 \\ 3 & 0 & 2 & 2 \\ 0 & 3 & 0 & -2 \end{bmatrix} \begin{bmatrix} x_1 \\ x_2 \\ x_3 \\ x_4 \end{bmatrix} = \begin{bmatrix} 7 \\ -2 \\ 17 \\ -2 \end{bmatrix}.$$

解得 $x_1 = -1, x_2 = 2, x_3 = 3, x_4 = 4$. 于是，所求方程的解为

$$\boldsymbol{X} = \begin{bmatrix} 1 & 3 \\ 2 & 4 \end{bmatrix}.$$

（2）$\boldsymbol{A} \in \mathbf{C}^{m\times m}, \boldsymbol{B} \in \mathbf{C}^{n\times n}, \boldsymbol{D} \in \mathbf{C}^{m\times n}$ 为已知矩阵，$\boldsymbol{X} \in \mathbf{C}^{m\times n}$ 为未知矩阵，方程为

$$\boldsymbol{X} + \boldsymbol{AXB} = \boldsymbol{D}. \tag{9-20}$$

定理 9.4.3 设矩阵 $\boldsymbol{A}$ 的特征值为 $\lambda_1, \lambda_2, \cdots, \lambda_m$，矩阵 $\boldsymbol{B}$ 的特征值为 $\mu_1, \mu_2, \cdots, \mu_n$，则方程 (9-20) 有唯一解当且仅当

$$\lambda_i\mu_j \neq -1, \quad i = 1, 2, \cdots, m; \quad j = 1, 2, \cdots, n.$$

证 类似于定理 9.4.2的证明，可得

$$
\begin{aligned}
&\boldsymbol{X}+\boldsymbol{AXB}=\boldsymbol{D}\text{有唯一解}\\
\Leftrightarrow&(\boldsymbol{I}_n\otimes\boldsymbol{I}_m+\boldsymbol{B}^{\mathrm{T}}\otimes\boldsymbol{A})\mathrm{vec}(\boldsymbol{X})=\mathrm{vec}(\boldsymbol{D})\text{有唯一解}\\
\Leftrightarrow&(\boldsymbol{I}_n\otimes\boldsymbol{I}_m+\boldsymbol{B}^{\mathrm{T}}\otimes\boldsymbol{A})\text{非奇异}\\
\Leftrightarrow&(\boldsymbol{I}_n\otimes\boldsymbol{I}_m+\boldsymbol{B}^{\mathrm{T}}\otimes\boldsymbol{A})\text{的特征值全不为 }0.
\end{aligned}
$$

又 $(\boldsymbol{I}_n\otimes\boldsymbol{I}_m+\boldsymbol{B}^{\mathrm{T}}\otimes\boldsymbol{A})$ 的特征值为 $1+\lambda_i\mu_j$ $(i=1,2,\cdots,m;\quad j=1,2,\cdots,n)$，所以

$$
\lambda_i\mu_j\neq-1,\quad i=1,2,\cdots,m;\ \ j=1,2,\cdots,n.
$$

证毕

例 9.4.3 求解矩阵方程 $\boldsymbol{X}+\boldsymbol{AXB}=\boldsymbol{D}$，其中

$$
\boldsymbol{A}=\begin{bmatrix}1&0\\3&4\end{bmatrix},\boldsymbol{B}=\begin{bmatrix}1&-1\\0&2\end{bmatrix},\ \boldsymbol{D}=\begin{bmatrix}2&5\\-2&22\end{bmatrix},\ \boldsymbol{X}=\begin{bmatrix}x_1&x_3\\x_2&x_4\end{bmatrix}.
$$

解 因为 $\boldsymbol{A}$ 的特征值为 1 和 4，$\boldsymbol{B}$ 的特征值为 2 和 1，所以所求方程有唯一解，且方程可化为

$$
(\boldsymbol{I}_2\otimes\boldsymbol{I}_2+\boldsymbol{B}^{\mathrm{T}}\otimes\boldsymbol{A})\mathrm{vec}(\boldsymbol{X})=\mathrm{vec}(\boldsymbol{D}).
$$

经计算，即

$$
\begin{bmatrix}2&0&0&0\\3&5&0&0\\-1&0&3&0\\-3&-4&6&9\end{bmatrix}\begin{bmatrix}x_1\\x_2\\x_3\\x_4\end{bmatrix}=\begin{bmatrix}2\\-2\\5\\22\end{bmatrix},
$$

解得 $x_1=1,x_2=-1,x_3=2,x_4=1$. 于是，所求方程的解为

$$
\boldsymbol{X}=\begin{bmatrix}1&2\\-1&1\end{bmatrix}.
$$

9.5 Python 实现

例 9.5.1 计算 $\boldsymbol{A}\otimes\boldsymbol{B}$.

代码如下：

```
import numpy as np
# 创建矩阵 A
A = np.array([[1, 2], [3, 4]])
# 创建矩阵 B
B = np.array([[5, 6], [7, 8]])
```

```
# 计算A与B的Kronecker积
C = np.kron(A, B)
# 输出结果
print(C)
```

例 9.5.2 计算 $\boldsymbol{A} \circ \boldsymbol{B}$.
代码如下:

```
import numpy as np
# 创建矩阵 A
A = np.array([[1, 2], [3, 4]])
# 创建矩阵 B
B = np.array([[5, 6], [7, 8]])
# 计算A与B的Hadamard 积
C = A * B
# 输出结果
print(C)
```

例 9.5.3 行拉直运算.
代码如下:

```
import numpy as np
# 创建一个矩阵
matrix = np.array([[1, 2, 3], [4, 5, 6], [7, 8, 9]])
# 行拉直运算
flattened = matrix.flatten()
#输出结果
print(flattened)
```

例 9.5.4 解例 9.4.3的方程.
代码如下:

```
import numpy as np
# 创建矩阵
A = np.array([[1, 0], [3, 4]])
B = np.array([[1, -1], [0, 2]])
D = np.array([[2, 5], [-2, 22]])
# 计算Kronecker积
I2 = np.eye(2)
matrix_left = np.kron(I2, I2) + np.kron(B.T, A)
# vec(D). 将矩阵D拉直为向量
vec_D = D.flatten('F')  # 按列优先拉直
# 解线性方程组
vec_X = np.linalg.solve(matrix_left, vec_D)
```

```
# 将解向量重新排列成矩阵形式
X = vec_X.reshape((2, 2), order='F')
#输出结果
print("方程组的解X:")
print(X)
```

9.6 应用案例

9.6.1 基于 Kronecker 积的分形图案设计

分形艺术在纺织品设计领域应用广泛，矩阵 Kronecker 积是织物组织设计及分形图案设计的有效方法之一[21].

基础图案 9.1(a) 可用 3×3 的布尔矩阵

$$\boldsymbol{A} = \begin{bmatrix} 0 & 1 & 0 \\ 1 & 0 & 1 \\ 0 & 1 & 0 \end{bmatrix}$$

表示. 由 Kronecker 积的定义，$\boldsymbol{A} \otimes \boldsymbol{B}$ 等价于将矩阵 $\boldsymbol{B}$ 嵌入矩阵 $\boldsymbol{A}$ 中 1 元素所在的位置，而矩阵 $\boldsymbol{A}$ 中 0 元素所在的位置将用与矩阵 $\boldsymbol{B}$ 同阶的全 0 元素矩阵替代. 继续迭代计算则生成阶数更高、具有更精细自相似结构的多级分形图案. 当 $\boldsymbol{A} = \boldsymbol{B}$ 时，经 Kronecker 积运算, 即 $\boldsymbol{A} \otimes \boldsymbol{A}$，生成如图 9.1(b) 所示的一级分形图案，继续迭代则生成如图 9.1(c) 所示的二级分形图案.

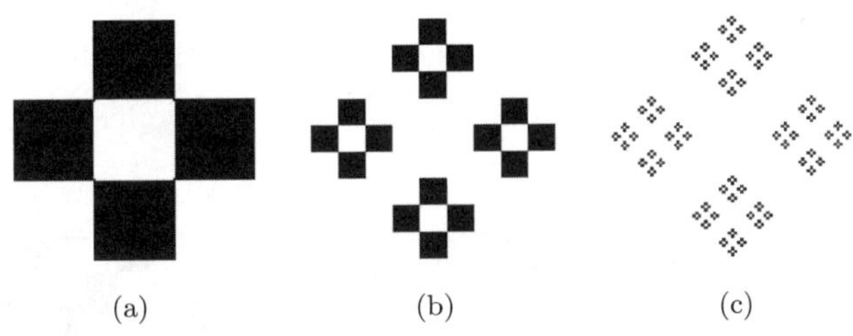

图 9.1　基础图案、一级分形图案及二级分形图案

通过对基础图案矩阵进行 Kronecker 积分形，并结合矩阵叠加的方式，可设计出具有分形效果且符合要求的纺织品图案. 叠加方式包括两种：一种是分别将基础图案矩阵及其反矩阵（1，0 元素互换）进行分形后叠加；另一种是将基础图案矩阵进行分形后与填充组织叠加.

反组织叠加，实际上是将基础图案矩阵 $\boldsymbol{A}$ 和其反组织矩阵 $\boldsymbol{B}$ 分别进行一级分形后，进行叠加从而产生矩阵 $\boldsymbol{F}$，其计算公式如下：

$$\boldsymbol{F} = \boldsymbol{A} \otimes \boldsymbol{A} + \boldsymbol{B} \otimes \boldsymbol{B}. \tag{9-21}$$

基础图案图 9.2(a)，(b) 分别对应 3×3 的布尔矩阵 $\boldsymbol{A}$ 及其反组织矩阵 $\boldsymbol{B}$，其中

$$\boldsymbol{A}=\begin{bmatrix}0&0&0\\0&1&0\\0&0&0\end{bmatrix},\quad \boldsymbol{B}=\begin{bmatrix}1&1&1\\1&0&1\\1&1&1\end{bmatrix}.$$

图 9.2(c)，(d) 是 $\boldsymbol{A},\boldsymbol{B}$ 经过一次分形的图案，图 9.2(e)，(f) 是经过式 (9-21) 叠加后的矩阵 $\boldsymbol{F}$ 及二级分形矩阵的图案.

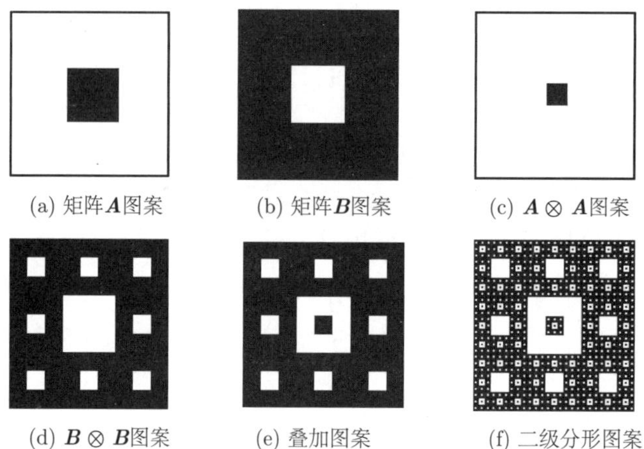

图 9.2　反组织叠加示意图

填充组织叠加，实际上是将基础图案矩阵 $\boldsymbol{A}$ 进行一级分形后，再计算反组织矩阵 $\boldsymbol{B}$ 与填充组织 $\boldsymbol{C}$ 的 Kronecker 积，最后叠加得到矩阵 $\boldsymbol{F}$，其计算公式如下：

$$\boldsymbol{F}=\boldsymbol{A}\otimes\boldsymbol{A}+\boldsymbol{B}\otimes\boldsymbol{C}. \tag{9-22}$$

以斜纹组织为例，选择相应填充组织形成具有回形效果的图案，其示意图如图 9.3 所示. 其中，图 9.3 (e)，(f) 所示为根据式 (9-22) 生成的具有回纹效果的分形组织图案.

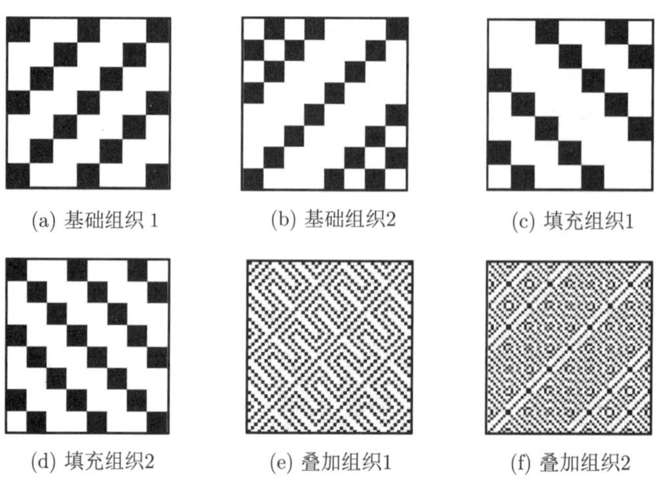

图 9.3　填充组织叠加示意图

9.6.2 基于 Kronecker 积的图像放大

如果 $\boldsymbol{A}$ 是原始图像矩阵，$\boldsymbol{B}$ 为反映细节的图像矩阵，那么 $\boldsymbol{A}\otimes\boldsymbol{B}$ 这个更高阶的矩阵可以看作高分辨率下的观察. 基于此，可以对给定的图像 $\boldsymbol{A}$ 构造图像矩阵 $\boldsymbol{B}$，以生成高分辨率的图像 $\boldsymbol{A}\otimes\boldsymbol{B}$，实现对图像 $\boldsymbol{A}$ 的放大[13].

设矩阵 $\boldsymbol{B}=(b_{ij})$ 的大小为 $k\times k$. 对分辨率为 $N\times M$ 的图像 $\boldsymbol{A}$ 中的每一个像素 $a_{ij}(i=1,2,\cdots,N;j=1,2,\cdots,M)$，构造矩阵 $\boldsymbol{B}$ 的方法为：首先，令 $b_{11}=1$；其次比较矩阵

$$\boldsymbol{A}_{ij}=\begin{bmatrix} a_{i,j} & a_{i,j+1} & \cdots & a_{i,j+k-1} \\ a_{i+1,j} & a_{i+1,j+1} & \cdots & a_{i+1,j+k-1} \\ \vdots & \vdots & & \vdots \\ a_{i+k-1,j} & a_{i+k-1,j+1} & \cdots & a_{i+k-1,j+k-1} \end{bmatrix}$$

中的各元素 $a_{u,v}(u\neq i,v\neq j)$ 与 $a_{i,j}$ 的关系.

如果 $a_{u,v}<a_{i,j}$，取矩阵 $\boldsymbol{B}$ 中与 $a_{u,v}$ 位置相对应的元素 $b_{m,n}=1-\omega\times\mathrm{rand}(1)$；

如果 $a_{u,v}>a_{i,j}$，取矩阵 $\boldsymbol{B}$ 中与 $a_{u,v}$ 位置相对应的元素 $b_{m,n}=1+\omega\times\mathrm{rand}(1)$；

如果 $a_{u,v}=a_{i,j}$，取矩阵 $\boldsymbol{B}$ 中与 $a_{u,v}$ 位置相对应的元素 $b_{m,n}=1$.

其中 rand（1）表示生成 [0,1] 上均匀分布的随机数；ω 是一个正常数，其取值不超过 0.1.

利用上述方法构造的一系列矩阵 $\boldsymbol{B}$，依次和图像 $\boldsymbol{A}$ 作局部 Kronecker 乘积，即可实现对图像 $\boldsymbol{A}$ 的放大.

如图 9.4 (a) 所示为待放大的 Lena 图像，图 9.4(b) 所示为 $k=2,\omega=0.01$ 时对 Lena 图像放大 4 倍的结果.

(a)

(b)

图 9.4　待放大的 Lena 图像及放大结果

如图 9.5 (a) 所示为待放大的 Pepper 图像，图 9.5(b) 所示为 $k=3,\omega=0.01$ 时对 Pepper 图像放大 9 倍的结果.

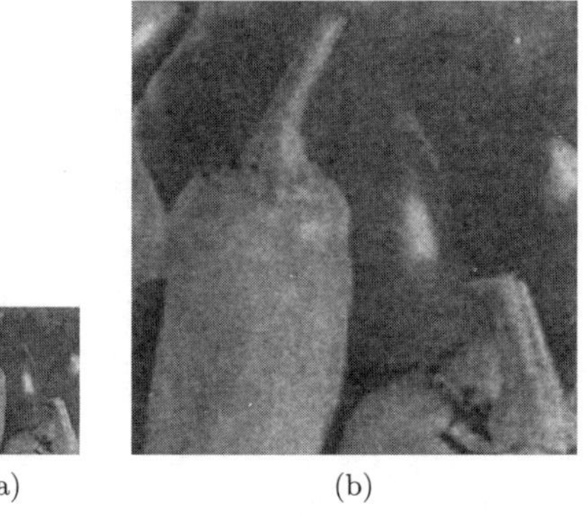

(a) (b)

图 9.5 待放大的 Pepper 图像及放大结果

参数 k 的大小决定了图像的每次放大倍数. 参数 ω 是构造 Kronecker 乘积中 $\boldsymbol{B}$ 矩阵元素的一个扰动量. ω 值超过 0.1，在放大图像中会产生斑点效应. 因此，合适的参数选择是保证放大图像质量的关键. 利用 Kronecker 乘积放大图像，在获得理想的放大效果的同时，运算速度更快.

习 题 9

9.1 关于矩阵的 Hadamard 积和 Kronecker 积，下列式子不正确的是 (　　).

A. $\boldsymbol{A}\circ\boldsymbol{B}=\boldsymbol{B}\circ\boldsymbol{A}$　　B. $(\boldsymbol{A}\circ\boldsymbol{B})\circ\boldsymbol{C}=\boldsymbol{A}\circ(\boldsymbol{B}\circ\boldsymbol{C})$

C. $\boldsymbol{A}\otimes\boldsymbol{B}=\boldsymbol{B}\otimes\boldsymbol{A}$　　D. $(\boldsymbol{A}\otimes\boldsymbol{B})\otimes\boldsymbol{C}=\boldsymbol{A}\otimes(\boldsymbol{B}\otimes\boldsymbol{C})$

9.2 设矩阵 $\boldsymbol{A}\in\mathbf{C}^{m\times m},\boldsymbol{B}\in\mathbf{C}^{n\times n}$，且 $\mathrm{rank}(\boldsymbol{A}),\rho(\boldsymbol{A}),\det(\boldsymbol{A})$ 和 $\mathrm{tr}(\boldsymbol{A})$ 分别表示矩阵 $\boldsymbol{A}$ 的秩、谱半径、行列式和迹，则关于矩阵的 Kronecker 积，下列式子不正确的是 (　　).

A. $\mathrm{rank}(\boldsymbol{A}\otimes\boldsymbol{B})=\mathrm{rank}(\boldsymbol{A})\mathrm{rank}(\boldsymbol{B})$　　B. $\rho(\boldsymbol{A}\otimes\boldsymbol{B})=\rho(\boldsymbol{A})\rho(\boldsymbol{B})$

C. $\det(\boldsymbol{A}\otimes\boldsymbol{B})=[\det(\boldsymbol{A})]^m[\det(\boldsymbol{B})]^n$　　D. $\mathrm{tr}(\boldsymbol{A}\otimes\boldsymbol{B})=\mathrm{tr}(\boldsymbol{A})\mathrm{tr}(\boldsymbol{B})$

9.3 设矩阵 $\boldsymbol{A},\boldsymbol{B},\boldsymbol{C}\in\mathbf{C}^{n\times n}$，且 $\boldsymbol{A}$ 的特征值为 $\lambda_1,\lambda_2,\cdots,\lambda_n$，$\boldsymbol{B}$ 的特征值为 $\mu_1,\mu_2,\cdots,\mu_n$，$\boldsymbol{X}\in\mathbf{C}^{n\times n}$ 为未知矩阵，则方程 $\boldsymbol{X}+\boldsymbol{AXB}=\boldsymbol{C}$ 有唯一解当且仅当 (　　).

A. $\lambda_i\mu_j=-1,\ i,j=1,2,\cdots,n$　　B. $\lambda_i\mu_j\neq-1,\ i,j=1,2,\cdots,n$

C. $\lambda_i+\mu_j=0,\ i,j=1,2,\cdots,n$　　D. $\lambda_i+\mu_j\neq0,\ i,j=1,2,\cdots,n$

9.4 $\boldsymbol{A}\in\mathbf{C}^{m\times m}$，$\boldsymbol{B}\in\mathbf{C}^{n\times n}$ 满足什么条件时有 $\boldsymbol{A}\otimes\boldsymbol{B}=\boldsymbol{I}_{mn}$?

9.5 设 $\boldsymbol{A}\in\mathbf{C}^{m\times n}$，$\boldsymbol{B}\in\mathbf{C}^{p\times q}$ 且 $mp=nq$，是否必有 $\mathrm{tr}(\boldsymbol{A}\otimes\boldsymbol{B})=\mathrm{tr}(\boldsymbol{B}\otimes\boldsymbol{A})$ 成立?

9.6 设 $\boldsymbol{A}\in\mathbf{C}^{m\times n}$，$\boldsymbol{B}\in\mathbf{C}^{p\times q}$，证明：$\boldsymbol{A}\otimes\boldsymbol{B}=\boldsymbol{0}_{mp\times nq}$ 当且仅当 $\boldsymbol{A}=\boldsymbol{0}_{m\times n}$ 或 $\boldsymbol{B}=\boldsymbol{0}_{p\times q}$.

9.7 设 $\boldsymbol{A},\boldsymbol{B}\in\mathbf{C}^{m\times n}$，证明：$\boldsymbol{A}\otimes\boldsymbol{B}=\boldsymbol{B}\otimes\boldsymbol{A}$ 当且仅当 $\boldsymbol{A}=k\boldsymbol{B}$ 或 $\boldsymbol{B}=k\boldsymbol{A}$，其中 $k\in\mathbf{C}$.

9.8 设 $\boldsymbol{A}_i \in \mathbf{C}^{m_i \times n_i}, \boldsymbol{B}_i \in \mathbf{C}^{n_i \times k_i}(i=1,2,\cdots,s)$，证明：

(1) $(\boldsymbol{A}_1 \otimes \boldsymbol{A}_2 \otimes \cdots \otimes \boldsymbol{A}_s)(\boldsymbol{B}_1 \otimes \boldsymbol{B}_2 \otimes \cdots \otimes \boldsymbol{B}_s) = \boldsymbol{A}_1\boldsymbol{B}_1 \otimes \boldsymbol{A}_2\boldsymbol{B}_2 \otimes \cdots \otimes \boldsymbol{A}_s\boldsymbol{B}_s$；

(2) $(\boldsymbol{A}_1 \otimes \boldsymbol{B}_1)(\boldsymbol{A}_2 \otimes \boldsymbol{B}_2)\cdots(\boldsymbol{A}_s \otimes \boldsymbol{B}_s) = (\boldsymbol{A}_1\boldsymbol{A}_2\cdots\boldsymbol{A}_s) \otimes (\boldsymbol{B}_1\boldsymbol{B}_2\cdots\boldsymbol{B}_s)$.

9.9 设 $\boldsymbol{A}_1, \boldsymbol{B}_1 \in \mathbf{C}^{m \times n}$，$\boldsymbol{A}_2, \boldsymbol{B}_2 \in \mathbf{C}^{p \times q}$，证明：若 $\boldsymbol{A}_1$ 与 $\boldsymbol{B}_1$ 等价，$\boldsymbol{A}_2$ 与 $\boldsymbol{B}_2$ 等价，则

$$\boldsymbol{A}_1 \otimes \boldsymbol{A}_2\text{与}\boldsymbol{B}_1 \otimes \boldsymbol{B}_2\text{等价}.$$

9.10 设 $\boldsymbol{A}$ 和 $\boldsymbol{B}$ 分别为 m 阶与 n 阶酉矩阵，证明：$\|\boldsymbol{A} \otimes \boldsymbol{B}\|_2 = 1$.

9.11 设 $\boldsymbol{A}, \boldsymbol{B} \in \mathbf{C}^{n \times n}$，$\boldsymbol{A}$ 正定，$\boldsymbol{B}$ 半正定且对角元素都是正数，证明：$\boldsymbol{A} \circ \boldsymbol{B}$ 正定.

9.12 设 $\boldsymbol{A}, \boldsymbol{B} \in \mathbf{C}^{n \times n}$，若 $\boldsymbol{A}$ 正定，$\boldsymbol{B}$ 半正定，能否断定 $\boldsymbol{A} \circ \boldsymbol{B}$ 正定？若能，给出证明；若不能，给出反例.

9.13 利用 Kronecker 积求下列矩阵的特征值及相应的特征向量.

$$(1)\ \boldsymbol{A}_1 = \begin{bmatrix} -1 & 1 & -1 & 1 & -1 & 1 \\ 0 & -2 & 0 & -2 & 0 & -2 \\ 0 & 0 & -2 & 2 & 0 & 0 \\ 0 & 0 & 0 & -4 & 0 & 0 \\ 0 & 0 & -1 & 1 & -3 & 3 \\ 0 & 0 & 0 & -2 & 0 & -6 \end{bmatrix}; \qquad (2)\ \boldsymbol{A}_2 = \begin{bmatrix} 0 & 1 & 1 & 0 & 1 & 0 \\ 0 & -1 & 0 & 1 & 0 & 1 \\ 0 & 0 & 1 & 1 & 0 & 0 \\ 0 & 0 & 0 & 0 & 0 & 0 \\ 0 & 0 & 1 & 0 & 2 & 1 \\ 0 & 0 & 0 & 1 & 0 & 1 \end{bmatrix}.$$

9.14 设 $\boldsymbol{X} \in \mathbf{R}^{2 \times 2}$，证明矩阵方程 $\boldsymbol{AX} + \boldsymbol{XB} = \boldsymbol{C}$ 有唯一解并求解，其中

$$\boldsymbol{A} = \begin{bmatrix} 1 & 3 \\ 0 & 2 \end{bmatrix}, \boldsymbol{B} = \begin{bmatrix} 3 & 5 \\ 0 & 4 \end{bmatrix}, \boldsymbol{C} = \begin{bmatrix} -1 & -7 \\ 5 & 11 \end{bmatrix}, \boldsymbol{X} = \begin{bmatrix} x_1 & x_3 \\ x_2 & x_4 \end{bmatrix}.$$

9.15 设 $\boldsymbol{X} \in \mathbf{R}^{2 \times 2}$，证明矩阵方程 $\boldsymbol{X} + \boldsymbol{AXB} = \boldsymbol{C}$ 有唯一解并求解，其中

$$\boldsymbol{A} = \begin{bmatrix} 1 & 3 \\ 0 & 2 \end{bmatrix}, \boldsymbol{B} = \begin{bmatrix} 3 & 0 \\ -1 & 1 \end{bmatrix}, \boldsymbol{C} = \begin{bmatrix} 1 & 5 \\ 5 & 3 \end{bmatrix}, \boldsymbol{X} = \begin{bmatrix} x_1 & x_3 \\ x_2 & x_4 \end{bmatrix}.$$

9.16 证明矩阵方程 $\boldsymbol{A}_1\boldsymbol{X}\boldsymbol{B}_1 + \boldsymbol{A}_2\boldsymbol{X}\boldsymbol{B}_2 = \boldsymbol{C}$ 有唯一解并求解，其中

$$\boldsymbol{A}_1 = \begin{bmatrix} 1 & 3 \\ 0 & -2 \end{bmatrix}, \boldsymbol{B}_1 = \begin{bmatrix} 0 & 1 \\ 3 & -1 \end{bmatrix}, \boldsymbol{A}_2 = \begin{bmatrix} 2 & 0 \\ 1 & -1 \end{bmatrix},$$

$$\boldsymbol{B}_2 = \begin{bmatrix} 3 & -2 \\ 1 & 0 \end{bmatrix}, \boldsymbol{C} = \begin{bmatrix} 13 & -2 \\ -8 & 4 \end{bmatrix}, \boldsymbol{X} = \begin{bmatrix} x_1 & x_3 \\ x_2 & x_4 \end{bmatrix}.$$

第 10 章 特殊矩阵

在数学的丰富世界里，特殊矩阵以其独特的性质和结构而闻名，成为理论和应用研究的焦点.

10.1 非负矩阵

非负矩阵，因其简洁而强大的非负性条件，在理论和实践上都展现出了非凡的价值. 从经济学的投入产出模型到生物学的生态网络分析，从物理学的概率过程到计算机科学的图论和网络流问题，非负矩阵的应用无处不在，影响深远. 尤为重要的是，佩伦–弗罗比尼乌斯（Perron-Frobenius）定理为非负矩阵的特征值和特征向量提供了深刻的理论基础，确立了其在非负矩阵理论研究中的核心地位.

10.1.1 非负矩阵的定义与性质

定义 10.1.1 设矩阵 $\boldsymbol{A}=(a_{ij})\in\mathbf{R}^{m\times n}$，若 $\boldsymbol{A}$ 中所有元素都是非负实数，则称 $\boldsymbol{A}$ 为**非负矩阵**，记为 $\boldsymbol{A}\geqslant 0$. 若 $\boldsymbol{A}$ 中所有元素都是正数，则称 $\boldsymbol{A}$ 为**正矩阵**，记为 $\boldsymbol{A}>0$.

设 $\boldsymbol{A},\boldsymbol{B}\in\mathbf{R}^{m\times n}$，若 $\boldsymbol{A}-\boldsymbol{B}\geqslant 0$，则记为 $\boldsymbol{A}\geqslant\boldsymbol{B}$；若 $\boldsymbol{A}-\boldsymbol{B}>0$，则记为 $\boldsymbol{A}>\boldsymbol{B}$.

对于任意的 $\boldsymbol{A}\in\mathbf{C}^{m\times n}$，记 $|\boldsymbol{A}|=(|a_{ij}|)$，表示 $\boldsymbol{A}$ 的元素取模后所得的非负矩阵；特别地，当 $\boldsymbol{x}=(x_1,x_2,\cdots,x_n)^{\mathrm{T}}\in\mathbf{C}^n$ 时，$|\boldsymbol{x}|=(|x_1|,|x_2|,\cdots,|x_n|)^{\mathrm{T}}$ 表示一个非负向量. 若 $x_i>0(i=1,2,\cdots,n)$，则称 $\boldsymbol{x}$ 为**正向量**，记作 $\boldsymbol{x}>0$.

需要指出的是，此处非负矩阵、正矩阵的概念不同于非负定矩阵与正定矩阵，本节中记号 $|\boldsymbol{A}|$ 与 $|\boldsymbol{x}|$ 切勿与“行列式”及“向量的长度”概念混淆.

关于非负矩阵，由定义易证有以下性质.

定理 10.1.1 设 $\boldsymbol{A},\boldsymbol{B},\boldsymbol{C},\boldsymbol{D}\in\mathbf{C}^{n\times n}$，$\boldsymbol{x}\in\mathbf{C}^n$，则

（1）$|\boldsymbol{A}\boldsymbol{x}|\leqslant|\boldsymbol{A}||\boldsymbol{x}|$；

（2）$|\boldsymbol{A}\boldsymbol{B}|\leqslant|\boldsymbol{A}||\boldsymbol{B}|$；

（3）$|\boldsymbol{A}^m|\leqslant|\boldsymbol{A}|^m$，其中 m 为任意正整数；

（4）若 $0\leqslant\boldsymbol{A}\leqslant\boldsymbol{B}$，$0\leqslant\boldsymbol{C}\leqslant\boldsymbol{D}$，则 $0\leqslant\boldsymbol{A}\boldsymbol{C}\leqslant\boldsymbol{B}\boldsymbol{D}$；

（5）若 $0\leqslant\boldsymbol{A}\leqslant\boldsymbol{B}$，则 $0\leqslant\boldsymbol{A}^m\leqslant\boldsymbol{B}^m$，其中 m 为任意正整数.

下面介绍非负矩阵谱半径的性质.

定理 10.1.2 设 $\boldsymbol{A},\boldsymbol{B}\in\mathbf{C}^{n\times n}$，若 $|\boldsymbol{A}|\leqslant\boldsymbol{B}$，则

（1）$\|\boldsymbol{A}\|_2\leqslant\||\boldsymbol{A}|\|_2\leqslant\|\boldsymbol{B}\|_2$；

（2）$\rho(\boldsymbol{A})\leqslant\rho(|\boldsymbol{A}|)\leqslant\rho(\boldsymbol{B})$.

证 （1）由于对于任意 $\boldsymbol{x}\in\mathbf{C}^n$，都有 $|\boldsymbol{A}\boldsymbol{x}|\leqslant|\boldsymbol{A}|\,|\boldsymbol{x}|\leqslant\boldsymbol{B}|\boldsymbol{x}|$，则

$$\|\boldsymbol{A}\boldsymbol{x}\|_2=\|\,|\boldsymbol{A}\boldsymbol{x}|\,\|_2\leqslant\|\,|\boldsymbol{A}||\boldsymbol{x}|\,\|_2\leqslant\|\boldsymbol{B}|\boldsymbol{x}|\,\|_2,$$

于是

$$\max_{\|\boldsymbol{x}\|_2=1}\|\boldsymbol{A}\boldsymbol{x}\|_2=\max_{\|\boldsymbol{x}\|_2=1}\|\,|\boldsymbol{A}\boldsymbol{x}|\,\|_2\leqslant\max_{\|\boldsymbol{x}\|_2=1}\|\,|\boldsymbol{A}||\boldsymbol{x}|\,\|_2\leqslant\max_{\|\boldsymbol{x}\|_2=1}\|\boldsymbol{B}|\boldsymbol{x}|\,\|_2\,.$$

由上式得

$$\|\boldsymbol{A}\|_2\leqslant\|\,|\boldsymbol{A}|\,\|_2\leqslant\|\boldsymbol{B}\|_2\,.$$

（2）由定理 10.1.1的（3）和（5）知，对于任意正整数 m，$|\boldsymbol{A}^m|\leqslant|\boldsymbol{A}|^m\leqslant\boldsymbol{B}^m$. 由（1）可得

$$\|\boldsymbol{A}^m\|_2\leqslant\|\,|\boldsymbol{A}|^m\|_2\leqslant\|\boldsymbol{B}^m\|_2,$$

从而

$$\|\boldsymbol{A}^m\|_2^{\frac{1}{m}}\leqslant\|\,|\boldsymbol{A}|^m\|_2^{\frac{1}{m}}\leqslant\|\boldsymbol{B}^m\|_2^{\frac{1}{m}}\,.$$

上式中令 $m\to\infty$，即得

$$\rho(\boldsymbol{A})\leqslant\rho(|\boldsymbol{A}|)\leqslant\rho(\boldsymbol{B}).$$

事实上，由于 $(\rho(\boldsymbol{A}))^m=\rho(\boldsymbol{A}^m)\leqslant\|\boldsymbol{A}^m\|_2$，所以

$$\rho(\boldsymbol{A})\leqslant\|\boldsymbol{A}^m\|_2^{\frac{1}{m}},\quad m=1,2,\cdots.$$

另一方面，对于任意的 $\varepsilon(>0)$，矩阵 $\widetilde{\boldsymbol{A}}=[\rho(\boldsymbol{A})+\varepsilon]^{-1}\boldsymbol{A}$ 的谱半径严格小于 1，从而 $\lim\limits_{m\to\infty}\widetilde{\boldsymbol{A}}^m=\boldsymbol{0}$. 于是 $\lim\limits_{m\to\infty}\|\widetilde{\boldsymbol{A}}^m\|_2=0$.

因此，存在正整数 k，使得当 $m>k$ 时，$\|\widetilde{\boldsymbol{A}}^m\|_2<1$，即对所有的 $m>k$ 有

$$\|\boldsymbol{A}^m\|_2\leqslant[\rho(\boldsymbol{A})+\varepsilon]^m\quad\text{或}\quad\|\boldsymbol{A}^m\|_2^{\frac{1}{m}}\leqslant\rho(\boldsymbol{A})+\varepsilon,$$

故 $\lim\limits_{m\to\infty}\|\boldsymbol{A}^m\|_2^{\frac{1}{m}}=\rho(\boldsymbol{A})$. 同理可证

$$\lim_{m\to\infty}\|\,|\boldsymbol{A}|^m\|_2^{\frac{1}{m}}=\rho(|\boldsymbol{A}|),\quad\lim_{m\to\infty}\|\boldsymbol{B}^m\|_2^{\frac{1}{m}}=\rho(\boldsymbol{B}).$$

证毕

推论 10.1.1 设 $\boldsymbol{A},\boldsymbol{B}\in\mathbf{R}^{n\times n}$，则

（1）若 $0\leqslant\boldsymbol{A}\leqslant\boldsymbol{B}$，则 $\rho(\boldsymbol{A})\leqslant\rho(\boldsymbol{B})$；

（2）若 $\boldsymbol{A}\geqslant0,\widetilde{\boldsymbol{A}}$ 是 $\boldsymbol{A}$ 的任一主子矩阵，则 $\rho(\widetilde{\boldsymbol{A}})\leqslant\rho(\boldsymbol{A})$.

证 （1）由定理 10.1.2直接可得.

（2）设 $\widetilde{\boldsymbol{A}}$ 是 $\boldsymbol{A}$ 的任一 k 阶主子矩阵. 其中，$k(1\leqslant k\leqslant n)$ 为正整数. 用 $\hat{\boldsymbol{A}}$ 表示把 $\widetilde{\boldsymbol{A}}$ 的所有元素放在 $\boldsymbol{A}$ 的原来位置而把 0 放在其余位置所得到的 n 阶矩阵，则 $0\leqslant\hat{\boldsymbol{A}}\leqslant\boldsymbol{A}$ 且 $\rho(\widetilde{\boldsymbol{A}})=\rho(\hat{\boldsymbol{A}})$. 由（1）即得 $\rho(\widetilde{\boldsymbol{A}})=\rho(\hat{\boldsymbol{A}})\leqslant\rho(\boldsymbol{A})$.

证毕

定理 10.1.3 设 $\boldsymbol{A},\boldsymbol{B}\in\mathbf{R}^{n\times n}$. 若 $\boldsymbol{A}\geqslant 0,\boldsymbol{B}\geqslant 0$，则 $\boldsymbol{A}\circ\boldsymbol{B}\geqslant 0$，且 $\rho(\boldsymbol{A}\circ\boldsymbol{B})\leqslant\rho(\boldsymbol{A})\rho(\boldsymbol{B})$.

证 由非负矩阵与 Hadamard 积的定义知 $\boldsymbol{A}\circ\boldsymbol{B}\geqslant 0$. 由推论 9.1.2知 $\rho(\boldsymbol{A}\otimes\boldsymbol{B})=\rho(\boldsymbol{A})\rho(\boldsymbol{B})$. 又 $\boldsymbol{A}\otimes\boldsymbol{B}$ 非负且 $\boldsymbol{A}\circ\boldsymbol{B}$ 为 $\boldsymbol{A}\otimes\boldsymbol{B}$ 的主子矩阵，则有 $\rho(\boldsymbol{A}\circ\boldsymbol{B})\leqslant\rho(\boldsymbol{A}\otimes\boldsymbol{B})=\rho(\boldsymbol{A})\rho(\boldsymbol{B})$.

证毕

关于非负矩阵的谱半径，有如下估计. 其在理论上尤其在矩阵迭代分析中有重要作用.

定理 10.1.4 设 $\boldsymbol{A}\in\mathbf{R}^{n\times n}$，如果 $\boldsymbol{A}\geqslant 0$，则

（1）若 $\boldsymbol{A}$ 的每一行元素之和是常数，则 $\rho(\boldsymbol{A})=\|\boldsymbol{A}\|_\infty$；

（2）若 $\boldsymbol{A}$ 的每一列元素之和是常数，则 $\rho(\boldsymbol{A})=\|\boldsymbol{A}\|_1$；

（3）$\min\limits_{1\leqslant i\leqslant n}\sum\limits_{j=1}^n a_{ij}\leqslant\rho(\boldsymbol{A})\leqslant\max\limits_{1\leqslant i\leqslant n}\sum\limits_{j=1}^n a_{ij}$；

（4）$\min\limits_{1\leqslant j\leqslant n}\sum\limits_{i=1}^n a_{ij}\leqslant\rho(\boldsymbol{A})\leqslant\max\limits_{1\leqslant j\leqslant n}\sum\limits_{i=1}^n a_{ij}$.

证 （1）由于对于任意相容矩阵范数 $\|\cdot\|$ 有 $\rho(\boldsymbol{A})\leqslant\|\boldsymbol{A}\|$，如果 $\boldsymbol{A}$ 的每一行元素之和为常数，则 $\boldsymbol{x}=(1,1,\cdots,1)^{\mathrm{T}}$ 是 $\boldsymbol{A}$ 对应于特征值 $\|\boldsymbol{A}\|_\infty$ 的特征向量，故有 $\rho(\boldsymbol{A})=\|\boldsymbol{A}\|_\infty$.

（3）设 $\alpha=\min\limits_{1\leqslant i\leqslant n}\sum\limits_{j=1}^n a_{ij}$，构造 n 阶实矩阵 $\boldsymbol{B}=(b_{ij})$. 若 $\alpha=0$，令 $\boldsymbol{B}=\boldsymbol{0}$；若 $\alpha>0$，令 $b_{ij}=\alpha a_{ij}\left(\sum\limits_{j=1}^n a_{ij}\right)^{-1}$. 则 $0\leqslant\boldsymbol{B}\leqslant\boldsymbol{A}$ 且 $\sum\limits_{j=1}^n b_{ij}=\alpha,i=1,2,\cdots,n$. 由（1）得 $\rho(\boldsymbol{B})=\alpha$, 且由推论 10.1.1知 $\rho(\boldsymbol{B})\leqslant\rho(\boldsymbol{A})$，从而 $\alpha\leqslant\rho(\boldsymbol{A})\leqslant\|\boldsymbol{A}\|_\infty$.

对 $\boldsymbol{A}^{\mathrm{T}}$ 分别进行类似于（1）和（3）的讨论，即得（2）和（4）.

证毕

推论 10.1.2 设 $\boldsymbol{A}\in\mathbf{R}^{n\times n}$，$\boldsymbol{x}=(x_1,x_2,\cdots,x_n)^{\mathrm{T}}\in\mathbf{R}^n$. 如果 $\boldsymbol{A}\geqslant 0$，且 $\boldsymbol{x}>0$，则或者有

$$\frac{1}{x_i}\sum_{j=1}^n a_{ij}x_j=\rho(\boldsymbol{A}),$$

或者有

$$\min_{1\leqslant i\leqslant n}\left(\frac{1}{x_i}\sum_{j=1}^n a_{ij}x_j\right)\leqslant\rho(\boldsymbol{A})\leqslant\max_{1\leqslant i\leqslant n}\left(\frac{1}{x_i}\sum_{j=1}^n a_{ij}x_j\right),$$

$$\min_{1\leqslant j\leqslant n}\left(x_j\sum_{i=1}^n\frac{a_{ij}}{x_i}\right)\leqslant\rho(\boldsymbol{A})\leqslant\max_{1\leqslant j\leqslant n}\left(x_j\sum_{i=1}^n\frac{a_{ij}}{x_i}\right).$$

证 对于 $\boldsymbol{x}=(x_1,x_2,\cdots,x_n)^{\mathrm{T}}>0$，记对角矩阵 $\boldsymbol{D}=\mathrm{diag}(x_1,x_2,\cdots,x_n)$，并注意到 $\rho(\boldsymbol{A})=\rho(\boldsymbol{D}^{-1}\boldsymbol{A}\boldsymbol{D})$，则应用定理 10.1.4 于矩阵 $\boldsymbol{D}^{-1}\boldsymbol{A}\boldsymbol{D}$ 即证.

证毕

从上述推论即可得到下面的结果.

推论 10.1.3 设 $\boldsymbol{A}\geqslant 0$，且 $\boldsymbol{x}>0$. 若存在实数 $c,d(\geqslant 0)$，使得 $c\boldsymbol{x}\leqslant \boldsymbol{A}\boldsymbol{x}\leqslant d\boldsymbol{x}$，则

$$c\leqslant \rho(\boldsymbol{A})\leqslant d.$$

若 $c\boldsymbol{x}<\boldsymbol{A}\boldsymbol{x}$，则 $c<\rho(\boldsymbol{A})$；若 $\boldsymbol{A}\boldsymbol{x}<d\boldsymbol{x}$，则 $\rho(\boldsymbol{A})<d$.

下面介绍几类特殊的非负矩阵及其性质.

10.1.2 正矩阵

关于正矩阵，易知有以下性质.

定理 10.1.5 设矩阵 $\boldsymbol{A}\in\mathbf{R}^{n\times n},\boldsymbol{x}\in\mathbf{C}^n$，则

（1）若 $\boldsymbol{A}>0$，则 $\boldsymbol{A}^m>0$，m 为正整数；

（2）若 $\boldsymbol{A}>0,\boldsymbol{x}\geqslant 0$ 且 $\boldsymbol{x}\neq\boldsymbol{0}$，则 $\boldsymbol{A}\boldsymbol{x}>0$.

正矩阵中著名的 Perron 定理主要描述正矩阵的特征值和特征向量的性质，由 Perron 于 1907 年提出.

定理 10.1.6 设 $\boldsymbol{A}\in\mathbf{R}^{n\times n}$ 为正矩阵，且 $\rho(\boldsymbol{A})$ 为 $\boldsymbol{A}$ 的谱半径，则

（1）$\rho(\boldsymbol{A})$ 为 $\boldsymbol{A}$ 的正特征值，且存在一个对应于 $\rho(\boldsymbol{A})$ 的正特征向量；

（2）对于 $\boldsymbol{A}$ 的任何一个其他特征值 λ，都有 $|\lambda|<\rho(\boldsymbol{A})$；

（3）$\rho(\boldsymbol{A})$ 是 $\boldsymbol{A}$ 的单特征值.

证 （1）设 μ 是 $\boldsymbol{A}$ 的按模最大的特征值，$\boldsymbol{x}=(x_1,x_2,\cdots,x_n)^{\mathrm{T}}$ 是相应的特征向量，则

$$\boldsymbol{A}\boldsymbol{x}=\mu\boldsymbol{x}\ \text{且}\ |\mu|=\rho(\boldsymbol{A}). \tag{10-1}$$

令 $\boldsymbol{y}=(|x_1|,|x_2|,\cdots,|x_n|)^{\mathrm{T}}$，下证 $\boldsymbol{y}$ 是 $\boldsymbol{A}$ 对应于特征值 $\rho(\boldsymbol{A})$ 的正特征向量.

由于 $\boldsymbol{A}\boldsymbol{x}=\mu\boldsymbol{x}$，所以对于正整数 $i(1\leqslant i\leqslant n)$，有

$$\mu x_i=\sum_{j=1}^{n}a_{ij}x_j,$$

从而

$$\rho(\boldsymbol{A})|x_i|=|\mu x_i|\leqslant\sum_{j=1}^{n}a_{ij}|x_j|,$$

写成矩阵的形式为

$$\rho(\boldsymbol{A})\boldsymbol{y}\leqslant\boldsymbol{A}\boldsymbol{y},$$

即

$$(\boldsymbol{A}-\rho(\boldsymbol{A})\boldsymbol{I})\boldsymbol{y} \geqslant 0. \tag{10-2}$$

下面证明式 (10-2) 的等号成立. 用反证法，设 $(\boldsymbol{A}-\rho(\boldsymbol{A})\boldsymbol{I})\boldsymbol{y}=\boldsymbol{z}\neq\boldsymbol{0}$，由于 $\boldsymbol{A}$ 为正矩阵，且 $\boldsymbol{z}$ 是非负的非零向量，故 $\boldsymbol{Az}>0$，即

$$\boldsymbol{Az}=\boldsymbol{A}(\boldsymbol{A}-\rho(\boldsymbol{A})\boldsymbol{I})\boldsymbol{y}=\boldsymbol{A}(\boldsymbol{Ay}-\rho(\boldsymbol{A})\boldsymbol{y})>0,$$

于是，$\boldsymbol{A}(\boldsymbol{Ay})>\rho(\boldsymbol{A})(\boldsymbol{Ay})$. 又 $\boldsymbol{Ay}>0$, 由推论 10.1.3可得 $\rho(\boldsymbol{A})>\rho(\boldsymbol{A})$，矛盾. 因此有 $\boldsymbol{z}=\boldsymbol{0}$. 于是

$$\boldsymbol{Ay}=\rho(\boldsymbol{A})\boldsymbol{y}. \tag{10-3}$$

这表明 $\rho(\boldsymbol{A})=|\mu|>0$ 是 $\boldsymbol{A}$ 的特征值，而 $\boldsymbol{y}$ 是 $\boldsymbol{A}$ 的正特征向量.

证明（2），只要证明除 $\rho(\boldsymbol{A})$ 外，$\boldsymbol{A}$ 不可能还有其他特征值 λ 满足 $|\lambda|=\rho(\boldsymbol{A})$.

令 λ 是 $\boldsymbol{A}$ 的满足 $|\lambda|=\rho(\boldsymbol{A})$ 的特征值，相应的特征向量为 $\boldsymbol{u}=(u_1,u_2,\cdots,u_n)^{\mathrm{T}}$，则

$$\boldsymbol{Au}=\lambda\boldsymbol{u}. \tag{10-4}$$

令 $\boldsymbol{v}=(|u_1|,|u_2|,\cdots,|u_n|)^{\mathrm{T}}$，重复证明（1）的讨论可得

$$\boldsymbol{Av}=\rho(\boldsymbol{A})\boldsymbol{v}. \tag{10-5}$$

由式 (10-4) 可得

$$\lambda u_i=\sum_{j=1}^{n}a_{ij}u_j,\quad j=1,2,\cdots,n,$$

从而

$$\rho(\boldsymbol{A})|u_i|=\left|\sum_{j=1}^{n}a_{ij}u_j\right|. \tag{10-6}$$

由式 (10-5) 和式 (10-6) 可得

$$\left|\sum_{j=1}^{n}a_{ij}u_j\right|=\sum_{j=1}^{n}a_{ij}|u_j|,\quad i=1,2,\cdots,n.$$

由于 $a_{ij}>0$，则上式表明所有的 u_j 有相同的辐角 φ，即

$$u_j=|u_j|\mathrm{e}^{\mathrm{i}\varphi},\quad \mathrm{i}=\sqrt{-1},\quad j=1,2,\cdots,n.$$

其中 φ 为不依赖于 j 的常数. 于是 $\boldsymbol{u}=\mathrm{e}^{\mathrm{i}\varphi}\boldsymbol{v}$，这表明 $\boldsymbol{u},\boldsymbol{v}$ 只相差一个非零常数因子，故 $\boldsymbol{u}$ 也是 $\boldsymbol{A}$ 对应于特征值 $\rho(\boldsymbol{A})$ 的特征向量，即

$$\boldsymbol{Au}=\rho(\boldsymbol{A})\boldsymbol{u}. \tag{10-7}$$

由式 (10-4) 和式 (10-7) 即得 $\lambda = \rho(\boldsymbol{A})$.

最后证明（3）. 令 $\boldsymbol{B} = \rho^{-1}(\boldsymbol{A})\boldsymbol{A} = (b_{ij})$，则 $\boldsymbol{B} > 0$ 且 $\rho(\boldsymbol{B}) = 1$. 欲证明（3），只需证明 1 是 $\boldsymbol{B}$ 的单特征值，或者说，在 $\boldsymbol{B}$ 的 Jordan 标准形中对应的特征值 1 只有一个一阶 Jordan 块.

由结论（1）知，存在向量 $\boldsymbol{y} = (y_1, y_2, \cdots, y_n)^{\mathrm{T}} > 0$ 使得

$$\boldsymbol{B}\boldsymbol{y} = \boldsymbol{y}. \tag{10-8}$$

从而对任何正整数 k 都有

$$\boldsymbol{B}^k\boldsymbol{y} = \boldsymbol{y}. \tag{10-9}$$

令

$$y_s = \max_i y_i > 0, \quad y_t = \min_i y_i > 0.$$

则由式 (10-9) 可得

$$y_s \geqslant y_i = \sum_{l=1}^{n} b_{il}^{(k)} y_l \geqslant b_{ij}^{(k)} y_j \geqslant b_{ij}^{(k)} y_t,$$

其中 $b_{ij}^{(k)}$ 表示 $\boldsymbol{B}^k$ 的 (i,j) 位置上的元素，从而有 $b_{ij}^{(k)} \leqslant \dfrac{y_s}{y_t}$，这表明对所有 $k > 1$, $b_{ij}^{(k)}$ 是有界的.

假若 $\boldsymbol{B}$ 的 Jordan 标准形中有一个对应于特征值 1 的 Jordan 块的阶数大于 1，不妨设其为 2，则存在可逆矩阵 $\boldsymbol{P}$ 使得

$$\boldsymbol{B} = \boldsymbol{P}\begin{bmatrix} 1 & 1 & 0 & \cdots & 0 \\ 0 & 1 & 0 & \cdots & 0 \\ 0 & 0 & \boldsymbol{J}_1(\lambda_1) & \cdots & \boldsymbol{O} \\ \vdots & \vdots & \vdots & & \vdots \\ 0 & 0 & \boldsymbol{O} & \cdots & \boldsymbol{J}_m(\lambda_m) \end{bmatrix}\boldsymbol{P}^{-1}, \quad \boldsymbol{J}_i(\lambda_i) = \begin{bmatrix} \lambda_i & 1 & 0 & \cdots & 0 \\ 0 & \lambda_i & 1 & \cdots & 0 \\ \vdots & \vdots & \vdots & & \vdots \\ 0 & 0 & 0 & \cdots & 1 \\ 0 & 0 & 0 & \cdots & \lambda_i \end{bmatrix},$$

且 $|\lambda_i| < 1 (i = 1, 2, \cdots, m)$. 则对 $k \geqslant 1$ 有

$$\boldsymbol{B}^k = \boldsymbol{P}\begin{bmatrix} 1 & k & 0 & \cdots & 0 \\ 0 & 1 & 0 & \cdots & 0 \\ 0 & 0 & \boldsymbol{J}_1^k(\lambda_1) & \cdots & \boldsymbol{O} \\ \vdots & \vdots & \vdots & & \vdots \\ 0 & 0 & \boldsymbol{O} & \cdots & \boldsymbol{J}_m^k(\lambda_m) \end{bmatrix}\boldsymbol{P}^{-1}.$$

这与 $b_{ij}^{(k)}$ 有界相矛盾，故 $\boldsymbol{B}$ 的 Jordan 标准形中对应于特征值 1 的 Jordan 块是一阶的.

接下来证明 $\boldsymbol{B}$ 的标准形中对应于特征值 1 的一阶 Jordan 块只有一个. 设 $\boldsymbol{B}$ 的 Jordan 标准形为

$$\boldsymbol{J}=\begin{bmatrix} \boldsymbol{I}_r & \boldsymbol{O} & \cdots & \boldsymbol{O} \\ \boldsymbol{O} & \boldsymbol{J}_1(\lambda_1) & \cdots & \boldsymbol{O} \\ \vdots & \vdots & & \vdots \\ \boldsymbol{O} & \boldsymbol{O} & \cdots & \boldsymbol{J}_l(\lambda_l) \end{bmatrix},$$

其中 $\boldsymbol{I}_r$ 为 r 阶单位矩阵, 且 $|\lambda_i|<1, i=1,2,\cdots,l$.

如果 $r>1$, 令 $\boldsymbol{C}=\boldsymbol{J}-\boldsymbol{I}$, 则有 $\dim N(\boldsymbol{C})=n-\text{rank}(\boldsymbol{C})=r$. 由于 $\boldsymbol{B}$ 与 $\boldsymbol{J}$ 相似, 故 $\dim N(\boldsymbol{B}-\boldsymbol{I})=r$. 又 $r>1$, 则除向量 $\boldsymbol{y}$ 满足式 (10-8) 外, 必然还有另一个向量 $\boldsymbol{z}=(z_1,z_2,\cdots,z_n)^{\mathrm{T}}\in\mathbf{R}^n$ 满足

$$\boldsymbol{Bz}=\boldsymbol{z}, \tag{10-10}$$

且 $\boldsymbol{z}$ 与 $\boldsymbol{y}$ 线性无关. 令

$$\tau=\max_i\left(\frac{z_i}{y_i}\right)=\frac{z_j}{y_j}, \tag{10-11}$$

则有 $\tau\boldsymbol{y}\geqslant\boldsymbol{z}$, 且不可能取等号. 于是

$$\boldsymbol{B}(\tau\boldsymbol{y}-\boldsymbol{z})>0.$$

利用式 (10-8) 和式 (10-10), 上式可写成

$$\tau\boldsymbol{y}-\boldsymbol{z}>0.$$

写出上式的第 j 个分量, 即有

$$\tau>\frac{z_j}{y_j}.$$

这与式 (10-11) 中 τ 的定义相矛盾, 故 $r=1$.

证毕

推论 10.1.4 正矩阵 $\boldsymbol{A}$ 的 "模等于 $\rho(\boldsymbol{A})$" 的特征值是唯一的.

值得注意的是, 定理 10.1.6对于一般的非负矩阵未必成立. 如

$$\begin{bmatrix} 0 & 2 & 0 & 0 \\ 2 & 0 & 0 & 0 \\ 0 & 0 & 2 & 0 \\ 0 & 0 & 0 & 1 \end{bmatrix},$$

易验证 $\rho(\boldsymbol{A})=2$ 是 $\boldsymbol{A}$ 的特征值, 与之对应的特征向量为 $\boldsymbol{x}=(\alpha,\alpha,\beta,0)^{\mathrm{T}}$, 其中 α,β 可取正数. 而 $\rho(\boldsymbol{A})=2$ 并不是 $\boldsymbol{A}$ 的单特征值, 而且 $\boldsymbol{A}$ 没有对应于 $\rho(\boldsymbol{A})=2$ 的正特

征向量. 此外，还易看出 $\boldsymbol{A}$ 还有异于 $\rho(\boldsymbol{A})$ 的特征值 $\lambda=-2$ 使得 $|\lambda|=\rho(\boldsymbol{A})$，即 $\boldsymbol{A}$ 的“模等于 $\rho(\boldsymbol{A})$”的特征值并不唯一.

对于一般的非负矩阵，有如下定理.

定理 10.1.7 设 $\boldsymbol{A}\in\mathbf{R}^{n\times n}$，若 $\boldsymbol{A}\geqslant 0$，则 $\rho(\boldsymbol{A})$ 为 $\boldsymbol{A}$ 的特征值，且其相应的特征向量 $\boldsymbol{x}\geqslant 0$.

证 令 k 为任一正整数，$\boldsymbol{B}_k=\boldsymbol{A}+\dfrac{1}{k}\boldsymbol{D}$，其中 $\boldsymbol{D}$ 为所有元素均为 1 的 n 阶矩阵，则对 $k=1,2,\cdots$，有

$$0\leqslant\boldsymbol{A}<\boldsymbol{B}_{k+1}<\boldsymbol{B}_k.$$

由推论 10.1.1得

$$\rho(\boldsymbol{A})\leqslant\rho(\boldsymbol{B}_{k+1})\leqslant\rho(\boldsymbol{B}_k).$$

数列 $\{\rho(\boldsymbol{B}_k)\}$ 单调下降且有下界，故其极限存在. 令 $\lim\limits_{k\to\infty}\rho(\boldsymbol{B}_k)=\lambda$, 则

$$\rho(\boldsymbol{A})\leqslant\lambda. \tag{10-12}$$

因为 $\boldsymbol{B}_k>0$，则由定理 10.1.6知，存在向量 $\boldsymbol{y}_k=[y_1^{(k)},y_2^{(k)},\cdots,y_n^{(k)}]^{\mathrm{T}}>0$ 使得

$$\boldsymbol{B}_k\boldsymbol{y}_k=\rho(\boldsymbol{B}_k)\boldsymbol{y}_k. \tag{10-13}$$

令

$$x_j^{(k)}=\left[\sum_{i=1}^{n}(y_i^{(k)})^2\right]^{-\frac{1}{2}}\cdot y_j^{(k)},\quad \boldsymbol{x}_k=[x_1^{(k)},x_2^{(k)},\cdots,x_n^{(k)}]^{\mathrm{T}},$$

则 $\boldsymbol{x}_k>0$，且

$$\boldsymbol{B}_k\boldsymbol{x}_k=\rho(\boldsymbol{B}_k)\boldsymbol{x}_k, \tag{10-14}$$

其中，$\|\boldsymbol{x}_k\|_2=1$.

令 $S=\{\boldsymbol{x}\geqslant 0|\ \|\boldsymbol{x}\|_2=1,\boldsymbol{x}\in\mathbf{R}^n\}$，则 S 是 $\mathbf{R}^n$ 中的有界闭集. 因为 $\{\boldsymbol{x}_k\}\in S$，所以，在 $\{\boldsymbol{x}_k\}$ 中存在一个收敛的子序列 $\{\boldsymbol{x}_{k_m}\}$，即

$$\lim_{m\to\infty}\boldsymbol{x}_{k_m}=\boldsymbol{x}\in S.$$

因为

$$\lambda\boldsymbol{x}=\lim_{m\to\infty}\rho(\boldsymbol{B}_{k_m})\lim_{m\to\infty}\boldsymbol{x}_{k_m}=\lim_{m\to\infty}(\rho(\boldsymbol{B}_{k_m})\boldsymbol{x}_{k_m})=\lim_{m\to\infty}\boldsymbol{B}_{k_m}\boldsymbol{x}_{k_m}=\boldsymbol{A}\boldsymbol{x},$$

所以 $\boldsymbol{x}\neq\boldsymbol{0}$ 且 $\boldsymbol{x}\geqslant 0$ 是 $\boldsymbol{A}$ 对应于特征值 λ 的特征向量. 由于 $\lambda\leqslant\rho(\boldsymbol{A})$, 因此由式 (10-12) 得 $\lambda=\rho(\boldsymbol{A})$.

证毕

对于正矩阵还有如下定理，此结果在数理经济学中有直接应用[16].

定理 10.1.8 设 $\boldsymbol{A} \in \mathbf{R}^{n\times n}$，如果 $\boldsymbol{A} > 0$，$\boldsymbol{x}$ 是 $\boldsymbol{A}$ 对应于特征值 $\rho(\boldsymbol{A})$ 的正特征向量，$\boldsymbol{y}$ 是 $\boldsymbol{A}^{\mathrm{T}}$ 对应于特征值 $\rho(\boldsymbol{A})$ 的正特征向量，则

$$\lim_{k\to\infty}[(\rho(\boldsymbol{A}))^{-1}\boldsymbol{A}]^k = (\boldsymbol{y}^{\mathrm{T}}\boldsymbol{x})^{-1}\boldsymbol{x}\boldsymbol{y}^{\mathrm{T}}. \tag{10-15}$$

证 记 $\boldsymbol{B} = (\rho(\boldsymbol{A}))^{-1}\boldsymbol{A}$，则 $\boldsymbol{B} > 0$，并且由定理 10.1.6及其证明知，$\rho(\boldsymbol{B}) = 1$ 是 $\boldsymbol{B}$ 的单特征值，且在 $\boldsymbol{B}$ 的 Jordan 标准形中对应于特征值 1 只有一个一阶 Jordan 块. 因此，$\boldsymbol{B}$ 的 Jordan 标准形为

$$\boldsymbol{J} = \begin{bmatrix} 1 & 0 & \cdots & 0 \\ 0 & \boldsymbol{J}_1(\lambda_1) & \cdots & \boldsymbol{O} \\ \vdots & \vdots & & \vdots \\ 0 & \boldsymbol{O} & \cdots & \boldsymbol{J}_l(\lambda_l) \end{bmatrix},$$

其中 λ_i 是 $\boldsymbol{B}$ 的特征值，且 $|\lambda_i| < 1, i = 1,2,\cdots,l$. 于是 $\lim\limits_{k\to\infty}\boldsymbol{B}^k$ 存在，记 $\lim\limits_{k\to\infty}\boldsymbol{B}^k = \boldsymbol{P}$，由于

$$\boldsymbol{P} = \lim_{k\to\infty}\boldsymbol{B}^k = \boldsymbol{B}\lim_{k\to\infty}\boldsymbol{B}^{k-1} = \boldsymbol{B}\boldsymbol{P},$$

记 $\boldsymbol{P} = [\boldsymbol{p}_1, \boldsymbol{p}_2, \cdots, \boldsymbol{p}_n]$，$\boldsymbol{p}_i \in \mathbf{R}^n, i = 1,2,\cdots,n$，则有

$$\boldsymbol{B}\boldsymbol{p}_i = \boldsymbol{p}_i, \quad i = 1,2,\cdots,n.$$

上式说明，$\boldsymbol{p}_1, \boldsymbol{p}_2, \cdots, \boldsymbol{p}_n$ 均是 $\boldsymbol{B}$ 对应于特征值 1 的特征向量 (若 $\boldsymbol{p}_i \neq \boldsymbol{0}$). 又 $\boldsymbol{B}$ 的特征值 $\rho(\boldsymbol{B}) = 1$ 是单特征值，且 $\boldsymbol{x}$ 也是 $\boldsymbol{B}$ 对应于特征值 $\rho(\boldsymbol{B}) = 1$ 的正特征向量，所以 $\boldsymbol{p}_i (i = 1,2,\cdots,n)$ 都与 $\boldsymbol{x}$ 线性相关. 不妨记为 $\boldsymbol{p}_i = q_i\boldsymbol{x}$，$i = 1,2,\cdots,n$，$\boldsymbol{q} = [q_1, q_2, \cdots, q_n]^{\mathrm{T}}$，则

$$\boldsymbol{P} = [\boldsymbol{p}_1, \boldsymbol{p}_2, \cdots, \boldsymbol{p}_n] = [q_1\boldsymbol{x}, q_2\boldsymbol{x}, \cdots, q_n\boldsymbol{x}] = \boldsymbol{x}\boldsymbol{q}^{\mathrm{T}}.$$

由于 $\boldsymbol{y}$ 是 $\boldsymbol{A}^{\mathrm{T}}$ 对应于特征值 $\rho(\boldsymbol{A})$ 的正特征向量，因此 $\boldsymbol{y}$ 是 $\boldsymbol{B}^{\mathrm{T}}$ 对应于特征值 1 的正特征向量. 于是 $(\boldsymbol{B}^{\mathrm{T}})^k\boldsymbol{y} = \boldsymbol{y}$，从而 $\boldsymbol{y}^{\mathrm{T}} = \boldsymbol{y}^{\mathrm{T}}\boldsymbol{P} = \boldsymbol{y}^{\mathrm{T}}\boldsymbol{x}\boldsymbol{q}^{\mathrm{T}}$. 显然 $\boldsymbol{y}^{\mathrm{T}}\boldsymbol{x} \neq 0$，则 $\boldsymbol{q}^{\mathrm{T}} = (\boldsymbol{y}^{\mathrm{T}}\boldsymbol{x})^{-1}\boldsymbol{y}^{\mathrm{T}}$，从而有

$$\lim_{k\to\infty}[(\rho(\boldsymbol{A}))^{-1}\boldsymbol{A}]^k = \boldsymbol{P} = \boldsymbol{x}\boldsymbol{q}^{\mathrm{T}} = (\boldsymbol{y}^{\mathrm{T}}\boldsymbol{x})^{-1}\boldsymbol{x}\boldsymbol{y}^{\mathrm{T}}.$$

证毕

10.1.3 不可约非负矩阵

定义 10.1.2 设 $\boldsymbol{A} \in \mathbf{R}^{n\times n}$，若 $\boldsymbol{A}$ 的每一行和每一列都只有某个元素为 1，其余的元素为 0，则称 $\boldsymbol{A}$ 为**置换矩阵**.

例如

$$A=\begin{bmatrix}1&0&0\\0&0&1\\0&1&0\end{bmatrix}$$

即为一个三阶置换矩阵.

由定义易知，置换矩阵是可逆的，且有 $\boldsymbol{A}^{-1}=\boldsymbol{A}^{\mathrm{T}}$.

定义 10.1.3 设矩阵 $\boldsymbol{A}=(a_{ij})\in\mathbf{R}^{n\times n}$，若存在 n 阶置换矩阵 $\boldsymbol{P}$，使得

$$\boldsymbol{PAP}^{\mathrm{T}}=\begin{bmatrix}\boldsymbol{A}_{11}&\boldsymbol{A}_{12}\\\boldsymbol{O}&\boldsymbol{A}_{22}\end{bmatrix},$$

其中，$\boldsymbol{A}_{11}\in\mathbf{R}^{k\times k}(1\leqslant k\leqslant n-1)$，则称 $\boldsymbol{A}$ 为**可约矩阵**，否则称 $\boldsymbol{A}$ 为**不可约矩阵**.

例如

$$\boldsymbol{A}=\begin{bmatrix}2&0&0&1\\1&4&3&1\\1&2&1&0\\1&0&0&1\end{bmatrix},\quad \boldsymbol{P}=\begin{bmatrix}0&0&1&0\\0&1&0&0\\0&0&0&1\\1&0&0&0\end{bmatrix},$$

由于

$$\boldsymbol{PAP}^{\mathrm{T}}=\begin{bmatrix}1&2&0&1\\3&4&1&1\\0&0&1&1\\0&0&1&2\end{bmatrix},$$

故非负矩阵 $\boldsymbol{A}$ 为可约的.

显然，正矩阵是不可约的，且由定义可得如下性质：

性质： 设 $\boldsymbol{A},\boldsymbol{B}$ 均为 n 阶矩阵，则

(1) $\boldsymbol{A}$ 为不可约非负矩阵当且仅当 $\boldsymbol{A}^{\mathrm{T}}$ 为不可约非负矩阵；

(2) 若 $\boldsymbol{A}$ 为不可约非负矩阵，$\boldsymbol{B}$ 为非负矩阵，则 $\boldsymbol{A}+\boldsymbol{B}$ 是不可约非负矩阵.

对于给定的 n 阶矩阵，由于 n 阶矩阵共有 $n!$ 个置换矩阵，故若根据定义判定其是否可约，几乎是不可能的. 下面给出一个判断非负矩阵是否可约的可行办法.

定理 10.1.9 $n(\geqslant 2)$ 阶非负矩阵 $\boldsymbol{A}$ 不可约当且仅当存在正整数 $s\leqslant(n-1)$，使得

$$(\boldsymbol{I}+\boldsymbol{A})^s>0.$$

证 必要性. 只需证明对任意向量 $\boldsymbol{x}\geqslant 0(\boldsymbol{x}\neq\boldsymbol{0})$ 都有 $(\boldsymbol{I}+\boldsymbol{A})^{n-1}\boldsymbol{x}>0$.

对于任意向量 $\boldsymbol{x}\geqslant 0(\boldsymbol{x}\neq\boldsymbol{0})$，由于 $\boldsymbol{I}+\boldsymbol{A}$ 的对角线元素非零，所以 $\boldsymbol{y}=(\boldsymbol{I}+\boldsymbol{A})\boldsymbol{x}$ 中零坐标的个数不可能多于向量 $\boldsymbol{x}$ 中零坐标的个数. 若 $\boldsymbol{y}$ 与 $\boldsymbol{x}$ 有相同的零坐标个数

(不为 0)，则可设

$$\boldsymbol{x}=\begin{bmatrix}\boldsymbol{u}\\ \boldsymbol{0}\end{bmatrix},\boldsymbol{y}=\begin{bmatrix}\boldsymbol{v}\\ \boldsymbol{0}\end{bmatrix},\ \boldsymbol{u},\boldsymbol{v}>0,$$

此处 $\boldsymbol{u}$ 和 $\boldsymbol{v}$ 具有相同的维数 t. 将 $\boldsymbol{A}$ 写成分块形式:

$$\boldsymbol{A}=\begin{bmatrix}\boldsymbol{A}_{11} & \boldsymbol{A}_{12}\\ \boldsymbol{A}_{21} & \boldsymbol{A}_{22}\end{bmatrix},$$

则由 $\boldsymbol{y}=(\boldsymbol{I}+\boldsymbol{A})\boldsymbol{x}$，即

$$\begin{bmatrix}\boldsymbol{v}\\ \boldsymbol{0}\end{bmatrix}=\begin{bmatrix}\boldsymbol{u}\\ \boldsymbol{0}\end{bmatrix}+\begin{bmatrix}\boldsymbol{A}_{11} & \boldsymbol{A}_{12}\\ \boldsymbol{A}_{21} & \boldsymbol{A}_{22}\end{bmatrix}\begin{bmatrix}\boldsymbol{u}\\ \boldsymbol{0}\end{bmatrix},$$

可得 $\boldsymbol{A}_{21}\boldsymbol{u}=\boldsymbol{0}$. 又 $\boldsymbol{u}>0$，故 $\boldsymbol{A}_{21}=\boldsymbol{0}$，这与 $\boldsymbol{A}$ 为不可约矩阵相矛盾，所以 $\boldsymbol{y}$ 中的零坐标个数小于向量 $\boldsymbol{x}$ 中的零坐标个数. 这说明每用 $\boldsymbol{I}+\boldsymbol{A}$ 左乘 $\boldsymbol{x}$ 一次，零坐标的个数 (若有的话) 至少减少一个，所以 $(\boldsymbol{I}+\boldsymbol{A})^{n-1}\boldsymbol{x}>0,\boldsymbol{x}\geqslant 0(\boldsymbol{x}\neq\boldsymbol{0})$.

充分性. 设存在正整数 $s\leqslant(n-1)$ 使得 $(\boldsymbol{I}+\boldsymbol{A})^s>0$，若 $\boldsymbol{A}$ 为可约的非负矩阵，则存在置换矩阵 $\boldsymbol{P}$ 使得

$$\boldsymbol{PAP}^{\mathrm{T}}=\begin{bmatrix}\boldsymbol{A}_{11} & \boldsymbol{A}_{12}\\ \boldsymbol{O} & \boldsymbol{A}_{22}\end{bmatrix},$$

于是

$$\boldsymbol{P}(\boldsymbol{A}+\boldsymbol{I})\boldsymbol{P}^{\mathrm{T}}=\begin{bmatrix}\boldsymbol{A}_{11}+\boldsymbol{I} & \boldsymbol{A}_{12}\\ \boldsymbol{O} & \boldsymbol{A}_{22}+\boldsymbol{I}\end{bmatrix}=\begin{bmatrix}\widetilde{\boldsymbol{A}}_{11} & \boldsymbol{A}_{12}\\ \boldsymbol{O} & \widetilde{\boldsymbol{A}}_{22}\end{bmatrix}.$$

从而对任意正整数 k，都有

$$\boldsymbol{P}(\boldsymbol{A}+\boldsymbol{I})^k\boldsymbol{P}^{\mathrm{T}}=\begin{bmatrix}\widetilde{\boldsymbol{A}}_{11} & \boldsymbol{A}_{12}\\ \boldsymbol{O} & \widetilde{\boldsymbol{A}}_{22}\end{bmatrix}^k.$$

由于 $\boldsymbol{P}$ 为置换矩阵，上式说明无论正整数 k 取何值，$(\boldsymbol{I}+\boldsymbol{A})^k$ 中永远有零元素，与 $(\boldsymbol{I}+\boldsymbol{A})^s>0$ 矛盾. 故 $\boldsymbol{A}$ 为不可约非负矩阵.

证毕

例如非负矩阵

$$\begin{bmatrix}0 & 1 & 0\\ 1 & 1 & 1\\ 0 & 1 & 0\end{bmatrix}$$

是不可约的. 因为 $s=3-1=2$ 时,

$$(\boldsymbol{I}+\boldsymbol{A})^2=\begin{bmatrix}1&1&0\\1&2&1\\0&1&1\end{bmatrix}\begin{bmatrix}1&1&0\\1&2&1\\0&1&1\end{bmatrix}=\begin{bmatrix}2&3&1\\3&6&3\\1&3&2\end{bmatrix}>0.$$

Perron 定理表明正矩阵具有很好的谱性质, 然而此性质对于一般非负矩阵未必成立. 但若在非负矩阵的基础上加上不可约的条件, 则有类似于 Perron 定理的结论. 1912 年 Frobenius 将 Perron 定理推广到不可约非负矩阵上.

定理 10.1.10 设 $\boldsymbol{A}\in\mathbf{R}^{n\times n}$ 为非负不可约矩阵, 且 $\rho(\boldsymbol{A})$ 为 $\boldsymbol{A}$ 的谱半径, 则

(1) $\rho(\boldsymbol{A})$ 为 $\boldsymbol{A}$ 的正特征值, 且存在一个对应于 $\rho(\boldsymbol{A})$ 的正特征向量;

(2) $\rho(\boldsymbol{A})$ 是 $\boldsymbol{A}$ 的单特征值;

(3) 当 $\boldsymbol{A}$ 的任一元素增加时, $\rho(\boldsymbol{A})$ 增加.

证 (1) 由 $\boldsymbol{A}\geqslant 0$ 及定理 10.1.7知, $\rho(\boldsymbol{A})$ 为 $\boldsymbol{A}$ 的特征值且存在非负向量 $\boldsymbol{x}\in\mathbf{R}^n$, 且 $\boldsymbol{x}\neq\boldsymbol{0}$ 使得 $\boldsymbol{A}\boldsymbol{x}=\rho(\boldsymbol{A})\boldsymbol{x}$. 从而

$$(\boldsymbol{I}+\boldsymbol{A})^{n-1}\boldsymbol{x}=(1+\rho(\boldsymbol{A}))^{n-1}\boldsymbol{x}.$$

又 $\boldsymbol{A}$ 不可约, 故由定理 10.1.4 及其证明知 $\rho(\boldsymbol{A})>0$. 即 $\rho(\boldsymbol{A})$ 为 $\boldsymbol{A}$ 的正特征值.

由定理 10.1.9可知 $(\boldsymbol{I}+\boldsymbol{A})^{n-1}>0$. 据正矩阵的性质 (2), 有 $(\boldsymbol{I}+\boldsymbol{A})^{n-1}\boldsymbol{x}>0$. 从而

$$\boldsymbol{x}=(1+\rho(\boldsymbol{A}))^{1-n}(\boldsymbol{I}+\boldsymbol{A})^{n-1}\boldsymbol{x}>0.$$

(2) 采用反证法. 若 $\rho(\boldsymbol{A})$ 为 $\boldsymbol{A}$ 的重特征值, 则 $1+\rho(\boldsymbol{A})=\rho(\boldsymbol{I}+\boldsymbol{A})$ 即为 $(\boldsymbol{I}+\boldsymbol{A})$ 的重特征值. 从而

$$(1+\rho(\boldsymbol{A}))^{n-1}=[\rho(\boldsymbol{I}+\boldsymbol{A})]^{n-1}=\rho((\boldsymbol{I}+\boldsymbol{A})^{n-1})$$

为 $(\boldsymbol{I}+\boldsymbol{A})^{n-1}$ 的重特征值. 而由 $(\boldsymbol{I}+\boldsymbol{A})^{n-1}>0$ 及定理 10.1.6知, $\rho((\boldsymbol{I}+\boldsymbol{A})^{n-1})$ 为 $(\boldsymbol{I}+\boldsymbol{A})^{n-1}$ 的单特征值. 此矛盾说明 $\rho(\boldsymbol{A})$ 是 $\boldsymbol{A}$ 的单特征值.

(3) 由推论 10.1.1即证.

证毕

10.1.4 本原矩阵

定义 10.1.4 设 $\boldsymbol{A}$ 是 n 阶非负矩阵, 若 $\boldsymbol{A}$ 为不可约的且只有一个极大模特征值, 则称 $\boldsymbol{A}$ 为**本原矩阵**或**素矩阵**.

关于本原矩阵, 有如下定理[18].

定理 10.1.11 n 阶非负矩阵 $\boldsymbol{A}$ 为本原矩阵当且仅当存在某个正整数 m, 使得 $\boldsymbol{A}^m>0$.

显然，正矩阵都是本原矩阵，但反之不真．例如，非负矩阵

$$\boldsymbol{A}=\begin{bmatrix}0&1&1\\1&1&0\\1&1&1\end{bmatrix}.$$

不难验证 $\boldsymbol{A}^2>0$，故 $\boldsymbol{A}$ 为本原矩阵，但不是正矩阵．

关于本原矩阵，易证其具有以下性质：

定理 10.1.12 设 $\boldsymbol{A},\boldsymbol{B}$ 均为 n 阶非负矩阵，且 $\boldsymbol{A}$ 为本原矩阵，则

（1）$\boldsymbol{A}^{\mathrm{T}}$ 也是本原矩阵；

（2）$\boldsymbol{A}^k$ 也是本原矩阵，其中 k 为正整数；

（3）$\boldsymbol{A}+\boldsymbol{B}$ 也是本原矩阵．

对于本原矩阵，也有与 Perron 定理一样的结论，不加证明地表述如下．

定理 10.1.13 设 $\boldsymbol{A}\in\mathbf{R}^{n\times n}$ 为本原矩阵，且 $\rho(\boldsymbol{A})$ 为 $\boldsymbol{A}$ 的谱半径，则

（1）$\rho(\boldsymbol{A})$ 为 $\boldsymbol{A}$ 的正特征值，且存在一个对应于 $\rho(\boldsymbol{A})$ 的正特征向量；

（2）对于 $\boldsymbol{A}$ 的任何一个其他特征值 λ，都有 $|\lambda|<\rho(\boldsymbol{A})$；

（3）$\rho(\boldsymbol{A})$ 是 $\boldsymbol{A}$ 的单特征值．

定理 10.1.14 设 $\boldsymbol{A}\in\mathbf{R}^{n\times n}$ 为本原矩阵，$\boldsymbol{x}$ 是 $\boldsymbol{A}$ 对应于特征值 $\rho(\boldsymbol{A})$ 的正特征向量，$\boldsymbol{y}$ 是 $\boldsymbol{A}^{\mathrm{T}}$ 对应于特征值 $\rho(\boldsymbol{A})$ 的正特征向量，则

$$\lim_{k\to\infty}[(\rho(\boldsymbol{A}))^{-1}\boldsymbol{A}]^k=(\boldsymbol{y}^{\mathrm{T}}\boldsymbol{x})^{-1}\boldsymbol{x}\boldsymbol{y}^{\mathrm{T}}.$$

10.1.5 随机矩阵

随机矩阵具有重要的应用价值，在诸如理论物理、数理经济、概率论、信号处理、网络安全、图像处理、基因统计、股票市场等领域均可以见到[16]．随机矩阵是一类特殊的非负矩阵，因此具有非负矩阵的所有性质，但又有别于一般的非负矩阵，具有其特殊性．

定义 10.1.5 设 $\boldsymbol{A}\in\mathbf{R}^{n\times n}$ 为非负矩阵，若 $\boldsymbol{A}$ 的每一行上的元素之和都等于 1，则称 $\boldsymbol{A}$ 为**随机矩阵**．若还满足 $\boldsymbol{A}$ 的每一列上的元素之和都等于 1，则称 $\boldsymbol{A}$ 为**双随机矩阵**．

$\boldsymbol{A}$ 之所以称为随机矩阵，是因为 $\boldsymbol{A}$ 的每一行可以看成 n 个点的样本空间上的离散概率分布．

性质：记 $\mathbf{1}=(1,1,\cdots,1)^{\mathrm{T}}$，则有：

（1）设 $\boldsymbol{A}$ 是随机矩阵，则 $\rho(\boldsymbol{A})=1$，且 $\boldsymbol{A}\mathbf{1}=\mathbf{1}$；

（2）设 $\boldsymbol{A}\geqslant 0$，则 $\boldsymbol{A}$ 是随机矩阵当且仅当 $\boldsymbol{A}\mathbf{1}=\mathbf{1}$；

（3）设 $\boldsymbol{A},\boldsymbol{B}$ 为同阶随机矩阵，则 $\boldsymbol{A}\boldsymbol{B}$ 也是随机矩阵．

证 （1）根据随机矩阵的定义，显然有 $\boldsymbol{A}\mathbf{1}=\mathbf{1}$ 且 $\|\boldsymbol{A}\|_\infty=1$．故 1 是 $\boldsymbol{A}$ 的特征值，$\mathbf{1}$ 为对应于 1 的特征向量．又 $\rho(\boldsymbol{A})\leqslant\|\boldsymbol{A}\|_\infty=1$，所以 $\rho(\boldsymbol{A})=1$．

（2）必要性显然，下证充分性. 若 $\mathbf{1}$ 为 $\boldsymbol{A}$ 的相应于特征值 1 的特征向量，则 $\boldsymbol{A}$ 的各行元素之和都等于 1，又 $\boldsymbol{A}$ 为非负矩阵，故 $\boldsymbol{A}$ 为随机矩阵.

（3）$\boldsymbol{A},\boldsymbol{B}$ 为随机矩阵，则 $\boldsymbol{A},\boldsymbol{B}$ 为非负矩阵，于是 $\boldsymbol{AB}$ 亦为非负矩阵，又 $(\boldsymbol{AB})\mathbf{1} = \boldsymbol{A}(\boldsymbol{B}\mathbf{1}) = \boldsymbol{A}\mathbf{1} = \mathbf{1}$，故 $\boldsymbol{AB}$ 仍为随机矩阵.

证毕

以下定理揭示了随机矩阵与非负矩阵（具有正谱半径对应的正特征向量）之间的密切关系.

定理 10.1.15 设 n 阶非负矩阵 $\boldsymbol{A}$ 的谱半径 $\rho(\boldsymbol{A}) > 0$，且对应的特征向量 $\boldsymbol{x} = (x_1, x_2, \cdots, x_n)^{\mathrm{T}} > 0$，则 $(\boldsymbol{D}^{-1}\boldsymbol{AD})/\rho(\boldsymbol{A})$ 为随机矩阵，其中 $\boldsymbol{D} = \mathrm{diag}(x_1, x_2, \cdots, x_n)$.

证 记 $\boldsymbol{D} = \mathrm{diag}(x_1, x_2, \cdots, x_n)$，$\boldsymbol{P} = (\boldsymbol{D}^{-1}\boldsymbol{AD})/\rho(\boldsymbol{A})$，则有

$$\boldsymbol{P}_{ij} = (x_i^{-1}a_{ij}x_j)/\rho(\boldsymbol{A}) \geqslant 0, \quad i,j = 1,2,\cdots,n.$$

又 $\boldsymbol{Ax} = \rho(\boldsymbol{A})\boldsymbol{x}$，即

$$\sum_{j=1}^{n} a_{ij}x_j = \rho(\boldsymbol{A})\boldsymbol{x}_i, \quad i = 1,2,\cdots,n,$$

所以 $\sum\limits_{j=1}^{n} p_{ij} = 1, i = 1,2,\cdots,n$, 即 $(\boldsymbol{D}^{-1}\boldsymbol{AD})/\rho(\boldsymbol{A})$ 为随机矩阵.

证毕

随机矩阵在随机过程中有着重要的应用，而在实际应用中常要考虑随机矩阵 $\boldsymbol{A}$ 的幂序列 $\{\boldsymbol{A}^m\}$ 的收敛性.

定理 10.1.16 设 $\boldsymbol{A}$ 为 n 阶随机矩阵，则 $\lim\limits_{m\to\infty} \boldsymbol{A}^m$ 存在当且仅当 $\boldsymbol{A}$ 的特征值除 $\rho(\boldsymbol{A}) = 1$ 外，其余特征值的模均小于 1.

证 由 $\boldsymbol{A}$ 的 Jordan 标准形分解知，存在可逆矩阵 $\boldsymbol{P}$ 使得

$$\boldsymbol{A} = \boldsymbol{P}\begin{bmatrix} \boldsymbol{I}_r & \boldsymbol{O} & \cdots & \boldsymbol{O} \\ \boldsymbol{O} & \boldsymbol{J}_1(\lambda_1) & \cdots & \boldsymbol{O} \\ \vdots & \vdots & & \vdots \\ \boldsymbol{O} & \boldsymbol{O} & \cdots & \boldsymbol{J}_s(\lambda_s) \end{bmatrix}\boldsymbol{P}^{-1},$$

于是

$$\boldsymbol{A}^m = \boldsymbol{P}\begin{bmatrix} \boldsymbol{I}_r & \boldsymbol{O} & \cdots & \boldsymbol{O} \\ \boldsymbol{O} & \boldsymbol{J}_1^m(\lambda_1) & \cdots & \boldsymbol{O} \\ \vdots & \vdots & & \vdots \\ \boldsymbol{O} & \boldsymbol{O} & \cdots & \boldsymbol{J}_s^m(\lambda_s) \end{bmatrix}\boldsymbol{P}^{-1}.$$

考虑到 $\boldsymbol{J}_k(\lambda_k)$ 的形式，则 $\lim\limits_{m\to\infty} \boldsymbol{A}^m$ 存在当且仅当 $|\lambda_i| < 1, i = 1,2,\cdots,s$.

证毕

若 $\boldsymbol{A}$ 为不可约随机矩阵，则 1 为 $\boldsymbol{A}$ 的单特征值. 又 $\boldsymbol{A}$ 的任一模等于 1 的特征值所对应的 Jordan 块均是一阶的（证略），故有以下定理.

定理 10.1.17 设 $\boldsymbol{A}$ 为 n 阶不可约随机矩阵，则 $\lim\limits_{m\to\infty}\boldsymbol{A}^m$ 存在当且仅当 $\boldsymbol{A}$ 为本原矩阵.

10.2 协方差矩阵与相关矩阵

随机向量的协方差矩阵与相关矩阵在统计、计量、金融工程、随机分析、人脸识别等方面应用广泛. 协方差矩阵与相关矩阵为特殊的对称矩阵[14].

定义 10.2.1 设 $X_1, X_2, \cdots, X_m$ 为 m 个实随机变量，则由它们组成的向量

$$\boldsymbol{X} = (X_1, X_2, \cdots, X_m)^{\mathrm{T}}$$

称为 m 维**实随机向量**.

定义 10.2.2 设 $\boldsymbol{X} = (X_1, X_2, \cdots, X_m)^{\mathrm{T}}$，若 $E(X_i) = u_i(i = 1, 2, \cdots, m)$ 存在，则称

$$E(\boldsymbol{X}) = \begin{bmatrix} E(X_1) \\ E(X_2) \\ \vdots \\ E(X_m) \end{bmatrix} = \begin{bmatrix} \mu_1 \\ \mu_2 \\ \vdots \\ \mu_m \end{bmatrix} = \boldsymbol{\mu}$$

为**均值向量**.

容易验证均值向量具有以下性质：

（1）$E(\boldsymbol{AX}) = \boldsymbol{A}E(\boldsymbol{X})$；

（2）$E(\boldsymbol{AXB}) = \boldsymbol{A}E(\boldsymbol{X})\boldsymbol{B}$；

（3）$E(\boldsymbol{AX} + \boldsymbol{BY}) = \boldsymbol{A}E(\boldsymbol{X}) + \boldsymbol{B}E(\boldsymbol{Y})$.

均值向量是随机向量的一阶矩，与均值向量不同，随机向量的二阶矩为矩阵，它描述随机向量分布的散布情况.

定义 10.2.3 设随机向量 $\boldsymbol{X} = (X_1, X_2, \cdots, X_m)^{\mathrm{T}}$，则称 $\boldsymbol{X}$ 的**自协方差矩阵**

$$\begin{aligned}\boldsymbol{\Sigma} &= \operatorname{cov}(\boldsymbol{X}, \boldsymbol{X}) = E\{[\boldsymbol{X} - E(\boldsymbol{X})][\boldsymbol{X} - E(\boldsymbol{X})]^{\mathrm{T}}\} = D(\boldsymbol{X}) \\ &= \begin{bmatrix} D(X_1) & \operatorname{cov}(X_1, X_2) & \cdots & \operatorname{cov}(X_1, X_m) \\ \operatorname{cov}(X_2, X_1) & D(X_2) & \cdots & \operatorname{cov}(X_2, X_m) \\ \vdots & \vdots & & \vdots \\ \operatorname{cov}(X_m, X_1) & \operatorname{cov}(X_m, X_2) & \cdots & D(X_m) \end{bmatrix} \\ &= (\sigma_{ij})\end{aligned}$$

为 $\boldsymbol{X}$ 的**协方差矩阵**，有时也记为 $\operatorname{var}(\boldsymbol{X})$. 其中

$$\sigma_{ij} = \operatorname{cov}(X_i, X_j) = E\{[X_i - E(X_i)][X_j - E(X_j)]\}.$$

由于 $\sigma_{ij}=\sigma_{ji}$，所以协方差矩阵 $\boldsymbol{\Sigma}$ 为对称矩阵.

推广自协方差矩阵的概念，则有互协方差矩阵.

定义 10.2.4 设随机向量 $\boldsymbol{X}=(X_1,X_2,\cdots,X_m)^{\mathrm{T}}$ 和 $\boldsymbol{Y}=(Y_1,Y_2,\cdots,Y_n)^{\mathrm{T}}$，则称

$$\operatorname{cov}(\boldsymbol{X},\boldsymbol{Y})=(\operatorname{cov}(X_i,Y_j)),\quad i=1,2,\cdots,m;j=1,2,\cdots,n$$

为随机向量 $\boldsymbol{X}$ 和 $\boldsymbol{Y}$ 的**互协方差矩阵**.

设 $\boldsymbol{A},\boldsymbol{B}$ 为常数矩阵，$\boldsymbol{b}$ 为常数向量. 由定义易验证协方差矩阵具有以下性质：

（1）$D(\boldsymbol{AX}+\boldsymbol{b})=\boldsymbol{A}D(\boldsymbol{X})\boldsymbol{A}^{\mathrm{T}}$；

（2）$\operatorname{cov}(\boldsymbol{X},\boldsymbol{Y})=[\operatorname{cov}(\boldsymbol{Y},\boldsymbol{X})]^{\mathrm{T}}$；

（3）$\operatorname{cov}(\boldsymbol{AX},\boldsymbol{BY})=\boldsymbol{A}\operatorname{cov}(\boldsymbol{X},\boldsymbol{Y})\boldsymbol{B}^{\mathrm{T}}$.

若 $\boldsymbol{X},\boldsymbol{Y}$ 具有相同的维数，则

（4）$D(\boldsymbol{X}+\boldsymbol{Y})=D(\boldsymbol{X})+\operatorname{cov}(\boldsymbol{X},\boldsymbol{Y})+\operatorname{cov}(\boldsymbol{Y},\boldsymbol{X})+D(\boldsymbol{Y})$；

（5）$\operatorname{cov}(\boldsymbol{X}+\boldsymbol{Y},\boldsymbol{Z})=\operatorname{cov}(\boldsymbol{X},\boldsymbol{Z})+\operatorname{cov}(\boldsymbol{Y},\boldsymbol{Z})$.

例 10.2.1 设二维随机向量 $\boldsymbol{X}=(X_1,X_2)^{\mathrm{T}}$，其均值向量与协方差矩阵分别为

$$E(\boldsymbol{X})=\begin{bmatrix}\mu_1\\ \mu_2\end{bmatrix},\operatorname{cov}(\boldsymbol{X},\boldsymbol{X})=\begin{bmatrix}\sigma_{11} & \sigma_{12}\\ \sigma_{21} & \sigma_{22}\end{bmatrix}.$$

求 $\boldsymbol{Y}=(Y_1,Y_2)^{\mathrm{T}}$ 的均值向量和协方差矩阵，其中 $Y_1=X_1-X_2$，$Y_2=X_1+X_2$.

解 令 $\boldsymbol{A}=\begin{bmatrix}1 & -1\\ 1 & 1\end{bmatrix}$，则 $\boldsymbol{Y}=\boldsymbol{AX}$. 于是

$$E(\boldsymbol{Y})=E(\boldsymbol{AX})=\boldsymbol{A}E(\boldsymbol{X})=\begin{bmatrix}1 & -1\\ 1 & 1\end{bmatrix}\begin{bmatrix}\mu_1\\ \mu_2\end{bmatrix}=\begin{bmatrix}\mu_1-\mu_2\\ \mu_1+\mu_2\end{bmatrix},$$

$$\begin{aligned}\operatorname{cov}(\boldsymbol{Y},\boldsymbol{Y})&=\operatorname{cov}(\boldsymbol{AX},\boldsymbol{AX})=\boldsymbol{A}\operatorname{cov}(\boldsymbol{X},\boldsymbol{X})\boldsymbol{A}^{\mathrm{T}}\\ &=\begin{bmatrix}1 & -1\\ 1 & 1\end{bmatrix}\begin{bmatrix}\sigma_{11} & \sigma_{12}\\ \sigma_{21} & \sigma_{22}\end{bmatrix}\begin{bmatrix}1 & 1\\ -1 & 1\end{bmatrix}\\ &=\begin{bmatrix}\sigma_{11}+\sigma_{22}-2\sigma_{12} & \sigma_{11}-\sigma_{22}\\ \sigma_{11}-\sigma_{22} & \sigma_{11}+\sigma_{22}+2\sigma_{12}\end{bmatrix}.\end{aligned}$$

注：当 $\sigma_{11}=\sigma_{22}$，即 X_1 与 X_2 的方差相同时，$\operatorname{cov}(\boldsymbol{Y},\boldsymbol{Y})$ 中非对角元为 0. 说明方差相等的两个随机变量的和与差是不相关的.

定义 10.2.5 若随机向量 $\boldsymbol{X}=(X_1,X_2,\cdots,X_m)^{\mathrm{T}}$ 的协方差矩阵存在，且每个分量的方差大于零，则称矩阵 $\boldsymbol{R}=(r_{ij})$ 为随机向量 $\boldsymbol{X}$ 的**相关矩阵**，其中

$$r_{ij}=\frac{\operatorname{cov}(X_i,X_j)}{\sqrt{D(X_i)}\sqrt{D(X_j)}}=\frac{\sigma_{ij}}{\sqrt{\sigma_{ii}}\sqrt{\sigma_{jj}}},\quad i,j=1,2,\cdots,m$$

为相关系数.

在处理数据时，为了克服由于指标的量纲不同对统计分析结果带来的影响，往往在使用某种统计分析方法前，将每个指标“标准化”，即作如下变换：

$$\widetilde{X_j} = \frac{X_j - E(X_j)}{\sqrt{D(X_j)}}, \quad j = 1, 2, \cdots, m.$$

于是，$\widetilde{\boldsymbol{X}} = (\widetilde{X_1}, \widetilde{X_2}, \cdots, \widetilde{X_m})^{\mathrm{T}}$, 且

$$E(\widetilde{\boldsymbol{X}}) = \boldsymbol{0}, \quad D(\widetilde{\boldsymbol{X}}) = \boldsymbol{R}.$$

即标准化数据的协方差矩阵刚好是原指标的相关矩阵.

令

$$\boldsymbol{V}^{\frac{1}{2}} = \begin{bmatrix} \sqrt{\sigma_{11}} & 0 & \cdots & 0 \\ 0 & \sqrt{\sigma_{22}} & \cdots & 0 \\ \vdots & \vdots & & \vdots \\ 0 & 0 & \cdots & \sqrt{\sigma_{mm}} \end{bmatrix},$$

则有

$$\boldsymbol{\Sigma} = \boldsymbol{V}^{\frac{1}{2}} \boldsymbol{R} \boldsymbol{V}^{\frac{1}{2}},$$

$$\boldsymbol{R} = (\boldsymbol{V}^{\frac{1}{2}})^{-1} \boldsymbol{\Sigma} (\boldsymbol{V}^{\frac{1}{2}})^{-1}.$$

例 10.2.2 设

$$\boldsymbol{\Sigma} = \begin{bmatrix} \sigma_{11} & \sigma_{12} & \sigma_{13} \\ \sigma_{21} & \sigma_{22} & \sigma_{23} \\ \sigma_{31} & \sigma_{32} & \sigma_{33} \end{bmatrix} = \begin{bmatrix} 9 & 2 & 3 \\ 2 & 16 & -5 \\ 3 & -5 & 25 \end{bmatrix},$$

则可得

$$\boldsymbol{V}^{\frac{1}{2}} = \begin{bmatrix} \sqrt{\sigma_{11}} & 0 & 0 \\ 0 & \sqrt{\sigma_{22}} & 0 \\ 0 & 0 & \sqrt{\sigma_{33}} \end{bmatrix} = \begin{bmatrix} 3 & 0 & 0 \\ 0 & 4 & 0 \\ 0 & 0 & 5 \end{bmatrix}, \quad (\boldsymbol{V}^{\frac{1}{2}})^{-1} = \begin{bmatrix} \frac{1}{3} & 0 & 0 \\ 0 & \frac{1}{4} & 0 \\ 0 & 0 & \frac{1}{5} \end{bmatrix}.$$

从而相关矩阵为

$$\boldsymbol{R} = (\boldsymbol{V}^{\frac{1}{2}})^{-1} \boldsymbol{\Sigma} (\boldsymbol{V}^{\frac{1}{2}})^{-1} = \begin{bmatrix} 1 & \frac{1}{6} & \frac{1}{5} \\ \frac{1}{6} & 1 & -\frac{1}{4} \\ \frac{1}{5} & -\frac{1}{4} & 1 \end{bmatrix}.$$

10.3 Hadamard 矩阵

Hadamard 矩阵最早是作为正交矩阵由西尔维斯特（Sylvester）于 1867 年开始研究的，在多个领域，诸如图像处理、信号处理、机器学习、数据压缩和数理统计等方面有着广泛的应用.

定义 10.3.1 满足 $\boldsymbol{H}\boldsymbol{H}^{\mathrm{T}} = n\boldsymbol{I}_n$，且元素为 1 或 -1 的方阵 $\boldsymbol{H} \in \mathbf{R}^{n\times n}$ 称为 **Hadamard 矩阵**，简称 **H 矩阵**.

定义 10.3.2 若 n 阶 H 矩阵的第一行和第一列元素全是 1，则称 H 矩阵为**正规的 H 矩阵**.

如

$$\boldsymbol{H_1} = [\,1\,], \quad \boldsymbol{H_2} = \begin{bmatrix} 1 & 1 \\ 1 & -1 \end{bmatrix} \tag{10-16}$$

分别为一阶和二阶 H 矩阵，且为正规的H 矩阵. 由 $\boldsymbol{H_2}$ 可以构造更多的高阶 H 矩阵.

H 矩阵具有以下性质.

对一个 H 矩阵 $\boldsymbol{H}$ 实施以下变换：

（1）交换任意两行 (列)，

（2）以 -1 乘任意行 (列) 的所有元素，

得到的新矩阵 $\widetilde{\boldsymbol{H}}$ 仍然是一个 H 矩阵，并称 $\widetilde{\boldsymbol{H}}$ 等价于 $\boldsymbol{H}$，这种变换称为 H 矩阵的等价变换.

可见，通过变换（2）可以把任意一个 H 矩阵变换为正规的H矩阵. 另外，n 阶 H 矩阵及正规的H矩阵均不唯一.

定理 10.3.1 若 $\boldsymbol{H}$ 是 n 阶 H 矩阵，则

（1）$\det(\boldsymbol{H}) = n^{\frac{n}{2}}$ 或 $\det(\boldsymbol{H}) = -n^{\frac{n}{2}}$；

（2）$\boldsymbol{H}^{\mathrm{T}}$ 也是 n 阶 H 矩阵；

（3）$\dfrac{1}{\sqrt{n}}\boldsymbol{H}$ 为正交阵；

（4）若 $n > 2$，则 n 是 4 的倍数.

证 由 H 矩阵的定义，易证（1）～（3）成立，下证（4）.

事实上，设 $\boldsymbol{H} = (h_{ij})_{n\times n}$，由 $\boldsymbol{H}\boldsymbol{H}^{\mathrm{T}} = n\boldsymbol{I}_n$ 得

$$\begin{cases} h_{11}^2 + h_{12}^2 + \cdots + h_{1n}^2 = n, \\ h_{11}h_{21} + h_{12}h_{22} + \cdots + h_{1n}h_{2n} = 0, \\ h_{11}h_{31} + h_{12}h_{32} + \cdots + h_{1n}h_{3n} = 0, \\ h_{21}h_{31} + h_{22}h_{32} + \cdots + h_{2n}h_{3n} = 0. \end{cases}$$

于是

$$\sum_{j=1}^{n}(h_{1j} + h_{2j})(h_{1j} + h_{3j}) = \sum_{j=1}^{n} h_{1j}^2 = n. \tag{10-17}$$

由于 $h_{1j}+h_{2j}$，$h_{1j}+h_{3j}$ $(j=1,2,\cdots,n)$ 或为 0，或为 ± 2，因此式 (10-17) 左端是 4 的倍数，从而右端 n 为 4 的倍数.

证毕

由（4）可知，当 $n>2$ 时，n 为 4 的倍数是 H 矩阵存在的必要条件. 人们猜想 (Hadamard 猜想)，这也是充分条件，但至今仍未得到完全证实.

研究 H 矩阵的存在性，即是否存在具有特定阶数的 H 矩阵，是该领域的一个核心问题，下面介绍构造 H 矩阵的一个简单方法.

定理 10.3.2 设 $\boldsymbol{H}_m$ 与 $\boldsymbol{H}_n$ 分别为 m 阶与 n 阶 H 矩阵，则 $\boldsymbol{H}_m\otimes\boldsymbol{H}_n$ 为 mn 阶 H 矩阵.

证 由 H 矩阵的定义及

$$\begin{aligned}(\boldsymbol{H}_m\otimes\boldsymbol{H}_n)(\boldsymbol{H}_m\otimes\boldsymbol{H}_n)^{\mathrm{T}}&=(\boldsymbol{H}_m\otimes\boldsymbol{H}_n)(\boldsymbol{H}_m^{\mathrm{T}}\otimes\boldsymbol{H}_n^{\mathrm{T}})=(\boldsymbol{H}_m\boldsymbol{H}_m^{\mathrm{T}})\otimes(\boldsymbol{H}_n\boldsymbol{H}_n)^{\mathrm{T}}\\&=(m\boldsymbol{I}_m)\otimes(n\boldsymbol{I}_n)=mn\boldsymbol{I}_{mn}\end{aligned}$$

可知 $\boldsymbol{H}_m\otimes\boldsymbol{H}_n$ 为 mn 阶 H 矩阵.

证毕

定理 10.3.2中令 $m=2$，并取 $\boldsymbol{H}_2$ 为式 (10-16) 中的二阶 H 矩阵即可得到如下结论.

推论 10.3.1 若 $\boldsymbol{H}_n$ 是一个 n 阶 H 矩阵，则

$$\boldsymbol{H}_{2n}=\begin{bmatrix}\boldsymbol{H}_n & \boldsymbol{H}_n\\ \boldsymbol{H}_n & -\boldsymbol{H}_n\end{bmatrix}$$

是一个 $2n$ 阶 H 矩阵.

此外，利用已知的二阶 H 矩阵 $\boldsymbol{H}_2$，我们可以得到 2^k 阶 H 矩阵

$$\boldsymbol{H}^{[k]}=\underbrace{\boldsymbol{H}_2\otimes\boldsymbol{H}_2\otimes\cdots\otimes\boldsymbol{H}_2}_{k}.$$

推论 10.3.2 对于任意整数 $k\geqslant 0$，必存在 2^k 阶的 H 矩阵.

10.4 Vandermonde 矩阵与 Fourier 矩阵

范德蒙（Vandermonde）矩阵是法国数学家 Vandermonde 提出的一种各列为几何级数的矩阵，这种结构使得它在多项式插值、信号处理、编码理论等领域有着广泛的应用. 傅里叶（Fourier）矩阵是离散傅里叶变换（DFT）中的一个基本概念，它是 Vandermonde 的一种特殊形式.

10.4.1 Vandermonde 矩阵

形如

$$\begin{bmatrix} 1 & 1 & \cdots & 1 \\ x_1 & x_2 & \cdots & x_n \\ x_1^2 & x_2^2 & \cdots & x_n^2 \\ \vdots & \vdots & & \vdots \\ x_1^{m-1} & x_2^{m-1} & \cdots & x_n^{m-1} \end{bmatrix} \tag{10-18}$$

的 $m \times n$ 矩阵或其转置均称为 **Vandermonde 矩阵**. 通常，$x_1, x_2, \cdots, x_n$ 两两互异且不为 0. 当 $m = n$ 时, Vandermonde 矩阵为方阵，其行列式称为 **Vandermonde 行列式**.

Vandermonde 矩阵常见于数值分析的多项式插值问题.

已知函数 $y = f(x)$ 在 n 个互异点 $x_1, x_2, \cdots, x_n$ 处的函数值 $y_i = f(x_i)$, $i = 1, 2, \cdots, n$，求一个次数不超过 $n-1$ 的多项式 $p_{n-1}(x) = a_0 + a_1 x + \cdots + a_{n-1} x^{n-1}$ 满足插值条件

$$p_{n-1}(x_i) = a_0 + a_1 x_i + \cdots + a_{n-1} x_i^{n-1} = y_i, \quad i = 1, 2, \cdots, n. \tag{10-19}$$

将上面的线性方程组写为矩阵形式:

$$\boldsymbol{V}^{\mathrm{T}} \boldsymbol{\alpha} = \boldsymbol{y}, \tag{10-20}$$

其中

$$\boldsymbol{V} = \begin{bmatrix} 1 & 1 & \cdots & 1 \\ x_1 & x_2 & \cdots & x_n \\ x_1^2 & x_2^2 & \cdots & x_n^2 \\ \vdots & \vdots & & \vdots \\ x_1^{n-1} & x_2^{n-1} & \cdots & x_n^{n-1} \end{bmatrix}, \tag{10-21}$$

$\boldsymbol{\alpha} = (a_0, a_1, \cdots, a_{n-1})^{\mathrm{T}}, \boldsymbol{y} = (y_1, y_2, \cdots, y_n)^{\mathrm{T}}$.

由线性代数知，Vandermonde 矩阵 (10-21) 的行列式为

$$\det(\boldsymbol{V}) = \prod_{i,j=1, j<i}^{n} (x_i - x_j).$$

插值问题就是求解系数向量 $\boldsymbol{\alpha}$. 由于 $x_1, x_2, \cdots, x_n$ 互异，因此 $\det(\boldsymbol{V}) \neq 0$，即 Vandermonde 矩阵 $\boldsymbol{V}$ 非奇异，所以方程组 (10-20) 有唯一解，即满足插值条件 (10-19) 的多项式是唯一确定的.

在信号重构、系统辨识等一些信号处理中，需要求 Vandermonde 矩阵的逆矩阵.

设三阶复 Vandermonde 矩阵

$$\boldsymbol{V}_3=\begin{bmatrix}1&1&1\\x_1&x_2&x_3\\x_1^2&x_2^2&x_3^2\end{bmatrix},\quad x_i\in\mathbf{C},i=1,2,3.$$

可求得 $\boldsymbol{V}_3$ 的伴随矩阵为

$$\operatorname{adj}(\boldsymbol{V}_3)=\begin{bmatrix}x_2x_3(x_3-x_2)&-(x_2+x_3)(x_3-x_2)&(x_3-x_2)\\-x_1x_3(x_3-x_1)&(x_1+x_3)(x_3-x_1)&-(x_3-x_1)\\x_1x_2(x_2-x_1)&-(x_1+x_2)(x_2-x_1)&(x_2-x_1)\end{bmatrix}.$$

由 $\boldsymbol{V}_3^{-1}=\operatorname{adj}(\boldsymbol{V}_3)/\det(\boldsymbol{V}_3)$ 知

$$\boldsymbol{V}_3^{-1}=\begin{bmatrix}\dfrac{x_2x_3}{(x_2-x_1)(x_3-x_1)}&-\dfrac{x_2+x_3}{(x_2-x_1)(x_3-x_1)}&\dfrac{1}{(x_2-x_1)(x_3-x_1)}\\-\dfrac{x_1x_3}{(x_3-x_2)(x_2-x_1)}&\dfrac{x_1+x_3}{(x_3-x_2)(x_2-x_1)}&-\dfrac{1}{(x_3-x_2)(x_2-x_1)}\\\dfrac{x_1x_2}{(x_3-x_2)(x_3-x_1)}&-\dfrac{x_1+x_3}{(x_3-x_2)(x_3-x_1)}&\dfrac{1}{(x_3-x_2)(x_3-x_1)}\end{bmatrix}.$$

一般地，对于 n 阶复 Vandermonde 矩阵 (10-21)，其逆矩阵可表示为[19]

$$\boldsymbol{V}^{-1}=\begin{bmatrix}\dfrac{\sigma_{n-1}(x_2,x_3,\cdots,x_n)}{\prod\limits_{k=2}^{n}(x_k-x_1)}&-\dfrac{\sigma_{n-2}(x_2,x_3,\cdots,x_n)}{\prod\limits_{k=2}^{n}(x_k-x_1)}&\cdots&\dfrac{(-1)^{n+1}}{\prod\limits_{k=2}^{n}(x_k-x_1)}\\-\dfrac{\sigma_{n-1}(x_1,x_3,\cdots,x_n)}{(x_2-x_1)\prod\limits_{k=3}^{n}(x_k-x_2)}&\dfrac{\sigma_{n-2}(x_1,x_3,\cdots,x_n)}{(x_2-x_1)\prod\limits_{k=3}^{n}(x_k-x_2)}&\cdots&\dfrac{(-1)^{n+2}}{(x_2-x_1)\prod\limits_{k=3}^{n}(x_k-x_2)}\\\vdots&\vdots&&\vdots\\\dfrac{\sigma_{n-1}(x_1,x_2,\cdots,x_{n-1})}{(-1)^{n+1}\prod\limits_{k=1}^{n-1}(x_n-x_k)}&\dfrac{\sigma_{n-2}(x_1,x_2,\cdots,x_{n-1})}{(-1)^{n+2}\prod\limits_{k=1}^{n-1}(x_n-x_k)}&\cdots&\dfrac{1}{\prod\limits_{k=1}^{n-1}(x_n-x_k)}\end{bmatrix},$$

其中，

$$\begin{cases}\sigma_0(x_1,x_2,\cdots,x_n)=1,\\\sigma_1(x_1,x_2,\cdots,x_n)=x_1+x_2+\cdots+x_n,\\\sigma_2(x_1,x_2,\cdots,x_n)=x_1x_2+\cdots+x_1x_n+x_2x_3+\cdots+x_2x_n+\cdots+x_{n-1}x_n,\\\qquad\vdots\\\sigma_{n-1}(x_1,x_2,\cdots,x_n)=x_1x_2\cdots x_n.\end{cases}$$

在实际应用中，计算 Vandermonde 矩阵的逆通常需要依赖于数值方法. Vandermonde 矩阵往往是病态的，意味着它们可能具有非常高的条件数，这使得数值计算中的逆矩阵的计算变得不稳定. 因此，开发数值稳定且高效的算法来求逆是这些领域中的一个重要研究方向.

10.4.2 Fourier 矩阵

Fourier 矩阵是一种特殊结构的 Vandermonde 矩阵，在信号处理、图像处理、生物医学和生物信息、模式识别、自动控制等领域有着广泛的应用[3].

离散时间信号 $x_0, x_1, \cdots, x_{N-1}$ 的 Fourier 变换称为信号的离散 Fourier 变换 (DFT) 或频谱，定义为

$$X_k = \sum_{n=0}^{N-1} x_n \mathrm{e}^{-\mathrm{j}2\pi nk/N} = \sum_{n=0}^{N-1} x_n \omega^{nk}, \quad k = 0, 1, 2, \cdots, N-1.$$

写成矩阵形式，有

$$\begin{bmatrix} X_0 \\ X_1 \\ \vdots \\ X_{N-1} \end{bmatrix} = \begin{bmatrix} 1 & 1 & \cdots & 1 \\ 1 & \omega & \cdots & \omega^{N-1} \\ \vdots & \vdots & & \vdots \\ 1 & \omega^{N-1} & \cdots & \omega^{(N-1)(N-1)} \end{bmatrix} \begin{bmatrix} x_0 \\ x_1 \\ \vdots \\ x_{N-1} \end{bmatrix},$$

或简记为 $\hat{\boldsymbol{x}} = \boldsymbol{F}\boldsymbol{x}$, 其中，$\boldsymbol{x} = (x_0, x_1, \cdots, x_{N-1})^{\mathrm{T}}$ 和 $\hat{\boldsymbol{x}} = (X_0, X_1, \cdots, X_{N-1})^{\mathrm{T}}$ 分别为离散时间信号向量和频谱向量，而

$$\boldsymbol{F} = \begin{bmatrix} 1 & 1 & \cdots & 1 \\ 1 & \omega & \cdots & \omega^{N-1} \\ \vdots & \vdots & & \vdots \\ 1 & \omega^{N-1} & \cdots & \omega^{(N-1)(N-1)} \end{bmatrix}, \quad \omega = \mathrm{e}^{-\mathrm{j}2\pi/N}$$

称为 **Fourier 矩阵**，其中 (i,k) 元素为 $\boldsymbol{F}(i,k) = \omega^{(i-1)(k-1)}$.

如 $N = 4$，则 $\omega = -\mathrm{j}$，此时，Fourier 矩阵 $\boldsymbol{F}_4$ 为

$$\boldsymbol{F}_4 = \begin{bmatrix} 1 & 1 & 1 & 1 \\ 1 & -\mathrm{j} & -1 & \mathrm{j} \\ 1 & -1 & 1 & -1 \\ 1 & \mathrm{j} & -1 & -\mathrm{j} \end{bmatrix}.$$

若取 $\boldsymbol{x} = (1,2,3,4)^{\mathrm{T}}$，则 $\hat{\boldsymbol{x}} = \boldsymbol{F}_4\boldsymbol{x} = (10, -2+2\mathrm{j}, -2, -2-2\mathrm{j})^{\mathrm{T}}$.

由定义知，Fourier 矩阵为一种具有特殊结构的 Vandermonde 矩阵，且具有以下性质：

（1）Fourier 矩阵为对称矩阵，即 $\boldsymbol{F}^{\mathrm{T}} = \boldsymbol{F}$；

（2）Fourier 矩阵可逆，且 $\boldsymbol{F}^{-1}=\dfrac{1}{N}\boldsymbol{F}^{\mathrm{H}}=\dfrac{1}{N}\boldsymbol{F}^{*}$，其中 $\boldsymbol{F}^{*}$ 为 $\boldsymbol{F}$ 的共轭矩阵. 如：4 阶 Fourier 矩阵 $\boldsymbol{F}_4$ 的逆矩阵为

$$\boldsymbol{F}_4^{-1}=\frac{1}{N}\boldsymbol{F}_4^{\mathrm{H}}=\frac{1}{4}\begin{bmatrix}1&1&1&1\\1&\mathrm{j}&-1&-\mathrm{j}\\1&-1&1&-1\\1&-\mathrm{j}&-1&\mathrm{j}\end{bmatrix}.$$

由 $\hat{\boldsymbol{x}}=\boldsymbol{F}\boldsymbol{x}$，可得 $\boldsymbol{x}=\boldsymbol{F}^{-1}\hat{\boldsymbol{x}}=\dfrac{1}{N}\boldsymbol{F}^{*}\hat{\boldsymbol{x}}$，写成矩阵的形式为

$$\begin{bmatrix}x_0\\x_1\\\vdots\\x_{N-1}\end{bmatrix}=\frac{1}{N}\begin{bmatrix}1&1&\cdots&1\\1&\omega^{*}&\cdots&(\omega^{N-1})^{*}\\\vdots&\vdots&&\vdots\\1&(\omega^{N-1})^{*}&\cdots&(\omega^{(N-1)(N-1)})^{*}\end{bmatrix}\begin{bmatrix}X_0\\X_1\\\vdots\\X_{N-1}\end{bmatrix},$$

即有

$$x_n=\sum_{k=0}^{N-1}X_k\mathrm{e}^{\mathrm{j}2\pi nk/N},\quad n=0,1,2,\cdots,N-1,$$

它为离散 Fourier 变换的逆变换.

10.5 Python 实现

例 10.5.1 Python 生成非负矩阵.

代码如下：

```
import numpy as np
# 设置矩阵的大小
rows = 4
cols = 5
n=3
"""
随机生成一个非负矩阵，元素值在0到1之间，
为保证结果的复现，可添加np.radom.seed(100)
"""
non_negative_matrix_1 = np.random.rand(rows, cols)
# 生成一个所有元素都是特定非负值5的矩阵
non_negative_matrix_2= np.full((rows, cols), 5)
# 生成一个非负对角矩阵，对角线上的元素值为2，其余为0
non_negative_diagonal_matrix= np.diag([2]*n)
```

```
# 随机生成一个正矩阵，元素值在1到10之间
positive_matrix = np.random.uniform(low=1, high=10, size=(rows, cols))
# 使用Dirichlet分布生成随机矩阵
alpha = np.ones(cols)
# Alpha参数，可以根据需要调整
stochastic_matrix_dirichlet = np.random.dirichlet(alpha, size=rows)
#输出结果
print("随机生成一个元素值在0到1之间的非负矩阵：\n", non_negative_matrix_1)
print("生成一个所有元素都是特定值5的非负矩阵：\n", non_negative_matrix_2)
print("生成一个主对角元为2的非负对角矩阵：\n", non_negative_diagonal_matrix)
print("随机生成一个元素值在1到10之间的正矩阵：\n", positive_matrix)
print("使用Dirichlet分布生成的随机矩阵：\n", stochastic_matrix_dirichlet)
```

例 10.5.2 生成 Hadamard 矩阵.

代码如下：

```
import numpy as np
def hadamard_matrix(n):
    """
    使用Sylvester构造法生成一个 2^n x 2^n 的Hadamard矩阵.
    参数:
    n (int): 矩阵阶数为 2^n
    返回:
    np.array: 生成的Hadamard矩阵
    """
    def _hadamard_recursively(size):
        if size == 1:
            return np.array(1)
        else:
            H_prev = _hadamard_recursively(size // 2)
            H = np.block([
                [H_prev, H_prev],
                [H_prev, -H_prev]
            ])
            return H
    if n < 0:
        raise ValueError("n must be non-negative.")
    size = 2 ** n
    return _hadamard_recursively(size)
# 生成一个 8x8 的Hadamard矩阵
n = 3
hadamard_matrix_8x8 = hadamard_matrix(n)
#输出结果
```

```
print(hadamard_matrix_8x8)
```

例 10.5.3 生成 Vandermonde 矩阵.

代码如下：

```
import numpy as np
# 定义一个元素序列
x = np.array([1, 2, 3, 4])
# 生成Vandermonde矩阵
vandermonde_matrix = np.vander(x, N=None, increasing=True)
# 输出结果
print(vandermonde_matrix)
```

10.6 应用案例：随机矩阵在 Markov 链中的应用

有限齐次马尔可夫（Markov）过程的转移矩阵是随机矩阵. 下面介绍随机矩阵在有限齐次 Markov 链中的应用[16].

1. 问题导入

设某个过程或系统可能出现 n 个状态 $s_1, s_2, \cdots, s_n$. 若过程从状态 s_i 转移到状态 s_j 的概率 p_{ij} 只依赖于这两个状态，则称该过程为有限齐次 Markov 过程 (链). 此时，$p_{ij} \geqslant 0$ 且 $\sum\limits_{j=1}^{n} p_{ij} = 1$，令 $\boldsymbol{P} = (p_{ij})$，可知它为随机矩阵，称其为转移矩阵.

用 $(\boldsymbol{P}, \boldsymbol{\pi}^{(0)})$ 表示某个有限齐次 Markov 过程，其中，$\boldsymbol{P} = (p_{ij}) \in \mathbf{R}^{n\times n}$ 为转移矩阵, $\boldsymbol{\pi}^{(0)} = (\pi_1^{(0)}, \pi_2^{(0)}, \cdots, \pi_n^{(0)})$ 为初始概率分布向量，$\pi_j^{(0)}$ $(1 \leqslant j \leqslant n)$ 表示过程在初始时刻处于状态 s_j 的概率 . 设 $\boldsymbol{\pi}^{(k)} = (\pi_1^{(k)}, \pi_2^{(k)}, \cdots, \pi_n^{(k)})$ 为第 k 个概率分布向量, 其中 $\pi_j^{(k)}$ 表示过程在第 k 步后处在状态 $s_j (1 \leqslant j \leqslant n)$ 的概率，则 $\pi_j^{(k)} \geqslant 0$ 且 $\sum\limits_{j=1}^{n} \pi_j^{(k)} = 1$. 由假定，有

$$\pi_j^{(k)} = \sum_{i=1}^{n} \pi_i^{(k-1)} p_{ij}, \quad 1 \leqslant j \leqslant n; k = 1, 2, \cdots .$$

故 $\boldsymbol{\pi}^{(k)} = \boldsymbol{\pi}^{(k-1)} \boldsymbol{P}, k = 1, 2, \cdots$. 从而 $\boldsymbol{\pi}^{(k)} = \boldsymbol{\pi}^{(0)} \boldsymbol{P}^k, k = 1, 2, \cdots$.

研究 Markov 链，一个重要的问题是讨论 $k \to \infty$ 时 $\pi^{(k)}$ 的变化趋势，由上式可知，这主要取决于 $\boldsymbol{P}^k (k \to \infty)$ 的变化趋势.

一汽车商出租两种类型的汽车：燃油轿车和新能源轿车. 在每一租期结束时，顾客需续签出租协议. 假定 10%现在租用燃油轿车的顾客将在下一个租期租用新能源轿车，20% 现在租用新能源轿车的顾客改租燃油轿车. 初始时，燃油轿车、新能源轿车分别出租了 600 辆、400 辆. 试问一年、两年以及更长的时间后，每种类型的轿车各出租多少辆?

2. 模型建立

设 $\boldsymbol{\pi}^{(k)}=(\pi_1^{(k)},\pi_2^{(k)})$ 为第 k 年燃油轿车、新能源轿车租用分布向量，其中 $\pi_1^{(k)},\pi_2^{(k)}$ 分别表示第 k 年租用燃油轿车与新能源轿车的车辆数，$\boldsymbol{\pi}^{(0)}=(\pi_1^{(0)},\pi_2^{(0)})$ 为初始时燃油轿车、新能源轿车租用分布向量，转移矩阵为 $\boldsymbol{P}$，则

$$\boldsymbol{\pi}^{(k)}=\boldsymbol{\pi}^{(0)}\boldsymbol{P}^k, k=1,2,\cdots.$$

3. 模型求解

由已知条件可得

$$\boldsymbol{P}=\begin{bmatrix} 0.9 & 0.1 \\ 0.2 & 0.8 \end{bmatrix}, \boldsymbol{\pi}^{(0)}=(600,400).$$

经计算得

$$\boldsymbol{\pi}^{(1)}=(620,380),\boldsymbol{\pi}^{(2)}=(634,366).$$

如果要计算 $\boldsymbol{\pi}^{(k)}$，需先计算 $\boldsymbol{P}^k$. 易求得转移矩阵 $\boldsymbol{P}$ 的特征值为 $\lambda_1=1,\lambda_2=0.7$，且对应的特征向量分别为 $\boldsymbol{\xi}_1=(1,1)^{\mathrm{T}},\boldsymbol{\xi}_2=(-1,2)^{\mathrm{T}}$. 令 $\boldsymbol{M}=(\boldsymbol{\xi}_1,\boldsymbol{\xi}_2)$，则 $\boldsymbol{M}^{-1}\boldsymbol{P}\boldsymbol{M}=\mathrm{diag}(1,0.7)$. 于是

$$\boldsymbol{P}^k=\boldsymbol{M}\begin{bmatrix} 1 & 0 \\ 0 & 0.7 \end{bmatrix}^k\boldsymbol{M}^{-1}=\boldsymbol{M}\begin{bmatrix} 1 & 0 \\ 0 & 0.7^k \end{bmatrix}\boldsymbol{M}^{-1}.$$

经计算得

$$\lim_{k\to\infty}\boldsymbol{P}^k=\frac{1}{3}\begin{bmatrix} 2 & 1 \\ 2 & 1 \end{bmatrix}.$$

从而

$$\lim_{k\to\infty}\boldsymbol{\pi}^{(k)}=\lim_{k\to\infty}\boldsymbol{\pi}^{(0)}\boldsymbol{P}^k=\left(\frac{2000}{3},\frac{1000}{3}\right).$$

习 题 10

10.1 下列矩阵不是本原矩阵的是（　　）.

A. $\begin{bmatrix} 1 & 1 & 1 \\ 1 & 1 & 1 \\ 1 & 1 & 0 \end{bmatrix}$　B. $\begin{bmatrix} 0 & 1 & 1 \\ 1 & 0 & 0 \\ 1 & 1 & 1 \end{bmatrix}$　C. $\begin{bmatrix} 0 & 1 & 1 \\ 1 & 0 & 0 \\ 0 & 1 & 1 \end{bmatrix}$　D. $\begin{bmatrix} 1 & 0 & 0 \\ 0 & 0 & 0 \\ 0 & 1 & 1 \end{bmatrix}$.

10.2 设矩阵 $\boldsymbol{A},\boldsymbol{B}\in\mathbf{R}^{n\times n},\mathbf{1}=(1,1,\cdots,1)^{\mathrm{T}}\in\mathbf{R}^n$，则下列说法错误的是（　　）.

A. 若 $\boldsymbol{A}$ 为随机矩阵，则 $\boldsymbol{A}\mathbf{1}=\mathbf{1}$

B. 若 $\boldsymbol{A}$ 为非负矩阵且 $\boldsymbol{A}\mathbf{1}=\mathbf{1}$，则 $\boldsymbol{A}$ 为随机矩阵

C. 若 $\boldsymbol{A},\boldsymbol{B}$ 为随机矩阵，则 $\boldsymbol{AB}$ 也为随机矩阵

D. 若 $\boldsymbol{A},\boldsymbol{B}$ 为随机矩阵，则 $\boldsymbol{A}+\boldsymbol{B}$ 也为随机矩阵

10.3　以下说法正确的是（　　）.

A. 正矩阵一定是本原矩阵　　B. 本原矩阵一定是正矩阵

C. 随机矩阵一定是本原矩阵　　D. 本原矩阵一定是随机矩阵

10.4　以下说法错误的是（　　）.

A. $\boldsymbol{A}$ 为正矩阵，则 $\boldsymbol{A}^{\mathrm{T}}$ 也为正矩阵

B. $\boldsymbol{A}$ 为本原矩阵，则 $\boldsymbol{A}^{\mathrm{T}}$ 也为本原矩阵

C. $\boldsymbol{A}$ 为不可约非负矩阵，则 $\boldsymbol{A}^{\mathrm{T}}$ 也为不可约非负矩阵

D. $\boldsymbol{A}$ 为随机矩阵，则 $\boldsymbol{A}^{\mathrm{T}}$ 也为随机矩阵

10.5　设 $\boldsymbol{A}=\begin{bmatrix}0&1&0\\1&0&1\\0&1&0\end{bmatrix}$，则 $\boldsymbol{A}$ 为 ________（此处填“可约”“不可约”）矩阵.

10.6　设 $\boldsymbol{A}=\begin{bmatrix}2&1&1\\1&2&1\\1&1&2\end{bmatrix}$，求 $\rho(\boldsymbol{A})$ 和 $\lim\limits_{n\to\infty}[(\rho(\boldsymbol{A}))^{-1}\boldsymbol{A}]^n$.

10.7　证明：若 $\boldsymbol{A}$ 是 n 阶本原矩阵，则 $\rho(\boldsymbol{A})>0$.

10.8　设二维随机向量 $\boldsymbol{X}=(X_1,X_2)^{\mathrm{T}}\sim N(\mu_1,\mu_2,\sigma_1^2,\sigma_2^2,\rho)$，写出 $\boldsymbol{X}$ 的协方差矩阵.

第 11 章　张量分析

矩阵作为线性代数中的基本概念，通常被用来表示二维数据集，其中元素以行和列的形式排列．矩阵的运算，如加法、乘法和转置，都是基于其二维结构进行定义的．然而，当需要处理更高维度的数据时，矩阵的概念就显得不够用了．例如，在物理学中，描述物体在三维空间中的应力状态，或者在机器学习中，处理具有多个特征的高维数据集，就需要使用更高维度的数学工具．于是，张量的概念就应运而生．

11.1　张量的概念及其表示

一个 d 阶张量 $\boldsymbol{\mathcal{A}} \in \mathbf{R}^{I_1 \times I_2 \times \cdots \times I_d}$ 是一个 d 维数组 $\boldsymbol{\mathcal{A}}(1:I_1, 1:I_2, \cdots, 1:I_d)$，其第 k 维的索引范围从 1 到 I_k，$k=1,2,\cdots,d$．这种张量的概念不应与物理学和工程学中的张量（例如应力张量）混淆，在数学中通常被称为张量场．三阶张量有三个索引，如图 11.1 所示．一阶张量是向量，二阶张量是矩阵，三阶或更高阶的张量被称为高阶张量．张量在许多领域都有广泛的应用，特别是在数学、物理学、工程学、计算机科学等领域．以下是张量的一些主要应用场景．

（1）机器学习和深度学习．在机器学习特别是深度学习中，张量是构建神经网络模型的基本数据结构之一，用于表示训练数据、权重参数以及网络的输出．如图像数据通常以三维张量的形式存储，其中第一维代表图像的数量，第二维和第三维分别代表图像的高度和宽度．对于彩色图像，还需要一个额外的维度来表示颜色通道（如红、绿、蓝）．

（2）计算机视觉．在计算机视觉中，张量被用来表示和处理图像和视频数据．在图像识别、分类和分割任务中，输入数据通常表示为张量．在视频分析中，视频帧序列可以被视为四维张量，其中前三维表示空间信息，第四维表示时间信息．

（3）自然语言处理．在自然语言处理（NLP）中，文本数据通常被转换为张量形式以供模型处理．如词嵌入将词汇映射到多维向量空间，这些向量用张量表示．循环神经网络（RNN）、长短时记忆网络（LSTM）和门控循环单元（GRU）等模型使用张量来处理文本序列．

（4）物理学．在物理学中，张量用于描述场（如电磁场和引力场）的性质，以及物体的物理特性（如应力和应变）．广义相对论中，时空的弯曲被描述为一个二阶张量，即度规张量．

（5）数据分析．在数据分析中，张量被用来组织和分析多维数据集．如多变量的时间序列数据、面板数据等都使用张量来表示．在推荐系统中用户- 项目评分数据可以表示为张量，从而用于推荐系统的构建.

（6）图像和信号处理. 在图像处理中，卷积核通常表示为张量. 在频谱分析中，傅里叶变换和其他频谱分析方法可以产生多维张量作为结果.

（7）生物医学工程. 在医学成像方面，MRI 和 CT 扫描产生的数据通常以张量形式存储和处理. 在基因组学中，基因表达数据可以表示为张量，用于生物信息学分析.

（8）量子计算. 在量子计算中，量子系统状态和量子门操作通常表示为张量及张量运算.

张量因其能够高效表示和操作多维数据的能力而在多个领域内发挥着重要作用. 随着数据集变得越来越复杂和多维，张量的重要性也在不断增加. 在实际应用中，张量通常通过专门的库和框架（如 TensorFlow，PyTorch 等）进行处理和操作.

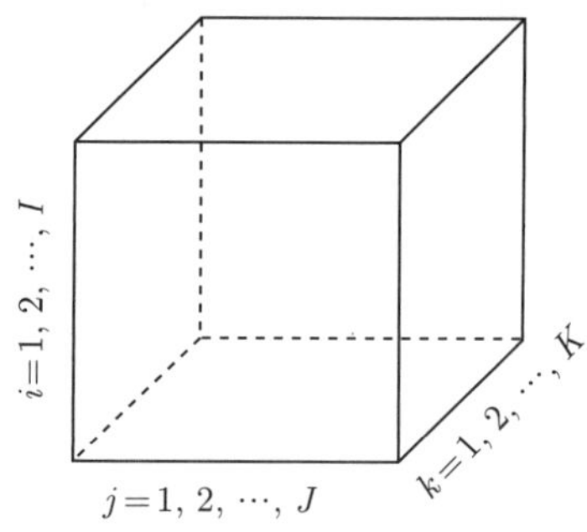

图 11.1　三阶张量 $\boldsymbol{\mathcal{A}} \in \mathbf{R}^{I\times J\times K}$

在讨论张量（tensor）时，术语“纤维”（fiber）“切片”（slice）和“子张量”（subtensor）是用来描述张量的不同部分的方式. 这些术语有助于更好地理解和处理多维数据结构. 下面是对这些概念的简要介绍.

纤维是指张量中的一个一维子集，它可以通过固定所有除一个维度之外的索引来获得. 换句话说，纤维是通过沿着某个维度变化而形成的张量的一维投影. 在一个三维张量中，当固定除第一个维度外的所有其他维度时，所得到的一维子集被称为列纤维；当固定除第二个维度外的所有其他维度时，所得到的一维子集被称为行纤维；当固定除最后一个维度外的所有其他维度时，所得到的一维子集被称为管纤维. 例如，三阶张量 $\boldsymbol{\mathcal{A}} \in \mathbf{R}^{I\times J\times K}$ 的列纤维、行纤维和管纤维分别表示为 $\boldsymbol{a}_{:jk}$，$\boldsymbol{a}_{i:k}$ 和 $\boldsymbol{a}_{ij:}$（见图 11.2 (a)~(c)）. 显然，三阶张量 $\boldsymbol{\mathcal{A}}\in\mathbf{R}^{I\times J\times K}$ 分别有 JK 个列纤维、KI 个行纤维和 IJ 个管纤维. d 阶张量有 d 种不同的纤维，称为模式-n 纤维或模式-n 向量.

定义 11.1.1　通常将 d 阶张量 $\boldsymbol{\mathcal{A}} \in \mathbf{R}^{I_1\times I_2\times\cdots\times I_d}$ 的 **模式-n 向量**定义为通过变化索引 i_n 并保持其他索引不变而得到的 I_n 维向量，记作 $\boldsymbol{A}_{i_1\cdots i_{n-1}:i_{n+1}\cdots i_d}$.

例如，三阶张量 $\boldsymbol{\mathcal{A}} \in \mathbf{R}^{I\times J\times K}$ 的列纤维 $\boldsymbol{a}_{:jk}$、行纤维 $\boldsymbol{a}_{i:k}$ 和管纤维 $\boldsymbol{a}_{ij:}$ 分别是张量 $\boldsymbol{\mathcal{A}}$ 的模式-1、模式-2 和模式-3 向量.

切片是通过固定除两个维度外的所有维度来获取的一个二维子集. 在一个三维张量中，当固定第一个维度时，所得到的矩阵被称为水平切片；当固定第二个维度时，所得到的矩阵被称为侧向切片；当固定最后一个维度时，所得到的矩阵被称为前向切片．例如，三阶张量 $\boldsymbol{\mathcal{A}} \in \mathbf{R}^{I\times J\times K}$ 的水平切片、侧向切片和前向切片分别表示为 $\boldsymbol{A}_{i::}$、$\boldsymbol{A}_{:j:}$ 和 $\boldsymbol{A}_{::k}$（如图 11.3 (a)~(c) 所示）．特别地，三阶张量 $\boldsymbol{\mathcal{A}}$ 的第 k 个前向切片 $\boldsymbol{A}_{::k}$ 可以被更紧凑地表示为 $\boldsymbol{A}_k$．

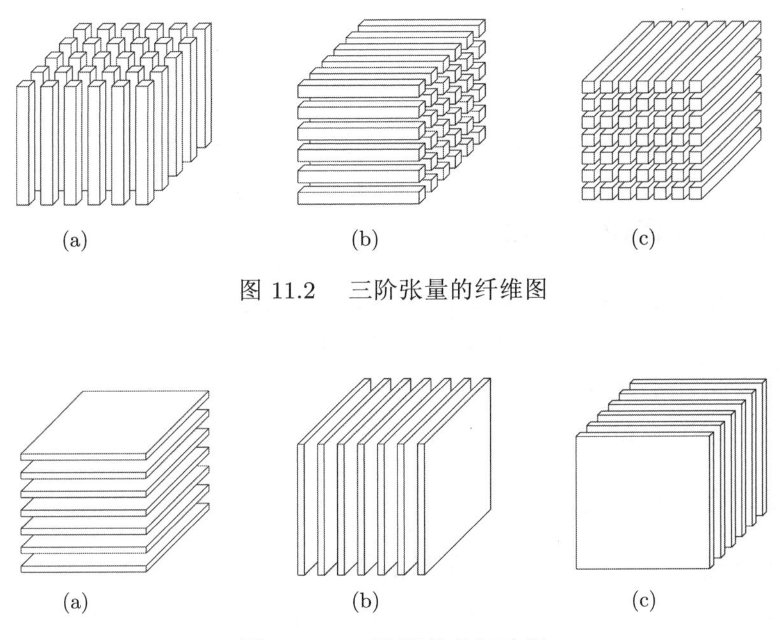

图 11.2　三阶张量的纤维图

图 11.3　三阶张量的切片图

子张量是张量中任意维度的子集．与切片不同的是，子张量可以包含多个连续的索引值．例如，在一个三维张量 $\boldsymbol{\mathcal{A}} \in \mathbf{R}^{3\times 4\times 5}$ 中，如果选择第一个维度的前两个索引、第二个维度的所有索引，以及第三个维度的最后两个索引，那么得到的子张量是 $\boldsymbol{\mathcal{A}}(1:2,:,4:5)$．

矩阵中有一些特殊矩阵，如对称矩阵、单位矩阵等，在张量中，也有类似的特殊张量．如果张量的每个维度（模式）大小相同，即 $\boldsymbol{\mathcal{A}} \in \mathbf{R}^{I\times I\times I\times\cdots\times I}$，那么这个张量被称为**立方体张量**．如果立方体张量的元素在任何索引排列下都保持不变，那么它被称为**超对称张量**．例如，一个三阶张量 $\boldsymbol{\mathcal{A}} \in \mathbf{R}^{I\times I\times I}$，如果对于所有的 $i,j,k=1,2,\cdots,I$ 满足

$$a_{ijk}=a_{ikj}=a_{jik}=a_{jki}=a_{kij}=a_{kji},$$

则它是超对称的．张量也可以在两个或更多模式上是（部分）对称的．例如，如果所有的前向切片都是对称的，即 $\boldsymbol{A}_k=\boldsymbol{A}_k^{\mathrm{T}}$ 对所有的 $k=1,2,\cdots,K$ 成立，那么三阶张量 $\boldsymbol{\mathcal{A}} \in \mathbf{R}^{I\times I\times K}$ 在第一和第二模式上是对称的．

一个张量 $\boldsymbol{\mathcal{A}} \in \mathbf{R}^{I_1\times I_2\times\cdots\times I_d}$，如果仅当 $i_1=i_2=\cdots=i_d$ 时 $a_{i_1i_2\cdots i_d}\neq 0$，则称该张量为对角张量．图 11.4 展示了一个超对角线全为 1 的三阶张量．

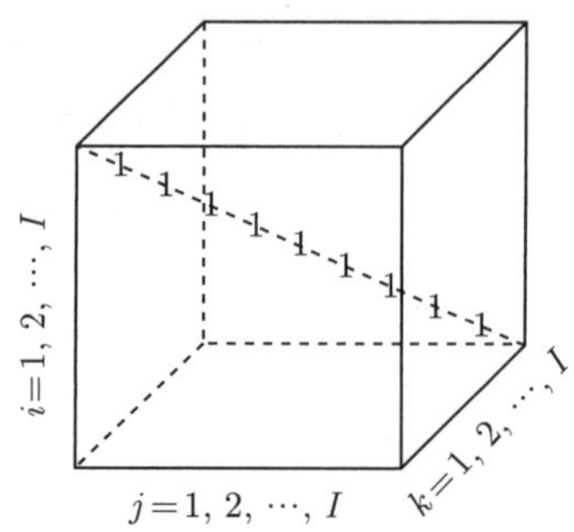

图 11.4　超对角线上全为 1 的三阶张量 $\boldsymbol{\mathcal{A}}\in\mathbf{R}^{I\times I\times I}$

11.2　张量的矩阵化和向量化

张量的矩阵化和向量化（也称为张量展开或张量重排）是一种将多维张量转换为二维矩阵和一维向量的方法. 这种转换在许多应用中都非常有用, 例如在数据挖掘、信号处理、机器学习和张量分解中. 矩阵化和向量化可以帮助简化计算过程，便于利用现有的矩阵或向量算法和工具.

11.2.1　张量的矩阵化

张量的矩阵化通常指的是将一个张量沿着一个特定的模式展开成一个矩阵. 这个过程涉及对张量的索引进行重新排列，以便将它们转换为矩阵的行和列.

给定一个 d 维张量 $\boldsymbol{\mathcal{A}}\in\mathbf{R}^{I_1\times I_2\times\cdots\times I_d}$，将其沿模式-$n$（mode-$n$）展开为一个矩阵 $\boldsymbol{A}_{(n)}\in\mathbf{R}^{I_n\times(\prod_{j\neq n}I_j)}$. 具体来说，这意味着张量的第 n 个维度将变成矩阵的行，而剩余的维度将构成矩阵的列，并且张量元素 $a_{i_1i_2\cdots i_d}$ 在模式-n 矩阵 $\boldsymbol{A}_{(n)}$ 中对应的元素为 $a_{i_n,j}$，其中

$$j=1+\sum_{k=1,k\neq n}^{d}\left[(i_k-1)\prod_{m=1,m\neq n}^{k-1}I_m\right].$$

下面通过一个例子来理解这个概念.

例 11.2.1　假设有一个三阶张量 $\boldsymbol{\mathcal{A}}\in\mathbf{R}^{3\times4\times2}$，其前向切片分别为

$$\boldsymbol{A}_1=\begin{bmatrix}1&4&7&10\\2&5&8&11\\3&6&9&12\end{bmatrix},\qquad \boldsymbol{A}_2=\begin{bmatrix}13&16&19&22\\14&17&20&23\\15&18&21&24\end{bmatrix},$$

则其三个模式-n 矩阵如下：

$$\boldsymbol{A}_{(1)}=\begin{bmatrix}1&4&7&10&13&16&19&22\\2&5&8&11&14&17&20&23\\3&6&9&12&15&18&21&24\end{bmatrix},$$

$$\boldsymbol{A}_{(2)} = \begin{bmatrix} 1 & 2 & 3 & 13 & 14 & 15 \\ 4 & 5 & 6 & 16 & 17 & 18 \\ 7 & 8 & 9 & 19 & 20 & 21 \\ 10 & 11 & 12 & 22 & 23 & 24 \end{bmatrix},$$

$$\boldsymbol{A}_{(3)} = \begin{bmatrix} 1 & 2 & 3 & 4 & 5 & 6 & 7 & 8 & 9 & 10 & 11 & 12 \\ 13 & 14 & 15 & 16 & 17 & 18 & 19 & 20 & 21 & 22 & 23 & 24 \end{bmatrix}.$$

事实上，对于三阶张量 $\boldsymbol{\mathcal{A}} \in \mathbf{R}^{I_1\times I_2\times I_3}$，模式-1 展开矩阵 $\boldsymbol{A}_{(1)} \in \mathbf{R}^{I_1\times(I_2\times I_3)}$，且

$$\boldsymbol{A}_{(1)} = \begin{bmatrix} \boldsymbol{A}_{::1} & \boldsymbol{A}_{::2} & \cdots & \boldsymbol{A}_{::I_3} \end{bmatrix};$$

模式-2 展开矩阵 $\boldsymbol{A}_{(2)} \in \mathbf{R}^{I_2\times(I_1\times I_3)}$，且

$$\boldsymbol{A}_{(2)} = \begin{bmatrix} \boldsymbol{A}_{::1}^{\mathrm{T}} & \boldsymbol{A}_{::2}^{\mathrm{T}} & \cdots & \boldsymbol{A}_{::I_3}^{\mathrm{T}} \end{bmatrix};$$

模式-3 展开矩阵 $\boldsymbol{A}_{(3)} \in \mathbf{R}^{I_3\times(I_1\times I_2)}$，且

$$\boldsymbol{A}_{(3)} = \begin{bmatrix} \mathrm{vec}(\boldsymbol{A}_{::1})^{\mathrm{T}} \\ \mathrm{vec}(\boldsymbol{A}_{::2})^{\mathrm{T}} \\ \vdots \\ \mathrm{vec}(\boldsymbol{A}_{::I_3})^{\mathrm{T}} \end{bmatrix}.$$

11.2.2 张量的向量化

张量的向量化通常指的是将一个张量中的所有元素按照一定的顺序排列成一个一维向量. 这个过程涉及对张量的索引进行重新排列，以便将它们转换为向量的元素.

给定一个 d 维张量 $\boldsymbol{\mathcal{A}} \in \mathbf{R}^{I_1\times I_2\times\cdots\times I_d}$，将其向量化为一个向量 $\mathrm{vec}(\boldsymbol{\mathcal{A}}) \in \mathbf{R}^{\prod_{i=1}^{d} I_i}$. 具体来说，张量中的所有元素按照某种顺序被展平成一个向量.

常见的向量化顺序有按列优先顺序向量化（列向量化）和按行优先顺序向量化（行向量化）. 在列向量化中，张量中的元素按照列的顺序排列，即先填满第一列，然后是第二列，以此类推. 这是 MATLAB 和 Fortran 等软件中常用的顺序. 在行向量化中，张量中的元素按照行的顺序排列，即先填满第一行，然后是第二行，以此类推. 这是 C/C++ 和 Python（NumPy）等软件中常用的顺序.

例如，对于例 11.2.1中的三维张量 $\boldsymbol{\mathcal{A}} \in \mathbf{R}^{3\times4\times2}$，列向量化后得到的向量 $\mathrm{vec}(\boldsymbol{\mathcal{A}})$ 如下：

$$\mathrm{vec}(\boldsymbol{\mathcal{A}}) = \begin{bmatrix} 1 & 2 & 3 & \cdots & 24 \end{bmatrix}^{\mathrm{T}}.$$

行向量化后得到的向量 $\mathrm{rvec}(\boldsymbol{\mathcal{A}})$ 如下：

$$\mathrm{rvec}(\boldsymbol{\mathcal{A}}) = \begin{bmatrix} 1 & 4 & 7 & \cdots & 24 \end{bmatrix}.$$

注意，在这个例子中，行优先顺序和列优先顺序给出的结果不同，因为张量是沿着最内层循环的.

11.3 张量的基本代数运算

张量可以被视为向量和矩阵的推广，因此张量的基本代数运算除了加法、乘法、内积、外积外，还有张量的 n-模式积运算，本节将详细介绍这些基本运算.

11.3.1 张量的加法和标量乘法

张量加法是指两个具有相同维度的张量对应元素相加. 例如，两个三维张量 $\boldsymbol{\mathcal{A}}$ 和 $\boldsymbol{\mathcal{B}}$ 的加法结果 $\boldsymbol{\mathcal{C}}$ 的元素可以通过下面的方式计算得到：

$$c_{ijk} = a_{ijk} + b_{ijk}$$

张量的标量乘法（又称张量与标量的逐元素相乘）是指张量中的每个元素都与一个标量相乘，生成一个新的张量，其形状与原张量相同. 例如，张量 $\boldsymbol{\mathcal{A}}$ 和标量 s 相乘得到张量 $\boldsymbol{\mathcal{D}}$ ，其元素可以通过下面的方式计算得到：

$$d_{ijk} = s \cdot a_{ijk}$$

这种张量的标量乘法在实际应用中非常常见. 例如，在图像处理中，可以通过标量乘法对图像的像素值进行缩放，从而实现图像的亮度调整. 假设一张灰度图像的像素值范围为 [0, 255]，通过与一个标量相乘，可以将图像的亮度整体提高或降低. 此外，张量的标量乘法在深度学习中也非常常见. 例如，在神经网络的前向传播过程中，权重张量与输入张量相乘后，通常会与一个标量（如学习率）相乘，以调整梯度的大小，从而实现对模型参数的优化.

11.3.2 张量的外积

张量可以被视为向量和矩阵的推广，因此张量的基本代数运算除了加法、乘法、内积、外积外，还有张量的 n-模式积运算，本节将详细介绍这些基本运算.

定义 11.3.1 给定两个张量 $\boldsymbol{\mathcal{A}} \in \mathbf{R}^{I_1 \times I_2 \times \cdots \times I_n}$ 和 $\boldsymbol{\mathcal{B}} \in \mathbf{R}^{J_1 \times J_2 \times \cdots \times J_m}$，它们的**外积** $\boldsymbol{\mathcal{C}}$ 可以表示为

$$\boldsymbol{\mathcal{C}} = \boldsymbol{\mathcal{A}} \circ \boldsymbol{\mathcal{B}},$$

其中 $\boldsymbol{\mathcal{C}} \in \mathbf{R}^{I_1 \times I_2 \times \cdots \times I_n \times J_1 \times J_2 \times \cdots \times J_m}$，并且 $\boldsymbol{\mathcal{C}}$ 的元素为

$$c_{i_1 i_2 \cdots i_n j_1 j_2 \cdots j_m} = a_{i_1 i_2 \cdots i_n} b_{j_1 j_2 \cdots j_m}, \qquad \forall i_1 i_2 \cdots i_n;\ j_1 j_2 \cdots j_m.$$

例 11.3.1 两个向量 $\boldsymbol{a} \in \mathbf{R}^m$ 和 $\boldsymbol{b} \in \mathbf{R}^n$ 的外积是一个矩阵，且可以表示为

$$\boldsymbol{C} = \boldsymbol{a} \circ \boldsymbol{b} = \boldsymbol{a}\boldsymbol{b}^{\mathrm{T}},$$

其中 $\boldsymbol{C} \in \mathbf{R}^{m \times n}$，且元素 $c_{ij} = a_i b_j$.

例 11.3.2 三个向量 $\boldsymbol{a} \in \mathbf{R}^m$，$\boldsymbol{b} \in \mathbf{R}^n$ 和 $\boldsymbol{c} \in \mathbf{R}^p$ 的外积是一个张量，且可以表示为

$$\boldsymbol{\mathcal{W}} = \boldsymbol{a} \circ \boldsymbol{b} \circ \boldsymbol{c} = \boldsymbol{a}\boldsymbol{b}^{\mathrm{T}}\boldsymbol{c}^{\mathrm{T}},$$

其中 $\boldsymbol{\mathcal{W}} \in \mathbf{R}^{m\times n\times p}$，并且每个元素 w_{ijk} 等于 $a_i b_j c_k$.

例 11.3.3 两个矩阵 $\boldsymbol{A} \in \mathbf{R}^{m\times n}$ 和 $\boldsymbol{B} \in \mathbf{R}^{p\times q}$ 的外积是一个张量，且可以表示为

$$\boldsymbol{\mathcal{C}} = \boldsymbol{A} \circ \boldsymbol{B},$$

其中 $\boldsymbol{\mathcal{C}} \in \mathbf{R}^{m\times n\times p\times q}$，且元素 $c_{ijkl} = a_{ij}b_{kl}$.

11.3.3 张量乘法：n-模式积

定义 11.3.2 (n-模式矩阵积) 一个 d 阶张量 $\boldsymbol{\mathcal{A}} \in \mathbf{R}^{I_1\times I_2\times\cdots\times I_d}$ 与一个矩阵 $\boldsymbol{U} \in \mathbf{R}^{J\times I_n}$ 的 **n-模式（矩阵）积**表示为 $\boldsymbol{\mathcal{A}} \times_n U$. 结果是一个大小为 $I_1 \times \cdots \times I_{n-1} \times J \times I_{n+1} \times \cdots \times I_d$ 的张量，其元素定义为

$$(\boldsymbol{\mathcal{A}} \times_n \boldsymbol{U})_{i_1 i_2 \cdots i_{n-1} j i_{n+1} \cdots i_d} = \sum_{i_n=1}^{I_n} a_{i_1 i_2 \cdots i_d} u_{j i_n}. \tag{11-1}$$

注：式 (11-1) 中的 $\boldsymbol{\mathcal{A}} \times_n \boldsymbol{U}$ 表示张量 $\boldsymbol{\mathcal{A}}$ 在第 n 模式上与矩阵 $\boldsymbol{U}$ 相乘，结果是一个新张量，其在 n 模式上的“宽度”由 I_n 变为 J，而其他模式的大小保持不变. 求和操作是在第 n 模式的索引 i_n 上进行的.

d 阶张量 $\boldsymbol{\mathcal{A}} \in \mathbf{R}^{I_1\times I_2\times\cdots\times I_d}$ 与矩阵 $\boldsymbol{U} \in \mathbf{R}^{J\times I_n}$ 的 n-模式积也可以用张量的模式-n 矩阵化表示为

$$\boldsymbol{\mathcal{B}} = \boldsymbol{\mathcal{A}} \times_n \boldsymbol{U} \Longleftrightarrow \boldsymbol{B}_{(n)} = \boldsymbol{U}\boldsymbol{A}_{(n)}. \tag{11-2}$$

例 11.3.4 已知三阶张量 $\boldsymbol{\mathcal{A}} \in \mathbf{R}^{3\times 4\times 2}$ 的两个前向切片为

$$\boldsymbol{A}_1 = \begin{bmatrix} 1 & 2 & 3 & 4 \\ 5 & 6 & 7 & 8 \\ 9 & 10 & 11 & 12 \end{bmatrix}, \quad \boldsymbol{A}_2 = \begin{bmatrix} 13 & 14 & 15 & 16 \\ 17 & 18 & 19 & 20 \\ 21 & 22 & 23 & 24 \end{bmatrix},$$

且矩阵 $\boldsymbol{U} = \begin{bmatrix} 1 & 3 & 5 \\ 2 & 4 & 6 \end{bmatrix}$，$\boldsymbol{V} = \begin{bmatrix} 1 & 4 \\ 2 & 5 \\ 3 & 6 \end{bmatrix}$，计算 $\boldsymbol{\mathcal{A}} \times_1 \boldsymbol{U}$ 和 $\boldsymbol{\mathcal{A}} \times_3 \boldsymbol{V}$.

解 由式 (11-2) 可得 $\boldsymbol{\mathcal{A}} \times_1 \boldsymbol{U} \in \mathbf{R}^{2\times 4\times 2}$ 的两个前向切片矩阵分别为

$$(\boldsymbol{\mathcal{A}} \times_1 \boldsymbol{U})_1 = \begin{bmatrix} 61 & 70 & 79 & 88 \\ 76 & 88 & 100 & 112 \end{bmatrix},$$

$$(\mathcal{A}\times_1 \boldsymbol{U})_2=\begin{bmatrix}169 & 178 & 187 & 196\\ 220 & 232 & 244 & 256\end{bmatrix}.$$

$\mathcal{A}\times_3 \boldsymbol{V}$ 的三个前向切片矩阵分别为

$$(\mathcal{A}\times_3 \boldsymbol{V})_1=\begin{bmatrix}53 & 58 & 63 & 68\\ 73 & 78 & 83 & 88\\ 93 & 98 & 103 & 108\end{bmatrix},$$

$$(\mathcal{A}\times_3 \boldsymbol{V})_2=\begin{bmatrix}67 & 74 & 81 & 88\\ 95 & 102 & 109 & 116\\ 123 & 130 & 137 & 144\end{bmatrix},$$

$$(\mathcal{A}\times_3 \boldsymbol{V})_3=\begin{bmatrix}81 & 90 & 99 & 108\\ 117 & 126 & 135 & 144\\ 153 & 162 & 171 & 180\end{bmatrix}.$$

关于张量 n-模式积的一些事实如下：

命题 11.3.1 令 $\mathcal{A}\in\mathbf{R}^{I_1\times I_2\times\cdots\times I_d}$ 为一个 d 阶张量.

（1）给定矩阵 $\boldsymbol{U}\in\mathbf{R}^{J_m\times I_m}$，$\boldsymbol{V}\in\mathbf{R}^{J_n\times I_n}$，若 $m\neq n$，则

$$\mathcal{A}\times_m \boldsymbol{U}\times_n \boldsymbol{V}=(\mathcal{A}\times_m \boldsymbol{U})\times_n \boldsymbol{V}=(\mathcal{A}\times_n \boldsymbol{V})\times_m \boldsymbol{U}=\mathcal{A}\times_n \boldsymbol{V}\times_m \boldsymbol{U}.$$

（2）给定矩阵 $\boldsymbol{U}\in\mathbf{R}^{J\times I_n}$，$\boldsymbol{V}\in\mathbf{R}^{I_n\times J}$，则

$$\mathcal{A}\times_n \boldsymbol{U}\times_n \boldsymbol{V}=\mathcal{A}\times_n(\boldsymbol{V}\boldsymbol{U}).$$

（3）若矩阵 $\boldsymbol{U}\in\mathbf{R}^{J\times I_n}$ 是列满秩的，则

$$\mathcal{B}=\mathcal{A}\times_n \boldsymbol{U}\Longrightarrow\mathcal{A}=\mathcal{B}\times_n \boldsymbol{U}^{\dagger}.$$

（4）若矩阵 $\boldsymbol{U}\in\mathbf{R}^{J\times I_n}$ 是标准列正交的，即 $\boldsymbol{U}^{\mathrm{T}}\boldsymbol{U}=\boldsymbol{I}_{I_n}$，$\boldsymbol{U}\boldsymbol{U}^{\mathrm{T}}\neq\boldsymbol{I}_J$，则

$$\mathcal{B}=\mathcal{A}\times_n \boldsymbol{U}\Longrightarrow\mathcal{A}=\mathcal{B}\times_n \boldsymbol{U}^{\mathrm{T}}.$$

上述性质（3）和（4）说明，在张量的 n-模式积中，如果使用的矩阵具有特定的正交或列满秩性质，则可以通过简单的转置或伪逆操作来逆转乘积过程，从而恢复原始张量. 这在张量分解和信号处理等领域中非常有用，特别是在需要从变换后的张量中恢复原始信息时.

定义 11.3.3（n-模式向量积） 一个 d 阶张量 $\mathcal{A}\in\mathbf{R}^{I_1\times I_2\times\cdots\times I_d}$ 与一个向量 $\boldsymbol{u}\in\mathbf{R}^{I_n}$ 的 **n-模式（向量）积**表示为 $\mathcal{A}\bar{\times}_n\boldsymbol{u}$. 结果是一个大小为 $I_1\times I_2\times\cdots\times I_{n-1}\times I_{n+1}\times\cdots\times I_d$ 的 d 阶张量，其元素定义为

$$(\mathcal{A}\bar{\times}_n\boldsymbol{u})_{i_1i_2\cdots i_{n-1}i_{n+1}\cdots i_d}=\sum_{i_n=1}^{I_n}a_{i_1i_2\cdots i_d}u_{i_n}. \tag{11-3}$$

从定义可以看出，n-模式向量积是计算张量每个模式-n 纤维与向量 $\boldsymbol{u}$ 的内积.

例 11.3.5 使用例 11.3.4中定义的张量 $\boldsymbol{\mathcal{A}}$，令 $\boldsymbol{u}=\begin{bmatrix}1 & 2 & 3 & 4\end{bmatrix}^{\mathrm{T}}$，则

$$\boldsymbol{\mathcal{A}}\bar{\times}_2\boldsymbol{u}=\begin{bmatrix}70 & 190\\ 80 & 200\\ 90 & 210\end{bmatrix}.$$

定理 11.3.1 给定一个张量 $\boldsymbol{\mathcal{A}}\in\mathbf{R}^{I_1\times I_2\times\cdots\times I_d}$ 和一系列矩阵 $\boldsymbol{U}^{(n)}\in\mathbf{R}^{J_n\times I_n}$ $(n=1,2,\cdots,d)$，则对于任意的 $n=1,2,\cdots,d$,

$$\boldsymbol{\mathcal{B}}=\boldsymbol{\mathcal{A}}\times_1\boldsymbol{U}^{(1)}\times_2\boldsymbol{U}^{(2)}\times\cdots\times_d\boldsymbol{U}^{(d)}\Longleftrightarrow$$

$$\boldsymbol{B}_{(n)}=\boldsymbol{U}^{(n)}\boldsymbol{A}_{(n)}\left[\boldsymbol{U}^{(d)}\otimes\cdots\otimes\boldsymbol{U}^{(n+1)}\otimes\boldsymbol{U}^{(n-1)}\otimes\cdots\otimes\boldsymbol{U}^{(1)}\right]^{\mathrm{T}}.$$

证 利用命题 11.3.1中的前两个结论以及 $\boldsymbol{A}_{(n)}$ 的第 k 模式纤维的 vec 排序即可证明.

证毕

张量的 n-模式积在实际应用中有广泛的用途，尤其是在多维数据处理和机器学习中. 例如，在推荐系统中，张量的 n-模式积可以用于将用户特征与商品特征进行结合，从而生成用户对商品的评分预测. 此外，在图像处理和计算机视觉中，张量的 n-模式积也常用于特征提取和图像重建等任务.

11.3.4 张量的内积与范数

内积（点积）通常用于向量之间，但也可以扩展到张量. 对于两个高维张量，其内积定义为将它们向量化后再进行向量内积.

定义 11.3.4 给定两个张量 $\boldsymbol{\mathcal{A}}, \boldsymbol{\mathcal{B}}\in\mathbf{R}^{I_1\times I_2\times\cdots\times I_d}$，则 $\boldsymbol{\mathcal{A}}$ 和 $\boldsymbol{\mathcal{B}}$ 的内积 $\langle\boldsymbol{\mathcal{A}},\boldsymbol{\mathcal{B}}\rangle$ 定义为两个张量列向量化之间的内积:

$$\begin{aligned}\langle\boldsymbol{\mathcal{A}},\boldsymbol{\mathcal{B}}\rangle &:= \langle\mathrm{vec}(\boldsymbol{\mathcal{A}}),\mathrm{vec}(\boldsymbol{\mathcal{B}})\rangle=(\mathrm{vec}(\boldsymbol{\mathcal{A}}))^{\mathrm{T}}\mathrm{vec}(\boldsymbol{\mathcal{B}})\\ &=\sum_{i_1=1}^{I_1}\sum_{i_2=1}^{I_2}\cdots\sum_{i_d=1}^{I_d}a_{i_1i_2\cdots i_d}b_{i_1i_2\cdots i_d}\end{aligned}$$

下面将介绍与内积紧密相关的张量范数的定义. 张量范数是衡量张量大小或长度的一种方法，它与向量范数类似，但被扩展到了多维数组.

定义 11.3.5 对于一个给定的 d 阶张量 $\boldsymbol{\mathcal{A}}\in\mathbf{R}^{I_1\times I_2\times\cdots\times I_d}$，其范数定义为所有元素平方和的平方根:

$$\|\boldsymbol{\mathcal{A}}\|=\sqrt{\langle\boldsymbol{\mathcal{A}},\ \boldsymbol{\mathcal{A}}\rangle}:=\sqrt{\sum_{i_1=1}^{I_1}\sum_{i_2=1}^{I_2}\cdots\sum_{i_d=1}^{I_d}|a_{i_1i_2\cdots i_d}|^2},$$

这类似矩阵的 Frobenius 范数.

张量的内积与范数具有以下性质:

命题 11.3.2 给定 d 阶张量 $\boldsymbol{\mathcal{A}}\in\mathbf{R}^{I_1\times I_2\times\cdots\times I_d}$，则

(1) $\|\boldsymbol{\mathcal{A}}\|=\left\|\boldsymbol{A}_{(n)}\right\|,\quad n=1,2,\cdots,d.$

(2) $\|\boldsymbol{\mathcal{A}}\|=\|\mathrm{vec}\,(\boldsymbol{\mathcal{A}})\|.$

(3) 令 $\boldsymbol{Q}\in\mathbf{R}^{J\times I_n}$ 是一个标准正交矩阵，即 $\boldsymbol{Q}^{\mathrm{T}}\boldsymbol{Q}=\boldsymbol{I}_{I_n}$ 或 $\boldsymbol{Q}\boldsymbol{Q}^{\mathrm{T}}=\boldsymbol{I}_J$，则

$$\|\boldsymbol{\mathcal{A}}\|=\|\boldsymbol{\mathcal{A}}\times_n\boldsymbol{Q}\|.$$

(4) 令 $\boldsymbol{\mathcal{A}},\boldsymbol{\mathcal{B}}\in\mathbf{R}^{I_1\times I_2\times\cdots\times I_d}$，则

$$\|\boldsymbol{\mathcal{A}}-\boldsymbol{\mathcal{B}}\|^2=\|\boldsymbol{\mathcal{A}}\|^2-2\langle\boldsymbol{\mathcal{A}},\boldsymbol{\mathcal{B}}\rangle+\|\boldsymbol{\mathcal{B}}\|^2.$$

(5) 令 $\boldsymbol{\mathcal{A}},\boldsymbol{\mathcal{B}}\in\mathbf{R}^{I_1\times I_2\times\cdots\times I_d},\boldsymbol{u}^{(n)},\ \boldsymbol{v}^{(n)}\in\mathbf{R}^{I_n}$，并且 $\boldsymbol{\mathcal{A}}=\boldsymbol{u}^{(1)}\circ\boldsymbol{u}^{(2)}\circ\cdots\circ\boldsymbol{u}^{(d)}$ 和 $\boldsymbol{\mathcal{B}}=\boldsymbol{v}^{(1)}\circ\boldsymbol{v}^{(2)}\circ\cdots\circ\boldsymbol{v}^{(d)}$，则

$$\langle\boldsymbol{\mathcal{A}},\boldsymbol{\mathcal{B}}\rangle=\prod_{n=1}^{d}\langle\boldsymbol{u}^{(n)},\boldsymbol{v}^{(n)}\rangle.$$

(6) 令 $\boldsymbol{\mathcal{A}}\in\mathbf{R}^{I_1\times I_2\times\cdots\times I_{n-1}\times J\times I_{n+1}\times\cdots\times I_d},\boldsymbol{\mathcal{B}}\in\mathbf{R}^{I_1\times I_2\times\cdots\times I_{n-1}\times K\times I_{n+1}\times\cdots\times I_d}$，且 $\boldsymbol{C}\in\mathbf{R}^{J\times K}$，则

$$\langle\boldsymbol{\mathcal{A}},\boldsymbol{\mathcal{B}}\times_n\boldsymbol{C}\rangle=\langle\boldsymbol{\mathcal{A}}\times_n\boldsymbol{C}^{\mathrm{T}},\boldsymbol{\mathcal{B}}\rangle.$$

11.3.5 张量的秩

在矩阵代数中，矩阵 $\boldsymbol{A}$ 的列（行）秩是指其线性独立的列（行）向量的最大数量，或者等价地说，矩阵 A 的列（行）秩也就是其列（行）空间的维度. 矩阵的列秩和行秩总是相同的. 因此，通常只说矩阵的秩，而这个秩既指列秩也指行秩. 然而，这一关于矩阵秩的重要性质并不适用于高阶张量.

与矩阵的列秩或行秩相对应，张量的模式-n 向量的秩被称为张量的模式-n 秩. 这意味着，对于一个 d 阶张量，可以独立地考虑每个模式的向量集合，并为每个模式定义一个秩，这些秩可能并不相同. 每个模式-n 秩描述在特定模式上张量数据的线性独立性程度，并且可以反映张量在该模式上的复杂性. 与矩阵不同，不同模式的秩之间没有必然的相等关系. 这种差异表明，高阶张量的秩概念比矩阵的秩概念要复杂得多.

定义 11.3.6 张量 $\boldsymbol{\mathcal{A}}$ 的**模式-n 秩**，记作 $R_n=\mathrm{rank}_n(\boldsymbol{\mathcal{A}})$，定义为其模式-$n$ 向量所生成的向量空间维数.

命题 11.3.3 张量 $\boldsymbol{\mathcal{A}}$ 的模式-n 向量是其模式-n 矩阵的列向量，且

$$\mathrm{rank}_n(\boldsymbol{\mathcal{A}})=\mathrm{rank}(\boldsymbol{A}_{(n)}).$$

在矩阵秩中，一个秩为 R 的矩阵可以分解为 R 个秩一的项的和，基于这个事实，在张量的情况下，这意味着一个秩为 R 的 d 阶张量可以表示为 R 个秩一张量的线性组合.

定义 11.3.7 一个 d 阶**秩一张量** $\boldsymbol{\mathcal{A}}$ 可以通过 d 个向量 $\boldsymbol{a}^{(1)}, \boldsymbol{a}^{(2)}, \cdots, \boldsymbol{a}^{(d)}$ 的外积来表示，即

$$\boldsymbol{\mathcal{A}} = \boldsymbol{a}^{(1)} \circ \boldsymbol{a}^{(2)} \circ \cdots \circ \boldsymbol{a}^{(d)},$$

并且张量 $\boldsymbol{\mathcal{A}}$ 的每个元素 $a_{i_1,i_2,\cdots,i_d}$ 是相应向量元素的乘积：

$$a_{i_1,i_2,\cdots,i_d} = a_{i_1}^{(1)} \cdot a_{i_2}^{(2)} \cdot \cdots \cdot a_{i_d}^{(d)},$$

其中 $\boldsymbol{a}^{(k)}$ 是第 k 个模式上的向量，$a_{i_k}^{(k)}$ 是向量 $\boldsymbol{a}^{(k)}$ 中的第 i_k 个元素.

在几何中，秩一张量可以想象为由 d 个向量定义的超平面的张量积. 每个向量定义了超平面在相应模式上的一个方向. 在物理学中，秩一张量可以描述一些基本的物理量，如两个向量的叉乘（向量积）就是一个秩一的三维张量. 秩一张量在信号处理、图像处理、量子力学等领域有广泛应用. 例如，在量子力学中，一个系统的态可以由一个秩一的密度张量表示.

定义 11.3.8 任意 d 阶**张量 $\boldsymbol{\mathcal{A}}$ 的秩**，记作 $R = \text{rank}(\boldsymbol{\mathcal{A}})$，是生成 $\boldsymbol{\mathcal{A}}$ 所需的秩一张量的最小数量.

矩阵和张量秩的性质有很大的不同. 其中一个区别是，一个实值张量的秩在实数域 $\mathbf{R}$ 和复数域 $\mathbf{C}$ 上实际上可能是不同的.

例 11.3.6 令 $\boldsymbol{\mathcal{A}}$ 为一个张量，其前向切片定义如下：

$$\boldsymbol{A}_1 = \begin{bmatrix} 1 & 0 \\ 0 & 1 \end{bmatrix}, \quad \boldsymbol{A}_2 = \begin{bmatrix} 0 & 1 \\ -1 & 0 \end{bmatrix}.$$

在实数域 $\mathbf{R}$ 上，此张量的秩为 3，因为

$$\boldsymbol{\mathcal{A}} = \sum_{j=1}^{3} \boldsymbol{a}_j \circ \boldsymbol{b}_j \circ \boldsymbol{c}_j,$$

式中 $\boldsymbol{a}_j$，$\boldsymbol{b}_j$，$\boldsymbol{c}_j$ 分别是矩阵

$$\boldsymbol{A} = \begin{bmatrix} 1 & 0 & 1 \\ 0 & 1 & -1 \end{bmatrix}, \quad \boldsymbol{B} = \begin{bmatrix} 1 & 0 & 1 \\ 0 & 1 & 1 \end{bmatrix}, \quad \boldsymbol{C} = \begin{bmatrix} 1 & 1 & 0 \\ -1 & 1 & 1 \end{bmatrix}$$

的第 j 列. 在复数域上，有

$$\boldsymbol{\mathcal{A}} = \sum_{j=1}^{2} \boldsymbol{a}_j \circ \boldsymbol{b}_j \circ \boldsymbol{c}_j,$$

式中 $\boldsymbol{a}_j$，$\boldsymbol{b}_j$，$\boldsymbol{c}_j$ 分别是复矩阵

$$\boldsymbol{A} = \frac{1}{\sqrt{2}} \begin{bmatrix} 1 & 1 \\ -\mathrm{i} & \mathrm{i} \end{bmatrix}, \quad \boldsymbol{B} = \frac{1}{\sqrt{2}} \begin{bmatrix} 1 & 1 \\ \mathrm{i} & -\mathrm{i} \end{bmatrix}, \quad \boldsymbol{C} = \begin{bmatrix} 1 & 1 \\ -\mathrm{i} & \mathrm{i} \end{bmatrix}$$

的第 j 列. 因此，张量在复数域的秩等于 2.

矩阵秩和高阶张量秩之间的第二个区别是，即使所有模式-n 秩都相同，张量秩也不一定等于其模式-n 秩. 根据两者的定义，很明显总是有 $R_n \leqslant R$.

例 11.3.7 令 $\boldsymbol{\mathcal{A}}$ 为一个 $2\times2\times2$ 张量，其前向切片定义如下：

$$\boldsymbol{A}_1=\begin{bmatrix}1&0\\0&1\end{bmatrix},\quad \boldsymbol{A}_2=\begin{bmatrix}1&0\\0&0\end{bmatrix},$$

则 $R_1=R_2=2$，但是 $R_3=1$.

例 11.3.8 令 $\boldsymbol{\mathcal{A}}$ 为一个 $2\times2\times2$ 张量，其前向切片定义如下：

$$\boldsymbol{A}_1=\begin{bmatrix}0&1\\1&0\end{bmatrix},\quad \boldsymbol{A}_2=\begin{bmatrix}1&0\\0&0\end{bmatrix},$$

则 $R_1=R_2=R_3=2$，但是 $R=3$，因为

$$\boldsymbol{\mathcal{A}}=\sum_{j=1}^{3}\boldsymbol{a}_j\circ\boldsymbol{b}_j\circ\boldsymbol{c}_j,$$

式中 $\boldsymbol{a}_j$，$\boldsymbol{b}_j$，$\boldsymbol{c}_j$ 分别是矩阵

$$\boldsymbol{A}=\begin{bmatrix}0&1&1\\1&0&0\end{bmatrix},\quad \boldsymbol{B}=\begin{bmatrix}1&0&1\\0&1&0\end{bmatrix},\quad \boldsymbol{C}=\begin{bmatrix}1&1&0\\0&0&1\end{bmatrix}$$

的第 j 列.

11.4 张量分解

张量分解是处理高阶张量的重要方法之一，它将一个高阶张量分解为一组低秩张量或其他数学对象，从而揭示出张量中的潜在结构和模式. 张量分解在许多领域都有着广泛的应用，包括机器学习、信号处理、数据分析等. 本节将详细介绍几种常见的张量分解. 有关张量分解、性质和算法的更全面的介绍参见科尔达（Kolda）和巴德尔（Bader）的文献 [9].

11.4.1 CANDECOMP/PARAFAC（CP）分解

CANDECOMP（canonical decomposition，标准分解）和 PARAFAC（parallel factors，并行因子）是最简单的张量分解方法之一，也称为 CP 分解. 它将一个高阶张量近似为一系列秩-1 张量的线性组合. 对于一个三维张量 $\boldsymbol{\mathcal{A}}\in\mathbf{R}^{I\times J\times K}$，其 CP 分解表示为

$$\boldsymbol{\mathcal{A}}\approx\sum_{r=1}^{R}\boldsymbol{u}_r\circ\boldsymbol{v}_r\circ\boldsymbol{w}_r, \tag{11-4}$$

其元素为

$$a_{ijk} \approx \sum_{r=1}^{R} u_{ir} v_{jr} w_{kr}, \quad i=1,2,\cdots,I;\ j=1,2,\cdots,J;\ k=1,2,\cdots,K,$$

其中 R 是因子的个数，$\boldsymbol{u}_r \in \mathbf{R}^I$，$\boldsymbol{v}_r \in \mathbf{R}^J$，$\boldsymbol{w}_r \in \mathbf{R}^K$ 是对应的因子向量.

这种分解里的 R 是最小的，因此张量 $\boldsymbol{\mathcal{A}}$ 的秩为 R. 将式 (11-4) 的秩一向量组合形成因子矩阵，即 $\boldsymbol{U}=[u_1,u_2,\cdots,u_R]$，$\boldsymbol{V}=[v_1,v_2,\cdots,v_R]$，$\boldsymbol{W}=[w_1,w_2,\cdots,w_R]$. 使用这些定义，式 (11-4) 可以写成矩阵形式：

$$\boldsymbol{A}_{(1)} \approx \boldsymbol{U}(\boldsymbol{W}\odot\boldsymbol{V})^{\mathrm{T}}, \tag{11-5}$$

$$\boldsymbol{A}_{(2)} \approx \boldsymbol{V}(\boldsymbol{W}\odot\boldsymbol{U})^{\mathrm{T}}, \tag{11-6}$$

$$\boldsymbol{A}_{(3)} \approx \boldsymbol{W}(\boldsymbol{V}\odot\boldsymbol{U})^{\mathrm{T}}, \tag{11-7}$$

其中 $\odot$ 表示卡特里-劳（Khatri-Rao）积.

定义 11.4.1 Khatri-Rao 积是“按列匹配”的 Kronecker 积. 给定矩阵 $\boldsymbol{A}\in\mathbf{R}^{I\times K}$ 和 $\boldsymbol{B}\in\mathbf{R}^{J\times K}$，其 Khatri-Rao 积记作 $\boldsymbol{A}\odot\boldsymbol{B}$，结果是一个大小为 $(IJ)\times K$ 的矩阵，并定义为

$$\boldsymbol{A}\odot\boldsymbol{B}=[a_1\otimes b_1 \quad a_2\otimes b_2 \quad \cdots \quad a_K\otimes b_K].$$

如果 $\boldsymbol{a}$ 和 $\boldsymbol{b}$ 是向量，那么 Khatri-Rao 积和 Kronecker 积是相同的，即 $\boldsymbol{a}\otimes\boldsymbol{b}=\boldsymbol{a}\odot\boldsymbol{b}$.

下面只证明式 (11-5)，式 (11-6) 和式 (11-7) 可类似证明.

证 考察三阶张量 $\boldsymbol{\mathcal{A}}$ 的前向切片矩阵

$$\boldsymbol{A}_{::k} \approx \boldsymbol{u}_1\boldsymbol{v}_1^{\mathrm{T}}w_{k1}+\cdots+\boldsymbol{u}_R\boldsymbol{v}_R^{\mathrm{T}}w_{kR}, \quad k=1,2,\cdots,K,$$

则有

$$\begin{aligned}
\boldsymbol{A}_{(1)} &= [\boldsymbol{A}_{::1},\cdots,\boldsymbol{A}_{::K}] \\
&\approx [\boldsymbol{u}_1\boldsymbol{v}_1^{\mathrm{T}}w_{11}+\cdots+\boldsymbol{u}_R\boldsymbol{v}_R^{\mathrm{T}}w_{1R},\cdots,\boldsymbol{u}_1\boldsymbol{v}_1^{\mathrm{T}}w_{K1}+\cdots+\boldsymbol{u}_R\boldsymbol{v}_R^{\mathrm{T}}w_{KR}] \\
&= [\boldsymbol{u}_1,\cdots,\boldsymbol{u}_R]\begin{bmatrix} w_{11}\boldsymbol{v}_1^{\mathrm{T}} & \cdots & w_{K1}\boldsymbol{v}_1^{\mathrm{T}} \\ \vdots & & \vdots \\ w_{1R}\boldsymbol{v}_R^{\mathrm{T}} & \cdots & w_{KR}\boldsymbol{v}_R^{\mathrm{T}} \end{bmatrix} \\
&= \boldsymbol{U}(\boldsymbol{W}\odot\boldsymbol{V})^{\mathrm{T}}.
\end{aligned}$$

证毕

式 (11-4) 也可以用其切片的方式表示：

$$\boldsymbol{A}_{::k} \approx \boldsymbol{U}\mathrm{diag}(w_{k:})\,\boldsymbol{V}^{\mathrm{T}}, \qquad k=1,2,\cdots,K,$$

$$\boldsymbol{A}_{i::} \approx \boldsymbol{V}\mathrm{diag}(u_{i:})\boldsymbol{W}^{\mathrm{T}}, \qquad i=1,2,\cdots,I,$$

$$\boldsymbol{A}_{:j:} \approx \boldsymbol{U}\mathrm{diag}(v_{j:})\boldsymbol{W}^{\mathrm{T}}, \qquad j=1,2,\cdots,J.$$

通常假设矩阵 $\boldsymbol{U}$, $\boldsymbol{V}$, $\boldsymbol{W}$ 的列向量被归一化到长度为 1, 并将权重用向量 $\boldsymbol{\lambda}\in\mathbf{R}^R$ 表示，使得式 (11-4) 变成

$$\boldsymbol{\mathcal{A}} \approx \sum_{r=1}^{R} \lambda_r \boldsymbol{u}_r \circ \boldsymbol{v}_r \circ \boldsymbol{w}_r.$$

对于一般的 d 维张量 $\boldsymbol{\mathcal{A}}\in\mathbf{R}^{I_1\times I_2\times\cdots\times I_d}$，其 CP 分解表示为

$$\boldsymbol{\mathcal{A}} \approx \sum_{r=1}^{R} \lambda_r \boldsymbol{u}_r^{(1)} \circ \boldsymbol{u}_r^{(2)} \circ \cdots \circ \boldsymbol{u}_r^{(d)}, \tag{11-8}$$

其中 $\boldsymbol{\lambda}\in\mathbf{R}^R$ 是权重向量，$\boldsymbol{u}_r^{(1)}\in\mathbf{R}^{I_1}$，$\boldsymbol{u}_r^{(2)}\in\mathbf{R}^{I_2},\cdots,\boldsymbol{u}_r^{(d)}\in\mathbf{R}^{I_d}$ 是对应的因子向量.

式 (11-8) 也可以用 Kruskal 算子写成[10]

$$\boldsymbol{\mathcal{A}} \approx [\![\boldsymbol{\lambda};\boldsymbol{U}^{(1)},\ \boldsymbol{U}^{(2)},\ \cdots,\ \boldsymbol{U}^{(d)}]\!],$$

其中 $\boldsymbol{U}^{(n)}=[\boldsymbol{u}_1^{(n)},\boldsymbol{u}_2^{(n)},\cdots,\boldsymbol{u}_d^{(n)}]\in\mathbf{R}^{I_n\times d}$, $n=1,2,\cdots,d$. 在这种情况下，式 (11-8) 的模式-n 矩阵形式为

$$\boldsymbol{A}_{(n)} \approx \boldsymbol{U}^{(n)}\mathrm{diag}(\boldsymbol{\lambda})\left[\boldsymbol{U}^{(d)}\odot\cdots\odot\boldsymbol{U}^{(n+1)}\odot\boldsymbol{U}^{(n-1)}\odot\cdots\odot\boldsymbol{U}^{(1)}\right]^{\mathrm{T}}.$$

由于张量秩的计算是 NP 难问题，因此，在计算 CP 分解时首先出现的问题是如何选择合适的秩一向量的数量. 大多数程序通过拟合具有不同因子成分的多个 CP 分解，直到找到一个“好”的分解. 假设因子的数量是固定的，有许多算法可以用于计算 CP 分解. 本节重点介绍常用的交替最小二乘（ALS）方法，为了便于演示，只在三阶情况下推导该方法，针对 d 维张量的完整算法在算法 1中呈现.

给定一个三阶张量 $\boldsymbol{\mathcal{A}}\in\mathbf{R}^{I\times J\times K}$，目标是计算一个具有 R 个因子向量的 CP 分解，以最佳地近似 $\boldsymbol{\mathcal{A}}$，即求解如下的优化问题：

$$\min\|\boldsymbol{\mathcal{A}}-\bar{\boldsymbol{\mathcal{A}}}\| \quad 且\ \bar{\boldsymbol{\mathcal{A}}}=\sum_{r=1}^{R}\lambda_r\boldsymbol{u}_r\circ\boldsymbol{v}_r\circ\boldsymbol{w}_r=[\![\boldsymbol{\lambda};\boldsymbol{U},\ \boldsymbol{V},\ \boldsymbol{W}]\!].$$

ALS 方法固定 $\boldsymbol{V}$ 和 $\boldsymbol{W}$ 来求解 $\boldsymbol{U}$，然后固定 $\boldsymbol{U}$ 和 $\boldsymbol{W}$ 来求解 $\boldsymbol{V}$，接着固定 $\boldsymbol{U}$ 和 $\boldsymbol{V}$ 来求解 $\boldsymbol{W}$，如此循环，直到满足某个收敛标准. 当固定除了一个矩阵之外的所有矩阵时，问题就简化为一个线性最小二乘问题. 例如，假设 $\boldsymbol{V}$ 和 $\boldsymbol{W}$ 被固定了，然后，根据式 (11-5)，将上述最小化问题以矩阵形式重写为

$$\min_{\bar{\boldsymbol{U}}}\|\boldsymbol{A}_{(1)}-\bar{\boldsymbol{U}}(\boldsymbol{W}\odot\boldsymbol{V})^{\mathrm{T}}\|_F,$$

其中 $\bar{\boldsymbol{U}} = \boldsymbol{U} \cdot \operatorname{diag}(\boldsymbol{\lambda})$. 最优解为

$$\bar{\boldsymbol{U}} = \boldsymbol{A}_{(1)} \left[(\boldsymbol{W} \odot \boldsymbol{V})^{\mathrm{T}} \right]^{\dagger}. \tag{11-9}$$

利用 Khatri-Rao 积的 Moore-Penrose 逆矩阵的性质

$$(\boldsymbol{W} \odot \boldsymbol{V})^{\dagger} = \left[\boldsymbol{W}^{\mathrm{T}} \boldsymbol{W} * \boldsymbol{V}^{\mathrm{T}} \boldsymbol{V} \right]^{\dagger} (\boldsymbol{W} \odot \boldsymbol{V})^{\mathrm{T}},$$

可将 (11-9) 改写为

$$\bar{\boldsymbol{U}} = \boldsymbol{A}_{(1)} (\boldsymbol{W} \odot \boldsymbol{V}) \left[\boldsymbol{W}^{\mathrm{T}} \boldsymbol{W} * \boldsymbol{V}^{\mathrm{T}} \boldsymbol{V} \right]^{\dagger}.$$

算法 1给出了 d 维张量的完整交替最小二乘算法. 它假设 CP 分解的成分数量 R 已经被指定. 因子矩阵可以以任何方式初始化，例如随机初始化或者选取 $\boldsymbol{U}^{(n)}$ $(n = 1, 2, \cdots, d)$ 是 $\boldsymbol{A}_{(n)}$ 的前 R 个左奇异向量. 算法收敛的条件主要有目标函数的改进很小或没有改进，因子矩阵的变化很小或没有变化，目标值达到或接近零.

算法 1 CP 分解的交替最小二乘算法

输入:

d 阶张量 $\boldsymbol{\mathcal{A}}$ 和因子个数 R.

输出:

权重向量 $\boldsymbol{\lambda}$，因子矩阵 $\boldsymbol{U}^{(1)}$，$\boldsymbol{U}^{(2)}$，$\cdots$，$\boldsymbol{U}^{(d)}$.

初始化 $\boldsymbol{U}^{(n)} \in \mathbf{R}^{I_n \times R}, n = 1, 2, \cdots, d$.
计算 $\boldsymbol{\mathcal{A}}$ 的模式-n 矩阵 $\boldsymbol{A}_{(n)}$，$n = 1, 2, \cdots, d$.
repeat
  for $n = 1, 2, \cdots, d$, do
    $\boldsymbol{V} \leftarrow \boldsymbol{U}^{(d)\mathrm{T}} \boldsymbol{U}^{(d)} * \cdots * \boldsymbol{U}^{(n+1)\mathrm{T}} \boldsymbol{U}^{(n+1)} * \boldsymbol{U}^{(n-1)\mathrm{T}} \boldsymbol{U}^{(n-1)} * \cdots * \boldsymbol{U}^{(1)\mathrm{T}} \boldsymbol{U}^{(1)}$
    $\boldsymbol{U}^{(n)} \leftarrow \boldsymbol{A}_{(n)} \left[\boldsymbol{U}^{(d)} \odot \cdots \odot \boldsymbol{U}^{(n+1)} \odot \boldsymbol{U}^{(n-1)} \odot \cdots \odot \boldsymbol{U}^{(1)} \right] \boldsymbol{V}^{\dagger}$
    for $j = 1, 2, \cdots, R$, do
      $\lambda_j \leftarrow \| \boldsymbol{U}^{(n)}(:, j) \|_2$
      $\boldsymbol{U}^{(n)}(:, j) = \boldsymbol{U}^{(n)}(:, j) / \lambda_j$
    end for
  end for
until 收敛条件满足或达到最大迭代次数

11.4.2 Tucker 分解

塔克（Tucker）分解与 Tucker 算子紧密相关，而 Tucker 算子是张量和矩阵之间多模式乘法的有效表示形式.

定义 11.4.2 给定一个张量 $\boldsymbol{\mathcal{A}} \in \mathbf{R}^{I_1 \times I_2 \times \cdots \times I_d}$ 和一系列矩阵 $\boldsymbol{U}^{(n)} \in \mathbf{R}^{J_n \times I_n}$ $(n = 1, 2, \cdots, d)$，则 **Tucker 算子**定义为[10]

$$[\![\boldsymbol{\mathcal{A}};\ \boldsymbol{U}^{(1)},\ \boldsymbol{U}^{(2)}, \cdots, \boldsymbol{U}^{(d)}]\!] := \boldsymbol{\mathcal{A}} \times_1 \boldsymbol{U}^{(1)} \times_2 \boldsymbol{U}^{(2)} \times \cdots \times_d \boldsymbol{U}^{(d)},$$

其结果是一个 d 阶的 $J_1 \times J_2 \times \cdots \times J_d$ 张量.

Tucker 分解是一种更灵活的张量分解方法，是高阶 PCA 的一种形式，又称高阶奇异值分解（higher-order SVD，HOSVD）. 它将一个高阶张量分解为一个核心张量与一系列因子矩阵的乘积.

定理 11.4.1 (HOSVD)　给定张量 $\boldsymbol{\mathcal{A}} \in \mathbf{R}^{I_1 \times I_2 \times \cdots \times I_d}$，且其模式-$n$ 矩阵的奇异值分解为

$$\boldsymbol{A}_{(n)} = \boldsymbol{U}^{(n)} \boldsymbol{\Sigma}^{(n)} \boldsymbol{V}^{(n)\mathrm{T}}, \qquad n = 1, 2, \cdots, d,$$

则 $\boldsymbol{\mathcal{A}}$ 的 HOSVD 表示为

$$\boldsymbol{\mathcal{A}} = \boldsymbol{\mathcal{G}} \times_1 \boldsymbol{U}^{(1)} \times_2 \boldsymbol{U}^{(2)} \times \cdots \times_d \boldsymbol{U}^{(d)} = [\![\boldsymbol{\mathcal{G}};\ \boldsymbol{U}^{(1)},\ \boldsymbol{U}^{(2)}, \cdots, \boldsymbol{U}^{(d)}]\!], \tag{11-10}$$

其中 $\boldsymbol{\mathcal{G}} = \boldsymbol{\mathcal{A}} \times_1 \boldsymbol{U}^{(1)\mathrm{T}} \times_2 \boldsymbol{U}^{(2)\mathrm{T}} \times \cdots \times_d \boldsymbol{U}^{(d)\mathrm{T}}$. 张量 $\boldsymbol{\mathcal{A}}$ 的元素为

$$a_{i_1 i_2 \cdots i_d} = \sum_{j_1=1}^{J_1} \sum_{j_2=1}^{J_2} \cdots \sum_{j_d=1}^{J_d} g_{i_1 i_2 \cdots i_d} u_{i_1 j_1}^{(1)} u_{i_2 j_2}^{(2)} \cdots u_{i_d j_d}^{(d)},$$

其中 $\boldsymbol{U}^{(n)} = [\boldsymbol{u}_1^{(n)}, \boldsymbol{u}_2^{(n)}, \cdots, \boldsymbol{u}_{J_n}^{(n)}]$ 是一个 $I_n \times J_n$ 的列正交矩阵，即 $\boldsymbol{U}^{(n)T} \boldsymbol{U}^{(n)} = \boldsymbol{I}_{J_n}$，且 $J_n \leqslant I_n$. 张量 $\boldsymbol{\mathcal{G}} \in \mathbf{R}^{J_1 \times J_2 \times \cdots \times J_d}$ 被称作核心张量.

注：在奇异值分解中，奇异值矩阵是一个对角矩阵；而在 HOSVD 中核心张量不是对角的，一般是一个满张量，即其非对角元素通常不为零.

命题 11.4.1　式 (11-10) 可以等价表示为

$$\mathrm{vec}(\boldsymbol{\mathcal{A}}) = \left[\boldsymbol{U}^{(d)} \otimes \cdots \otimes \boldsymbol{U}^{(1)}\right] \cdot \mathrm{vec}(\boldsymbol{\mathcal{G}}).$$

此外，对于 $n = 1, 2, \cdots, d$，有

$$\|\boldsymbol{G}_{(n)}(i,:)\|_F = \sigma_i(\boldsymbol{A}_{(n)}), \qquad i = 1, 2, \cdots, \mathrm{rank}_n(\boldsymbol{\mathcal{A}}),$$

其中 $\boldsymbol{G}_{(n)}$ 是张量 $\boldsymbol{\mathcal{G}}$ 的模式-n 矩阵，$\boldsymbol{A}_{(n)}$ 是张量 $\boldsymbol{\mathcal{A}}$ 的模式-n 矩阵.

证　由于

$$\begin{aligned}\boldsymbol{G}_{(n)} &= \boldsymbol{U}^{(n)\mathrm{T}} \boldsymbol{A}_{(n)} \left[\boldsymbol{U}^{(d)} \otimes \cdots \otimes \boldsymbol{U}^{(n+1)} \otimes \boldsymbol{U}^{(n-1)} \otimes \cdots \otimes \boldsymbol{U}^{(1)}\right] \\ &= \boldsymbol{\Sigma}^{(n)} \boldsymbol{V}^{(n)\mathrm{T}} \left[\boldsymbol{U}^{(d)} \otimes \cdots \otimes \boldsymbol{U}^{(n+1)} \otimes \boldsymbol{U}^{(n-1)} \otimes \cdots \otimes \boldsymbol{U}^{(1)}\right],\end{aligned}$$

因此，$\boldsymbol{G}_{(n)}$ 的行向量是彼此正交的，而 $\boldsymbol{A}_{(n)}$ 的奇异值是这些行向量的 2-范数.

证毕

算法 2 HOSVD

输入：

d 阶张量 $\boldsymbol{\mathcal{A}} \in \mathbf{R}^{I_1 \times I_2 \times \cdots \times I_d}$，核心张量的大小 $J_1 \times J_2 \times \cdots \times J_d$.

输出：

核心张量 $\boldsymbol{\mathcal{G}}$，列正交矩阵 $\boldsymbol{U}^{(1)}$，$\boldsymbol{U}^{(2)}$，$\cdots$，$\boldsymbol{U}^{(d)}$.

for $n = 1, 2, \cdots, d$, do

  $\boldsymbol{U}^{(n)} \leftarrow \boldsymbol{A}_{(n)}$ 的前 J_n 个左奇异向量

end for

$\boldsymbol{\mathcal{G}} \leftarrow \boldsymbol{\mathcal{A}} \times_1 \boldsymbol{U}^{(1)\mathrm{T}} \times_2 \boldsymbol{U}^{(2)\mathrm{T}} \times \cdots \times_d \boldsymbol{U}^{(d)\mathrm{T}}$

从上述证明过程中可以看出 HOSVD 的核心张量是全正交的，算法 2 给出了 HOSVD 的具体实现过程. 但是 HOSVD 在以近似误差为衡量标准的最佳拟合方面不是最优的. De Lathauwer 等[11] 提出了更有效的算法计算因子矩阵（具体来说就是只计算模式-n 矩阵 $\boldsymbol{A}_{(n)}$ 的主要奇异向量，并且使用奇异值分解而不是特征值分解，或者甚至只是计算主要子空间的正交基），这个算法称为高阶正交迭代（higher-order orthogonal iteration，HOOI）. 下面给出这个算法的推导过程和具体的算法实现.

给定一个张量 $\boldsymbol{\mathcal{A}}$ 和核心张量 $\boldsymbol{\mathcal{G}}$ 的期望大小，考虑计算一个 Tucker 分解，使得误差最小. 目标是在给定张量 $\boldsymbol{\mathcal{A}}$ 的情况下找到最佳的 Tucker 分解 (11-10)，即需要求解以下最小化问题：

$$\min_{\boldsymbol{\mathcal{G}}, \boldsymbol{U}^{(1)}, \cdots, \boldsymbol{U}^{(d)}} \left\| \boldsymbol{\mathcal{A}} - [\![\boldsymbol{\mathcal{G}};\ \boldsymbol{U}^{(1)},\ \boldsymbol{U}^{(2)},\ \cdots,\ \boldsymbol{U}^{(d)}]\!] \right\| \tag{11-11}$$

$$\text{subject to} \quad \boldsymbol{\mathcal{G}} \in \mathbf{R}^{J_1 \times J_2 \times \cdots \times J_d}$$

$$\boldsymbol{U}^{(n)} \in \mathbf{R}^{I_n \times J_n} \text{是列正交的}, n = 1, 2, \cdots, d.$$

根据命题 11.4.1，上述目标函数可以改写成向量形式：

$$\left\| \boldsymbol{\mathcal{A}} - [\![\boldsymbol{\mathcal{G}};\ \boldsymbol{U}^{(1)},\ \boldsymbol{U}^{(2)},\ \cdots,\ \boldsymbol{U}^{(d)}]\!] \right\| = \left\| \mathrm{vec}\,(\boldsymbol{\mathcal{A}}) - \left[\boldsymbol{U}^{(d)} \otimes \cdots \otimes \boldsymbol{U}^{(1)} \right] \mathrm{vec}\,(\boldsymbol{\mathcal{G}}) \right\|.$$

此时最小化问题(11-11)的最优解为

$$\mathrm{vec}\,(\boldsymbol{\mathcal{G}}) = \left[\boldsymbol{U}^{(d)} \otimes \cdots \otimes \boldsymbol{U}^{(1)} \right]^{\dagger} \mathrm{vec}\,(\boldsymbol{\mathcal{A}}).$$

利用 Kronecker 积的性质以及 $\boldsymbol{U}^{(n)}$ $(n = 1, 2, \cdots, d)$ 是列正交，可得

$$\mathrm{vec}\,(\boldsymbol{\mathcal{G}}) = \left[\boldsymbol{U}^{(d)\mathrm{T}} \otimes \cdots \otimes \boldsymbol{U}^{(1)\mathrm{T}} \right] \mathrm{vec}\,(\boldsymbol{\mathcal{A}}).$$

由定理 11.4.1或者算法 2可得核心张量 $\boldsymbol{\mathcal{G}}$ 满足

$$\boldsymbol{\mathcal{G}} = \boldsymbol{\mathcal{A}} \times_1 \boldsymbol{U}^{(1)\mathrm{T}} \times_2 \boldsymbol{U}^{(2)\mathrm{T}} \times \cdots \times_d \boldsymbol{U}^{(d)\mathrm{T}}.$$

由命题 11.3.2，可得

$$\begin{aligned}&\left\|\mathcal{A}-[\![\mathcal{G};\boldsymbol{U}^{(1)},\boldsymbol{U}^{(2)},\cdots,\boldsymbol{U}^{(d)}]\!]\right\|^2\\&=\|\mathcal{A}\|^2-2\langle\mathcal{A},[\![\mathcal{G};\boldsymbol{U}^{(1)},\ \boldsymbol{U}^{(2)},\cdots,\boldsymbol{U}^{(d)}]\!]\rangle+\left\|[\![\mathcal{G};\boldsymbol{U}^{(1)},\ \boldsymbol{U}^{(2)},\cdots,\boldsymbol{U}^{(d)}]\!]\right\|^2\\&=\|\mathcal{A}\|^2-2\langle\mathcal{A}\times_1\boldsymbol{U}^{(1)\mathrm{T}}\times_2\boldsymbol{U}^{(2)^{\mathrm{T}}}\times\cdots\times_d\boldsymbol{U}^{(d)^{\mathrm{T}}},\mathcal{G}\rangle+\|\mathcal{G}\|^2\\&=\|\mathcal{A}\|^2-2\langle\mathcal{G},\mathcal{G}\rangle+\|\mathcal{G}\|^2\\&=\|\mathcal{A}\|^2-\|\mathcal{G}\|^2\\&=\|\mathcal{A}\|^2-\left\|\mathcal{A}\times_1\boldsymbol{U}^{(1)\mathrm{T}}\times_2\boldsymbol{U}^{(2)^{\mathrm{T}}}\times\cdots\times_d\boldsymbol{U}^{(d)^{\mathrm{T}}}\right\|^2.\end{aligned}$$

由于 $\|\mathcal{A}\|^2$ 是常数，最小化问题(11-11) 可以等价为下述的最大化问题：

$$\max_{\boldsymbol{U}^{(n)}}\left\|\mathcal{A}\times_1\boldsymbol{U}^{(1)\mathrm{T}}\times_2\boldsymbol{U}^{(2)^{\mathrm{T}}}\times\cdots\times_d\boldsymbol{U}^{(d)^{\mathrm{T}}}\right\| \tag{11-12}$$

$$\text{subject to}\quad \boldsymbol{U}^{(n)}\in\mathbf{R}^{I_n\times J_n}\text{ 是列正交的, } n=1,2,\cdots,d.$$

式(11-12) 中的目标函数写成矩阵形式为

$$\left\|\boldsymbol{U}^{(n)^{\mathrm{T}}}\boldsymbol{W}\right\|,\text{ 其中 }\boldsymbol{W}=\boldsymbol{A}_{(n)}\left[\boldsymbol{U}^{(d)}\otimes\cdots\otimes\boldsymbol{U}^{(n+1)}\otimes\boldsymbol{U}^{(n-1)}\otimes\cdots\otimes\boldsymbol{U}^{(1)}\right].$$

利用奇异值分解可以得到问题(11-12)的解，即令 $\boldsymbol{U}^{(n)}$ 是 $\boldsymbol{W}$ 的前 J_n 个左奇异向量. 这种方法将收敛到目标函数 (11-11) 停止下降的解，但不能保证收敛到全局最优或者目标函数 (11-11) 的稳定点. 具体实现过程见算法 3. HOOI 算法的收敛条件一般是前后两次核心张量的距离小于给定的阈值，如 $\mathcal{G}^{(k-1)}$ 和 $\mathcal{G}^{(k)}$ 分别表示前后两次迭代产生的核心张量，ϵ 表示给定的阈值，则当 $\|\mathcal{G}^{(k)}-\mathcal{G}^{(k-1)}\|<\epsilon$ 时，HOOI 算法收敛.

算法 3 HOOI

输入：

d 阶张量 $\mathcal{A}\in\mathbf{R}^{I_1\times I_2\times\cdots\times I_d}$，核心张量的大小 $J_1\times J_2\times\cdots\times J_d$.

输出：

核心张量 $\mathcal{G}$，列正交矩阵 $\boldsymbol{U}^{(1)}$，$\boldsymbol{U}^{(2)}$，$\cdots$，$\boldsymbol{U}^{(d)}$.

使用 HOSVD 计算列正交矩阵 $\boldsymbol{U}^{(n)}\in\mathbf{R}^{I_n\times J_n}$ $(n=1,2,\cdots,d)$.
repeat
  for $n=1,2,\cdots,d$, do
    $\mathcal{G}\leftarrow\mathcal{A}\times_1\boldsymbol{U}^{(1)\mathrm{T}}\times\cdots\times_{n-1}\boldsymbol{U}^{(n-1)\mathrm{T}}\times_{n+1}\boldsymbol{U}^{(n+1)\mathrm{T}}\times\cdots\times_d\boldsymbol{U}^{(d)\mathrm{T}}$
    $\boldsymbol{U}^{(n)}\leftarrow\boldsymbol{A}_{(n)}$ 的前 J_n 个左奇异向量
  end for
until (收敛条件满足或达到最大迭代次数)
$\mathcal{G}\leftarrow\mathcal{A}\times_1\boldsymbol{U}^{(1)\mathrm{T}}\times_2\boldsymbol{U}^{(2)\mathrm{T}}\times\cdots\times_d\boldsymbol{U}^{(d)\mathrm{T}}$

11.5 Python 实现

NumPy 是 Python 中一个强大的科学计算库，它提供丰富的数组操作功能．在 NumPy 中，张量的维度（阶数）通常被称为轴（axis）．例如，一个一维张量（向量）只有一个轴，二维张量（矩阵）有两个轴，三维张量则有三个轴．张量的每个轴都有对应的长度，表示该轴上的元素数量．通过理解张量的维度和轴的概念，可以更好地进行张量的创建和相关运算操作．

11.5.1 张量的创建与初始化

在 NumPy 中，张量可以通过 np.array() 方法创建．以下是一些常见的张量创建方式．

1. 一维张量的创建

```
import numpy as np
# 创建一维张量
tensor_1d = np.array([1, 2, 3, 4, 5])
print("一维张量:", tensor_1d)
print("维度:", tensor_1d.ndim)
print("形状:", tensor_1d.shape)
```

2. 二维张量的创建

```
# 创建二维张量
tensor_2d = np.array([[1, 2, 3], [4, 5, 6]])
print("二维张量:")
print(tensor_2d)
print("维度:", tensor_2d.ndim)
print("形状:", tensor_2d.shape)
```

3. 三维张量的创建

```
# 创建三维张量
tensor_3d = np.array([[[1, 2], [3, 4]], [[5, 6], [7, 8]]])
print("三维张量:")
print(tensor_3d)
print("维度:", tensor_3d.ndim)
print("形状:", tensor_3d.shape)
```

在实际应用中，我们还可以使用 NumPy 提供的其他函数来初始化张量，例如 np.zeros() 创建全零张量，np.ones() 创建全一张量，np.random.rand() 创建随机数张量等．这些函数可以快速生成具有特定形状和值的张量，为后续的张量运算提供便利．

11.5.2 张量的矩阵化和向量化

下面展示的是如何使用 NumPy 来实现张量的矩阵化和向量化这两个操作.

1. 张量的矩阵化

假设有一个三维张量 $\mathcal{T} \in \mathbf{R}^{3\times4\times5}$，利用 Python 将其矩阵化的操作如下：

```
import numpy as np
# 创建一个三维张量
T = np.arange(1, 61).reshape((3, 4, 5))
# Mode-1 展开
T_mode1 = T.reshape(T.shape[0], -1)
# Mode-2 展开
T_mode2 = np.moveaxis(T, 1, 0).reshape(T.shape[1], -1)
# Mode-3 展开
T_mode3 = np.moveaxis(T, 2, 0).reshape(T.shape[2], -1)
print("Original tensor shape:", T.shape)
print("Mode-1 matrix shape:", T_mode1.shape)
print("Mode-2 matrix shape:", T_mode2.shape)
print("Mode-3 matrix shape:", T_mode3.shape)
```

上述代码解释如下：

（1）使用 np.arange(1, 61) 生成一个包含从 1 到 60 的一维数组,并使用 reshape((3, 4, 5)) 将这个一维数组转换成一个三维张量.

（2） T_mode1 = T.reshape(T.shape[0], -1)：将张量沿着模式-1 展开，即保持第一个维度不变，将其他维度合并成一个维度.

（3）T_mode2 = np.moveaxis(T, 1, 0).reshape(T.shape[1], -1)：首先使用 np.moveaxis 将第二个维度移动到第一个位置，然后按照模式-2 展开.

（4） T_mode3 = np.moveaxis(T, 2, 0).reshape(T.shape[2], -1)：同样地，将第三个维度移动到第一个位置，然后按照模式-3 展开.

2. 张量的向量化

使用上面创建的三维张量 $\mathcal{T}$，利用 Python 实现向量化的操作如下：

```
# 列优先顺序向量化
vector_col_major = T.ravel('F')
# 行优先顺序向量化
vector_row_major = T.ravel()
print("Column-major vector shape:", vector_col_major.shape)
print("Row-major vector shape:", vector_row_major.shape)
```

上述代码解释如下：

vector_col_major = T.ravel'F')：使用“F”参数表示列优先顺序.

vector_row_major = T.ravel()：默认情况下，ravel 函数使用行优先顺序.

11.5.3 张量的基本代数运算

1. 张量的加法和标量乘法

当两个张量的维度完全相同时，可以进行逐元素加法运算. 在 NumPy 中，这种操作非常直观，直接使用加号“+”即可完成.

```
import numpy as np
A = np.array([[[1, 2], [3, 4]],
              [[5, 6], [7, 8]]])
B = np.array([[[9, 10], [11, 12]],
              [[13, 14], [15, 16]]])
C = A + B
print("Tensor C after addition:\n", C)
```

在 NumPy 中，标量与张量的逐元素乘法是一种基本的代数运算. 标量是一个单一的数值，而张量是一个多维数组. 当标量与张量进行逐元素乘法时，标量会与张量中的每个元素相乘，生成一个新的张量，其形状与原张量相同. 下面是一个三阶张量与标量乘法的示例.

```
tensor_3d = np.array([[[1, 2], [3, 4]], [[5, 6], [7, 8]]])
scalar = 3
result = tensor_3d * scalar
print(result)
```

2. 张量的外积

在 NumPy 中，可以使用 np.outer() 函数计算两个一维数组的外积. 对于更高阶的张量，可以使用 np.tensordot() 函数来实现外积运算. 下面给出一个使用 NumPy 计算两个向量的外积的 Python 示例.

```
import numpy as np
# 创建两个向量
a = np.array([1, 2, 3])
b = np.array([4, 5])
# 计算向量外积
C = np.outer(a, b)
print("Vector outer product:\n", C)
```

接下来给出一个更复杂的张量外积示例. 假设有两个三维张量 $\boldsymbol{\mathcal{A}} \in \mathbf{R}^{2\times3\times4}$ 和 $\boldsymbol{\mathcal{B}} \in \mathbf{R}^{3\times4\times5}$，则其张量外积代码如下：

```
import numpy as np
# 创建两个三维张量
A = np.random.rand(2, 3, 4)
B = np.random.rand(3, 4, 5)
# 计算张量外积
# 结果张量的维度将是 (2, 3, 4, 3, 4, 5)
C = np.tensordot(A, B, axes=0)
print("Tensor outer product:\n", np.round(C,4))
```

3. 张量的 n-模式积

在 NumPy 中，张量的 n-模式积可以通过 np.dot() 函数实现. 该函数需要将张量先沿着指定模式进行矩阵化，再利用 np.dot() 函数执行矩阵乘法，从而实现模式积的计算. 下面展示如何使用 np.dot() 函数来实现张量的 n-模式积.

```
import numpy as np
def mode_n_product(tensor, matrix, mode):
    """
    实现张量的n-模式积.
    参数:
    - tensor: 输入的N阶张量，一个NumPy数组.
    - matrix: 用于乘积的矩阵，一个NumPy数组.
    - mode: 要进行乘积的模式，一个整数.
    返回:
    - result: n-模式积的结果张量.
    """
    # 保存张量的原始形状
    original_shape = tensor.shape
    # 将张量矩阵化，以便沿着指定模式进行乘法操作
    # 矩阵化是将张量展开成二维数组，其中一维对应于指定的模式
    # 其他所有模式的乘积形成另一个维度
    matricized_tensor = tensor.reshape(original_shape[mode], -1)
    # 执行矩阵乘法
    # np.dot可以处理矩阵乘法，包括二维数组与矩阵的乘法
    result_matrix = np.dot(matrix, matricized_tensor)
    # 将结果重新折叠成原始张量的形状
    # 但是，被乘积的模式维度现在变为矩阵的行数
    new_shape = list(original_shape)
    new_shape[mode] = matrix.shape[0]
    # 重新构建张量形状
    result = result_matrix.reshape(new_shape)
    return result
# 示例
```

```
# 指定随机种子
np.random.seed(100)
# 创建一个三阶张量
tensor_3d = np.random.rand(4, 3, 2)
# 创建一个矩阵
matrix = np.random.rand(5, 4)  # 假设我们要在第1模式上进行乘积
# 执行第1模式的n-模式积
result_tensor = mode_n_product(tensor_3d, matrix, 0)
print("Original tensor shape:", tensor_3d.shape)
print("Result tensor shape:", result_tensor.shape)
```

应注意，这个示例中的 mode_n_product 函数接受一个张量、一个矩阵和一个模式作为输入，然后执行 n-模式积. 在 mode_n_product 函数中，首先将张量矩阵化，然后执行矩阵乘法，最后将结果重新折叠回原始张量的形状. 此外，在 Python 的 TensorLy 库中，可以使用 tenalg.mode_dot 函数来计算张量的 n-模式积. 首先，需要确保安装了 TensorLy 库，如果没有安装，需要运行下列命令安装：

```
pip install tensorly
```

下面是使用 TensorLy 库实现张量的 n-模式积的一个示例.

```
import tensorly as tl
from tensorly import tenalg
import numpy as np
# 指定随机种子
np.random.seed(100)
# 创建一个随机的三维张量
tensor = np.random.randn(4, 3, 2)
# 创建一个随机的矩阵，其形状与张量的第0模式相匹配
matrix_for_mode_0 = np.random.randn(5, 4)
# 创建一个随机的矩阵，其形状与张量的第1模式相匹配
matrix_for_mode_1 = np.random.randn(4, 3)
# 创建一个随机的矩阵，其形状与张量的第2模式相匹配
matrix_for_mode_2 = np.random.randn(3, 2)
# 计算张量的0-模式积
n_mode_0_product = tenalg.mode_dot(tensor, matrix_for_mode_0, mode=0)
# 计算张量的1-模式积
n_mode_1_product = tenalg.mode_dot(tensor, matrix_for_mode_1, mode=1)
# 计算张量的2-模式积
n_mode_2_product = tenalg.mode_dot(tensor, matrix_for_mode_2, mode=2)
# 打印结果
# print("Original tensor:\n", tensor)
print("张量的1-模式积:\n", n_mode_0_product)
```

```
print("张量的2-模式积:\n", n_mode_1_product)
print("张量的3-模式积:\n", n_mode_2_product)
```

4. 张量的内积

在 NumPy 中，可以使用 np.dot() 函数来计算张量的内积，对于矩阵或张量，首先需要将其向量化，再使用 np.dot() 函数来实现内积计算. 下面是使用 np.dot() 函数给出张量内积的示例.

```
import numpy as np
# 创建两个向量
v1 = np.array([1, 2, 3])
v2 = np.array([4, 5, 6])
# 计算两个向量的内积
dot_product = np.dot(v1, v2)
print("Dot product of vectors:\n", dot_product)
# 创建两个三维张量
T1 = np.arange(1, 61).reshape((3, 4, 5))
T2 = np.arange(61, 121).reshape((3, 4, 5))
# 张量列向量化
vector_col_major1 = T1.ravel('F')
vector_col_major2 = T2.ravel('F')
# 计算两个张量的内积
dot_product = np.dot(vector_col_major1, vector_col_major2)
print("两个张量的内积:\n", dot_product)
```

11.5.4 张量分解

在 Python 中，可以使用专门的库来实现这些张量分解方法，例如，TensorLy 是一个用于张量计算的 Python 库，支持多种张量分解方法. TensorFlow 和 PyTorch 虽然主要用于深度学习，但也可以用于实现张量分解. 下面是一个使用 TensorLy 库实现 CP 分解的简单示例:

```
import tensorly as tl
from tensorly.decomposition import parafac
# 创建一个三维张量
T = tl.tensor([[[1, 2], [3, 4]],
               [[5, 6], [7, 8]],
               [[9, 10], [11, 12]]])
# 执行 CP 分解
factors = parafac(T, rank=2)
# 输出分解结果
print("CP分解的权重向量和因子矩阵:")
for factor in factors:
```

```
    print(factor)
# 使用分解得到的因子重构张量
reconstructed_tensor = tl.cp_to_tensor(factors)
print("Reconstructed tensor:")
print(reconstructed_tensor)
```

在 Python 中，也可以使用 TensorLy 库来实现 Tucker 分解. 以下是一段实现 Tucker 分解的简单代码.

```
import numpy as np
import tensorly as tl
from tensorly.decomposition import tucker
# 创建一个随机的三阶张量
tensor = np.random.rand(4, 4, 4)
# 执行Tucker分解，指定每个模式的秩为[2, 2, 2]
core, factors = tucker(tensor, rank=[2, 2, 2])
# 输出分解得到的核心张量和因子矩阵
print("Core tensor:")
print(core)
for i, factor in enumerate(factors):
    print(f"Factor matrix {i+1}:")
    print(factor)
# 使用分解得到的核心张量和因子矩阵重构张量
reconstructed_tensor = tl.tucker_to_tensor((core, factors))
print("Reconstructed tensor:")
print(reconstructed_tensor)
```

11.6 应用案例：Tucker 分解在图像去噪中的应用

Tucker 分解是一种有效的多维数据分解技术，它在图像去噪领域有着广泛的应用. HOSVD 能够将图像的多维数据分解为一系列的核心张量和模式矩阵，这些模式矩阵描述了每个模式下数据的变化特征. 在图像去噪中，HOSVD 可以利用图像的局部自相似性（非局部相似性）来有效地去除噪声. 以图 11.5 (a) 为例，这是一幅在数字图像处理中被广泛使用的标准测试图像——Lena 图. 该图像具有 512×512 像素的分辨率. 由于此图像是彩色图像，因此需要考虑颜色通道，从而将其视作一个张量，其维度为 $(512, 512, 3)$. 在这个张量中，每个元素都代表图像中一个特定位置的像素的颜色强度值，记这个张量为 $\boldsymbol{\mathcal{A}}$.

1. 模型建立

为了模拟实际情况，在原来的图像中添加一些高斯噪声，并假设噪声的标准差为 50，从而得到的带噪声图像如图 11.5 (b)所示. 记这个图像所对应的张量为 $\boldsymbol{\mathcal{B}} \in$

$\mathbf{R}^{512\times512\times3}$，即

$$\boldsymbol{\mathcal{B}} = \boldsymbol{\mathcal{A}} + \mathcal{N}(0,50),$$

其中 $\mathcal{N}(0,50)$ 表示生成一个 $512\times512\times3$ 的张量，且每个元素服从均值为 0，标准差为 50 的正态分布. 将张量 $\boldsymbol{\mathcal{B}}$ 进行矩阵化，得到 $\boldsymbol{B}_{(1)}$，$\boldsymbol{B}_{(2)}$，$\boldsymbol{B}_{(3)}$，再对矩阵 $\boldsymbol{B}_{(i)}$ $(i=1,2,3)$ 进行奇异值分解，得

$$\boldsymbol{B}_{(i)} = \boldsymbol{U}^{(i)}\boldsymbol{\Sigma}^{(i)}\boldsymbol{V}^{(i)\mathrm{T}}, \quad i=1,2,3.$$

(a)

(b)

图 11.5 Lena 原图与带噪声的 Lena 图

2. 模型求解

由于较小的奇异值通常与噪声成分相关联，因此在奇异值分解的基础上，通过设置阈值来去除噪声. 令 $\boldsymbol{\mathcal{G}} = \boldsymbol{\mathcal{A}} \times_1 \boldsymbol{U}^{(1)\mathrm{T}} \times_2 \boldsymbol{U}^{(2)\mathrm{T}} \times_3 \boldsymbol{U}^{(3)\mathrm{T}}$，并给定阈值 τ，当核心张量 $\boldsymbol{\mathcal{G}}$ 的元素 $g_{ijk} < \tau$ 时，令 $g_{ijk} = 0$ $(i,j=1,2,\cdots,512, k=1,2,3)$. 最后，使用修正后的核心张量 $\boldsymbol{\mathcal{G}}$ 和左奇异矩阵 $\boldsymbol{U}^{(i)}$ $(i=1,2,3)$ 重构图像数据，得到去噪后的图像. 图 11.6 展示了不同 τ 值对图像去噪效果的影响. 具体来说，图 11.6 (a) 显示了当 τ 设置为 50 时的去噪结果，而图 11.6 (b) 则展示了 τ 取值为 10 时的效果. 观察这些图像可以发现，较小的 τ 值通常能够保留更多的图像细节，从而提供更优的去噪效果. 这是因为较大的阈值可能会导致图像中重要信息的丢失. 通过与原始含噪声图像（图 11.5 (b)）进行比较，可以明显看出 HOSVD 在去噪方面的有效性.

(a)

(b)

图 11.6 不同 τ 值对去噪后图像的影响

因此，HOSVD 在图像去噪中通过分解和重构图像的多维数据，能够有效地去除噪声并恢复图像的细节，是一种在图像处理领域具有实际应用价值的方法.

3. Python 实现

在下面的 Python 代码示例中，利用 TensorLy 库来实现 HOSVD 进行图像去噪. 在这段代码中，设置的阈值为 10. 通过调整这个阈值，可以观察到不同阈值设置对去噪效果的影响.

```
# 导入必要库
import numpy as np
import tensorly as tl
from tensorly.decomposition import tucker
from PIL import Image
import matplotlib.pyplot as plt
# 加载图像并转为张量
image = Image.open('lena512.jpg').convert('RGB')
image_array = np.array(image)
tensor = tl.tensor(image_array)
# 添加一些噪声模拟实际情况
noisy_tensor = tensor + np.random.normal(0, 50, tensor.shape)
# 假设噪声的标准差为50
# 应用HOSVD (Tucker分解)
core, factors = tucker(noisy_tensor, rank=[100, 100, 3])#保留前100个奇异值
# 阈值处理
threshold = 10  # 设定阈值
core[tl.abs(core) < threshold] = 0  # 将小于阈值的元素置为0
# 重构张量
denoised_tensor = tl.tucker_to_tensor((core, factors))
# 转换回图像
denoised_image = Image.fromarray(denoised_tensor.astype(np.uint8))
# 显示原图和去噪后的图像
plt.figure(figsize=(12, 6))
plt.subplot(1, 2, 1)
plt.imshow(image)
plt.title('Original Image')
plt.axis('off')
plt.subplot(1, 2, 2)
plt.imshow(denoised_image)
plt.title('Denoised Image')
plt.axis('off')
plt.show()
```

习 题 11

11.1 在三阶张量 $\boldsymbol{\mathcal{A}} \in \mathbf{R}^{I\times J\times K}$ 中，模式-1 的秩是指（ ）.

A. 张量在模式-1 上的线性独立向量的最大数量

B. 张量在模式-2 上的线性独立向量的最大数量

C. 张量在模式-3 上的线性独立向量的最大数量

D. 张量在所有模式上的线性独立向量的最大数量

11.2 已知三阶张量 $\boldsymbol{\mathcal{A}} \in \mathbf{R}^{3\times 4\times 2}$ 的两个前向切片为

$$\boldsymbol{A}_1 = \begin{bmatrix} 1 & 2 & 3 & 4 \\ -4 & -3 & -2 & -1 \\ 5 & 6 & 7 & 8 \end{bmatrix}, \quad \boldsymbol{A}_2 = \begin{bmatrix} 11 & 12 & 13 & 14 \\ -5 & -6 & -7 & -8 \\ 9 & 10 & 11 & 12 \end{bmatrix},$$

且矩阵 $\boldsymbol{U} = \begin{bmatrix} 1 & 2 & -3 \\ -2 & 3 & -1 \end{bmatrix}$，$\boldsymbol{V} = \begin{bmatrix} -1 & 2 & -3 & -4 \\ 2 & 3 & 1 & 5 \end{bmatrix}$，计算 $\boldsymbol{\mathcal{B}} = \boldsymbol{\mathcal{A}} \times_1 \boldsymbol{U}$ 的前向切片矩阵 $\boldsymbol{B}_1$ 和 $\boldsymbol{B}_2$ 以及 $\boldsymbol{\mathcal{C}} = \boldsymbol{\mathcal{A}} \times_2 \boldsymbol{V}$ 的前向切片矩阵 $\boldsymbol{C}_1$ 和 $\boldsymbol{C}_2$.

11.3 令 $\boldsymbol{A}_{i::} = \boldsymbol{b}_1 \boldsymbol{c}_1^{\mathrm{T}} u_{i1} + \cdots + \boldsymbol{b}_d \boldsymbol{c}_d^{\mathrm{T}} u_{id}$，证明

$$[\boldsymbol{A}_{1::}, \boldsymbol{A}_{2::}, \cdots, \boldsymbol{A}_{I::}] = \boldsymbol{B}\,[\boldsymbol{U} \odot \boldsymbol{C}]^{\mathrm{T}}.$$

11.4 证明对于任意三阶张量 $\boldsymbol{\mathcal{T}} \in \mathbf{R}^{I\times J\times K}$，其模式-1 的秩、模式-2 的秩和模式-3 的秩之间的关系满足：

$$\operatorname{rank}_{(1)}(\boldsymbol{\mathcal{T}}) \times \operatorname{rank}_{(2)}(\boldsymbol{\mathcal{T}}) \times \operatorname{rank}_{(3)}(\boldsymbol{\mathcal{T}}) \leqslant I \times J \times K.$$

习题解答或提示

习 题 1

1.1 证 因为 $\boldsymbol{A}$，$\boldsymbol{B}$ 都是正交矩阵，所以 $\boldsymbol{A}^{\mathrm{T}}\boldsymbol{A}=\boldsymbol{I}$，$\boldsymbol{B}^{\mathrm{T}}\boldsymbol{B}=\boldsymbol{I}$，所以 $(\boldsymbol{AB})^{\mathrm{T}}\boldsymbol{AB}=\boldsymbol{B}^{\mathrm{T}}\boldsymbol{A}^{\mathrm{T}}\boldsymbol{AB}=\boldsymbol{B}^{\mathrm{T}}\boldsymbol{B}=\boldsymbol{I}$，即 $\boldsymbol{AB}$ 是正交矩阵.

1.2 2.

1.3 $\lambda_1=1$ 和 $\lambda_2=3$. 对于 $\lambda_1=1$，特征向量为 $\begin{bmatrix}1\\1\end{bmatrix}$；对于 $\lambda_2=3$，特征向量为 $\begin{bmatrix}1\\-1\end{bmatrix}$.

1.4 -9.

1.5 $\begin{bmatrix}-2 & 1\\ \dfrac{3}{2} & -\dfrac{1}{2}\end{bmatrix}$.

1.6 行阶梯形矩阵为 $\begin{bmatrix}1 & 2 & 3\\0 & 1 & 2\\0 & 0 & 0\end{bmatrix}$，行最简形矩阵为 $\begin{bmatrix}1 & 0 & -1\\0 & 1 & 2\\0 & 0 & 0\end{bmatrix}$.

1.7 $\mathrm{tr}(\boldsymbol{A})=5,\mathrm{tr}(\boldsymbol{B})=5,\mathrm{tr}(\boldsymbol{A}+\boldsymbol{B})=10$.

1.8 $Q(\boldsymbol{x})=\boldsymbol{x}^{\mathrm{T}}\boldsymbol{A}\boldsymbol{x}=2x_1^2+2x_2^2+2x_1x_2$.

1.9 略.

1.10 略.

习 题 2

2.1 $|\boldsymbol{B}|=80$.

2.2 (1) $\begin{bmatrix}2 & 1 & 0\\0 & 2 & 0\\0 & 0 & 2\end{bmatrix}$； (2) $\begin{bmatrix}0 & 1 & 0\\0 & 0 & 0\\0 & 0 & 1\end{bmatrix}$.

2.3 （1）$(\lambda-1)^2(\lambda+1)$； （2）$(\lambda-2)^2$.

2.4 $\boldsymbol{A}(\lambda)$ 的不变因子为

$$1,1,\lambda(\lambda-1)(\lambda+1),\lambda^2(\lambda-1)(\lambda+1)^2.$$

$\boldsymbol{A}(\lambda)$ 的 Smith 标准形为

$$\begin{bmatrix}1 & 0 & 0 & 0\\0 & 1 & 0 & 0\\0 & 0 & \lambda(\lambda-1)(\lambda+1) & 0\\0 & 0 & 0 & \lambda^2(\lambda-1)(\lambda+1)^2\end{bmatrix}.$$

2.5（1）$\boldsymbol{A}$ 的不变因子为 $d_1(\lambda)=1, d_2(\lambda)=1, d_3(\lambda)=(\lambda-1)^2(\lambda-2)$;
行列式因子为 $D_1(\lambda)=D_2(\lambda)=1, D_3(\lambda)=(\lambda-1)^2(\lambda-2)$;
初等因子为 $(\lambda-1)^2, (\lambda-2)$. 最小多项式为 $\phi(\lambda)=(\lambda-1)^2(\lambda-2)$;
（2）$\boldsymbol{P}=\begin{bmatrix}1 & 0 & 0\\ -1 & -1 & 1\\ 2 & 1 & 0\end{bmatrix}$, $\quad \boldsymbol{J}=\begin{bmatrix}2 & 0 & 0\\ 0 & 1 & 1\\ 0 & 0 & 1\end{bmatrix}$.

2.6 $\begin{bmatrix}-1 & 0 & 2\\ 0 & -3 & 1\\ 0 & 1 & -2\end{bmatrix}$.

2.7 $\dfrac{1}{23}\begin{bmatrix}7 & 1\\ -2 & 3\end{bmatrix}$.

2.8 略.

习　题　3

3.1 D.　3.2 D.　3.3 C.　3.4 C.　3.5 C.　3.6 C.

3.7（1）是;　（2）是;　（3）否.

3.8 $[85/3, 10, -11, -11]^{\mathrm{T}}$.

3.9 $N(\boldsymbol{A})=k[-1,-1,1]^{\mathrm{T}}, k\in\mathbf{R}$, 其维数为 1. $R(\boldsymbol{A})=k_1[1,0,1]^{\mathrm{T}}+k_2[1,1,3]^{\mathrm{T}}, k_1,k_2\in\mathbf{R}$，其维数为 2.

3.10 和空间的维数是 3，基为 $\boldsymbol{\alpha}_1,\boldsymbol{\alpha}_2,\boldsymbol{\beta}_1$. 交空间的维数为 1，基为 $[-5,2,3,4]^{\mathrm{T}}$.

3.11 V_1+V_2 的基为 $\boldsymbol{\alpha}_1=(1,0,2)^{\mathrm{T}}, \boldsymbol{\alpha}_2=(0,1,1)^{\mathrm{T}}$，$V_1\cap V_2$ 的基为 $\boldsymbol{\alpha}_3=(1,-1,1)^{\mathrm{T}}$，且 $\dim(V_1+V_2)=2, \dim(V_1\cap V_2)=1$.

习　题　4

4.1 D.　4.2 B.　4.3 C.　4.4 B.

4.5 利用定义直接验证.

4.6（1）利用定义直接验证;
（2）由定义内积直接计算可得 $\boldsymbol{E}_{11},\boldsymbol{E}_{12},\boldsymbol{E}_{21},\boldsymbol{E}_{22}$ 两两正交, 且 $||\boldsymbol{E}_{ij}||=1; i,j=1,2$.

4.7（1）利用定义直接验证;（2）4/3;
（3）将 $1,t,t^2$ 正交单位化可得 $\dfrac{1}{\sqrt{2}}$, $\dfrac{\sqrt{6}}{2}t$, $\dfrac{\sqrt{10}}{4}(3t^2-1)$, 为其一组标准正交基.

4.8 利用定义直接验证.

4.9 A.　4.10 D.　4.11 B.　4.12 A.　4.13 B.

4.14 $||\boldsymbol{Ax}||_1=2+6\sqrt{2}+2\sqrt{10}$, $||\boldsymbol{Ax}||_2=4\sqrt{6}, ||\boldsymbol{Ax}||_\infty=5\sqrt{2}, ||\boldsymbol{A}||_1=4+\sqrt{10}$, $||\boldsymbol{A}||_\infty=\sqrt{10}+\sqrt{2}+5, ||\boldsymbol{A}||_{m_1}=\sqrt{10}+\sqrt{2}+22, ||\boldsymbol{A}||_F=6\sqrt{2}, ||\boldsymbol{A}||_{m_\infty}=20$.

4.15~4.17 证明略.

4.18（1）设 $\boldsymbol{A}=(a_{ij})\in\mathbf{C}^{n\times n}, \boldsymbol{x}=(x_1,x_2,\cdots,x_n)^{\mathrm{T}}\in\mathbf{C}^n$, 则

$$||\boldsymbol{Ax}||_1=\sum_{i=1}^n\left|\sum_{j=1}^n a_{ij}x_j\right|\leqslant\sum_{i=1}^n\left(\sum_{j=1}^n|a_{ij}||x_j|\right)\leqslant\sum_{i=1}^n\left[\left(\sum_{j=1}^n|a_{ij}|\right)\sum_{j=1}^n|x_j|\right)$$

$$= \left(\sum_{i=1}^{n}\sum_{j=1}^{n}|a_{ij}|\right)\left(\sum_{j=1}^{n}|x_j|\right) = ||\boldsymbol{A}||_{m_1}||\boldsymbol{x}||_1;$$

（2）

$$||\boldsymbol{Ax}||_\infty = \max_i |\sum_{j=1}^{n} a_{ij}x_j| \leqslant \max_i \sum_{j=1}^{n}|a_{ij}||x_j| \leqslant \max_i \sum_{j=1}^{n}|a_{ij}|\left(\max_j \sum_{j=1}^{n}|x_j|\right)$$

$$= \left(\max_i \sum_{j=1}^{n}|a_{ij}|\right)\left(\max_j \sum_{j=1}^{n}|x_j|\right) \leqslant \max_i \cdot n \max_i |a_{ij}| \cdot \max_j \sum_{j=1}^{n}|x_j|$$

$$= n \max_{i,j}|a_{ij}| \cdot \max_j \sum_{j=1}^{n}|x_j| = ||\boldsymbol{A}||_{m_\infty}||\boldsymbol{x}||_\infty.$$

4.19 21, 21.　4.20 12.5, 10.

习 题 5

5.1 A.　5.2 C.　5.3 A.　5.4 B.　5.5 A.

5.6 $\boldsymbol{T}$ 的矩阵为 $\begin{bmatrix} 1 & -1 & 2 \\ 2 & 4 & -2 \\ -3 & -3 & 4 \end{bmatrix}$，特征值为 2,3,4. 对应的特征向量为 $[-\sqrt{2}/2 \quad \sqrt{2}/2 \quad 0]^{\mathrm{T}}$，$[5 \quad -4 \quad 3]$，$[\sqrt{3}/3 \quad -\sqrt{3}/3 \quad \sqrt{3}/3]^{\mathrm{T}}$（特征向量不唯一）.

5.7 $\begin{bmatrix} \cos\theta & \sin\theta & 0 \\ -\sin\theta & \cos\theta & 0 \\ 0 & 0 & 1 \end{bmatrix}$.

5.8 $\begin{bmatrix} 1 & 0 & 0 \\ 0 & 0 & 0 \\ 0 & 0 & 1 \end{bmatrix}$.

5.9 $\boldsymbol{H} = \dfrac{1}{3}\begin{bmatrix} 1 & -2 & 2 \\ -2 & 1 & 2 \\ 2 & 2 & 1 \end{bmatrix}$.

5.10 证明略.

5.11（1）$\begin{bmatrix} 1 & 2 & 3 \\ 1 & -1 & 2 \\ 0 & 1 & -1 \end{bmatrix}$；

（2）$5 + t + t^2$.

5.12（1）$\begin{bmatrix} 0 & 2 & 2 \\ 2 & -3 & 1 \\ 2 & 1 & -3 \end{bmatrix}$；

（2）$\begin{bmatrix} 1 & 0 & 2 \\ 0 & 1 & 1 \\ -2 & -1 & 1 \end{bmatrix}$ 的列向量组.

习 题 6

6.1 D.

6.2 (1) $\boldsymbol{L}=\begin{bmatrix}1&0&0\\4&1&0\\2&1&1\end{bmatrix}$; $\boldsymbol{U}=\begin{bmatrix}3&2&1\\0&-7&-3\\0&0&-5\end{bmatrix}$;

(2) $\boldsymbol{L}=\begin{bmatrix}1&0&0\\1/2&1&0\\2&2&1\end{bmatrix}$; $\boldsymbol{U}=\begin{bmatrix}2&-1&3\\0&3/2&1/2\\0&0&-3\end{bmatrix}$.

6.3 (1) $\boldsymbol{B}=\begin{bmatrix}2&1\\1&0\\-2&1\end{bmatrix}$, $\boldsymbol{C}=\begin{bmatrix}1&2&0&-2\\0&0&1&-3\end{bmatrix}$;

(2) $\boldsymbol{B}=\begin{bmatrix}2&1&-1\\-1&2&-2\\3&-1&-2\\4&2&1\end{bmatrix}$, $\boldsymbol{C}=\begin{bmatrix}1&0&-2&0\\0&1&3&0\\0&0&0&1\end{bmatrix}$.

6.4 (1) $\boldsymbol{Q}=\begin{bmatrix}\frac{\sqrt{2}}{2}&\frac{3\sqrt{22}}{22}&-\frac{\sqrt{11}}{11}\\0&\frac{\sqrt{22}}{11}&\frac{3\sqrt{11}}{11}\\-\frac{\sqrt{2}}{2}&\frac{3\sqrt{22}}{22}&-\frac{\sqrt{11}}{11}\end{bmatrix}$, $\boldsymbol{R}=\begin{bmatrix}\sqrt{2}&\frac{\sqrt{2}}{2}&\frac{3\sqrt{2}}{2}\\0&\frac{\sqrt{22}}{2}&\frac{17\sqrt{22}}{22}\\0&0&\frac{9\sqrt{11}}{11}\end{bmatrix}$;

(2) $\boldsymbol{Q}=\begin{bmatrix}\frac{1}{2}&\frac{\sqrt{3}}{6}&-\frac{\sqrt{6}}{6}&\frac{\sqrt{2}}{2}\\-\frac{1}{2}&\frac{\sqrt{3}}{2}&0&0\\\frac{1}{2}&\frac{\sqrt{3}}{6}&-\frac{\sqrt{6}}{6}&-\frac{\sqrt{2}}{2}\\\frac{1}{2}&\frac{\sqrt{3}}{6}&\frac{\sqrt{6}}{3}&0\end{bmatrix}$, $\boldsymbol{R}=\begin{bmatrix}2&1&-1\\0&\sqrt{3}&\frac{\sqrt{3}}{3}\\0&0&\frac{2\sqrt{6}}{3}\\0&0&0\end{bmatrix}$.

6.5 $\boldsymbol{U}=\begin{bmatrix}-\frac{\sqrt{2}}{2}&\frac{\sqrt{2}}{2}&0\\0&0&-1\\-\frac{\sqrt{2}}{2}&-\frac{\sqrt{2}}{2}&0\end{bmatrix}$, $\boldsymbol{\Sigma}=\begin{bmatrix}\sqrt{2}&0&0\\0&\sqrt{2}&0\\0&0&1\end{bmatrix}$, $\boldsymbol{V}=\begin{bmatrix}-1&0&0\\0&0&1\\0&-1&0\end{bmatrix}$.

6.6 略.

习 题 7

7.1 D.　7.2 C.　7.3 D.

7.4 $\begin{bmatrix}0&1\\2&\mathrm{e}^{-1}\end{bmatrix}$.

7.5 （1）$\boldsymbol{A}'(t)=\begin{bmatrix}2\cos 2t & 1/t & 1\\ \mathrm{e}^t & -\sin t & 2t\\ 0 & 0 & 0\end{bmatrix}$；（2）$\boldsymbol{A}''(t)=\begin{bmatrix}-4\sin 2t & -1/t^2 & 1\\ \mathrm{e}^t & -\cos t & 2\\ 0 & 0 & 0\end{bmatrix}$；

（3）$\int_1^2 \boldsymbol{A}(t)\mathrm{d}t=\begin{bmatrix}\frac{1}{2}(\cos 2-\cos 4) & 2\ln 2-1 & 1.5\\ \mathrm{e}^2-\mathrm{e} & \sin 2-\sin 1 & \frac{7}{3}\\ 1 & 0 & 0\end{bmatrix}$；

（4）$\frac{\mathrm{d}}{\mathrm{d}t}|\boldsymbol{A}(x)|=2t\ln t+t-\cos t+t\sin t$.

7.6 $\mathrm{e}^{\boldsymbol{A}}=\begin{bmatrix}\mathrm{e} & \mathrm{e}^2-\mathrm{e}\\ 0 & \mathrm{e}^2\end{bmatrix}$，$\sin\boldsymbol{A}=\begin{bmatrix}\sin 1 & \sin 2-\sin 1\\ 0 & \sin 2\end{bmatrix}$，$\cos\boldsymbol{A}t=\begin{bmatrix}\cos t & \cos 2t-\cos t\\ 0 & \cos 2t\end{bmatrix}$.

7.7 （1）$m_{\boldsymbol{A}}(\lambda)=(\lambda-1)^2$；

（2）$\mathrm{e}^{\boldsymbol{A}t}=\mathrm{e}^t\begin{bmatrix}1+4t & 0 & 8t\\ 3t & 1 & 6t\\ -2t & 0 & 1-4t\end{bmatrix}$；（3）$\boldsymbol{x}(t)=\mathrm{e}^t\begin{bmatrix}1+12t\\ 1+9t\\ 1-6t\end{bmatrix}$.

7.8 提示：$\rho(\boldsymbol{A})<6$，级数收敛.

7.9 $\frac{\mathrm{d}f(\boldsymbol{x})}{\mathrm{d}\boldsymbol{x}}=[2x_1+5x_2 \quad 5x_1+8x_2]^{\mathrm{T}}$；$\frac{\mathrm{d}\boldsymbol{g}(\boldsymbol{X})}{\mathrm{d}\boldsymbol{X}}=\begin{bmatrix}1 & 0 & 0 & 1\\ 3 & 0 & 0 & 3\\ 2 & 0 & 0 & 2\\ 4 & 0 & 0 & 4\end{bmatrix}$.

7.10 提示：$\boldsymbol{A}^{\mathrm{T}}=-\boldsymbol{A},\mathrm{e}^{\boldsymbol{A}}=\sum_{k=0}^{+\infty}\frac{1}{k!}\boldsymbol{A}^k$, 有 $\mathrm{e}^{\boldsymbol{A}^{\mathrm{T}}}=\mathrm{e}^{-\boldsymbol{A}}$.

7.11 $\frac{\partial L}{\partial \boldsymbol{W}}=(\mathrm{softmax}(\boldsymbol{W}\boldsymbol{x})-\boldsymbol{y})\boldsymbol{x}^{\mathrm{T}}$.

习 题 8

8.1 A. 8.2 B. 8.3 A. 8.4 A.

8.5 $\boldsymbol{A}^-=\boldsymbol{Q}\begin{bmatrix}1 & 0\\ 0 & 1\\ c_1 & c_2\end{bmatrix}\boldsymbol{P}=\begin{bmatrix}2c_1-4c_2-1 & -2c_1+2c_2+1\\ 2c_2-c_1 & c_1-c_2\\ 2 & -1\end{bmatrix}$.

其中 $\boldsymbol{P}=\begin{bmatrix}-1 & 1\\ 2 & -1\end{bmatrix}$, $\boldsymbol{Q}=\begin{bmatrix}1 & 0 & -2\\ 0 & 0 & 1\\ 0 & 1 & 0\end{bmatrix}$, c_1,c_2 为任意常数.

8.6 （1）$\boldsymbol{A}^+=\frac{1}{30}\begin{bmatrix}25 & -1 & -2\\ -20 & 2 & 4\\ 5 & 1 & 2\end{bmatrix}$；（2）$\boldsymbol{A}^+=\frac{1}{24}\begin{bmatrix}4 & -5 & -1\\ -8 & 13 & 5\\ 4 & -5 & -1\\ 0 & 3 & 3\end{bmatrix}$.

8.7 （1）$\boldsymbol{A}=\begin{bmatrix}1 & 1\\ 0 & 1\\ 2 & 3\end{bmatrix}\begin{bmatrix}1 & 0 & -1 & 0\\ 0 & 1 & 1 & 1\end{bmatrix}$, 不唯一；（2）$\boldsymbol{A}^+=\frac{1}{30}\begin{bmatrix}10 & -16 & 4\\ 0 & 3 & 3\\ -10 & 19 & -1\\ 0 & 3 & 3\end{bmatrix}$；

（3）由于 $\boldsymbol{AA}^{+}\boldsymbol{b}=\frac{1}{3}(1,2,4)^{\mathrm{T}}\neq\boldsymbol{b}$, 所以方程组 $\boldsymbol{Ax}=\boldsymbol{b}$ 无解, 此时, 极小范数最小二乘解为 $\boldsymbol{x}_0=\boldsymbol{A}^{+}\boldsymbol{b}=\frac{1}{15}(-1,3,4,3)^{\mathrm{T}}$.

8.8 设 $\boldsymbol{A}$ 的满秩分解为 $\boldsymbol{A}=\boldsymbol{BC}$, 则 $\boldsymbol{PAQ}=\boldsymbol{PBCQ}$.

$$\begin{aligned}(\boldsymbol{PAQ})^{+}&=(\boldsymbol{PBCQ})^{+}=(\boldsymbol{CQ})^{\mathrm{H}}[\boldsymbol{CQ}(\boldsymbol{CQ})^{\mathrm{H}}]^{-1}[(\boldsymbol{PB})^{\mathrm{H}}\boldsymbol{PB}]^{-1}(\boldsymbol{PB})^{\mathrm{H}}\\&=\boldsymbol{Q}^{-1}\boldsymbol{C}^{\mathrm{H}}(\boldsymbol{CC}^{\mathrm{H}})^{-1}(\boldsymbol{B}^{\mathrm{H}}\boldsymbol{B})^{-1}\boldsymbol{B}^{\mathrm{H}}\boldsymbol{P}^{-1}\\&=\boldsymbol{Q}^{+}\boldsymbol{A}^{+}\boldsymbol{P}^{+}.\end{aligned}$$

习 题 9

9.1 C. 9.2 C. 9.3 B.

9.4 $\boldsymbol{A}=k\boldsymbol{I}_m,\boldsymbol{B}=\frac{1}{k}\boldsymbol{I}_m$.

9.5 否, 令 $\boldsymbol{A}=\begin{bmatrix}1&-2\end{bmatrix},\boldsymbol{B}=\begin{bmatrix}1&2\\3&4\\-1&2\\3&-4\end{bmatrix}$, $\mathrm{tr}(\boldsymbol{A}\otimes\boldsymbol{B})=15,\mathrm{tr}(\boldsymbol{B}\otimes\boldsymbol{A})=5$.

9.6 $\boldsymbol{A}\otimes\boldsymbol{B}=\boldsymbol{0}\Leftrightarrow a_{ij}\boldsymbol{B}=\boldsymbol{0}\Leftrightarrow a_{ij}=0$或$\boldsymbol{B}=\boldsymbol{0}$.

9.7 $\Leftarrow$: 若 $\boldsymbol{A}=k\boldsymbol{B}(\boldsymbol{B}=k\boldsymbol{A}$ 类似证明), 当 $k=0$ 时, 结论显然成立; 若 $k\neq0$, 则 $\boldsymbol{B}=k^{-1}\boldsymbol{A}$, 此时 $\boldsymbol{A}\otimes\boldsymbol{B}=(k\boldsymbol{B})\otimes\boldsymbol{B}=k(\boldsymbol{B}\otimes\boldsymbol{B})=\boldsymbol{B}\otimes(k\boldsymbol{B})=\boldsymbol{B}\otimes\boldsymbol{A}$.

$\Rightarrow$: 设 $\boldsymbol{A}\otimes\boldsymbol{B}=\boldsymbol{B}\otimes\boldsymbol{A}$, 则 $a_{ij}\boldsymbol{B}=b_{ij}\boldsymbol{A}$. 若 $a_{ij}=0(i=1,2,\cdots,m;j=1,2,\cdots,n)$, 则 $\boldsymbol{A}=\boldsymbol{0}$, 此时取 $k=0$, 则 $\boldsymbol{A}=k\boldsymbol{B}$. 若 $a_{ij}\neq0$, 则 $\boldsymbol{B}=\frac{b_{ij}}{a_{ij}}\boldsymbol{A}$, 即 $\boldsymbol{B}=k\boldsymbol{A}$, 其中 $k=\frac{b_{ij}}{a_{ij}}$.

9.8 利用数学归纳法证明.

9.9 由题意知, 存在可逆矩阵 $\boldsymbol{P}_1\in\mathbf{C}^{m\times m},\boldsymbol{Q}_1\in\mathbf{C}^{n\times n},\boldsymbol{P}_2\in\mathbf{C}^{p\times p},\boldsymbol{Q}_2\in\mathbf{C}^{q\times q}$, 使得 $\boldsymbol{P}_1\boldsymbol{A}_1\boldsymbol{Q}_1=\boldsymbol{B}_1,\boldsymbol{P}_2\boldsymbol{A}_2\boldsymbol{Q}_2=\boldsymbol{B}_2$, 则

$$\boldsymbol{B}_1\otimes\boldsymbol{B}_2=(\boldsymbol{P}_1\boldsymbol{A}_1\boldsymbol{Q}_1)\otimes\boldsymbol{P}_2\boldsymbol{A}_2\boldsymbol{Q}_2=(\boldsymbol{P}_1\otimes\boldsymbol{P}_2)(\boldsymbol{A}_1\otimes\boldsymbol{A}_2)(\boldsymbol{Q}_1\otimes\boldsymbol{Q}_2).$$

又 $\boldsymbol{P}_1,\boldsymbol{Q}_1,\boldsymbol{P}_2,\boldsymbol{Q}_2$ 可逆, 则 $\boldsymbol{P}_1\otimes\boldsymbol{P}_2$ 与 $\boldsymbol{Q}_1\otimes\boldsymbol{Q}_2$ 也可逆, 故 $\boldsymbol{A}_1\otimes\boldsymbol{A}_2$ 与 $\boldsymbol{B}_1\otimes\boldsymbol{B}_2$ 等价.

9.10 由 $||\boldsymbol{A}\otimes\boldsymbol{B}||_2^2=\rho[(\boldsymbol{A}\otimes\boldsymbol{B})^{\mathrm{H}}(\boldsymbol{A}\otimes\boldsymbol{B})]=\rho[(\boldsymbol{A}^{\mathrm{H}}\boldsymbol{A})\otimes(\boldsymbol{B}^{\mathrm{H}}\boldsymbol{B})]=\rho(\boldsymbol{I})=1$, 知 $||\boldsymbol{A}\otimes\boldsymbol{B}||_2=1$.

9.11 $\boldsymbol{A}$ 正定, $\boldsymbol{B}$ 半正定, 则 $\boldsymbol{A}\circ\boldsymbol{B}$ 半正定, 而其特征值大于等于 0. 为证 $\boldsymbol{A}\circ\boldsymbol{B}$ 正定, 仅需证明 $\det(\boldsymbol{A}\circ\boldsymbol{B})>0$(任一特征值大于 0). 而这可直接由 Oppenheim 不等式 $\det(\boldsymbol{A}\circ\boldsymbol{B})\geqslant\det\boldsymbol{A}\cdot\prod_{i=1}^{n}b_{ii}$ 得到 (由 $\boldsymbol{A}$ 正定可知 $\det\boldsymbol{A}>0$, $\boldsymbol{B}$ 的对角元素 $b_{ii}>0$).

9.12 不能, 反例: $\boldsymbol{A}=\begin{bmatrix}2&0\\0&2\end{bmatrix},\boldsymbol{B}=\begin{bmatrix}1&1\\1&1\end{bmatrix},\boldsymbol{A}\circ\boldsymbol{B}=\begin{bmatrix}2&2\\2&2\end{bmatrix}$.

9.13 （1）$\boldsymbol{A}_1$ 的特征值为 $-1,-2,-2,-4,-3,-6$, 相对应的特征向量分别为

$$\begin{aligned}&\boldsymbol{p}_1=\boldsymbol{x}_1\otimes\boldsymbol{y}_1=(1,0,0,0,0,0)^{\mathrm{T}},\quad\boldsymbol{p}_2=\boldsymbol{x}_1\otimes\boldsymbol{y}_2=(-1,1,0,0,0,0)^{\mathrm{T}},\\&\boldsymbol{p}_3=\boldsymbol{x}_2\otimes\boldsymbol{y}_1=(0,0,-1,0,1,0)^{\mathrm{T}},\quad\boldsymbol{p}_4=\boldsymbol{x}_2\otimes\boldsymbol{y}_2=(0,0,1,-1,-1,1)^{\mathrm{T}},\\&\boldsymbol{p}_5=\boldsymbol{x}_3\otimes\boldsymbol{y}_1=(1,0,0,0,2,0)^{\mathrm{T}},\quad\boldsymbol{p}_6=\boldsymbol{x}_3\otimes\boldsymbol{y}_2=(-1,1,0,0,-2,2)^{\mathrm{T}};\end{aligned}$$

（2）$\boldsymbol{A}_2$ 的特征值为 $0,-1,1,0,2,1$, 相对应的特征向量分别为（1）中所求的 $\boldsymbol{p}_1,\boldsymbol{p}_2\cdots,\boldsymbol{p}_6$.

9.14 $\boldsymbol{X}=\begin{bmatrix}-1 & -1\\ 1 & 1\end{bmatrix}$.

9.15 $\boldsymbol{X}=\begin{bmatrix}-1 & 1\\ 1 & 1\end{bmatrix}$.

9.16 由定理 9.4.1知, 方程可化为

$$(\boldsymbol{B}_1^{\mathrm{T}}\otimes\boldsymbol{A}_1+\boldsymbol{B}_2^{\mathrm{T}}\otimes\boldsymbol{A}_2)\mathrm{vec}(\boldsymbol{X})=\mathrm{vec}(\boldsymbol{D}).$$

经计算, 得

$$\begin{bmatrix}6 & 0 & 5 & 9\\ 3 & -3 & 1 & -7\\ -3 & 3 & -1 & -3\\ -2 & 0 & 0 & 2\end{bmatrix}\begin{bmatrix}x_1\\ x_2\\ x_3\\ x_4\end{bmatrix}=\begin{bmatrix}13\\ -8\\ -2\\ 4\end{bmatrix}.$$

上述方程组有唯一解, 故所求方程有唯一解, 且为

$$\boldsymbol{X}=\begin{bmatrix}-1 & 2\\ 0 & 1\end{bmatrix}.$$

习 题 10

10.1 D. 10.2 D. 10.3 A. 10.4 D. 10.5 不可约.

10.6 $\rho(\boldsymbol{A})=4, \lim\limits_{n\to\infty}[(\rho(\boldsymbol{A}))^{-1}\boldsymbol{A}]^n=\dfrac{1}{3}\begin{bmatrix}1 & 1 & 1\\ 1 & 1 & 1\\ 1 & 1 & 1\end{bmatrix}$.

10.7 $\boldsymbol{A}\geqslant 0\Rightarrow\rho(\boldsymbol{A})\geqslant\min\limits_{1\leqslant i\leqslant n}\sum\limits_{j=1}^{n}a_{ij}$. 又 $\boldsymbol{A}$ 为本原矩阵, 故 $\boldsymbol{A}\neq\boldsymbol{0}$, 则 $\rho(\boldsymbol{A})\geqslant\min\limits_{1\leqslant i\leqslant n}\sum\limits_{j=1}^{n}a_{ij}>0$.

10.8 $\begin{bmatrix}\sigma_1^2 & \rho\sigma_1\sigma_2\\ \rho\sigma_1\sigma_2 & \sigma_1^2\end{bmatrix}$.

习 题 11

11.1 A.

11.2 $\boldsymbol{B}_1=\begin{bmatrix}-22 & -22 & -22 & -22\\ -19 & -19 & -19 & -19\end{bmatrix}$, $\boldsymbol{B}_2=\begin{bmatrix}-26 & -30 & -34 & -38\\ -46 & -52 & -58 & -64\end{bmatrix}$;

$$\boldsymbol{C}_1=\begin{bmatrix}-22 & 31\\ 8 & -24\\ -46 & 75\end{bmatrix},\quad \boldsymbol{C}_2=\begin{bmatrix}-82 & 141\\ 46 & -75\\ -70 & 119\end{bmatrix}.$$

11.3 略.

11.4 略.

参 考 文 献

[1] 邱启荣. 矩阵论与数值分析 [M]. 北京：清华大学出版社, 2013.

[2] 徐仲, 张凯院, 陆全, 等. 矩阵论简明教程 [M]. 2 版. 北京：科学出版社, 2005.

[3] 张贤达. 矩阵分析与应用 [M]. 2 版. 北京：清华大学出版社, 2013.

[4] HORN R A, JOHNSON C R. Matrix Analysis[M]. Cambridge：Cambridge University Press, 1985.

[5] 陈怀琛, 高淑萍, 杨威. 工程线性代数 (MATLAB 版)[M]. 北京: 电子工业出版社, 2011.

[6] AUSTIN D. We Recommend a Singular Value Decomposition, Feature Column[EB/OL]. 2009[2013-08-11]. http://www.ams.org/samplings/feature-column/fcarc-svd.

[7] LI L, WANG X Y, WANG G Q. Alternating Direction Method of Multipliers for Separable Convex Optimization of Real Functions in Complex Variables [J]. Mathematical Problems in Engineering, 2015, DOI:10.1155/2015/104531.

[8] 李路. 数学建模与数学实验 [M]. 上海：东华大学出版社, 2013.

[9] KOLDA T G, BADER B W. Tensor Decompositions and Applications[J].SIAM Review, 2009, 51（3）:455-500.

[10] KOLDA T G, GIBSON T. Multilinear Operators for Higher-Order Decompositions[R].Office of Scientific & Technical Information Technical Reports, 2006.

[11] LATHAUWER DE L, MOOR DE B, et al. On the Best Rank-1 and Rank-$(R_1, R_2, \cdots, R_N)$ Approximation of Higher-Order Tensors[J]. SIAM Journal on Matrix Analysis & Applications, 2000, 21:1324-1342.

[12] BOYD S, VANDENBERGHE L. Convex Optimization [M]. Cambridge: Cambridge University Press, 2004.

[13] 韩伟. Kronecker 乘积生成分形图形和放大图像 [J]. 哈尔滨理工大学学报, 2011, 16（2）：49-52.

[14] 任雪松, 于秀林. 多元统计分析 [M]. 2 版. 北京：中国统计出版社, 2011.

[15] 詹兴致. 矩阵论 [M]. 北京：高等教育出版社, 2008.

[16] 戴华. 矩阵论 [M]. 北京：科学出版社, 2001.

[17] 李路. 矩阵论及其应用 [M]. 上海：东华大学出版社, 2019.

[18] HORN R A, JOHNSON C R. 矩阵分析 [M]. 杨奇, 译. 北京：机械工业出版社, 2005.

[19] NEAGOE V E. Inversion of the Van der Monde Matrix[J]. IEEE Signal Processing Letters, 1996, 3：119-120.

[20] 方保镕, 周继东, 李医民. 矩阵论 [M]. 2 版. 北京：清华大学出版社, 2013.

[21] 袁惠芬, 程皖豫, 王旭, 等. 基于 Kronecker 积的分形图案设计及在望江挑花中的应用 [J]. 东华大学学报 (自然科学版), 2017, 43（5）：651-654.